U0196681

青藏高原羌塘沉积盆地演化与油气资源丛书

羌塘盆地油气资源战略调查

王　剑　付修根　谭富文　等　著

科学出版社

北　京

内 容 简 介

本书系统总结了羌塘盆地形成背景、盆地性质与演化、沉积层序、盆地结构、生储盖组合、资源潜力等方面取得的新认识,圈定了有利远景区带、目标靶区,评估了新的油气资源量,实现了高原冻土区二维地震勘探方法攻关试验的突破,提出了高原油气勘探方法技术组合,为青藏高原的油气资源潜力评价和进一步油气勘探部署提供了重要的科学依据。

本书可供从事油气勘探、石油地质、沉积地质、地球物理等工作的生产、科研和教学人员参考。

图书在版编目(CIP)数据

羌塘盆地油气资源战略调查/王剑等著. —北京:科学出版社,2020.12
(青藏高原羌塘沉积盆地演化与油气资源丛书)
ISBN 978-7-03-063123-7

Ⅰ. ①羌… Ⅱ. ①王… Ⅲ. ①羌塘高原-含油气盆地-油气资源-
资源调查 Ⅳ. ①TE155

中国版本图书馆 CIP 数据核字(2019)第 249528 号

责任编辑:罗 莉/责任校对:彭 映
责任印制:罗 科/封面设计:蓝创世界

科学出版社 出版
北京东黄城根北街 16 号
邮政编码:100717
http://www.sciencep.com

四川煤田地质制图印刷厂 印刷
科学出版社发行 各地新华书店经销

*

2020 年 12 月第 一 版 开本:787×1092 1/16
2020 年 12 月第一次印刷 印张:21 1/2
字数:509 000
定价:328.00 元
(如有印装质量问题,我社负责调换)

丛书编委会

主　编：王　剑　付修根
编　委：谭富文　陈　明　宋春彦　陈文彬
　　　　刘中戎　孙　伟　曾胜强　万友利
　　　　李忠雄　戴　婕　王　东　谢尚克
　　　　占王忠　周小琳　杜佰伟　冯兴雷
　　　　陈　浩　王羽珂　曹竣锋　任　静
　　　　马　龙　王忠伟　申华梁　郑　波

《羌塘盆地油气资源战略调查》
作 者 名 单

王　剑　　付修根　　谭富文　　宋春彦
陈文彬　　彭清华　　陈　明　　占王忠
曾胜强　　孙　伟　　王　东　　万友利
王忠伟　　任　静　　周小琳　　冯兴雷

前　　言

羌塘盆地位于全球油气富集的特提斯构造域的东段,是青藏高原面积最大的一个中生代海相沉积盆地,可与特提斯巨型油气富集带的含油气盆地类比,是一个具有良好油气勘探前景的盆地。随着研究的不断深入,羌塘盆地被认为是青藏地区油气资源潜力最大和最有希望取得勘探突破的盆地,也是我国中生代海相盆地油气勘探的首选目标。进入 21 世纪以来,石油地质学家在羌塘盆地进行了大量的沉积、构造、钻井、地球物理与油气成藏等油气战略调查工作,为进一步优选羌塘盆地有利勘探目的层、聚焦有利油气聚集区、实现油气战略突破提供了重要的科学支撑,具有十分重要的意义。

青藏高原的石油地质调查始于 20 世纪 50 年代,最早的工作主要集中在伦坡拉盆地,进入 20 世纪 90 年代后,中国石油天然气总公司成立了青藏油气勘探项目经理部,组织对包括羌塘盆地在内的含油气盆地开展了全面的普查、预查,主要开展了地质填图、地质路线、地球物理、石油化探、专题研究等调查与评价工作。2001~2004 年,在国土资源部(现自然资源部)设立的"十·五"重点科技基础研究项目"青藏高原重点沉积盆地油气资源潜力分析"支撑下,由成都地质矿产研究所(现中国地质调查局成都地质调查中心)等单位以羌塘盆地为重点,对其油气有利远景区进行优选。2004~2014 年,由国土资源部和中国地质调查局组织,中国地质调查局成都地质调查中心牵头,开展了"青藏高原油气资源战略选区调查与评价""青藏高原重点盆地油气资源战略调查与选区"和"青藏地区油气调查评价"等项目,在羌塘盆地进一步优选出 7 个有利远景区带、9 个最有利区块。2015 年以来,中国地质调查局组织实施了全国"陆域能源矿产地质调查计划",部署了"羌塘盆地油气资源战略调查工程",该工程由中国地质调查局成都地质调查中心牵头组织实施;首次在羌塘盆地实现了二维反射地震攻关的重大突破,落实了半岛湖、托拉木-笙根等多个圈闭构造,论证并实施了羌塘盆地首口油气调查科探井——羌科 1 井,对羌塘盆地油气勘探具有历史性意义。

本书系统总结了羌塘盆地形成背景、盆地性质与演化、沉积层序、盆地结构、生储盖组合、资源潜力等研究取得的新认识,圈定了有利远景区带、目标靶区,评估了新的油气资源量,实现了高原冻土区二维地震勘探方法攻关试验的突破,提出了高原油气勘探方法技术组合,为青藏高原的油气资源潜力评价和进一步油气勘探部署提供了重要的科学依据。正文部分各章基本内容如下。

第一章为区域构造背景,主要概述羌塘盆地的基本格架、沉积充填序列、盆地演化等特征。

第二章为羌塘盆地二维地震试验与调查,主要介绍地震勘探方法试验与调查、地震勘探技术和盆地结构调查取得的成果。

第三章为羌塘盆地地层划分与对比,主要全面介绍最新的地层划分与对比新认识,重点阐述在三叠系-侏罗系地层界线、早白垩世地层对比等方面取得的最新成果。

第四章主要分析羌塘盆地中、新生界沉积相特征，阐述晚三叠世、侏罗纪和早白垩世各期的岩相古地理研究成果。

第五章全面阐述地质浅钻钻遇地层、沉积相、烃源岩、储层、盖层及油气成藏特征，系统总结羌塘盆地地质浅钻和其油气地质条件研究取得的成果。

第六章系统介绍羌塘盆地重点区块评价新认识，重点阐述了半岛湖区块、托纳木区块、隆鄂尼—昂达尔错区块、鄂斯玛区块等油气勘探前景综合评价与目标优选的新成果。

第七章为羌科 1 井钻井工程内容，全面阐述羌科 1 井钻遇地层、石油地质条件及油气异常，总结形成了钻井技术创新成果。

第八章为对羌塘盆地油气勘探的认识与建议，系统介绍羌塘盆地构造、保存条件、油气显示等方面的新认识，重点阐述了羌塘盆地油气相控理论、油气勘探新认识及建议。

本书内容是集体智慧的结晶，是羌塘盆地石油地质调查与勘探工作成果的体现，成果编著者由沉积地质、石油地质、地震地球物理等领域的专业人员组成。

本书编写分工如下：前言由王剑主笔，付修根、谭富文、彭清华参与编写；第一章由王剑主笔，付修根、谭富文、王忠伟参与编写；第二章由彭清华主笔，万友利参与编写；第三章由王东主笔，任静参与编写；第四章由占王忠主笔；第五章由陈文彬主笔，曾胜强参与编写；第六章由陈明主笔，孙伟参与编写；第七章由宋春彦主笔，谢尚克参与编写；第八章由付修根主笔，王剑、谭富文、冯兴雷参与编写。

本书内容是羌塘盆地油气资源战略调查成果的集成，在项目实施过程中，中国地质调查局成都地质调查中心各级主管领导提出了大量宝贵的指导性建议、工作思路和方法。在项目野外实施过程中，得到了西藏自治区自然资源厅、西藏自治区地质矿产勘查开发局、西藏自治区地质调查院、西藏自治区林业和草原局、中国地质调查局拉萨工作站、西藏地勘局第六地质大队、中石油东方地球物理勘探有限责任公司、中石化石油工程地球物理有限公司西南分公司、中石化勘探分公司、那曲市自然资源局及双湖县相关单位给予的大力支持与帮助，中国地质调查局成都地质调查中心车队提供了有效的交通保障，本书的统稿、定稿和校对工作是作者在西南石油大学完成的。

在此，谨向所有关心、支持和帮助本书出版的单位和个人致以最衷心的感谢。

目　　录

第一章　区域构造背景

第一节　盆地基本格架特征

一、盆地大地构造位置

羌塘盆地位于特提斯构造域的东段、青藏高原中北部 [图 1-1（a）]。中生代羌塘盆地是青藏高原地区最大的海相沉积盆地，了解羌塘盆地中生代时期在特提斯构造域中所处的位置对于分析该期的盆地性质和演化过程具有十分重要的作用。但是，由于其复杂的演化历史和有限的资料积累，学者们至今对中生代羌塘盆地在特提斯构造域中的位置仍有不同认识，大致可归为两种观点：一种认为羌塘地块位于特提斯构造域的中部，属于劳亚大陆与冈瓦纳大陆间的"基墨里大陆"块体群之一（王岫岩等，1998；甘克文，2000）；另一种观点认为羌塘地块位于中生代时期劳亚大陆的南缘（罗金海和车自成，2001）。

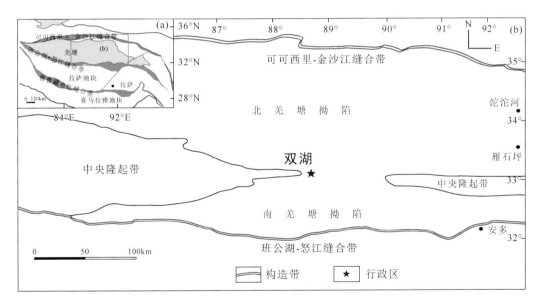

图 1-1　青藏高原区域构造简图（a）及羌塘盆地区域构造简图（b）

羌塘地区发育连续沉积的奥陶系—二叠系地层，表现为稳定的被动大陆边缘沉积（包括二叠系被动陆缘裂陷）。二叠纪末期，南部的冈瓦纳大陆与北部的劳亚大陆拼合，汇聚成盘古（Pangea）大陆，这也是古特提斯洋闭合的开始（Metcalfe，2013）。赵政璋等（2001a）认为早二叠世晚期羌塘地块[作为基梅里（Cimmerian）大陆一部分]从冈瓦纳大陆分离，致使中特提斯洋（班公湖-怒江洋）打开，而古特提斯洋则继续向北部劳亚大陆俯冲并消减,至早-中三叠纪时期,古特提斯洋洋壳与羌塘地块发生洋陆俯冲。晚三叠世中期,羌塘地块北侧的可可西里-金沙江洋(古特提斯洋)闭合,伴随着陆陆碰撞和褶皱造山,形成北羌塘晚三叠统早中期的前陆盆地,羌塘地块处于强烈的挤压环境之下。此时,由于羌塘地块已与北侧的劳亚大陆拼合为一整体,故中生代时期羌塘盆地位于劳亚大陆的南缘。

二、盆地边界

羌塘盆地在大地构造位置上与塔里木地块、昆仑地块、可可西里地块、松潘-甘孜地块和拉萨地块相邻。前期地质、地球物理资料表明其南北边界分别为班公湖-怒江缝合带和可可西里-金沙江缝合带,其形成与演化主要受到南部班公湖-怒江缝合带和北部可可西里-金沙江缝合带的演化所控制,要认识盆地的形成及充填特征,必须先了解盆地南北边界的构造演化。

(一)北部可可西里-金沙江缝合带的构造演化

盆地北部可可西里-金沙江缝合带大致位于可可西里—西金乌兰湖—玉树一线,向南与金沙江缝合带相连。前人对该缝合带做过大量的研究工作(刘增乾和李兴振,1993;边千韬等,1997;Yin and Harrison,2000,Kapp et al.,2003)。缝合带内蛇绿混杂岩主要见于羊湖、绥加日、西金乌兰湖北以及玉树杂多等地,多呈断块状。混杂岩的基质为三叠系诺拉岗日群,外来块体包括基性、超基性岩块体以及二叠系灰岩块体。沿缝合带内重力、磁力总体呈正、负相间排列,大致分布于朝阳山西、玛尔盖茶卡、雪环湖、飞马滩、冬布勒山等地。重力以弱正异常为主,而航磁多为正异常,大地电磁分层结构不明显,显示地层可能较破碎。1:25万区调报告表明,该缝合带在晚泥盆世—早二叠世时期处于扩张状态,充填了一套变深沉积序列组合(拉竹龙-西金乌兰群)。中晚泥盆世时期,缝合带进一步扩张,沉积了一套浅水的碎屑岩夹少量硅质岩沉积(拉竹龙组);石炭纪—早二叠世时期,缝合带扩张达到高峰,堆积了一套深水的浊积岩和枕状火山岩(西金乌兰群);晚二叠世—早中三叠世时期,缝合带逐渐消减闭合,充填了一套深水和浅水混合的沉积组合(汉台山群);晚三叠世时期,构造带内诺拉岗日群碎屑岩沉积组合显示一套向上变浅(海滩相—滨浅海相—三角洲相—陆相)的沉积序列、盆地内部晚三叠世碰撞型花岗岩(李勇等,2003)和上三叠统藏夏河组来自造山带的物源均标志着该时期陆内发生碰撞造山,缝合带完全关闭。地层接触关系上,在西金乌兰湖见蛇绿岩被晚二叠世晚期—早三叠世砂岩不整合覆盖(边千韬等,1993);在玉帽山一带见上二叠统热觉茶卡组不整合于石炭统—下二叠统西金乌兰群之上(新疆区域地质调查院,2006);在金沙江沿岸存在上、下二叠统之间的不整合接触,或者上三叠统不整合在海西期花岗岩和二叠系地层之上;在若拉岗日—绥加山一带见上三叠统平行不整合于中三叠统之上。结合蛇绿岩形成时代可以认为可可西里-金沙江洋盆开启于晚泥盆世—早二叠世,汇聚闭合于晚二叠世—中三叠世,晚三叠世进入陆内碰撞造山期。

（二）南部班公湖-怒江缝合带的构造演化

班公湖-怒江缝合带是中特提斯洋在青藏高原的关键区域，在地理上，向东经日土、改则、东巧、安多、索县、丁青，然后沿怒江南下进入缅甸境内，全长2000km以上（潘桂堂等，2004），它是青藏高原内部连接拉萨地块与羌塘地块的重要缝合带。地球物理特征显示该缝合带存在大地电磁的电阻率突变，与南北两侧存在明显的区别（赵文津等，2004），地表则表现为一条规模巨大的构造混杂岩带。缝合带内出露的地层主要有上三叠统确哈拉群、中下侏罗统木嘎岗日群、上侏罗统—下白垩统沙木罗组等海相地层，下白垩统去申拉组、上白垩统竟柱山组陆相地层，以及基性、超基性岩块，彼此之间多为断层接触（Girardeau et al.，1984；Guynn et al.，2006）。

在班公湖-怒江洋盆演化方面，无论是洋盆开启时间、俯冲消减的时限和极性，还是洋盆关闭的时间都存在很大的争议。关于班公湖-怒江洋的打开时间存在着石炭纪—二叠纪（潘桂棠等，2006）、晚二叠世—早三叠世（任纪舜和肖黎薇，2003）、三叠纪（Kapp et al.，2003）、早侏罗世（夏斌等，2008；曲晓明等，2010）和中晚侏罗世（王希斌等，1987）等多种看法。而洋盆是何时演化到全盛期并转为俯冲消减的呢？其具有什么样的俯冲极性呢？有人认为班公湖-怒江洋在石炭纪已经开始了俯冲消减（Pan et al.，2012；Zhu et al.，2012），但多数学者认为班公湖-怒江洋的初始俯冲时限应在中晚侏罗世（曲晓明等，2012；周涛等，2014；Li et al.，2014；Fan et al.，2015a）。关于班公湖-怒江洋的俯冲极性主要有3种观点：①向北俯冲（Kapp et al.，2003；Shi et al.，2008；Li et al.，2014；Fan et al.，2015b），其证据主要包括在羌塘南缘发现晚侏罗世钙碱性岩浆岩（Li et al.，2014），在羌塘南缘发育中晚侏罗世弧前盆地（Ma et al.，2017），以及广泛分布的侏罗纪俯冲型SSZ型蛇绿岩（190～148Ma）；②向南俯冲（郭铁鹰等，1991；邱瑞照等，2004；Zhu et al.，2013），主要依据有：缝合带深部地震反射结构显示在晚白垩世之前主要是向北逆冲的特征（赵文津等，2004），缝合带内构造变形期次同样显示在晚白垩世之前也表现为向北逆冲（李亚林等，2005），缝合线南部拉萨地块发现早白垩世岩浆弧（Sui et al.，2013；Zhu et al.，2016）；③向南北发生双向俯冲（潘桂棠等，2006；Pan et al.，2012；Zhu et al.，2016）。

关于班公湖-怒江洋盆的关闭时限（即拉萨-羌塘的碰撞时限），前人从构造、岩浆、变质、沉积地层、古地磁等多学科开展过大量研究，但目前还存在很大争议，碰撞时间从中侏罗世到晚白垩世均有报道（Girardeau et al.，1984；Yin and Harrison，2000；Kapp et al.，2007；Leier et al.，2007；Fan et al.，2015b；Li et al.，2017；Raterman et al.，2014；Yan et al.，2016；Ma et al.，2017）。古地磁资料表明早白垩世时期拉萨地块和羌塘地块可能已经发生了碰撞（Bian et al.，2017），但也有古地磁数据指示班公湖-怒江洋的完全闭合可能发生在中-晚侏罗世（Yan et al.，2016）。部分学者通过沉积学的证据推测洋盆闭合的时间为晚侏罗世—早白垩世，比如晚侏罗世—早白垩世沙木罗组与蛇绿岩之间呈角度不整合接触（余光明和王成善，1990；王建平等，2002；陈国荣等，2004）可能代表了洋盆的闭合；尼玛地区下白垩统由海相地层转变为非海相地层（125～118Ma）（Kapp et al.，2007）可能指示了拉萨-羌塘地块的碰撞过程。在拉萨地块北缘下白垩统竟柱山组和羌塘南缘下白垩统阿布山组均为磨拉石沉积，均与下伏地层呈角度不整合接触（潘桂棠等，2006），可能指示了碰撞造山的过程。最近，Ma 等（2017）在南羌塘色林错—双湖地区发现了中侏罗统的角度不整合，且不整合界面上下地层沉积环境和物源发生转变，认为拉萨地块与羌塘地块在中侏罗世发生了碰撞。

三、盆地基底

　　长期以来，学者们对羌塘盆地是否存在前古生代的结晶基底具有很大的争议（黄继钧，2001；王成善等，2001；王国芝和王成善，2001；王国芝等，2002；邓希光等，2007；李才等，2007；谭富文等，2009；王剑等，2009）。西藏区域地质调查队（1986）将出露于改则县波扎亚龙、戈木日、果干加年山、玛依岗日、阿木岗日、西雅尔岗等地不含化石的浅、中深变质岩称为戈木日群，后来学者将该套变质岩系称为羌塘盆地结晶基底。青藏油气勘探项目经理部于 1996 年提出羌塘结晶基底的岩石为绢云石英糜棱片岩，由绢云母、石英及少量黑云母、斜长石和石榴子石组成，经历了多期变质变形的改造，其中 1772Ma 被认为是羌塘盆地结晶基底的主变质作用年龄，2056Ma 和 2310Ma 被认为是结晶基底变质母岩的沉积年龄，结晶基底至少是中元古代中期形成的。王国芝和王成善（2001）根据锆石 SHRIMP 年龄将果干加年山群的时代定为中元古代，即 1111Ma；戈木日群的年龄大于 1111Ma，小于太古代，并认为果干加年山群中的砾石来源于戈木日群，两群之间存在明显的变质间断面；明确了这两个群均属于中元古代变质基底，并认为在羌塘地区可能存在太古代陆核。谭富文等（2009）新发现了代表盆地结晶基底的片麻岩，其锆石 SHRIMP 年龄为 1780～1666Ma。新近完成的 1∶25 万区调成果显示羌塘地区奥陶系和志留系地层仅发生了轻微的变质作用。据此可以推断羌塘盆地具有前奥陶系"泛非结晶基底"。基底由前泥盆系的变质岩组成，出露于盆地中央隆起带西段，西宽东窄，呈东西向展布，可分为结晶基底和褶皱基底。前泥盆纪变质岩系主要出露在戈木日、玛依岗日、江爱达日那和阿木岗地区，由一套中浅度变质岩组成。王剑等（2009）对羌塘盆地是否存在结晶基底开展了地球物理探测和地表地质调查。根据大地电磁与二维地震剖面与综合研究显示盆地的结晶基底在剖面上表现为较连续的高阻层，因此通过重力、大地电磁和二维地震剖面对比，结合区域地质资料综合分析认为盆地是存在前奥陶系结晶基底的。

　　另外，Li 等（2018）依据那底岗日组岩浆岩锆石 Lu-Hf 同位素数据认为羌塘盆地上三叠统那底岗日组酸性火成岩（流纹岩、花岗岩及沉凝灰岩）主要来自 1800～1100Ma 的深部地壳重熔，这与王成善等（2001）、邓希光等（2007）、谭富文等（2009）提出的羌塘盆地具有古老的结晶基底主体年龄一致，证实羌塘盆地可能具有前寒武系的古老结晶基底。

四、盆地构造层划分

1. 地表地质揭示的主要沉积-构造界面

　　（1）在中央隆起带北侧的热觉查卡剖面见下三叠统康鲁组底砾岩低角度不整合于上二叠统热觉查卡组含煤碎屑岩之上（王剑等，2009）。

（2）在羌塘盆地发现了上三叠统那底岗日组之下广泛分布的古风化壳，其上发育冲洪积相沉积或裂谷型火山岩，其下见二叠系古喀斯特和石炭系冰碛岩（王剑等，2009）。

（3）在南羌塘北侧邻近中央隆起带的肖茶卡剖面见上三叠统肖茶卡组角度不整合于二叠系礁灰岩之上，在肖茶卡组底部见底砾岩，由变质岩砾石、灰岩砾石、砂岩砾石等下部地层的砾石组成（王剑等，2009）。

（4）在北羌塘邻近中央隆起带北侧的沃若山东剖面可见上三叠统那底岗日组凝灰岩角度不整合于上三叠统土门格拉组含煤碎屑岩之上。在北羌塘北部的弯弯梁剖面见上三叠统那底岗日组底砾岩及火山岩角度不整合于上三叠统藏夏河组泥页岩及砂岩之上。

（5）在整个羌塘盆地中普遍存在上白垩统—新生界陆相碎屑岩角度不整合于中生界、古生界海相地层之上。

2. 地球物理揭示的主要界面

（1）羌塘盆地多条地震剖面显示，除双程走时 4～6s 范围内存在反射界面，在双程走时 2～3s 范围内也存在反射界面，它可能是古生界顶部界面（王剑等，2009）。

（2）根据青藏油气项目研究（王剑等，2009），羌塘盆地存在古近系与新近系、前奥陶系变质基底与上覆地层之间的 2 个密度界面。此外，盆地内的基性、超基性火成岩也可与其他地层间形成明显的密度界面，但仅为局部分布或沿盆缘缝合带分布，不影响盆地前奥陶系基底界面的总体面貌。

（3）根据青藏油气项目对盆地岩石磁性统计分析，变质岩地层具弱磁性，形成弱磁性基底；大多数层位的沉积岩无磁性或极弱磁性；中酸性火山岩具弱磁性，中基性火山岩层磁性较强，各时代玄武岩磁性最强，可产生强磁异常；区内侵入岩表现为较强的磁性，且随酸性到基性、超基性，磁性逐步增强。而羌塘盆地含有较大规模高磁性火山岩体的地层主要有广泛分布于北羌塘上三叠统顶部的那底岗日组、南羌塘地区的上三叠统上部的日干配错组和中二叠统鲁谷组，以及沿中央隆起带（东段）广泛分布的中酸性侵入岩、基性岩脉、二叠纪玄武岩层等。盆地内，侏罗纪地层沉积超覆于上三叠统火山岩之上或不整合于中二叠统鲁谷组之上。因此，该磁性界面可能为上三叠统那底岗日组火山岩界面，中央隆起带可能为二叠系鲁谷组界面。该界面埋深为 0.5～5km。

3. 盆地构造层划分

根据上述地层接触关系，结合地球物理综合分析，可以确定盆地内自前奥陶系基底之上的沉积盖层大致可以划分出四个构造层：古生界构造层、三叠系肖茶卡组—中下三叠统构造层、下白垩统—上三叠统那底岗日组构造层和新生界—上白垩统构造层（图1-2）。

五、盆地构造单元划分

从地表地质上看，羌塘盆地西部地层时代较老（古生界为主），东部地层时代较新（三叠系—侏罗系）；中央隆起带地层较老（以古生界分布为主），中央隆起带南北两侧地层较

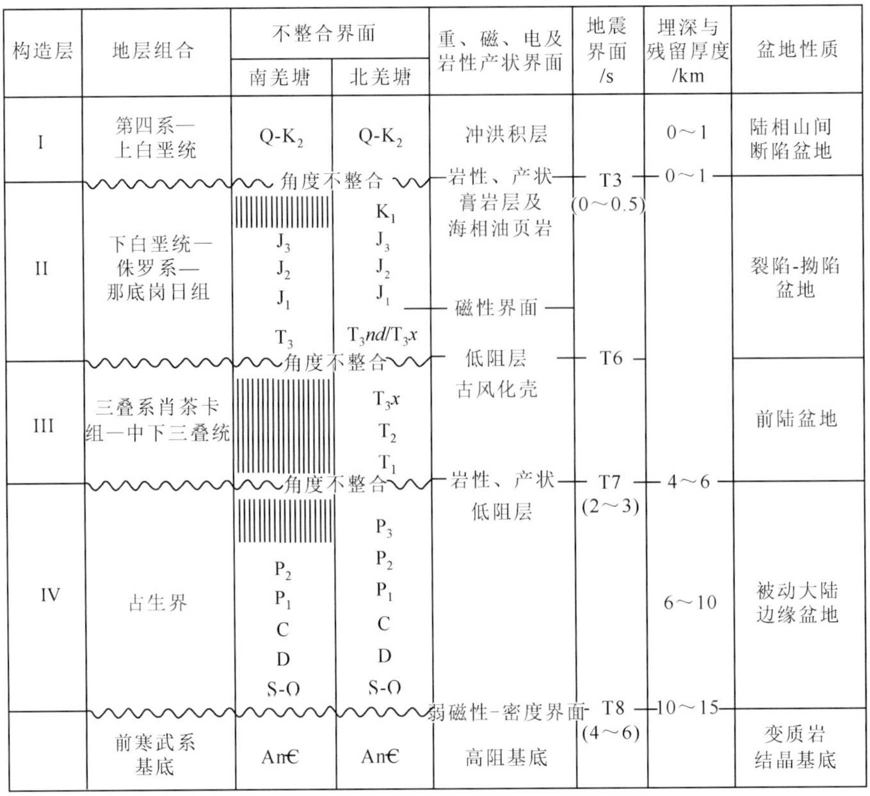

构造层	地层组合	不整合界面		重、磁、电及岩性产状界面	地震界面/s	埋深与残留厚度/km	盆地性质
		南羌塘	北羌塘				
I	第四系—上白垩统	Q-K₂	Q-K₂	冲洪积层		0~1	陆相山间断陷盆地
		角度不整合	角度不整合	岩性、产状膏岩层及海相油页岩	T3 (0~0.5)	0~1	
II	下白垩统—侏罗系—那底岗日组		K₁				裂陷-拗陷盆地
		J₃	J₃				
		J₂	J₂				
		J₁	J₁	磁性界面			
		T₃	T₃nd/T₃x				
		角度不整合		低阻层古风化壳	T6		
III	三叠系肖茶卡组—中下三叠统		T₃x				前陆盆地
			T₂				
		角度不整合	T₁	岩性、产状低阻层	T7 (2~3)	4~6	
			P₃				
IV	古生界	P₂	P₂				被动大陆边缘盆地
		P₁	P₁			6~10	
		C	C				
		D	D				
		S-O	S-O	弱磁性-密度界面	T8 (4~6)	10~15	变质岩结晶基底
	前寒武系基底	An∈	An∈	高阻基底			

图 1-2 青藏高原羌塘盆地沉积-构造演化旋回与构造层划分（王剑等，2009）

新（以侏罗系分布为主），且中央隆起带地层与南北羌塘地层以断层接触为主。从地球物理上看，盆地深部基底结构具有南北羌塘拗陷与中央隆起之分（王剑等，2009）。因此根据地表地质，结合地球物理特征，将羌塘盆地划分为北羌塘拗陷、中央隆起带和南羌塘拗陷三个大的构造单元 [图 1-1 (b)]。

1. 北羌塘拗陷

北羌塘拗陷位于金沙江构造带与中央隆起带之间。拗陷基底发育若干次级凸起和凹陷，平面上总体呈东西向相间排列；凸起基底埋深 4~6km，凹陷基底埋深 6~8km；基底具有东西高、中间低的趋势。基底发育 NEE 和 NWW 两组断裂，发育程度基本相同，呈等间距分布，构成棋盘格，将基底切成菱形块体。

地表出露地层总体呈东西向或北西—南东向展布，以中上侏罗统和新生界为主，约占拗陷的 85%，古生界和三叠系少量见于拗陷南北边界过渡带及东部地区。侏罗系地层发育中、上侏罗统，而下侏罗统则多呈点状分布，侏罗系累计最大厚度大于 5000m，具有中西部厚、向南北边缘和东部减薄的特点；古生界以二叠系为主，三叠系以上三叠统为主，它们主要分布于东部和南北边缘，多呈断块状产出。拗陷褶皱发育，以东西向为主，多为宽缓形态；断层以东西向或北西西向为主，少量为南北向，多为逆冲断层，部分构成逆冲叠瓦式。

2. 中央隆起带

中央隆起带夹持于南北羌塘拗陷之间，北以玉环湖-大熊湖-热觉茶卡-阿木岗断裂与北羌塘拗陷为界，南以依布茶卡-比隆错断裂与南羌塘拗陷相邻。以双湖为界，中央隆起分为东、西两段，西段为隆起剥蚀区，东段为潜伏隆起区。平面上西段呈西宽东窄的东西向延伸，东段呈狭窄弯曲状近东西向延伸；纵向上西段前奥陶系基底埋深 0～6km，东段基底埋深 5～6km。

西段出露有前奥陶系变质岩、奥陶—志留系碳酸盐岩-碎屑岩建造、泥盆系—下石炭统碳酸盐岩建造、上石炭统陆缘碎屑岩建造、下二叠统碳酸盐岩-陆缘碎屑岩建造及中基性火山岩建造、上二叠统海陆交互相含煤碎屑岩建造和碳酸盐岩建造、中下三叠统泥岩-泥灰岩建造、上三叠统碳酸盐岩-陆缘碎屑岩建造以及中基性火山岩建造；地层多呈断块状产出，且伴随大量岩浆岩侵入；东段出露有上三叠统碳酸盐岩-含煤碎屑岩建造出露和少量中-上侏罗统碎屑岩、碳酸盐岩建造。

隆起带褶皱变形强烈，经历了多期变形改造和叠加。隆起带断裂发育，总体呈北西西走向和北东向；北部地区主要由一系列北西向断层组成断裂带，其间被北东向断层错断，断层总体倾向南，局部倾向北，倾角较陡，沿断裂带常见石炭系、二叠系，前奥陶系逆冲覆盖于侏罗系、古近—新近系之上；南部地区由数条东西走向、倾向北的断裂组成一叠瓦式逆冲断裂带，沿走向多处被北东向断裂错断。

3. 南羌塘拗陷

南羌塘拗陷位于中央隆起带与班公湖-怒江构造带之间。基底发育一系列呈近东西向展布的次级凸起和凹陷，凸起埋深为 5～6km，凹陷埋深为 6～9km。地表露头主要为上三叠统、侏罗系海相地层和新生界陆相地层，海相地层在西部以上三叠统为主，在中、东部以侏罗系为主；纵向上，上三叠统不整合于二叠系之上，与上覆侏罗系连续过渡，其间缺失中、下三叠统；上三叠统厚度大于 1200，侏罗系厚度累计在 5000m 以上。南羌塘拗陷地面构造相对北羌塘复杂、强烈。褶皱构造主要分布于拗陷北部，以直立开阔到紧闭形态为主，轴向为近东西向；断层以拗陷南部最发育，以紧闭-倒转褶皱和断面南倾的逆冲断层为主，局部呈叠瓦状构造。

第二节　中生代羌塘盆地沉积充填序列特征

盆地的沉积特征及充填序列是沉积盆地分析的重要研究内容。前人研究表明，羌塘盆地中生代地层并非一个连续的沉积充填序列，以晚三叠世卡尼期肖茶卡组地层顶部的古风化壳和晚三叠世诺利期—瑞替期那底岗日组（225～202Ma）底部底砾岩为标志，其间存在一个明显的沉积间断。本书在探讨中生代羌塘盆地的沉积充填序列的基础上，对盆地性质及盆地演化过程做了更详细的研究。

一、早三叠世—晚三叠世卡尼期沉积充填序列

该时期的沉积充填序列相当于康鲁组、硬水泉组、康南组和肖茶卡组地层的沉积组合（图1-3）。迄今为止，南羌塘拗陷内尚未发现中下三叠统，该套地层主要集中于中央隆起带和北羌塘拗陷。据此推断，南羌塘拗陷在早中三叠世时期可能为隆起剥蚀区。康鲁组下部岩性组合为灰色、紫红色中—厚层状含砾粗砂岩-粗砂岩-中细砂岩-粉砂岩组合，其中含砾砂岩底部多见冲刷面构造，具正粒序沉积构造，且多呈透镜状产出。砂岩大部分为岩屑长石砂岩，向上逐渐演化为钙质砂岩、粉砂岩，常发育槽状交错层理、大型交错层理、平行层理等；粉砂岩多发育小型砂纹层理、见虫孔等沉积标志，产双壳化石。康鲁组中上部岩性为灰绿色、灰褐色薄—中层状中—细粒长石砂岩、长石石英砂岩以及少量粉砂岩，其中砂岩多发育大型交错层理、楔状交错层理、大型浪成波痕，局部见干裂、雨痕。康鲁组顶部则以灰色薄层状微晶灰岩与灰绿色薄层状钙质粉砂岩组成5～20cm厚的韵律层，自下而上显示海侵的沉积序列特征。康鲁组与上部硬水泉组之间为连续沉积。硬水泉组中下部岩石组合为灰色中层状鲕粒灰岩、球粒灰岩、豆粒灰岩、核形石灰岩含少量介壳灰岩、泥质灰岩和薄层状粉砂质灰岩。鲕粒和球粒均为藻类成因，圆度好，表面光滑，圈层多数为1个或2个，泥晶方解石胶结，反映其形成的水动力较弱，属低能滩相沉积。鲕粒灰岩中，中鲕与细鲕常构成正粒序层理，而该段顶部鲕粒灰岩与豆粒灰岩构成逆粒序层理。硬水泉组上部则以灰绿色薄层状泥岩夹中层状粉砂质泥岩组成近等厚韵律性基本层序，硬水泉组与上部康南组之间表现为连续沉积。康南组下部为灰色薄层状钙质粉砂质泥岩、泥灰岩，以及薄—中层状含生物碎屑泥砾泥质灰岩、泥晶灰岩和泥灰岩透镜体等。尤以泥砾泥质灰岩最为发育，泥砾呈片状、不规则状，被灰泥胶结。泥砾分选差，几乎未经磨圆，反映其经过短距离搬运至极低能环境堆积形成。粉砂岩中发育小型砂纹层理，泥灰岩中含双壳和大量菊石、腹足类化石，保存良好。在粉砂质泥岩中常见干裂纹，偶见植物根化石。康南组上部则以灰绿色薄层状粉砂岩、粉砂质泥岩、钙质泥岩、页岩夹泥灰岩透镜体组合为特征，岩层岩石相当稳定，常发育小型砂纹层理、水平层理，产腹足、双壳、菊石等化石，个体较小。康南组与上覆肖茶卡组地层之间存在沉积间断，表现为平行不整合接触关系。肖茶卡组沉积期，地层在垂向上表现为明显的三分性，肖茶卡组下段底部发育青灰色厚层状复成分细砾岩，向上逐渐变为中厚层状含砾粗粒岩屑砂岩，为分支河道微相沉积。肖茶卡组下段中下部则以灰色薄—中—厚层状细粒长石石英砂岩、灰色中—厚层状中细粒岩屑砂岩为主，含少量灰色泥岩、粉砂质泥岩、灰色中—薄层状泥质粉砂岩，偶夹细砾岩。砂、泥岩常构成韵律，泥岩水平层理极发育，含少量植物碎片，砂岩平行层理发育。肖茶卡组下段上部则为灰色泥质粉砂岩、深灰色薄层泥岩、灰色钙质泥岩夹灰色中—薄层细粒岩屑砂岩、灰色细砂岩、长石石英砂岩等，砂岩中平行层理发育，泥岩水平层理发育，含较多植物碎片。肖茶卡组为灰—灰绿色含砾粗砂岩-中细粒岩屑砂岩-粉砂岩-粉砂质泥岩，构成向上变细的旋回。肖茶卡组中段发育约200m厚的灰色厚层状角砾灰岩、灰色薄—中层状瘤状泥晶灰岩夹泥页岩和灰色薄层状泥灰岩。角砾灰岩单层厚度大，约为60～300cm，总体显示其垮塌、滑动堆积特征。岩性总体较为单一，延伸稳定。产双壳类、菊石类等以及

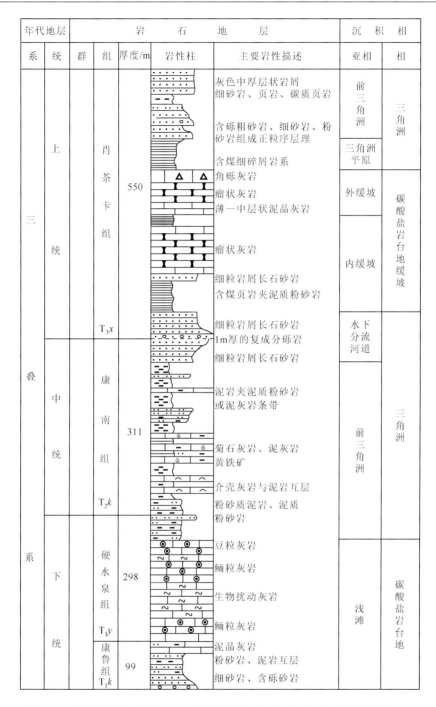

图 1-3　羌塘盆地早三叠世—晚三叠世早期沉积充填序列（江爱达日那剖面）

少量珊瑚化石。肖茶卡组上段主要为黄绿色中层状细粒岩屑砂岩夹泥岩（或互层），上部夹数层碳质泥岩，横向上可夹少许煤层。羌塘盆地北缘弯弯梁、藏夏河、多色梁子一带的藏夏河组，岩性以灰色中—薄层细粒岩屑砂岩、灰色细砂岩、长石石英砂岩、岩屑砂岩为主，夹灰—深灰色薄层泥岩、灰色泥质粉砂岩。砂岩平行层理发育，泥岩水平层理发育，含较多植物碎片，向上砂岩增多变粗，具有明显的向上变浅及加积-进积结构特征。盆地中部为深水复理石盆地-浊积岩相的灰—灰绿色泥页岩与黄灰色、灰色薄—中层状中细粒岩屑砂岩，砂、泥岩常构成韵律，泥岩水平层理极发育，含少量植物碎片，砂岩平行层理发育，发育正粒序层理、平行层理、砂纹层理等沉积构造，岩层中见细砂岩、粉砂质泥岩、泥岩构成鲍马序列，在细砂岩底面上见重荷模，总体表现为向上水体加深、结构变细的沉积旋回。

值得注意的是，在北羌塘盆地菊花山、石水河、沃若山、肖茶卡等地区开展野外油气地质调查过程中，发现在上三叠统肖茶卡组顶部普遍发育一层厚数十厘米的古风化壳，后续进一步调查表明该套风化壳分布广泛，具有区域性的特征（王剑等，2007a；付修根等，2009）。羌塘盆地大规模古风化壳的形成可能与晚三叠世时期全球海平面下降有关，故导致北羌塘盆地大部分地区出露地表，接受风化和剥蚀。羌塘盆地大规模古风化壳的存在表明那底岗日组与下伏地层之间存在明显的沉积间断，表明该盆地的演化进入萎缩阶段。

二、晚三叠世诺利期—瑞替期沉积充填序列

该时期的沉积充填序列相当于那底岗日组沉积组合。区域上，那底岗日组火山岩-火山碎屑岩及沉火山碎屑岩大多沉积超覆于二叠系、石炭系之上，部分地区超覆于肖茶卡组地层之上（图1-4）。从下至上，这一沉积序列由"底砾岩-双模式火山岩-沉火山碎屑岩"构成。底砾岩仅仅发育在局部地区，如孔孔茶卡剖面、肖切堡剖面、菊花山剖面及胜利河剖面，缺失底砾岩的地区，那底岗日组火山岩直接超覆于不整合面之上。冲洪积相底砾岩砾石成分复杂，以英安质凝灰岩为主，同时也包含了下伏基底成分的砾石。砾石粒径大小一般为5～10cm，大者达20～30cm，以圆状—次圆状为主，少数为次棱角状。由此可见，羌塘中生代盆地（T_3～K_1）的开启，是以那底岗日组陆相火山岩-沉火山碎屑岩沉积超覆于古风化壳不整合面之上为标志的（图1-4）。只有在北羌塘中部残留的前陆盆地中，沉积作用基本上才是连续的，表现为整合或平行不整合接触。那底岗日组火山岩及沉火山碎屑岩沉积序列以陆相沉积（堆积）作用为特征，可识别出溢流相、喷发相及沉火山岩相3个序列（王剑等，2004，2009）。溢流相及喷发相火山岩通常由拉斑玄武岩及少量流纹岩组成。岩石地球化学分析表明，溢流相玄武岩与流纹岩通常构成双模式火山岩组合，代表了羌塘盆地开启时期具拉张构造背景（Fu et al.，2010）。目前，已有大量同位素年龄数据证实，那底岗日组双模式火山岩及其同时代的望湖岭组、鄂尔陇巴组等火山岩的喷发年龄为220～201Ma，为晚三叠世卡尼期—瑞替期（Wang et al.，2008；Fu et al.，2010；Zhai et al.，2013）。喷发相火山碎屑岩以凝灰岩、火山角砾岩及少量集块岩为主。根据砾石大小、含量变化可识别出多个正粒序旋回，每个旋回的底部砾石密集且粒径较大，顶部砾石含量少、粒径小，单个旋回厚1.2～3.5m。区域上，那底岗日组及其同时代的望湖岭组、鄂尔陇巴组等火山岩呈近东西向带状分布，厚度变化较大，且大部分地层缺失，在羌塘盆地中西部地区，该套火山岩厚度为120～852m，在羌塘盆地东部地区，火山岩厚度可达1274m。

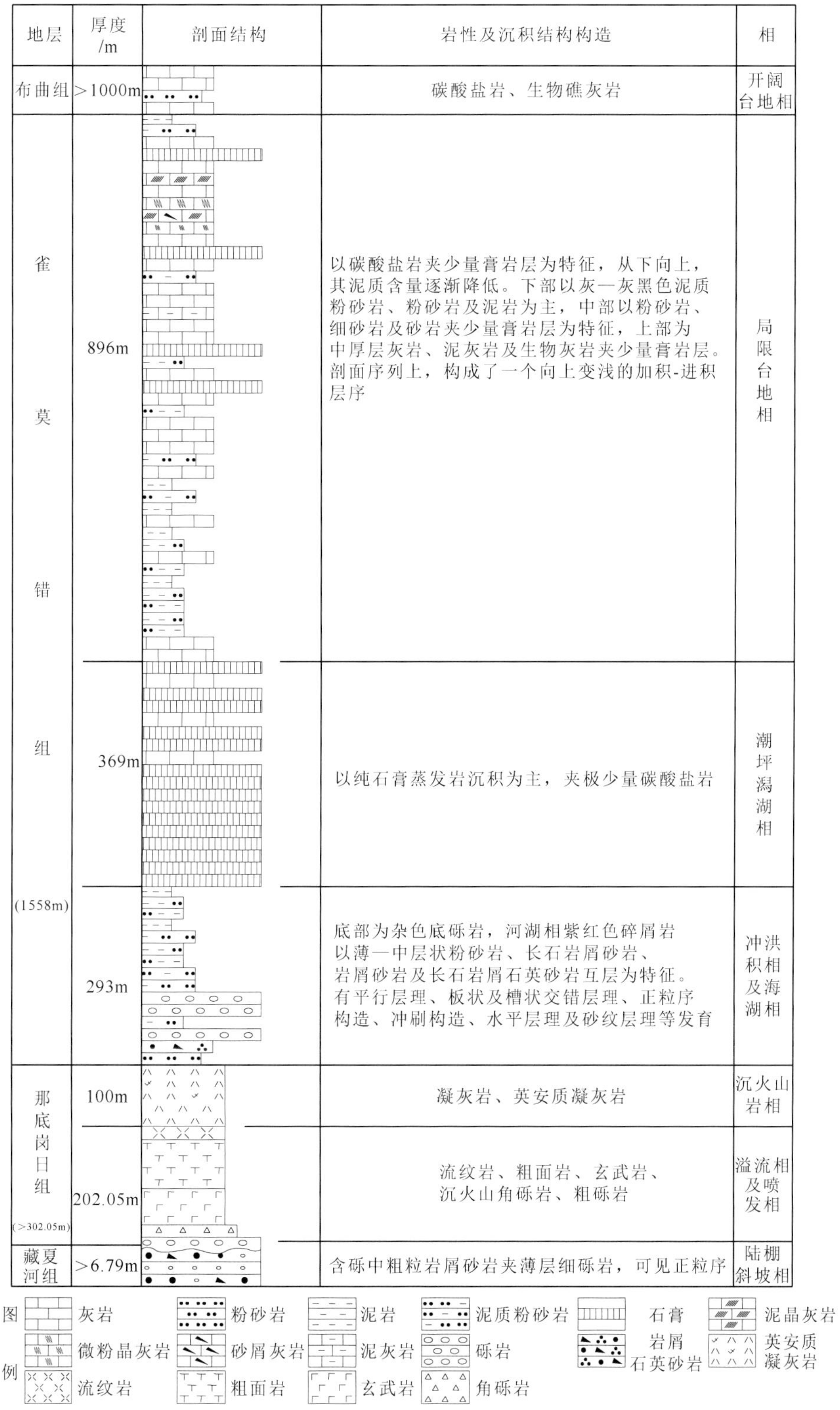

地层	厚度/m	剖面结构	岩性及沉积结构构造	相
布曲组	>1000m		碳酸盐岩、生物礁灰岩	开阔台地相
雀莫错组	896m		以碳酸盐岩夹少量膏岩层为特征,从下向上,其泥质含量逐渐降低。下部以灰—灰黑色泥质粉砂岩、粉砂岩及泥岩为主,中部以粉砂岩、细砂岩及砂岩夹少量膏岩层为特征,上部为中厚层灰岩、泥灰岩及生物灰岩夹少量膏岩层。剖面序列上,构成了一个向上变浅的加积-进积层序	局限台地相
	369m		以纯石膏蒸发岩沉积为主,夹极少量碳酸盐岩	潮坪潟湖相
	(1558m) 293m		底部为杂色底砾岩,河湖相紫红色碎屑岩以薄—中层状粉砂岩、长石岩屑砂岩、岩屑砂岩及长石岩屑石英砂岩互层为特征。有平行层理、板状及槽状交错层理、正粒序构造、冲刷构造、水平层理及砂纹层理等发育	冲洪积相及海湖相
那底岗日组	100m		凝灰岩、英安质凝灰岩	沉火山岩相
	202.05m (>302.05m)		流纹岩、粗面岩、玄武岩、沉火山角砾岩、粗砾岩	溢流相及喷发相
藏夏河组	>6.79m		含砾中粗粒岩屑砂岩夹薄层细砾岩,可见正粒序	陆棚斜坡相

图例:

灰岩	粉砂岩	泥岩	泥质粉砂岩	石膏	泥晶灰岩
微粉晶灰岩	砂屑灰岩	泥灰岩	砾岩	岩屑石英砂岩	英安质凝灰岩
流纹岩	粗面岩	玄武岩	角砾岩		

图 1-4 羌塘中生代盆地开启（T_3n）—初期（$J_{1-2}q$）沉积充填序列（羌科 1 井、弯弯梁剖面）

三、早侏罗世—中侏罗世巴柔期沉积充填序列

该时期的沉积充填序列相当于雀莫错组、曲色组和色哇组沉积组合。雀莫错组与曲色组、色哇组为同期异相的产物，基本上为可对比的沉积序列，不同的是雀莫错组主要发育于北羌塘，而曲色组和色哇组主要发育于南羌塘。这里以雀莫错组沉积充填序列为代表综合概述如下。雀莫错组沉积序列类型Ⅰ及类型Ⅱ的沉积作用从冲洪积相开始，逐渐向陆缘近海湖泊相、三角洲相、潮坪潟湖相及滨浅海相演化（图1-4），岩性上整体以陆源碎屑岩、碳酸盐岩夹膏岩为主，沉积厚度超过2000m。以双湖阿木岗剖面、嘎错乡孔孔茶卡剖面及弯弯梁剖面为例，自下而上，通常由3个沉积层序组成：①冲洪积相杂色底砾岩及陆缘近海湖相碎屑岩；②潮坪潟湖相膏岩层；③局限台地相碳酸盐岩夹膏岩层。

（1）冲洪积相及河湖相沉积序列：底部为杂色底砾岩，色调以紫红、灰绿及灰白色为主，部分火山岩砾石呈灰—灰黑色。底砾岩砾石成分复杂，以脉石英及燧石为主，其次为含砾变质石英砂岩、石英片岩、火山岩、硅质岩、砂岩、灰岩等。砾石磨圆度中等，呈次棱角—次圆状，粒径一般为0.2~1.2cm，局部为3~10cm粒径，见正粒序层理。河湖相紫红色碎屑岩以薄—中层状粉砂岩、长石岩屑砂岩、岩屑砂岩及长石岩屑石英砂岩互层为特征，上部见少量泥岩。河流相碎屑岩以河床亚相砂砾岩为主，河漫滩相不发育，因此少见二元结构。陆缘近海湖相碎屑岩主要为紫红色与灰绿色薄—中层状粉砂岩与泥岩不等厚互层，夹多层泥灰岩、生物碎屑灰岩，局部夹少量石膏层，出现淡水双壳、半咸水双壳和咸水双壳类生物混生组合。河湖相碎屑岩中沉积构造较发育，主要有平行层理、板状及槽状交错层理、正粒序构造、冲刷构造、水平层理及砂纹层理等发育。

（2）潮坪潟湖相沉积序列：以纯石膏蒸发岩沉积为主，夹极少量泥质岩及碳酸盐岩，厚度巨大。在北羌塘玛曲地区羌地16井潮坪潟湖相膏岩层厚达383m，北羌塘半岛湖地区羌科1井证实膏岩层厚超过360m，雀莫错组中部潮坪潟湖相膏岩层是羌塘盆地良好的区域性油气封盖层。

（3）局限台地相沉积序列：以碳酸盐岩夹少量膏岩层为特征，从下向上，其泥质含量逐渐降低。下部以灰—灰黑色泥质粉砂岩、粉砂岩及泥岩为主，中部以粉砂岩、细砂岩及砂岩夹少量膏岩层为特征，上部为中厚层灰岩、泥灰岩及生物灰岩夹少量膏岩层。剖面序列上，构成了一个向上变浅的加积-进积层序。雀莫错组沉积序列类型Ⅲ以各拉丹东雀莫错剖面、羌科1井及羌地17井为代表。其特征是，上覆雀莫错组（$J_{1-2}q$）三角洲平原相、潮坪潟湖相杂色碎屑岩与下伏鄂尔陇巴组（T_3e，与那底岗日组同期）残留盆地相沉火山碎屑岩基本上连续沉积。其沉积演化序列经历了一个由三角洲平原相及三角洲前缘相演化为潮坪潟湖相的过程，其岩相下部以碎屑岩为主，中上部以巨厚的膏岩层为主。北羌塘盆地中部半岛湖地区正在实施的羌科1井等均已证实，自下而上，其沉积过程经历了从前三角洲相，逐渐演化为潮坪潟湖相及滨浅海相。雀莫错组下部前三角洲相以碳酸盐岩夹膏岩层沉积为主，中上部潮坪潟湖相及滨浅海相以碳酸盐岩夹巨厚膏岩层沉积为主。生物化石组合以咸水双壳类生物为主，兼有半咸水双壳和咸水双壳类混生组合。

曲色组（J₁q）和色哇组（J₂s）沉积序列主要发育于南羌塘，两者通常为相变过渡关系，不容易明确区分开来。与北羌塘盆地不同，由于南羌塘盆地受班公湖-怒江洋打开的直接影响，其中生代盆地海侵作用迅速而强烈。整体上，曲色组、色哇组沉积序列以滨海相迅速过渡为浅海陆棚及局限海湾相为特征，从下至上，通常由滨浅海相相对较粗的长石岩屑石英砂岩逐渐过渡为内陆棚相粉砂岩及泥页岩组合。在南羌塘毕洛错一带，曲色组、色哇组上部为一套潮坪相泥灰岩夹膏岩、局限海湾相油页岩沉积组合，而在索布查、曲色、曲瑞恰乃、康托等地，为外陆棚相页岩夹少量粉砂岩沉积序列组合。沉积构造不发育，通常以反映相对较深水的水平层理、页理、低密度粒序层理等沉积构造为主，草莓状黄铁矿结核发育。

四、中侏罗世巴通期沉积充填序列

该时期的沉积充填序列相当于布曲组沉积组合。布曲组沉积充填序列是在高水位沉积作用条件下，以加积作用为特征，形成了一套以局限台地相-开阔台地相-生物礁及生物礁滩相碳酸盐岩为主的岩相组合。北羌塘中部半岛湖地区羌科 1 井及长水河剖面研究表明，从下至上，布曲组由"灰岩—碎屑岩—灰岩"3 个旋回构成（图 1-5）：①开阔台地相碳酸盐岩、生物礁灰岩；②潮坪-开阔台地相泥质岩、长石岩屑石英细砂岩及泥灰岩；③上部厚层块状生物礁滩相生物灰岩及藻灰岩。布曲组常含有较丰富的生物化石，包括双壳类和菊石类，部分保存完好，偶见直径达 15cm 的菊石化石。最近完成的羌地 17 井及羌科 1 井证实，夏里组第一个进积旋回下部的泥页岩夹膏岩层是良好的区域性封盖层，在其下的布曲组顶部厚层块状生物礁滩相灰岩及藻灰岩中，均发现了较好的油气显示。

五、中侏罗世卡洛期—晚侏罗世基末里期沉积充填序列

该时期的沉积充填序列相当于夏里组（J₂x）、索瓦组（J₃s）沉积组合。从下至上，夏里组及索瓦组由"碎屑岩—碳酸盐岩"沉积层序构成了一个完整的进积-加积旋回（图 1-6）。下部夏里组沉积序列由 2 个非常类似的进积旋回组成：从前三角洲进积演化为三角洲平原，形成了一套以三角洲相为主的陆源碎屑岩夹膏岩沉积组合。前三角洲亚相陆源碎屑岩以泥岩、泥质粉砂岩及粉砂岩为主，局部夹少量灰岩、泥灰岩及膏岩层，三角洲平原亚相沉积序列包括分支河道砂砾岩、潮坪或潟湖相粉砂岩及泥岩。上部索瓦组沉积序列以稳定加积-进积型碳酸盐岩夹陆源碎屑岩沉积为主，并以频繁出现粉砂岩夹层区别于布曲组。该沉积序列经历了由碳酸盐台地相向潮坪、潟湖相转变的演化过程，其底部为一明显的沟蚀面，多数地方表现为相对较深水的台地相碳酸盐岩沉积超覆在相对较浅水的滨岸相砂泥岩之上，向上为变浅的进积型碳酸盐岩夹砂岩及泥质粉砂岩沉积岩组合，含有十分丰富的腕足类生物化石。

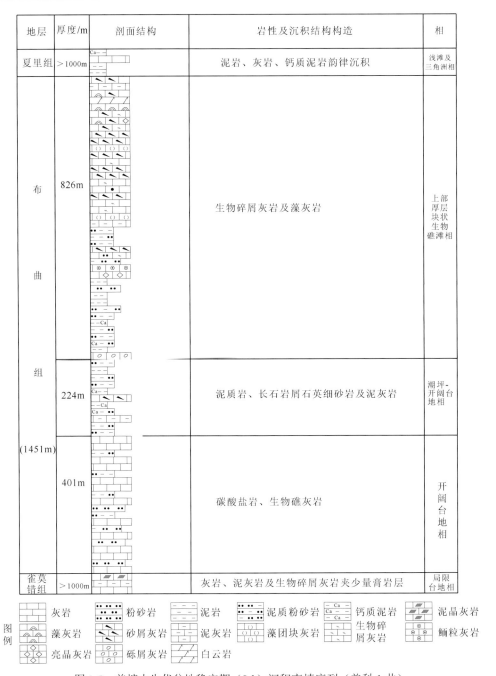

图 1-5 羌塘中生代盆地稳定期（J_2b）沉积充填序列（羌科 1 井）

六、晚侏罗世提塘期—早白垩世贝里阿斯期

该时期的沉积充填序列相当于白龙冰河组（$J_3 \sim K_1b$）及其同期异相的雪山组、扎窝茸组等沉积组合。该沉积序列形成于侏罗纪末期—白垩纪早期。作为羌塘海相盆地萎缩、消亡期的产物，该沉积序列发育不全，或被后期高原隆升剥蚀殆尽。作为羌塘盆地萎缩、

地层	厚度/m	剖面结构	岩性及沉积结构构造	相
白龙冰河组			灰绿色泥岩	
索瓦组	686m		顶部为生物碎屑泥灰岩，中部—下部主要为深灰色泥灰岩与泥岩互层，夹有少量生物碎屑砂质灰岩	潟湖相
			主要为深灰色厚层生物碎屑灰岩、泥灰岩、泥岩互层，夹有钙质细砂岩与岩屑细砂岩	碳酸盐台地相
夏里组	990m		主要为灰色泥岩夹粉砂岩、细砂岩	三角洲相
			主要为灰色泥晶灰岩、泥灰岩、泥岩夹钙质泥岩	
			主要为灰色泥岩、钙质泥岩、粉砂质泥岩、泥质粉砂岩，夹有钙质粉砂岩、泥晶灰岩、泥灰岩、石膏层	
布曲组			主要为深灰色含砂屑泥晶灰岩，顶部为灰色泥岩	

图例　灰岩　粉砂岩　泥岩　泥质粉砂岩　钙质泥岩　石膏　细砂岩　砂屑灰岩　泥灰岩　生物碎屑灰岩

图1-6　羌塘中生代盆地转换期（$J_2x \sim J_3s$）沉积充填序列（长水河剖面、羌科1井）

消亡的标志，该沉积序列的底界面为Ⅰ型层序界面（图1-7）。在近源区，其底界面为典型的陆蚀面，界面之上为河流相-三角洲前缘相砂岩、砾岩超覆在潟湖相、潮坪相粉砂岩、泥岩、页岩或泥灰岩之上；在近盆地区，如白龙冰河、曲瑞恰乃等地，砂屑灰岩或粉砂岩向下超覆在夏里组微晶灰岩之上。

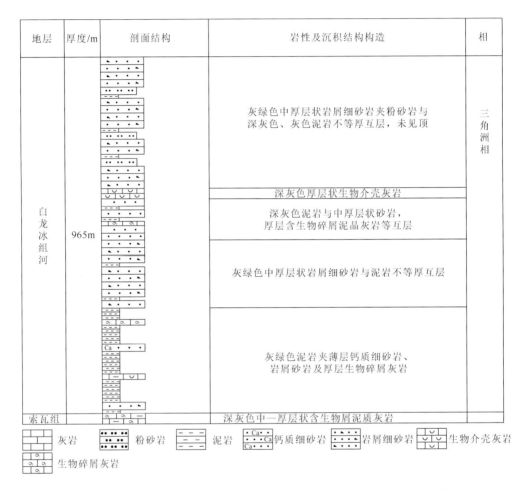

图1-7 羌塘中生代盆地萎缩、消亡期（$J_3 \sim K_1 b$）沉积充填序列（长水河剖面）

第三节 中生代羌塘盆地演化特征

羌塘中生代沉积盆地演化大体可分为6个阶段：前陆盆地演化阶段、初始裂谷演化阶段、被动陆缘裂陷阶段、被动陆缘拗陷阶段、被动大陆向活动大陆转化阶段、盆地萎缩消亡阶段（图1-8）。实际上，羌塘盆地是一个从前陆盆地演化为裂陷盆地及被动大陆边缘盆地，最后再次转化为前陆盆地并关闭消亡的叠合型盆地。这一叠合型盆地模式，主要是建立在沉积演化序列研究、岩相古地理分析、沉积大地构造分析及火山岩年代学研究等基础之上的。

一、阶段1：前陆盆地演化阶段

该阶段大致发生在早三叠世初—晚三叠世卡尼期，相当于康鲁组至肖茶卡组沉积期[图1-8（a）]。据现有资料推测，该时期中央隆起带以南可能处于大陆剥蚀区，因此，盆地的范围仅限于北羌塘地区。盆地是羌塘地块向北俯冲以及可可西里造山带的崛起并向南逆冲共同作用的产物。但是，目前尚无确切资料限定该盆地的形成时间，推测其可能在早三叠世已经开始发育。主要依据有二：一是金沙江洋盆在二叠纪末期已经关闭，向造山带转换；二是在可可西里造山带前缘发育巨厚的暗色深水相复理石沉积（若拉岗日群下部），据推测属中-下三叠统，而在盆地南缘的热觉茶卡一带，下三叠统以角度不整合向南超覆于中央隆起带北缘，主要为一套滨浅海相中—粗粒碎屑沉积物，其上为中三叠统浅海碳酸盐岩沉积。可见，早-中三叠世，北羌塘盆地已具备了前陆盆地的基本特征，即造山带前缘快速挠曲、下沉、接受早期复理石沉积；盆地呈南浅北深的箕状；沉降中心向前陆隆起方向迁移等。

晚三叠世卡尼期早期，盆地的沉降中心进一步向南迁移，前源带位于藏夏河、明镜湖一带，形成深水复理石沉积；那底岗日、沃若山、土门格拉一带为隆后区，发育含煤碎屑沉积；而在盆地中部广大地区为前陆隆起带，广泛发育碳酸盐岩缓坡。古流向和物源分析显示，盆地具有双向物源（王剑等，2009）。晚三叠世卡尼期晚期/诺利期早期，为该前陆盆地的萎缩阶段，盆地内广泛发育三角洲相碎屑含煤沉积。随后羌塘地区的构造性质全面发生了反转，北羌塘拗陷地区全面隆升成为剥蚀区，致使在肖茶卡组顶部发育区域性的古风化壳，从而结束了前陆盆地演化阶段。整个羌北地区可能缺失诺利期早期的地层。

二、阶段2：初始裂谷演化阶段

该阶段发生在晚三叠世诺利期—瑞替期，相当于那底岗日组沉积期[图1-8（b）]。岩浆热柱首先使羌塘盆地南侧的班公湖—怒江一带地壳破裂，产生裂谷作用，并迅速扩张成为洋盆。早侏罗世，羌南地区发育稳定的浅海陆棚相沉积，且在南侧形成了现今保存于班公湖—怒江缝合带中的远洋沉积，说明班公湖—怒江洋盆已经打开，南羌塘已发展成被动大陆边缘盆地。裂陷作用首先在南羌塘地区发生，如在色林错、兹格塘错等地保留有裂谷早期沉积，即基性火山岩、紫红色粗碎屑岩、膏岩等；在申扎县巫嘎附近也发现有基性火山岩-紫红色粗碎屑岩-泥灰岩、膏岩组合，时代为晚三叠世（周祥，1984）；在羌南肖茶卡、北雷错一带伴生有小型裂谷（陷）盆地，初期发育喷溢相角砾状中基性火山岩，即形成肖茶卡—毕洛错裂陷槽。随后在北羌塘地区发生裂陷作用，但在以北羌塘地区为主裂陷的地区，由于其前期受到可可西里-金沙江洋盆关闭的影响，自南向北依次形成吐错-吐波错裂陷槽和弯弯梁-雀莫错裂陷槽。北羌塘胜利河、菊花山、石水河和那底岗日地区发育大规模的火山作用（吐错-吐波错裂陷槽所在位置），另外在北羌塘北部弯弯梁和东部各拉丹冬地区形成区域性展布的双峰式火山岩带（弯弯梁-雀莫错裂陷槽所在位置）。值得注意的是，在北羌塘中部的半岛湖北部羌科1井所钻遇的那底岗日组地层中也含有数百米的火山碎屑岩沉积，这也能很好地支撑了北羌塘在该时期遭受的裂陷作用。前期形成的羌塘大陆剥蚀区下陷成为沉积盆地，从而真正意义上形成了羌塘盆地内部"两拗一隆"的格局。

三、阶段3：被动陆缘裂陷阶段

该阶段裂陷发生在早侏罗世—中侏罗世巴柔期，相当于雀莫错组沉积期/曲色组和色哇组沉积期 [图1-8（c）]。裂陷作用发生在羌塘盆地北部，使前期的大陆剥蚀区下陷成为沉积盆地，形成多个地堑-地垒式结构。在北羌塘拗陷盆地中，海水以狭窄的通道经中央隆起与南侧的外海相通，形成较封闭的陆缘近海湖泊环境。其内部呈地堑-地垒结构，下部发育厚 0～640m 的冲洪积相砾岩，不整合于前侏罗系之上；上部发育红色碎屑岩夹少量灰岩和石膏，厚 400～1800m。拗陷内部发育 3 个呈北西向展布的裂陷槽，分别位于弯弯梁、雀莫错和菊花山—那底岗日—玛威山一带，始终是该阶段的沉积和沉降中心。北拗陷沉积物具有多物源特点，主要来自可可西里造山带和中央隆起带，其次为拗陷内部相对隆起区，如乌兰乌拉山、半咸河、沃若山等地（王剑等，2009）。裂陷区具有沉降速度快、沉积速率高、沉积厚度巨大的特点，最大沉积厚度在 2400m 以上。而对南羌塘拗陷来说，因其毗邻班公湖-怒江洋盆（中特提斯洋），在裂谷发育阶段，就已沉降很深，该时期主要发育浅海陆棚沉积，自下而上表现为曲色组和色哇组沉积。曲色组发育深灰—黑色泥页岩夹灰岩，产早侏罗世菊石、腕足类化石；色哇组地层发育以深灰色、灰色泥页岩、粉砂质泥岩、粉砂岩为主，局部层段夹灰岩，沉积厚度为 600～1200m。

四、阶段4：被动陆缘拗陷阶段

该阶段为中侏罗世巴通期，相当于布曲组沉积期 [图1-8 (d)]。该时期整个羌塘地区发生了相对稳定的均匀沉降作用，盆地内发生了大规模海侵。海水淹没了中央隆起，将南北拗陷连接成一个统一的被动大陆边缘拗陷盆地，整体上呈北浅南深的单斜结构，以碳酸盐台地沉积为主，总沉积厚度为 500～1200m。需要强调的是，这一阶段也是班公湖-怒江洋盆扩张至最大的时期，影响了盆地内同期的海侵过程，表明了班公湖-怒江洋盆的扩张对羌塘盆地演化的控制作用。

五、阶段5：被动大陆向活动大陆转化阶段

该阶段为中侏罗世卡洛期，相当于夏里组沉积期 [图1-8 (e)]。该时期区内发生了一次快速的海平面下降，盆地内主要表现为陆源碎屑沉积物急剧增加。值得注意的是，晚侏罗世牛津期—基末里期（相当于索瓦组沉积期）羌塘盆地发生了第二次海侵，沉积了上侏罗统索瓦组下段。区内发生的又一次海平面快速上升，剥蚀区被海水淹没，陆源碎屑迅速减少，全盆地转为碳酸盐岩沉积，形成北东部较高，向西南部倾斜的古地理面貌。沉积环境自北东向西南方向依次发育潮坪、潟湖、碳酸盐台地和陆棚，底部发育一明显的初始海

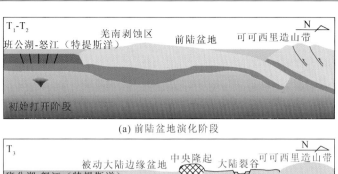

(a) 前陆盆地演化阶段

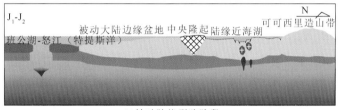

(b) 初始裂谷演化阶段

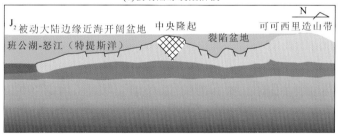

(c)被动陆缘裂陷阶段

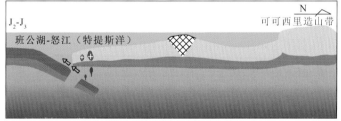

(d) 被动陆缘拗陷阶段

(e)被动大陆向活动大陆转化阶段

图 1-8　羌塘盆地中生代构造演化模式图（王剑和付修根，2018）

泛面，多数地方表现为碳酸盐岩超覆在砂岩、泥岩之上。位于羌塘盆地南部的中特提斯洋盆该时期则发生了洋内俯冲，在班公湖-怒江缝合带的蛇绿岩中，发现了 167Ma 的玻安岩（高镁安山岩）。玻安岩是洋内俯冲的产物，代表成熟的洋岛岩石（Hickey and Frey，1982；Kerrich et al.，1998）。因此，玻安岩的出现也暗示了沿南羌塘边缘与俯冲有关的弧前裂谷较好的发展。中特提斯洋盆的再次扩张导致了羌塘盆地晚侏罗世的第二次大规模海侵，而羌塘盆地性质也由被动大陆边缘盆地向活动大陆边缘盆地转换。

六、阶段 6：盆地萎缩消亡阶段

盆地萎缩阶段发生在晚侏罗世提塘期—早白垩世贝里阿斯期，相当于白龙冰河组/雪山组/扎窝茸组沉积期 [图1-8 (f)]。羌塘中生代盆地萎缩消亡与中特提斯洋盆的最后关闭有关。提塘期，羌塘盆地南部迅速抬升，羌南地区和盆地的北东部分迅速隆升成陆地，海域萎缩至北羌塘拗陷的中西部。海水逐步向西北部退缩，形成一个向北西开口的海湾-潟湖环境，其内部沉积灰岩、泥岩和粉砂岩，沉积厚度为 600~1600m，向东南部的外缘地区发育河流-三角洲相紫红色碎屑沉积。大约在中白垩世（101Ma），羌塘盆地仍然存在残留海湾的沉积（Fu et al.，2008）。之后，海水完全退出羌塘地区，结束中生代海相盆地的演化历史。羌塘盆地的萎缩关闭，与中特提斯洋盆的关闭时间是一致的，研究显示，羌塘盆地内发育 155~147Ma 的花岗岩，这些花岗岩具有明显的俯冲碰撞性质，是中特提斯洋盆俯冲关闭的标志（Pullen et al.，2011）。事实上，许多学者也提出，中特提斯洋盆的关闭时间为晚侏罗世（Girardeau et al.，1984；Pearce and Deng，1990；Zhou et al.，1997）。然而，中特提斯洋盆的最后关闭时间延续到了晚白垩世（Zhang et al.，2012）。Liu 等（2014）对班公湖-怒江缝合带的热邦错蛇绿岩的年龄研究显示，中特提斯洋盆的最后关闭时间为中白垩世，大约为 103Ma，这一结果与羌塘盆地海水的最后退出时间一致。

第二章 羌塘盆地二维地震试验与调查

羌塘盆地的二维地震勘探,在不同时期由不同单位组织实施完成,早期的二维地震对解剖盆地区域构造格架及部分局部构造发挥了作用,但资料品质较差。2015年以来的二维地震勘探工作,加强了方法试验,取得了较好的品质资料,成功识别出羌塘盆地半岛湖地区有利圈闭(Ⅰ类)1个,落实或较落实的较有利圈闭(Ⅱ类)1个,为羌科1井井位论证提供了可靠的地球物理依据。

第一节 前人工作及评述

羌塘盆地地震资料主要分为三个阶段。第一个阶段为探索阶段:1994~1998年由中石油青藏项目经理部完成,虽然当时完成的二维地震勘探长度超过2640km,但由于当时勘探条件限制,二维地震勘探效果非常不好,距今年代也较远,目前仅能收集到880线纸质版地震剖面。第二个阶段为试验攻关阶段:2004~2014年由中国地质调查局成都地质调查中心完成,此阶段采集试验剖面合计9条共941.79km。第三个阶段为突破阶段:2015年中国地质调查局成都地质调查中心组织完成了羌塘盆地1161.16km二维地震,其中半岛湖地区获得了品质最好的地震资料,取得了羌塘盆地地震勘探历史性的突破。

一、评估标准

主要目的层地震反射品质评估分标准分为三类。

Ⅰ类(波组可靠):波组反射特征明显,相位稳定,可连续追踪对比。

Ⅱ类(波组较可靠):波组反射特征较明显,强相位稳定性较差,连续性较差,如果采用现有处理手段重新处理,剖面质量可能改善。

Ⅲ类(波组连续性差):波组特征不明,信噪比差,无法用于构造解释。

二、地震资料评估

地震资料评估总量为2102.95km,托纳木—笙根地区、半岛湖地区和隆鄂尼—鄂斯玛地区主要目的层地震反射品质如表2-1所示。由于本次评估主要地层为侏罗系和三叠系,故顶面波组为侏罗系底界面反射波波组,底面波组为三叠系底界面反射波波组,内部波组为侏罗系和三叠系内部反射波波组(图2-1)。

表 2-1　羌塘盆地重点地区主要目的层地震反射品质一览表

波组类型	评估类型	托纳木—笙根地区	半岛湖地区	隆鄂尼—鄂斯玛地区
顶面波	剖面总长度/km	957.31	665.64	480.00
	Ⅰ类波组剖面/km	265.88	139.54	108.24
	百分率/%	27.77	20.96	22.55
	Ⅱ类波组剖面/km	368.87	120.73	183.94
	百分率/%	38.53	18.14	38.32
	Ⅲ类波组剖面/km	322.56	405.37	187.82
	百分率/%	33.70	60.90	39.13
底面波	剖面总长度/km	957.31	665.64	480.00
	Ⅰ类波组剖面/km	218.09	157.99	70.42
	百分率/%	22.78	23.74	14.67
	Ⅱ类波组剖面/km	483.88	256.66	156.72
	百分率/%	50.55	38.56	32.65
	Ⅲ类波组剖面/km	255.34	250.99	252.86
	百分率/%	26.67	37.70	52.68
内部波	剖面总长度/km	957.31	665.64	480.00
	Ⅰ类波组剖面/km	213.14	163.60	99.79
	百分率/%	22.26	24.58	20.79
	Ⅱ类波组剖面/km	445.94	292.11	162.96
	百分率/%	46.59	43.88	33.95
	Ⅲ类波组剖面/km	298.23	209.93	217.25
	百分率/%	31.15	31.54	45.26

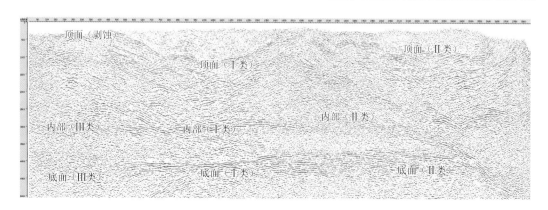

图 2-1　托纳木地区地震反射品质评估标准（TS2009-03 线）

1. 托纳木—笙根地区

该地区总计评估地震剖面 957.31km，顶面波Ⅰ类波组剖面长 265.88km，占 27.77%；

Ⅱ类波组剖面长 368.87km，占 38.53%；Ⅲ类波组剖面长 322.56km，占 33.70%。底面波Ⅰ类波组剖面长 218.09km，占 22.78%；Ⅱ类波组剖面长 483.88km，占 50.55%；Ⅲ类波组剖面长 255.34km，占 26.67%。内部波Ⅰ类波组剖面长 213.14km，占 22.26%；Ⅱ类波组剖面长 445.94km，占 46.59%；Ⅲ类波组剖面长 298.23km，占 31.15%。

从剖面品质来看，托纳木地区顶面波波组在笙根山北部效果较好，大部分波组清晰可见，连续性强，为一套标准反射层；在笙根山南部，效果不好，除去剥蚀掉无法评估部分，大部分波组特征不明显，连续性为一般到差，属于Ⅱ类波组。底面波波组以及内部波波组与顶面波波组类似，评价结果以笙根山为界，笙根山北部大部分波组属于Ⅰ类-Ⅱ类，大部分波组特征明显，连续性较强，笙根山南部大部分波组属于Ⅱ类、Ⅲ类，波组特征不明显，连续性一般到差。

2. 半岛湖地区

该地区总计评估地震剖面 665.64km，顶面波Ⅰ类波组剖面长 139.54km，占 20.96%；Ⅱ类波组剖面长 120.73km，占 18.14%；Ⅲ类波组剖面长 405.37km，占 60.90%。底面波Ⅰ类波组剖面长 157.99km，占 23.74%；Ⅱ类波组剖面长 256.66km，占 38.56%；Ⅲ类波组剖面长 250.99km，占 37.70%。内部波Ⅰ类波组剖面长 163.60km，占 24.58%；Ⅱ类波组剖面长 292.11km，占 43.88%；Ⅲ类波组剖面长 209.93km，占 31.54%。

半岛湖位于羌塘盆地北羌塘凹陷带，受区域构造运动的影响和制约，该区整体上呈中间高、南北低的构造格局。背斜长轴方向近北西西向，等高线的走向反映了该区主要受到来自北东方向、北西方向和南西方向三个方向挤压作用形成了现有的构造格局，主要以褶皱为主、断裂较少，这些特征主要受控于所处的区域位置：长轴方向呈东西向的背斜，主要受羌塘北缘褶冲带从北向南的挤压和中央古隆起带由南向北的挤压形成，造成该区现今的构造形态以褶皱为主、断裂较少，构造以背斜为主。半岛湖地区总体表现为"两凸两凹"的构造格局，由北向南依次可以划分为桌子山凸起、万安湖凹陷、半岛湖凸起以及龙尾湖-托纳木凹陷四个构造单元。其中，万安湖凹陷地震资料品质最好、断裂规模小、构造变形相对较弱，为构造保存最有利单元，为下一步重点勘探区。

3. 隆鄂尼-鄂斯玛地区

该地区总计评估地震剖面 480.00km，顶面波Ⅰ类波组剖面长 108.24km，占 22.55%；Ⅱ类波组剖面长 183.94km，占 38.32%；Ⅲ类波组剖面长 187.82km，占 39.13%。底面波Ⅰ类波组剖面长 70.42km，占 14.67%；Ⅱ类波组剖面长 156.72km，占 32.65%；Ⅲ类波组剖面长 252.86km，占 52.68%。内部波Ⅰ类波组剖面长 99.79km，占 20.79%；Ⅱ类波组剖面长 162.96km，占 33.95%；Ⅲ类波组剖面长 217.25km，占 45.26%。

总体而言，鄂斯玛和玛曲区块地震资料品质好于隆鄂尼区块。鄂斯玛和玛曲区块浅层地震反射能量强、连续性好，相对易于追踪对比，深部反射层的反射能量弱，反射品质相对较差，追踪对比相对困难；横向上位于凹陷区及地表褶皱强度较低区域所获的资料品质较好，反射波能量强、特征明显，易于连续追踪对比解释，各目的层反射可满足构造解释的要求；位于构造褶皱强度较大、断裂发育及地表出露地层较老区域所获的地震资料品质明显变差，反射波连续性变差，波组特征不明显，难以连续追踪对比解释。隆鄂尼区块仅部分测线浅层地震反射能量强、连续性好，相对易于追踪对比，大部分测线主要目的层段反射层的反射能量弱，反射品质相对较差，追踪对比相对困难。

第二节　二维地震勘探方法试验

一、试验测线部署与方法

根据地质任务及采集技术要求，针对复杂地区的地表及地下地质条件的特点，结合前期采集资料分析，为了进一步优化二维采集方法，以确保各项采集参数更加科学合理，制定针对性的试验方案。通过试验，确定有针对性地采集参数，确保采集资料有足够的信噪比，满足地质任务的要求。试验项目主要包括：环境噪声相干半径调查、干扰波调查、检波器组合图形、激发井深、激发药量、激发井数试验。所有试验工作均以单一因素变化进行。本节重点介绍羌塘盆地半岛湖（2015 年）和托纳木—笙根两个重点区块二维地震攻关实验情况。

（一）半岛湖重点区块二维地震攻关试验

1. 点试验

根据前期获得的采集因素和结论，结合本区的岩性及地形情况，2015 年选取了具有代表性的 3 个不同岩性区域作为激发因素验证试验点，其中 S1 点为第四系砂砾岩河滩区，S2 点为侏罗系基岩山地区，S3 点为古近系山顶区，K1 和 K2 为考核试验点（图 2-2）。

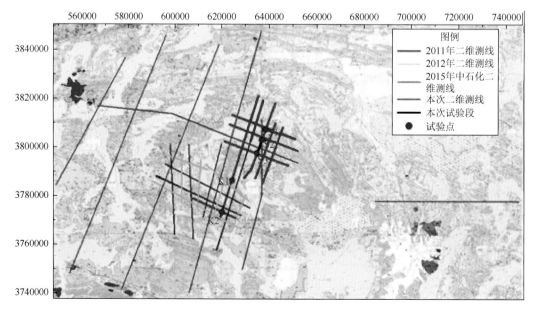

图 2-2　激发因素验证试验点位置分布图（底图为地质图）

2. 段试验

点试验工作结束后,对试验资料进行定性、定量分析,优选采集参数,在 QB2015-05SN 线上 S2 点和 S3 点之间以 QB2015-05SN 与 QB2015-10EW 线交点为中心选取满覆盖 3.045km、炮线长度为 8.94km 的测线进行三线三炮（3S3L）宽线段试验工作（图 2-3）。

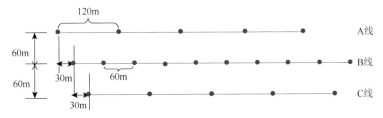

图 2-3　2015 年段试验方案示意图

观测系统：3S3L 道距为 30m,中间放炮 400 道接收。

接收道数：1200 道（400 道×3）。

接收线距：60m。

覆盖次数：600 次（100 次×6）。

炮间距：中间线炮距为 60m,两边炮线炮距为 120m。

3. 试验完成工作量

在 2011～2012 年地震攻关实验基础上（点试验 8 个,共计 114 炮）,2015 年羌塘盆地半岛湖重点区块共完成 5 个考核试验点试验（49 炮）、3 个双井微测井和段试验（表 2-2,表 2-3）。

表 2-2　2015 年半岛湖重点区块生产前及生产中激发因素试验内容及完成工作量

试验项目		试验内容	完成工作量	合计
近地表结构调查		双井微测井	3 个	
S1 试验点 （第四系河滩区）	干扰波调查	井深,1 口×20m;药量为 20kg	6 炮	19 炮
	检波器图形	图形 A：两串 24 个沿线矩形面积组合 图形 B：两串 24 个"×"形大组合		
	井深	高速层或永冻层顶界面下 3m、5m、7m、9m;药量为 20kg	4 炮	
	药量	12kg、14kg、16kg、18kg、20kg、22kg、24kg;高速层顶界面下 5m	7 炮	
	组合井	2 口×15m×10kg;3 口×12m×6kg	2 炮	
S2 试验点 （侏罗系山地区）	井深	高速层顶界面下 3m、5m、7m、9m;药量为 22kg	4 炮	11 炮
	药量	12kg、14kg、16kg、18kg、20kg、22kg、24kg;高速层顶界面下为 5m	7 炮	
S3 试验点 （古近系山顶区）	井深	高速层或永冻层顶界面下 3m、5m、7m、9m;药量为 22kg	4 炮	11 炮
	药量	12kg、14kg、16kg、18kg、20kg、22kg、24kg;高速层顶界面下为 5m	7 炮	

续表

试验项目	试验内容		完成工作量	合计
K1 考核试验点（侏罗系山地区）	药量	16kg、18kg、20kg、22kg；18m	4 炮	4 炮
K2 考核试验点（古近系山顶区）	药量	18kg、20kg、22kg、24kg；20m	4 炮	4 炮
合计			49	49 炮

表 2-3　2015 年羌塘盆地半岛湖重点区块段试验完成工作量表

特征点		米桩号	北坐标	东坐标	米桩号	北坐标	东坐标	长度/km	炮数/炮	检波点数/个
A 线	炮点	67365	3796438.5	634656.9	76245	3804751.7	637778.6	8.88	75	
	检波点	61410	3790863.6	632563.5	82320	3810439.0	639914.3	20.91		699
B 线	炮点	67395	3796466.6	634667.5	76335	3804836.0	637810.3	8.94	150	
	检波点	61410	3790863.6	632563.5	82320	3810439.0	639914.3	20.91		699
C 线	炮点	67425	3796494.7	634678.0	76305	3804807.9	637799.7	8.88	75	
	检波点	61410	3790863.6	632563.5	82320	3810439.0	639914.3	20.91		699
满覆盖		70342.5	3799226.0	635703.6	73387.5	3802076.6	636774.1	3.045		
一次覆盖		64402.5	3793665.1	633615.0	79327.5	3807637.5	638862.3	14.925		
合计									300	2097

（二）托纳木—笙根重点区块二维地震攻关试验

该地区于 2008～2011 年进行了较为系统的采集方法、采集参数试验。2009 年在 TS2009-03 西段进行了 3 个考核试验点（32 炮）与 1 个小折射实验工作，2010 年在 TS2010-02 南段进行 13.37km、设计物理点 394 炮的宽线与 2 个考核试验点（22 炮）试验工作，2011 年完成了 3 个小折射调查点、3 个考核试验点（19 炮）的点试验工作及宽线试验工作（图 2-4）。

2012 年，选择 TS2012-06 线进行 3L3S 宽线试验攻关工作（图 2-4，表 2-4，表 2-5），探索提高叠加次数对改善叠加成像效果的影响，对点试验结论进行考核和优化，得出不同接收线、不同炮线激发的不同覆盖次数叠加剖面，进一步研究适合本区的宽线观测方式，为本区油气勘探采集技术发展提供依据。

2015 年以 TS2015-SN3 线作为震源试验线，设计 S1、S2-1、S2-2、S3 共计 4 个系统试验点（可控震源），在后续施工的井炮试验线 TS2015-SN5 设计 S4 开展井炮激发因素系统试验。后期 TS2015-SN1 线井炮段增加考核激发因素试验点 K1（夏里组砂岩），TS2015-SN7 线增加激发因素考核试验点 K2（索瓦组灰岩）、K3（石坪顶组火山岩）、K4（雪山组砂岩）。共计完成 5 个试验点和 4 个考核试验点的二维地震攻关实验工作。

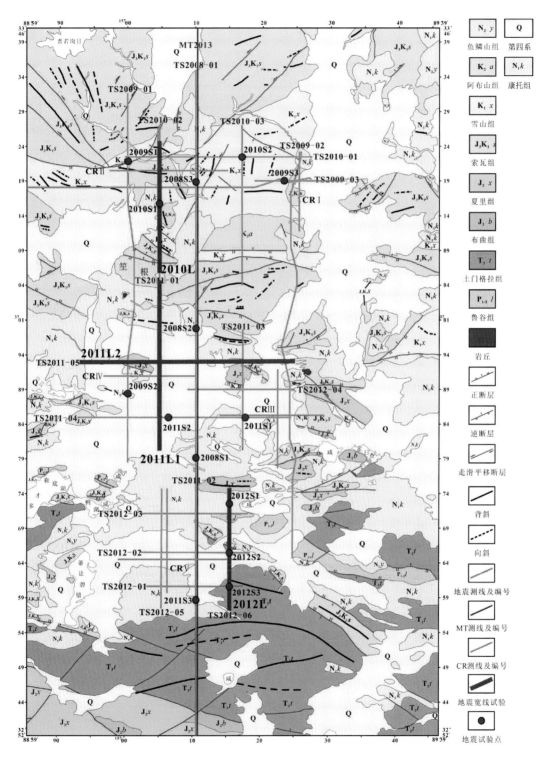

图 2-4　羌塘盆地托纳木—笙根地区地球物理勘探工作部署

表 2-4　2012 年点试验内容及工作量表

试验项目	试验内容		工作量
近地表结构调查	单井微测井		3 个
S1 验证试验点 （平地第四系覆盖区）	井深	药包顶距高速层顶界面下 1m、3m、5m、7m、9m；药量为 18kg	10 炮
	药量	确定的合理井深；14kg、16kg、18kg、20kg、22kg	
	盒子波调查干扰波	激发因素均采用 S1 点确定的激发井深和药量	62 炮
S2 验证试验点 （河滩坡积物区）	井深	药包顶距高速层顶界面下 1m、3m、5m、7m、9m；药量为 20kg	10 炮
	药量	确定的合理井深；16kg、18kg、20kg、22kg、24kg	
S3 验证试验点 （山地基岩出露区）	井深	药包顶部距高速层顶界面下 1m、3m、5m、7m、9m；药量为 22kg	10 炮
	药量	确定的合理井深；16kg、18kg、20kg、22kg、24kg	
S1～S3 验证试验点合计			92 炮

注：根据试验情况，进行动态试验，适时调整试验内容。

表 2-5　2012 年 3L3S 宽线观测系统线试验完成工作量表

线号	特征点	起点坐标			终点坐标			长度/km
		米桩号	北坐标	东坐标	米桩号	北坐标	东坐标	
TS2012-06（试验攻关线，宽线观测系统 3S3L，720 次覆盖）	满覆盖	177022.5	3661555	715000	185527.5	3670060	715000	8.51
	炮点	173475	3658007.5	715000	189075	3673607.5	715000	15.6
	一次覆盖	169882.5	3654415	715000	192667.5	3677200	715000	22.79
	施工长度	166290	3650822.5	715000	196260	3680792.5	715000	29.97

注：炮数为 521 炮；道数为 3000 道；方向为南北方向；观测系统为 7185-15-30-15-7185（3L3S 宽线观测系统）。

二、技术难点

由于羌塘盆地是原隆升后的残留盆地，构造演化过程复杂，冻土层发育，造成羌塘盆地地震资料具有反射能力弱、信噪比低、分辨率低、多次波发育、深部成像困难等特点。主要的技术难点体现在三个方面。

1. 近地表高程引起的静校正问题

地区属海拔高差大的高原山区地形，地形起伏剧烈，原始资料信噪比差异大，如何采用合理的静校正、剩余静校正技术解决本地区近地表高程变化引起的中、长波长静校正问题，获得可靠处理成果，为后续构造解释提供第一手可信资料，是本次处理的一大难点。

2. 压制干扰提高信噪比

地区内地表地质激发接收条件差异大，信噪比较差，干扰严重。处理中针对不同的干扰波采用不同的保真去噪方法，尽量保护有效信号，是本次处理中需要精心试验的重点。

3. 偏移技术解决成像归位问题

低信噪比地区高陡复杂构造地震资料的偏移问题，一直是资料处理的一个难题。根据要求，本次处理采用叠后时间偏移解决成像归位问题，如何获得合理的偏移速度场、选择合适的偏移方法、不断改善成像质量是本次处理的难点。

第三节　二维地震勘探技术

一、地震数据采集技术

数据采集是地震勘探的基础，野外数据采集技术的选用直接决定原始地震资料的品质，是获取好的地震勘探效果的关键。以采集高品质野外地震勘探原始数据为主要目的，系统总结 20 年来羌塘盆地半岛湖、托纳木—笙根、隆鄂尼等地区的地震勘探实践效果，主要取得了近地表结构精细调查、观测系统优化、地震波激发、地震波接收和现场监控处理等 5 方面采集经验技术的突破。具体技术手段内容如表 2-6 所示。

表 2-6　羌塘盆地地震采集技术主要手段及目的

技术名称	技术手段	目的
近地表结构调查技术	出露岩性编录、微测井调查技术	获取每条测线的不同点位置的地表岩性、低速层速度、降速层速度、高速层速度、低速层厚度、降速层厚度、高速层厚度等信息
观测系统优化技术	覆盖次数优选技术、炮检距优选技术、观测系统参数优选技术	获取采集效果最好的覆盖次数、炮检距等参数，优选优化观测系统
地震波激发技术	激发井深选取技术、激发药量选取技术	针对高原不同地表地质条件，优选激发井深与激发药量，以达到最好的激发效果
地震波接收技术	检波器组合技术、检波器接收技术	优选最佳的检波器组合与接收排列方式，达到最好的地震信号接收效果
现场监控处理技术	原始炮记录监控技术、现场监控处理技术	及时发现并处理现场地震信号采集中出现的问题，保证采集的原始地震资料品质

（一）近地表结构精细调查技术

1. 出露岩性编录技术

沿地震勘探部署的测线，对炮井进行钻机岩性录井，记录不同岩性的埋深，绘制岩性柱状图，获取准确的地表地质资料。

2. 微测井调查技术

通过单、双井微测井工作（图 2-5，图 2-6），进行工区地震测线的低降速带统计分析，得到每条测线的不同点位置的低速层速度、降速层速度、高速层速度、低速层厚度、降速层厚度、高速层厚度等表层结构数据信息。

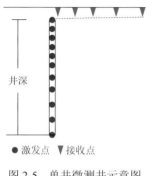

图 2-5　单井微测井示意图

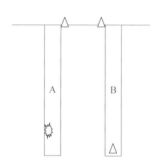

图 2-6　双井微测井示意图

（二）观测系统优化技术

观测系统优化技术主要包括覆盖次数优选技术、炮检距优选技术和观测系统优选技术三个方面。

1. 覆盖次数优选技术

大量地震试验结果表明，随着覆盖次数增加，速度谱能量更强，收敛性逐渐变好，剖面信噪比随之升高，层间反射信息逐渐丰富，各类构造特征逐渐明显，剖面品质逐渐提高。但 300 次以上改善不明显，因此本区采用 300 次覆盖是最适宜的（图 2-7）。

2. 炮检距优选技术

通过地震试验，随着炮检距的增大，中、深层目的层间信噪比得到提高，5000m 以上大炮检距有效反射信息仍然对深部地层有贡献；随着炮检距范围的增大，速度谱能量团明显收敛，能量逐渐集中（图 2-8），采用较大的炮检距有利于提高速度分析精度。进一步的地震采集效果试验表明，最大炮检距采用 6000m 最为适宜，取得的资料效果最好。

3. 观测系统优选技术

为在羌塘盆地二维地震勘探过程中获取高信噪比的原始数据，满足地层构造解释的需要，大量地震观测系统试验表明 3L2S 观测系统更有利于优选激发点位，叠加剖面在局部区域的连续性和信噪比均较高。优选的最有利观测系统参数、排列片如图 2-9 所示。

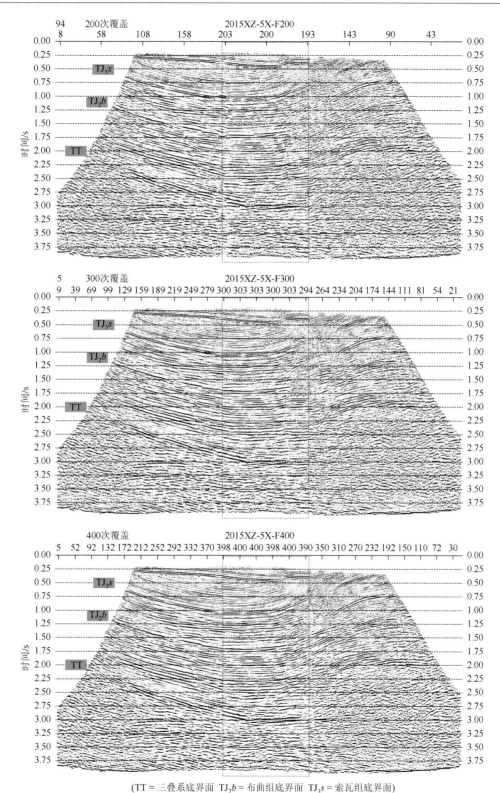

(TT = 三叠系底界面 TJ₂b = 布曲组底界面 TJ₃s = 索瓦组底界面)

图2-7 不同覆盖次数剖面对比分析

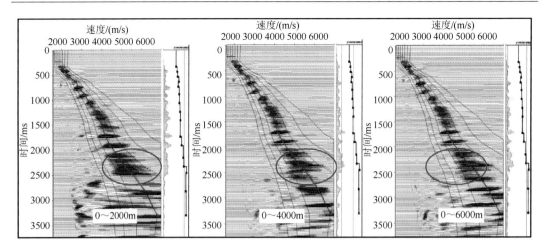

图 2-8　不同炮检距叠加剖面及速度谱

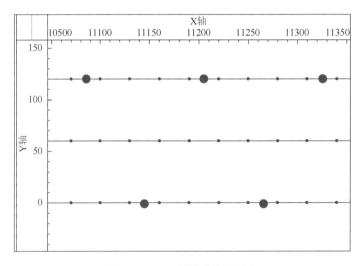

图 2-9　3L2S 观测系统排列片

（三）地震波激发技术

羌塘盆地地震波激发技术(炸药震源)主要包括激发井深选取和激发药量选取两方面，具体技术内容如下：

1. 激发井深选取技术

通过对第四系河滩卵石覆盖区、侏罗系基岩山地区和古近系山顶等地区井深激发效果的试验，结合原始记录和分频扫描分析，采用高速层顶界面下 7m 井深激发，单炮能量较强，信噪比较好，频带较宽，能够较好地得到该区的地震记录。

2. 激发药量选取技术

综合试验资料的定性和定量分析，在第四系砂砾岩河滩区、侏罗系基岩山地区、古近系山顶区，18～20kg 药量激发获得的地震记录能量较强，信噪比也略高，主频频带也略宽，兼顾能量、信噪比以及频率分析，药量选择为 18～20kg 为宜。

（四）地震波接收技术

羌塘盆地地震波接收技术主要包括检波器组合技术和检波器接收技术，具体技术内容如下。

1. 检波器组合技术

在采用相同激发方式下，本书进行了检波器组合试验，试验所得的记录和定量分析结果表明：矩形检波器组合接收能量最强，信噪比最好，频带略宽，压制规则干扰波相对较好。综合分析认为，矩形检波器组合在羌塘盆地较为适合。

2. 检波器接收技术

检波器型号：20DX-10 检波器。

组合图形：组内距为 2m、组合基距为 22m 的等距矩形组合（$\delta x=2m$，$\delta y=4m$，$Lx=22m$，$Ly=4m$，其中 δx，δy 为组内距，Lx，Ly 为组合基距）。

埋置方式：挖坑埋置，因地制宜，确保耦合效果。

检波器埋置必须做到"实、直、准、不漏电"，检波器中心坑应对准测量点位标记，同一道检波器埋置条件应基本一致。大小线铺设紧贴地面放置，避免大小线摆动产生的高频干扰（图 2-10）。

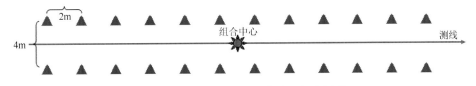

图 2-10　生产前所确定的检波器组合图形

（五）现场监控处理技术

1. 现场原始炮记录监控技术

1）现场分析试验资料，优选采集参数

及时对试验的单炮资料进行倍频扫描，分析资料品质，找出优势频带，结合 KLSeis 软件对每一个试验点的资料进行能量、频谱、信噪比分析。

2）及时分析原始单炮记录，指导野外生产

充分利用监控处理系统对全区资料质量进行监控分析。对原始单炮记录资料品质进行初步评估，检查有无极性反转道（图 2-11），发现问题立即通知野外进行整改。每日对全部原始记录进行初至波线性动校正处理，检查炮点、检波点位置的准确性和炮、检关系的正确性，并对原始炮记录主要目的层进行能量、信噪比、主频平面定量分析，进行质量控制。确保当天资料当天处理，以便有关质量信息得到及时反馈，指导野外生产。

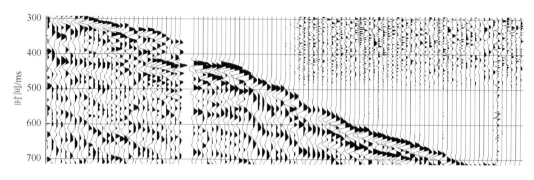

图 2-11　放大比例尺显示进行接收道极性检查

2. 现场监控处理技术流程

通过干扰波调查分析、层析静校正、去线性干扰和速度分析等现场处理技术（图 2-12），来实现对现场的监控处理。

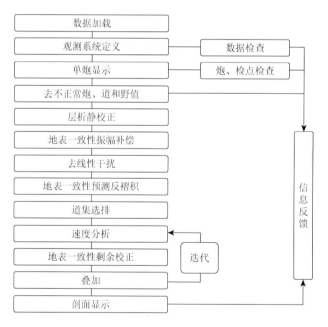

图 2-12　现场叠加监控处理基本流程图

通过羌塘盆地地震勘探数据采集技术综合研究，获取了采集效果最好的数据采集参数组合（表 2-7），为羌塘盆地后期地震数据采集参数的选取提供科学依据，并为高原地区地震数据采集提供参考。

表 2-7　羌塘盆地地震采集技术主要内容参数

		参数
观测系统	观测系统	3L2S，5985-15-30-15-5985
	炮点距	两条炮线，单线炮点距为120m；炮点分布在两边接收线上
	道间距	30m
	接收线距	60m
	最大炮检距	5985m
	最小炮检距	15m
	单线接收道数	单线400道（3线400道×3线）
	覆盖次数	300 次； 产生 5 条面元线，其中 4 条 50 次面元线，1 条 100 次面元线
地震波激发	激发井深	高速层顶界面下 7m 井深激发
	激发药量	18～20kg
地震波接收	检波器组合技术	矩形检波器组合
	检波器接收技术	20DX-10 检波器组；内距为2m、组合基距为22m等距矩形组合；挖坑埋置，确保耦合效果

二、地震数据处理技术

通过羌塘盆地地震攻关试验，总结形成了较为有效的高原地震勘探处理技术，主要包括静校正技术、保幅压噪处理技术、地表一致性处理技术、速度分析与叠加技术、偏移成像技术等，具体地震数据处理技术主要手段及目的如表 2-8 所示。

表 2-8　羌塘盆地地震数据处理技术主要手段及目的

技术名称	技术手段	目的
静校正技术	（1）基准面静校正技术（高程静校正、折射静校正、层析成像静校正）； （2）剩余静校正（自动剩余静校正、初至波剩余静校正、模拟退火剩余静校正、地表非一致性静校正）； （3）波动方程延拓静校正	消除地表高程、风化低速层厚度、永久冻土层厚度，以及风化层速度变化对地震资料的影响，把资料归一化到一个指定的基准面上，获取在一个平面上进行采集且没有风化层或者低速介质存在时的反射波到达时间
保幅压噪处理技术	（1）规则噪声衰减技术； （2）随机噪声衰减技术； （3）散射噪声衰减技术	压制高原风吹、野生动物群奔跑以及一些人为因素引起的无规则噪声与面波、冻土区浅层多次折射、多次波等规则噪声；保证有效反射信号在压制噪声的过程中少受或不受损伤
地表一致性处理技术	（1）振幅补偿技术； （2）地表一致性剩余静校正技术； （3）地表一致性反褶积技术	通过振幅、相位、频率等进行多方位的补偿，改善子波稳定性、均衡道间能量，提高深层反射波的能量，消除这种地表空间能量的非一致性，以保持地震波的动力学特征
速度分析与叠加技术	（1）速度分析； （2）动校正； （3）叠加技术	提供能使共中心点道集中所有一次反射波同相轴经过动校正成为平直同相轴的叠加速度场，获取准确的地震叠加数据

由于羌塘盆地是原隆升后的残留盆地，构造演化过程复杂，冻土层发育，造成羌塘盆地地震资料具有反射能力弱、信噪比低、分辨率低、多次波发育、深部成像困难等特点。提高地震数据的分辨率及信噪比尤为关键，因此地震资料的处理成为本区地震勘探的核心问题，在此，本节只简要介绍主要的地震资料处理技术。

（一）层析静校正技术

根据前期处理的经验，层析静校正是解决该区资料静校正问题的有效手段，该方法应用于该区复杂地表地区的地震数据静校正处理，获得了良好的效果。具体实现步骤是，通过大炮初至时间拾取，应用层析静校正方法原理，反演得到近地表速度模型，根据近地表层厚度及速度变化计算得到静校正量。

图2-13、图2-14为层析反演所获得的半岛湖地区QB2015-03SN线近地表模型的低高频静校正量，从速度模型上来看，本区浅层速度变化异常剧烈，高速层界面在全线有较大的跳跃，甚至部分就在地表，低、高频静校正量大，表明该区低降速带速度和厚度纵横向变化极大。

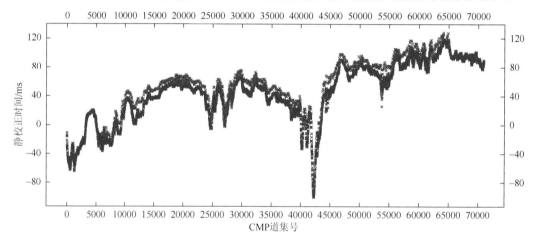

图2-13　羌塘盆地半岛湖地区 QB2015-03SN 线层析静校正计算的炮检静校正量（低频分量）

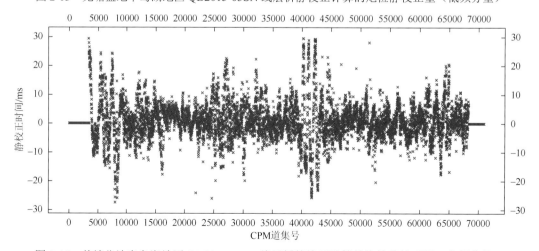

图2-14　羌塘盆地半岛湖地区 QB2015-03SN 线层析静校正计算的炮检静校正量（高频分量）

通过层析静校正前后单炮记录的对比可以看到,层析静校正有效消除了浅层地表所引起的初至抖动及反射层的变形。静校正后初至光滑、连续,反射层更接近双曲线特征,效果好于高程静校正。图 2-15 为不同静校正前后剖面对比。由于存在较大静校正量,静校正前浅层无法进行同相叠加,使得叠加剖面表现为低频特征,层析静校正有效消除了近地表变化所引起的静校正量,校正后的剖面达到同相叠加。由浅至深,剖面的叠加效果都得到较大的改善。

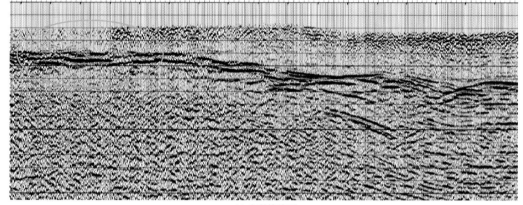

(a) 高程静校正

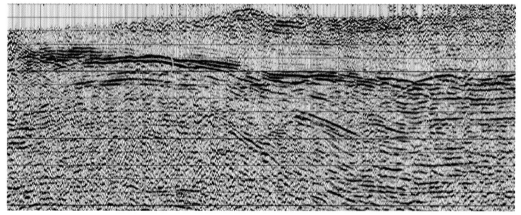

(b) 层析静校正

图 2-15　羌塘盆地不同静校正剖面效果对比

(二)噪声压制技术

针对原始资料中存在的各种噪声干扰,通过分析其频率域和时间域特征,确定采用相应的去噪技术予以消除。GRISYS 和 PROMAX 处理软件提供了各种叠前去噪模块,如消除面波干扰的自适应面波衰减模块、内切滤波法面波压制模块、叠前线性干扰滤除模块,针对随机干扰而设计的二维叠前随机干扰衰减模块,针对高能噪声的高能干扰的分频压制模块等。在试验线中分别对这些模块进行测试,最终确定使用的具体模块与参数。

1. 面波压制

羌塘盆地面波干扰较为严重,主要表现为强能量、低频、低速特征,速度为800～2000m/s,频率为5～20Hz,主要能量集中在15Hz以内,频带范围与有效波相近并且线性干扰能量较强。因此,在处理过程中采用自适应面波衰减技术对面波进行消除和衰减,最大速度为1600m/s,面波主频为10Hz(图2-16)。

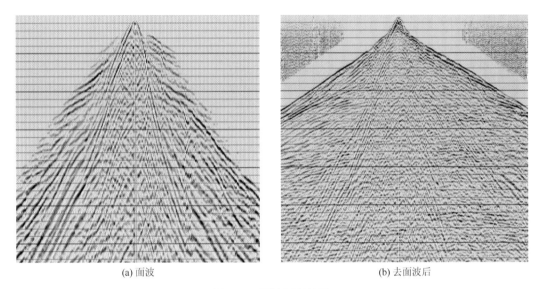

(a) 面波　　　　　　　　　　　　　　　　　(b) 去面波后

图 2-16　面波压制效果

在处理中,注意把握去噪力度,监控去噪前后单炮及叠加剖面对比,不管是从单炮还是从叠加剖面的对比方面都可看出,强振幅干扰、面波、背景噪声、线性干扰波等在叠前得到了很好的压制,资料的信噪比改善明显,为叠加成像及后续提高分辨率处理奠定了基础。

2. 叠前线性干扰滤除

线性干扰能量强,影响的范围宽,能否有效地压制记录上的线性干扰,是叠前噪声压制的一个关键步骤。叠前线性干扰滤除模块是在炮集上滤除叠前线性干扰的,它根据线性干扰与有效波之间在视速度、位置和能量上的差异,在 T-X 域采用倾角叠加和向前、向后线性预测方法确定线性干扰的速度和分布范围及规律,将识别的线性干扰从原始记录中减去,因为该模块对干扰的识别由计算机自动识别,而且被滤除的部分集中在干扰波覆盖的区域,其他部分不受影响,因此有保持振幅和波形的特点(图2-17)。

3. 高能干扰波的分频压制

面波、线性干扰等主要干扰被滤除之后,原始地震数据中主要干扰波已经大部分被消除,但在原始记录中存在着大量的诸如声波、尖脉冲、方波、野值等一些强能量干扰,它们严重影响着叠加及叠前偏移的质量。为了更进一步地净化炮记录，采用分频高能压噪方法，对叠前各种强能量的噪声在不同的频段范围内进行压制。

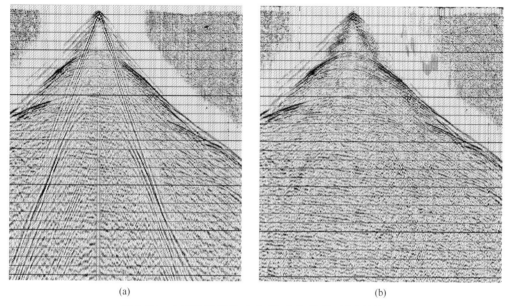

(a)　　　　　　　　　　　　　　(b)

图 2-17　去线性干扰前（a）后（b）效果（炮记录）

高能压噪模块是在叠前数据上，根据强能量噪声横向变化规律与有效信号在诸多方面存在较大的差异，利用这种差异对噪声进行衰减。它采用多道识别单道处理，对地震数据进行逐时窗分析，对记录的振幅分频综合统计，选加权中值为识别参量，识别出噪声进行压制处理。经过处理后的记录，强能量噪声受到较好的压制，能量分布趋于合理，信噪比有明显提高。

4. 局部针对性去噪

在进行以上噪声压制的基础上，测线的局部单炮可能仍然存在一些噪声，可根据局部噪声的具体的频率和速度特征，设计滤波器予以压制。

（三）振幅补偿技术

由于野外激发、接收条件的变化，以及波前发散和吸收、衰减等因素对地震反射波振幅的影响，单炮记录间能量差异较大，同一单炮记录随炮检距变化其能量也存在差异，此外同一单炮记录不同埋深目的层能量差异大。振幅补偿处理能使处理后的反射波振幅的相对变化正确反映出界面反射系数的相对变化。振幅补偿后，振幅在纵向及横向上都变化均匀，能量相当。

首先，应用球面扩散补偿技术，从纵向上对能量进行恢复与补偿。其次，对于受激发和接收因素影响而造成的原始资料能量在横向上存在的差异，采用地表一致性振幅补偿技术对炮点、检波点振幅进行补偿，消除由激发、接收因素引起的横向能量差异，使横向能量均匀。从补偿前后的单炮及特征曲线上看，中深层的弱反射信号得到了较好的恢复和补偿，横向上炮与炮、道与道之间的能量得到了较好的一致性，为下一步做好子波一致性校正及反褶积打下了良好的基础。图 2-18 为补偿前后资料对比。

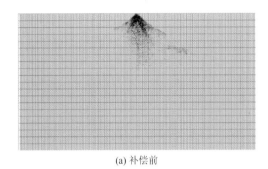 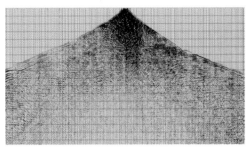

(a) 补偿前　　　　　　　　　　　　　　(b) 补偿后

图 2-18　单炮地表一致性振幅补偿前后资料对比图（同时间域）

（四）地表一致性反褶积处理技术

反褶积是通过压缩地震子波以提高地震资料分辨率的过程，是叠前处理最基本、最重要的环节之一。由于该区资料信噪比低，处理的主要目标是落实构造形态，以最佳成像为前提。在保证资料的信噪比基本上没有降低的前提下，压缩子波，适当提高分辨率，并尽量消除受近地表影响的子波差异，提高波组频率与相位的一致性。

处理中试验了多种反褶积及它们间的组合方案。首先进行了反褶积种类试验，脉冲反褶积是压缩地震子波最有效的方法，在理想情况下，可以将地震子波压缩为单位脉冲，与原始单炮比较，脉冲反褶积子波被压缩，但信噪比低。多道预测反褶积与脉冲反褶积功能相同，所不同的是可以给出预测步长，通过调整预测步长可以改善反褶积的效果，并且是多道求反褶积算子，因此较脉冲反褶积抗噪能力强。地表一致性反褶积是用多道统计方法求取反褶积算子，它在不同域（共炮点域、共检波点域、共偏移距域）分别统计子波，因此子波较稳定且抗噪能力强，能消除炮与炮之间、道与道之间的频率、相位差异。此次处理使用了地表一致性预测反褶积的最终反褶积方案。

地表一致性反褶积分三步来实现。首先进行谱分析；然后进行谱分解，求得各炮点位置、检波点位置、中心点位置以及与炮检距有关的反因子；最后进行反褶积应用。

处理时对其中的参数特别是预测反褶积的预测距离进行了认真的试验，经过试验，从反褶积前后叠加剖面比较可知，当浅层的预测距离为 24ms，深层预测步长为 28ms，算子长度为 200ms 时，既有效地提高了浅层分辨率，又能保证有效反射的连续性。处理前后效果对比表明，地表一致性反褶积使得地震道间的一致性得到改善，处理后时间分辨率得到一定程度的提升，在兼顾信噪比的原则下，进行子波压缩，适度提高资料的分辨率。

图 2-19 是反褶积前后叠加剖面对比，子波处理后提高了有效波的频率，拓宽了其有效频带，波组特征更为清晰，有效频带的低频、高频成分分布更为规则、合理。

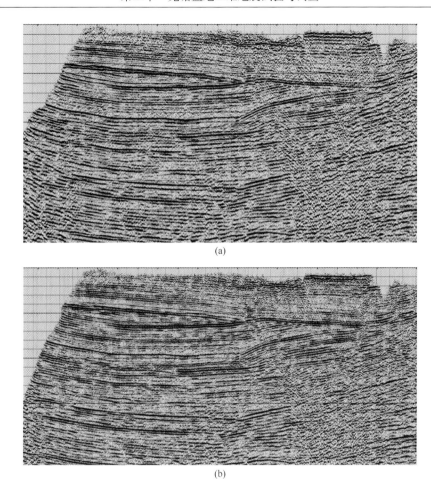

图 2-19　反褶积前（a）后（b）叠加剖面对比（QB2015-04SN 线局部）

（五）剩余静校正技术

　　资料经过层析静校正虽然消除了部分静校正量，但仍然存在高频静校正量。特别是在老地层出露、浅层速度较高的情况下，剩余静校正问题仍然比较严重。为了进一步提高剖面同相轴的连续性，改善叠加效果，剩余静校正处理是不可或缺的一环。自动剩余静校正方法大多数采用相关法求取静校正量。

　　剩余静校正是通过迭代进行的，即静校正和速度分析交互进行。速度与静校正问题是相辅相成的，精确的速度有利于静校正问题的解决，而静校正的解决又有利于获得高精度的叠加速度。准确的速度带来准确的剩余静校正，而剩余静校正又会进一步改善下一步的速度分析和叠加，这样形成一个良性的循环，从而使叠加剖面品质有进一步的提高。

（六）速度分析技术

　　速度分析是提高信噪比和分辨率的关键环节。速度谱的质量是处理中的关键，在此次处理中，速度分析的难度较大，在整个地区，叠加速度横向的变化较大，目的层段部位的信噪比低，速度谱的能量弱。为此应在提高速度谱的品质上多下功夫。速度分析密度达每25个CDP（common depth point，共深度点）一个速度分析点，每条测线的速度分析至少进行3次或4次。

经过精细的速度分析和剩余静校正多次迭代处理，叠加剖面的反射层的连续性和信噪比得到了逐步提高，为后续的叠前时间偏移处理提供了高信噪比叠前道集数据和较好的初始速度场（图2-20）。

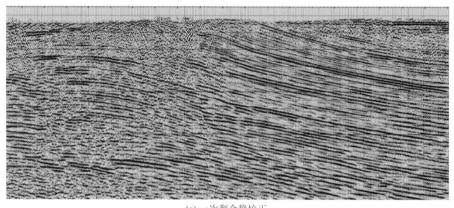

(a) 一次剩余静校正

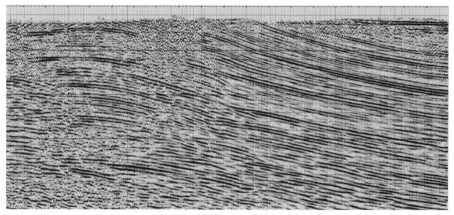

(b) 两次速度分析、两次剩余静校正

图2-20 剩余静校正静与速度分析效果（QB2015-06SN线）

速度分析、精细切除与剩余静校正多次迭代，速度谱质量逐步提高，从而提高了速度拾取精度，结合全线速度多次扫描，道集质量得到改善，基本校平，剖面的信噪比、连续性改善明显。

由于羌塘盆地上侏罗统地下反射层较浅，有效反射信号与初至波混合在一起，使得处理中动校切除对处理效果影响极大。必须仔细辨别初至波与浅层有效反射波，否则将伤害到浅层的有效反射信息，影响叠加效果。图2-21为不同叠加效果对比图。

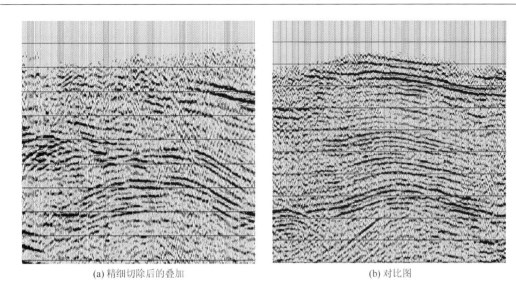

(a) 精细切除后的叠加　　　　　　　　　　　　(b) 对比图

图 2-21　精细切除前的叠加

（七）叠后精细处理

　　受原始资料信噪比低所限制，部分单炮记录信号噪声难以区分，在炮集上去噪后仍然有必要在叠后剖面上进一步提高信噪比。

　　叠后处理以提高有效反射波能量及压制随机噪声、提高信噪比为主。首先采用提取信号道信息进行增强处理的方法，适当增强目的层波组能量，以便于地质构造解释；然后压制剖面随机噪声，提高信噪比，并对剖面能量进行调整，使剖面浅、中、深部能量趋于统一，并突出不同波组的振幅特征。

　　图 2-22 是精细叠后处理效果。图 2-22（a）是初叠剖面，图 2-22（b）为有效信号加强及预测滤波压制随机噪声效果。经过叠后处理，改善了目的层段剖面波组特征，剖面信噪比明显提高。

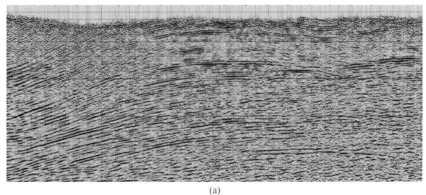

(a)

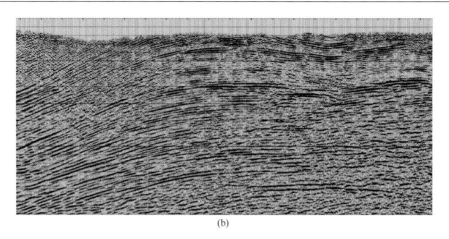

(b)

图 2-22　叠后精细处理前（a）后（b）效果对比

（八）偏移处理技术

偏移是处理最终环节，偏移归位水平直接影响资料解释，因此偏移方法尤为关键。我们针对同种因素进行了多个方法比较，主要有二维有限差分法波动方程偏移、串联偏移、频率空间域有限差分波动方程偏移和波动方程逆时偏移。采用相同的速度对这些偏移方法进行试验对比，总体上认为二维有限差分法波动方程偏移好些。最后确定使用二维有限差分法波动方程偏移。

偏移效果的关键取决于速度模型，剖面速度场信息决定了偏移处理的成败。在速度场的构建过程中，参考叠加剖面，在构造的变化点处设立速度分析点，分析前后速度及速度谱的变化规律，拾取其偏移速度。同时对叠加速度进行偏移速度扫描，以叠加速度的不同比例对剖面进行偏移，分析偏移剖面在细小断点的成像效果，判断是否存在过偏移或偏移不足的情况，以确定偏移速度的取值范围，进行偏移处理。

用 CGG（Compagnie Gébainérale de Géophysique）处理系统对半岛湖地区 QB2015-06 线进行了叠前、叠后时间偏移对比处理，如图 2-23 所示，用叠后偏移处理速度对共反射

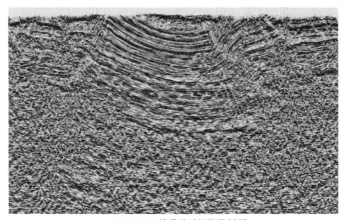

(a) QB2015-06线叠前时间偏移剖面

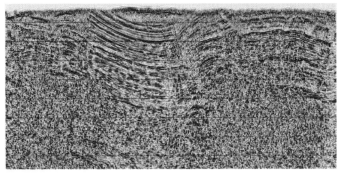

(b) QB2015-06线叠后时间偏移剖面

图 2-23　叠前与叠后时间偏移处理效果

点（common reflection point，CRP）道集进行速度分析，形成叠前时间偏移速度，再进行叠前时间偏移，通过对比分析，叠前时间偏移剖面比叠后时间偏移剖面信噪比高，断点更为清晰，归位较好。

三、地震资料解释技术

在羌塘盆地攻关试验和综合研究基础上，结合地质、钻井、录井、测井等资料验证效果，形成了羌塘盆地地震资料解释技术，主要包括资料品质评价技术、层位标定技术、构造解释技术、编图技术和质量控制技术等（表 2-9），为高原地震资料解释提供科学参考。

羌塘盆地二维地震资料解释技术主要包括五大方面（资料品质评价技术、层位标定技术、构造解释技术、编图技术和质量控制技术），每种解释技术针对性地完成不同地震解释任务，具有相应的技术手段和目的，本节通过表格形式简述（表 2-9）。

表 2-9　羌塘盆地地震解释技术主要手段及目的

技术名称	技术手段	目的
资料品质评价技术	（1）地震剖面资料品质定级； （2）地震剖面资料品质排队	找出原始资料存在的问题，把握需要解决的难点，为特定地震解释技术的选取提供依据
层位标定技术	（1）地质剖面戴帽； （2）速度反算； （3）地震相标定	利用地震波组特征，结合区内钻井、录井、测井资料，综合标定地震剖面上的相应反射层位
构造解释技术	（1）地震地质剖面恢复与对比； （2）断层解释及其组合	分析剖面上各种波的特征，确定反射标准层层位和对比追踪，解释时间剖面所反映的各种地质构造现象，构制反射地震标准层构造图
编图技术	（1）时深转换速度模型构建技术； （2）构造图编制技术	运用等值线（等深线或等时线）及地质要素（断层、尖灭、超复等）构建某一地质体的构造或地层特征的平面图件
质量控制技术	（1）解释方案验证； （2）过程质量控制	验证解释可靠性，制定严格、科学的地震资料解释过程控制工序，确保地震解释的准确性

（一）地震资料品质评价

地震资料的原始品质制约着地震勘探成果的精度，并最终影响区域地质认识与油气勘探潜力与方向，因此在进行构造解释前，应首先对二维地震资料偏移剖面品质进行评价。

地震偏移剖面品质评价以偏移剖面为主要对象，通过对研究区原始资料分析，找到原始资料存在的问题，把握处理过程中需要解决的重点，根据勘探地质任务要求和主要目的层地震反射特征、信噪比、分辨率、偏移归位成像效果、地质现象反映程度等确定。其评价标准如第一节所述。

（二）地震地质层位标定技术

利用地震波组特征，结合研究区内钻井、录井、测井等资料，综合标定地震剖面上的相应反射层位，主要包括地质剖面戴帽、速度反算、地震相标定等技术。在青藏高原进行的地质层位标定要注重对该区大的构造轮廓的认识，充分利用地表露头资料，结合区域地质资料、地质模式，对二维地震测线的地质层位及断裂进行合理的解释。

地质戴帽是在建立构造地质模式之时，收集地面地质资料，包括出露地层的构造特征、岩性特征，绘制与地震剖面相同比例尺的岩性剖面，并与地震剖面融为一体，便于解释人员对构造地质模式做进一步的理解与认识。依据地震反射特征及波组特征，结合构造成因模式，进行相位对比及波组对比，对地震剖面进行"地质戴帽"。将地面地质露头剖面按相同比例尺"戴帽"到偏移剖面上（图 2-24），指导地震剖面对比方案的确定，使地面真实构造情况与地下构造的地质解释协调一致，并符合地质规律。

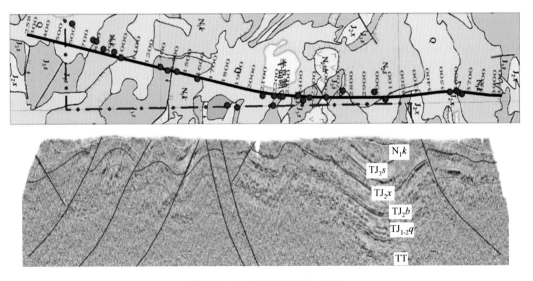

图 2-24　地质戴帽辅助标定图

速度反算主要是通过对地震速度谱资料的解释，结合以往资料，对速度变化规律进行深入分析研究，分析它们之间的系统差异，做好速度标定工作，从而建立符合研究区地质规律的平均速度场，为深度转换提供准确可靠的速度模型。

地震剖面的层位标定结果直接影响地震反射层的地质年代标定、邻井地震相和沉积相的划分。常用的层位标定方法有两种：一种是用声波合成地震记录与邻井地震道做相关对比，进行层位标定；另一种是用垂直地震剖面（vertical seismic profile，VSP）记录直接进行层位标定。在解决复杂的实际问题时，存在多解性和局限性，把各种资料进行综合分析和解释，提高最终成果的可靠性和精度。地震相标定主要是利用露头的沉积学研究结果，通过地震反射特征研究，确定反射波组的地质属性（图 2-25），标定主要反射层波形特征。

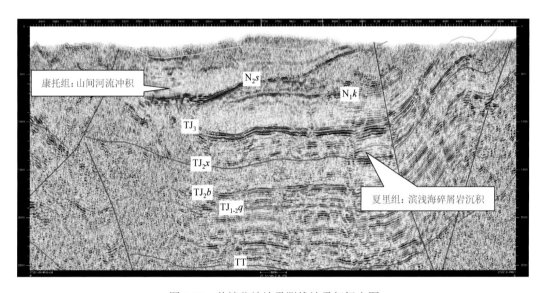

图 2-25　羌塘盆地地震测线地震相标定图

（三）构造解释技术

羌塘盆地地震构造解释技术主要包括地质剖面恢复与对比、断层解释及其组合和地震属性分析等方面的内容。以水平叠加时间剖面和偏移时间剖面为主要资料，分析剖面上各种波的特征，确定反射标准层层位，对比追踪，解释时间剖面所反映的各种地质构造现象，绘制反射地震标准层构造图。

受构造及地震资料信噪比的影响，构造解释存在多解性，因此多种信息综合解释有利于减少多解性，为构造解释提供一个更加合理的方案。首先在理解分析以往解释成果的基础之上，进一步认真了解研究区的地质、沉积规律及盆地演化、区域构造特征，仔细分析研究剖面结构、反射波组特征（图 2-26）、地层格局及横向展布特征、断裂模式等，根据地面地质资料，采用地面地质戴帽和合理的断层组合综合确定解释方案。

断层解释时，在断裂模式指导下依据地震剖面上断面波、反射波组的错动、断开以及倾角、产状、波组特征等的变化来追踪断层。并且充分发挥 Landmark 地震资料解释系统多种灵活的显示功能，准确地识别断层位置，合理地在平面及空间上对断层进行组合，确保断层面的闭合，且断层的平面、空间展布特征符合研究区断裂模式及演化规律。

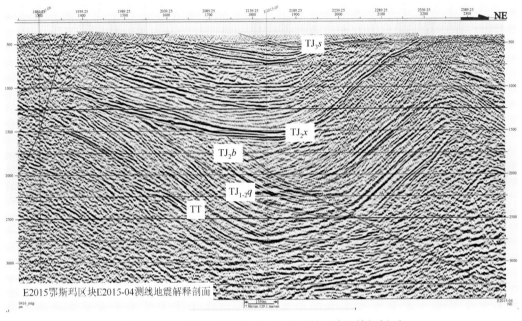

图 2-26　羌塘盆地鄂斯玛区块主要反射层波形特征剖面

（四）编图技术

编图技术主要是运用等值线（等深线或等时线）及地质要素（断层、尖灭、超覆等）构建某一地质体的构造或地层特征的平面图件，主要进行时深转换速度模型构建和构造图（图 2-27）的编制，地震采集数据成图还包括视厚度图、资料品质分布图、构造演化剖面图及地震地质解释剖面图编制。

（五）质量控制技术

羌塘盆地地震资料解释的质量控制技术主要包括解释方案验证和过程质量控制这两方面。运用平衡剖面技术、相干技术验证进行解释方案验证，确保解释一体化的项目技术实施方案，建立研究区可靠的地质模型；根据行业技术标准制定严格的地震资料解释过程控制工序，严格把关解释过程的关键工序，具体技术内容如下。

1. 平衡剖面技术

在构造地质研究中，剖面是交流信息的重要工具。因此对剖面的解释须符合实际。平衡剖面技术是根据物质守恒定律推出的。平衡剖面技术是一种遵循几何守恒原则而建立的地质剖面正反演方法，是构造变形恢复的重要手段。借助平衡剖面技术可以检验剖面地质特征的合理性，为剖面提供更多的限制条件。对于一条剖面而言，剖面的缩短与地层的加厚、叠覆是一致的,否则就不能保持剖面面积的守恒,平衡剖面正是根据这一原理提出了面积守恒、层长一致、位移一致、缩短量一致等几何学法则的限制条件,结合一个地区构造演化的具体实际,反演和解析构造-沉积演化的历程,在很多地区构造地质研究中得到了广泛的应用。

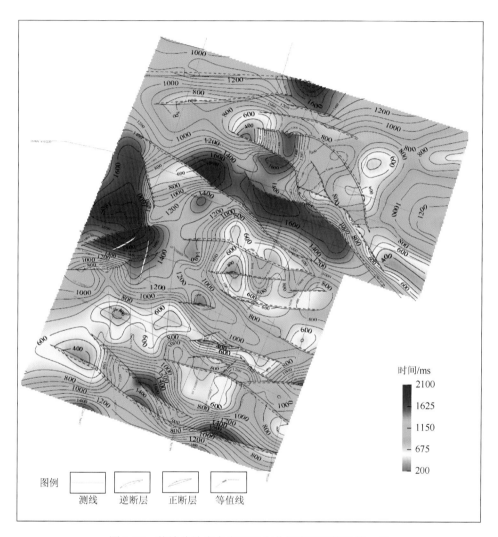

图 2-27 羌塘盆地半岛湖工区布曲组底界面构造等 t_0 图

2. 相干技术验证

相干技术是油气勘探中的有效技术之一,它利用相邻地震道的相似性来确定地震属性的空间分布,进而解释地质体和地质构造的空间分布,相干技术的本质是对地震数据的相似性进行度量,通过特有的相干算法将常规地震数据转换为相干数据。

3. 过程质量控制技术

根据行业技术标准和相关要求,制定严格的地震资料解释过程控制程序,解释过程分为 9 个工序（图 2-28）。并对其中"地震反射层地质层位标定""地震剖面对比""速度模型建立与时深转换""构造图编制"四道关键工序进行严格把关,审查合格后方可继续进行下一工序。

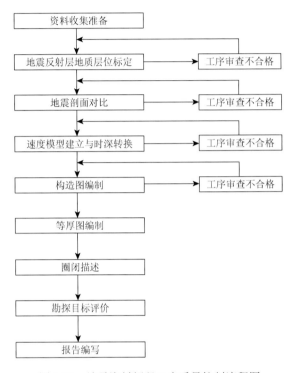

图 2-28　地震资料解释工序质量控制流程图

第四节　二维反射地震勘探实例

2004 年以来,中国地质调查局成都地质调查中心在羌塘盆地进行了大量的二维地震试验攻关工作,总结并形成了适用于羌塘盆地的地震采集、处理和解释技术,在此基础上,2015 年地震勘探取得历史性突破,获得了较好的地震资料,为高原地区二维地震勘探提供了有力的科学技术支撑。

一、新采集剖面实例

1. 半岛湖地区 QB2015-06 测线获得品质最好地震资料

2015 年,中国地质调查局成都地质调查中心在羌塘盆地半岛湖地区开展了 9 条测线共计 260.61km 地震勘探工作,通过运用二维地震攻关试验总结形成的采集技术,合理选取地震采集相关技术参数,获得了羌塘盆地迄今为止品质最好的地震剖面资料（图 2-29）,为该区油气勘探部署和井位论证奠定了基础。

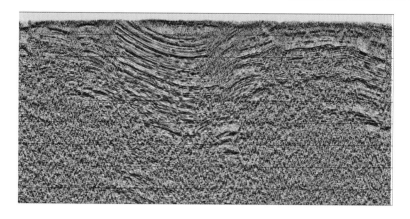

图 2-29 羌塘盆地半岛湖地区 QB2015-06 测线时间剖面图

QB2015-06 测线剖面的信噪比较高，反射能量较强，地质现象清楚，波组特征明显、连续、稳定，易于识别追踪；通过后期对各反射层波组特征研究，基本可以确定该区主要反射层界面，为后期地震资料的处理和解释提供保障。

2. 托纳木—笙根地区 TS2015-SN5 测线首次揭露该区地覆构造

托纳木—笙根地区广泛发育有河滩、山脉、沼泽、湖泊、冲沟、冻土等，地层起伏剧烈，褶皱严重，地层倾角大，产状多变，逆掩断层发育，地层切割性强，地震地质条件较为复杂，成像效果差，长期以来地震资料的信噪比和分辨率较低，地震勘探效果较差。2015 年，该区 TS2015-SN5 等测线首次获得了信噪比、分辨率较高的地震资料，较为清晰地揭露了地覆构造特征（图 2-30）。

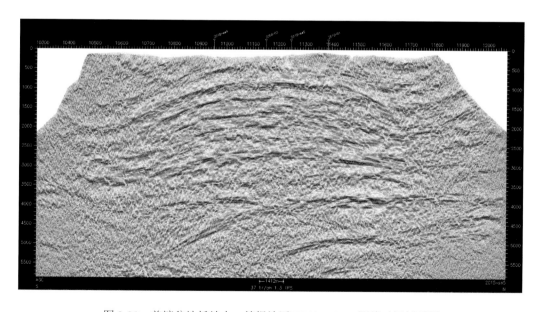

图 2-30 羌塘盆地托纳木—笙根地区 TS2015-SN5 测线时间剖面图

TS2015-SN5 测线剖面的浅、中、深层反射层次分明，反射同向轴清楚、连续，断点、断距清晰可辨，完全可以满足构造解释要求。通过对托纳木—笙根地区不同地震层位的相位特征的分析，可以对地震剖面进行追踪与对比，确定托纳木—笙根地区的主要构造层界面，为后期地震连片解释提供基础。

二、地震解释实例

在 2015 年羌塘盆地二维地震勘探取得历史性突破的基础上，半岛湖地区羌科 1 井得以顺利完成井位论证和实施，实现了羌塘盆地首口科探井施工，对羌塘盆地油气勘探具有重大的意义。因此，本节仅简要介绍 2015 年羌塘盆地半岛湖地区二维地震解释成果。

1. 半岛湖地区地震剖面层位标定

研究人员利用地质剖面戴帽、速度反算、地震相标定等技术，结合区内钻井资料，对羌塘盆地半岛湖地区地震剖面进行了层位标定（图 2-31），明确了各主要反射层波组特征，精细地标定了工区内各地质层位，为后期构造解释奠定了基础。

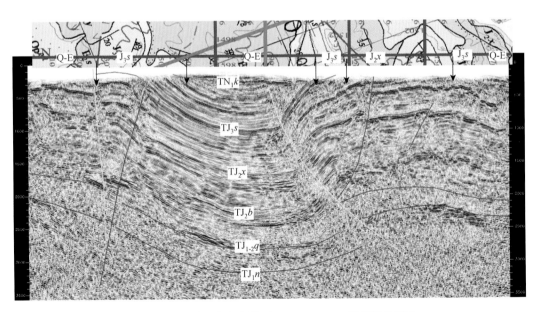

图 2-31 羌塘盆地半岛湖地区 QB2015-06SN 测线层位标定

2. 半岛湖地区构造解释

以上三叠统肖茶卡组（T$_3$x）底界构造图作为划分构造单元的依据，参考构造组合特征，划分了 5 个二级构造单元，由北往南分别为桌子山凸起、万安湖凹陷、玛尔果茶卡-半岛湖凸起、龙尾湖-托纳木凹陷和达尔沃玛湖凸起（图 2-32）。

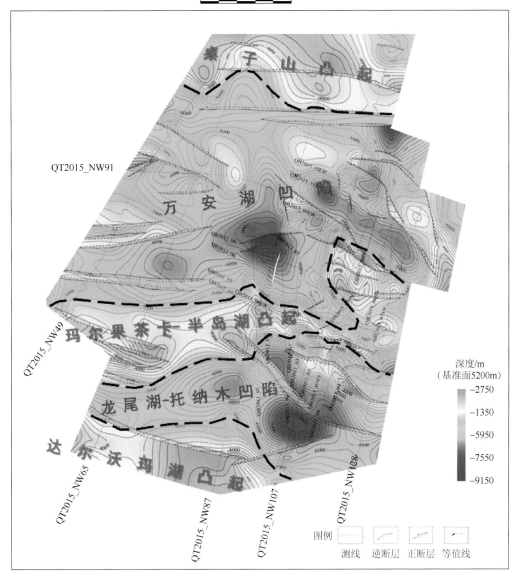

图 2-32 羌塘盆地半岛湖地区构造单元划分平面图

3. 半岛湖地区圈闭识别

通过对羌塘盆地半岛湖地区地震资料的构造解释和时深转换,对三叠系顶界编制了构造图,开展了局部构造圈闭识别。区块范围内,局部构造显示共计 9 个(图 2-33 中①～⑨),面积总计约 600km²,按照圈闭地震资料品质、测网控制程度进行圈闭可靠程度评价,综合分析认为,6 号构造为可靠圈闭,1、2、3 号构造为较可靠圈闭。半岛湖 6 号构造地震资料品质较好,测线控制程度高,断块构造落实;圈闭面积较大,达到 144km²,是区内最有利的构造圈闭,羌科 1 井位于该圈闭构造内。

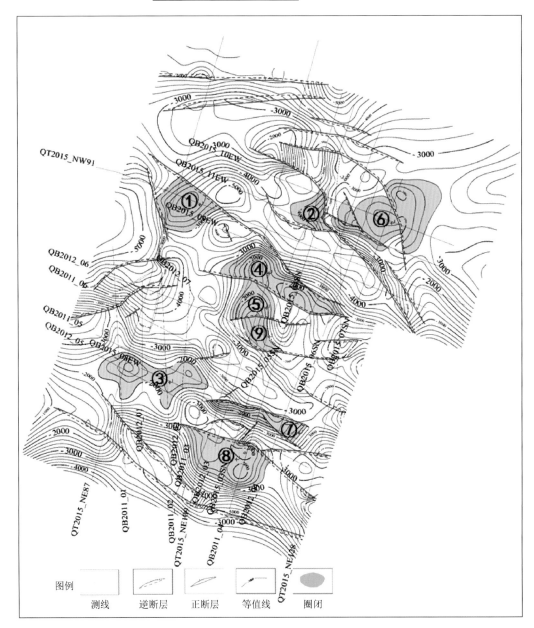

图 2-33　羌塘盆地半岛湖地区圈闭分布图（三叠系顶界等 t_0 图）

第三章　羌塘盆地地层划分与对比

第一节　概　　述

羌塘盆地出露的地层包括前奥陶系、古生界、中生界和新生界。古生界主要沿中央隆起带零星出露，而中、新生界地层则在盆地地表广泛分布。

对羌塘地区地层的研究可追溯至 20 世纪 50 年代，通过 1∶100 万温泉幅区调（青海区测队，1970 内部资料）、1∶100 万改则幅区调（西藏区域地质调查队，1986）、唐古拉地区 1∶20 万区调（青海区调队，1987 内部资料），初步建立了羌塘地层系统的雏形；文世宣（1979）、蒋忠惕（1983）、吴瑞忠等（1985）、范和平等（1988）、白生海（1989）、阴家润（1990）等对部分地层做了进一步研究；20 世纪 90 年代，中国石油总公司青藏油气勘探项目经理部（1994～1997）对区内地层划分进行了全面总结与归纳（赵政璋等，2001a），建立了羌塘地层系统的基本格架；方德庆等（2002）、王剑等（2004）、谭富文等（2004a、b）根据新的资料做了进一步补充；中国地质调查局（2002～2006）完成的羌塘地区 1∶25 万区调对羌塘盆地古生界地层的划分与对比取得了新的发现和认识；国家油气专项"青藏高原油气资源战略选区调查与评价"在盆地基底（谭富文等，2008），三叠系—侏罗系（陈明等，2007；王剑等，2007b）、侏罗系—白垩系划分等方面取得了重要的新发现和新认识；本书在归纳上述成果的基础上进行介绍。

一、地层分区

羌塘盆地地层划分为北羌塘拗陷分区、南羌塘拗陷分区（图 3-1）。其中南、北拗陷地层分区分别位于中央隆起带的南、北两侧，与南、北羌塘拗陷相对应。羌塘盆地南、北拗陷分别作为油气勘探的主要目标区域，其地层进行了精细的划分，发育前奥陶系及奥陶系—新近系。羌塘盆地中、新生代地层是油气勘探的主要目标层系，地层学研究十分重要，前人根据中、新生代地层的时、空分布特征大致将该时期的地层划分为四个分区（图 3-2），并通过关键地层剖面大比例尺实测，建立了北羌塘分区和南羌塘分区代表性综合地层柱状图（图 3-3，图 3-4）。

二、前奥陶系地层特征

地表地质研究表明，羌塘地区是一个具有前奥陶系古老基底的地质体，上覆未变质的沉积盖层，时代为奥陶系—古近系。前奥陶系基底沿中央隆起带出露，前人曾做过一定程度的研究，王国芝和王成善（2001）、赵政璋等（2001a）认为其形成于中元古界；李才等

（2003，2005）对所采集的样品进行分析，认为其为动力变质岩；王成善等（2001）测得戈木日东和果干加年山锆石（Pb-Pb）年龄等于或大于1111Ma，将戈木日、果干加年山、玛依岗日至阿木岗一带的中浅变质岩系，称为戈木日群，为羌塘最古老陆核，时代为太古宙—中元古代。王剑等（2009）在羌塘盆地中央隆起带北缘发现了含夕线石和蓝晶石的片麻岩，获得的锆石SHRIMP年龄有3组，即2374~2498Ma、1666~1780Ma、522~645Ma。通过CL（cathodo luminescence，阴极发光）图像对各组年龄锆石进行成因分析，并结合区域地质特征，认为1666~1780Ma为该片麻岩的主变质期年龄，羌塘盆地具有前奥陶纪结晶基底。基底之上的沉积盖层变质程度极低，目前所发现的最老地层为含有笔石等生物化石的奥陶系和志留系，二者只发生了低绿片岩相变质作用，盆地内的泥盆系—古近系均未发生区域变质作用。

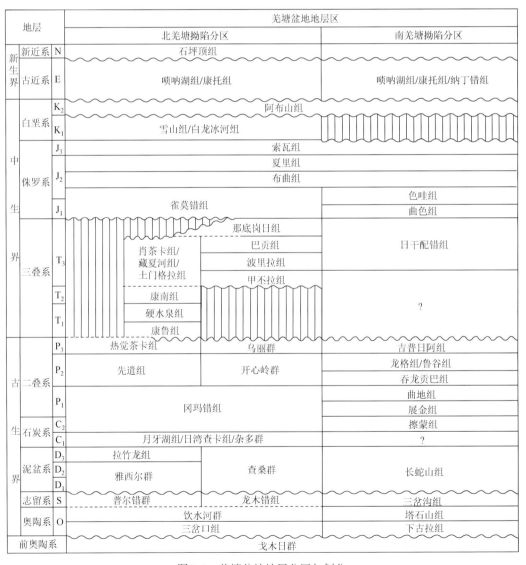

图 3-1　羌塘盆地地层分区与划分

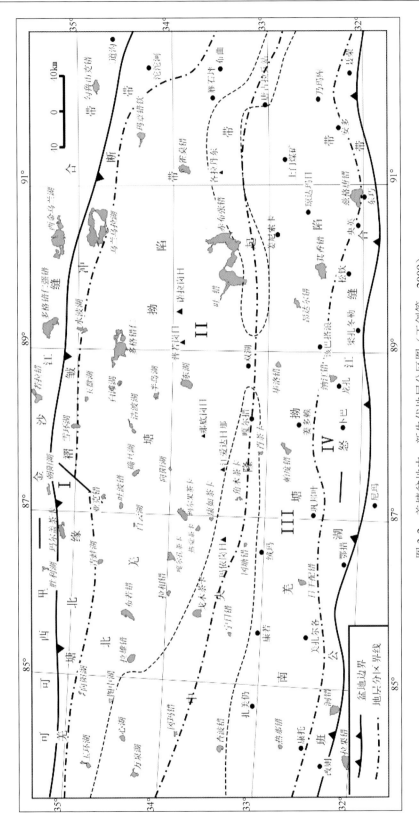

图 3-2 羌塘盆地中、新生代地层分区图（王剑等，2009）

I. 若拉岗日地层分区；II. 北羌塘地层分区；III. 南羌塘地层分区；IV. 东巧—改则地层分区

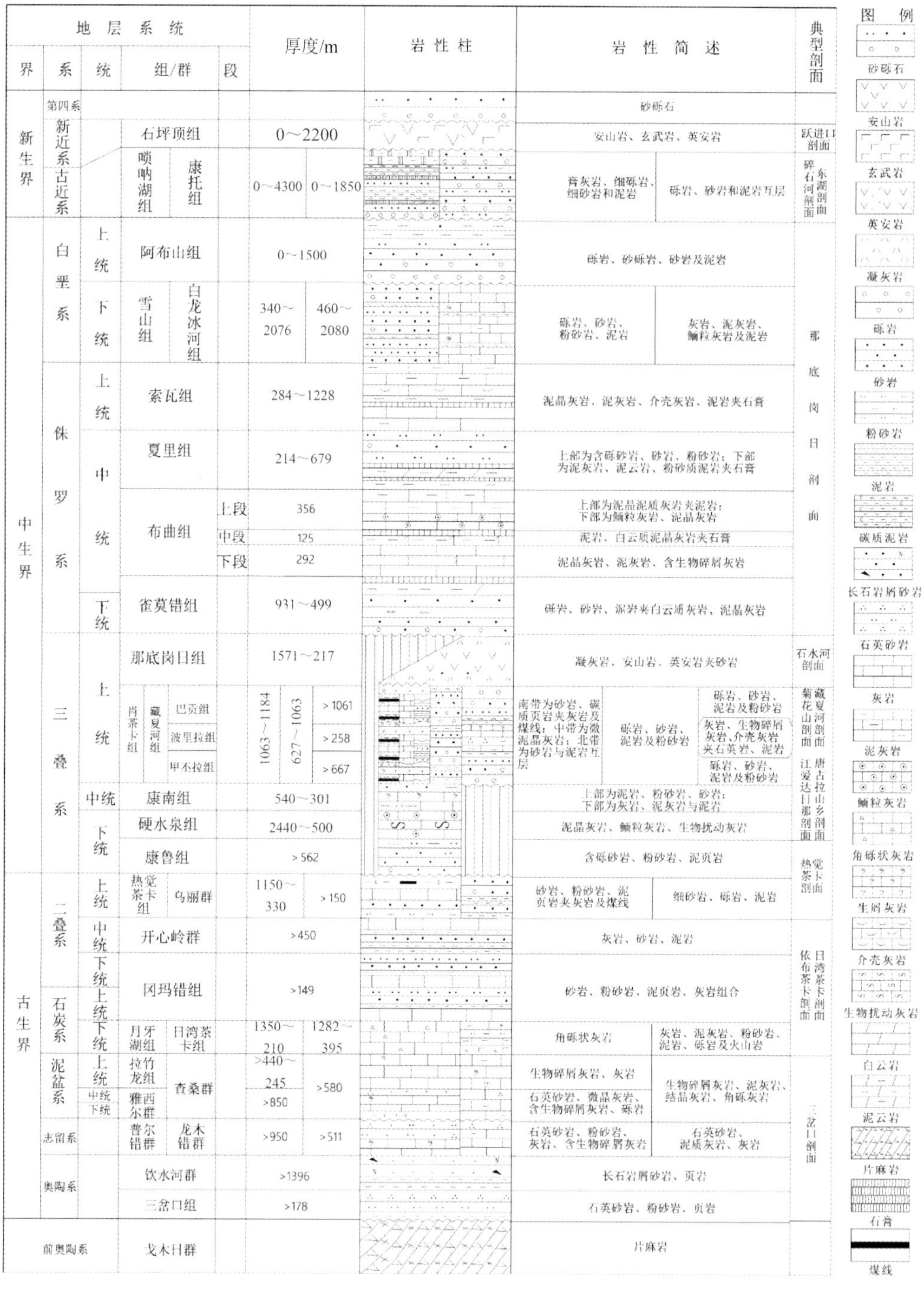

图 3-3　北羌塘拗陷地层综合柱状图

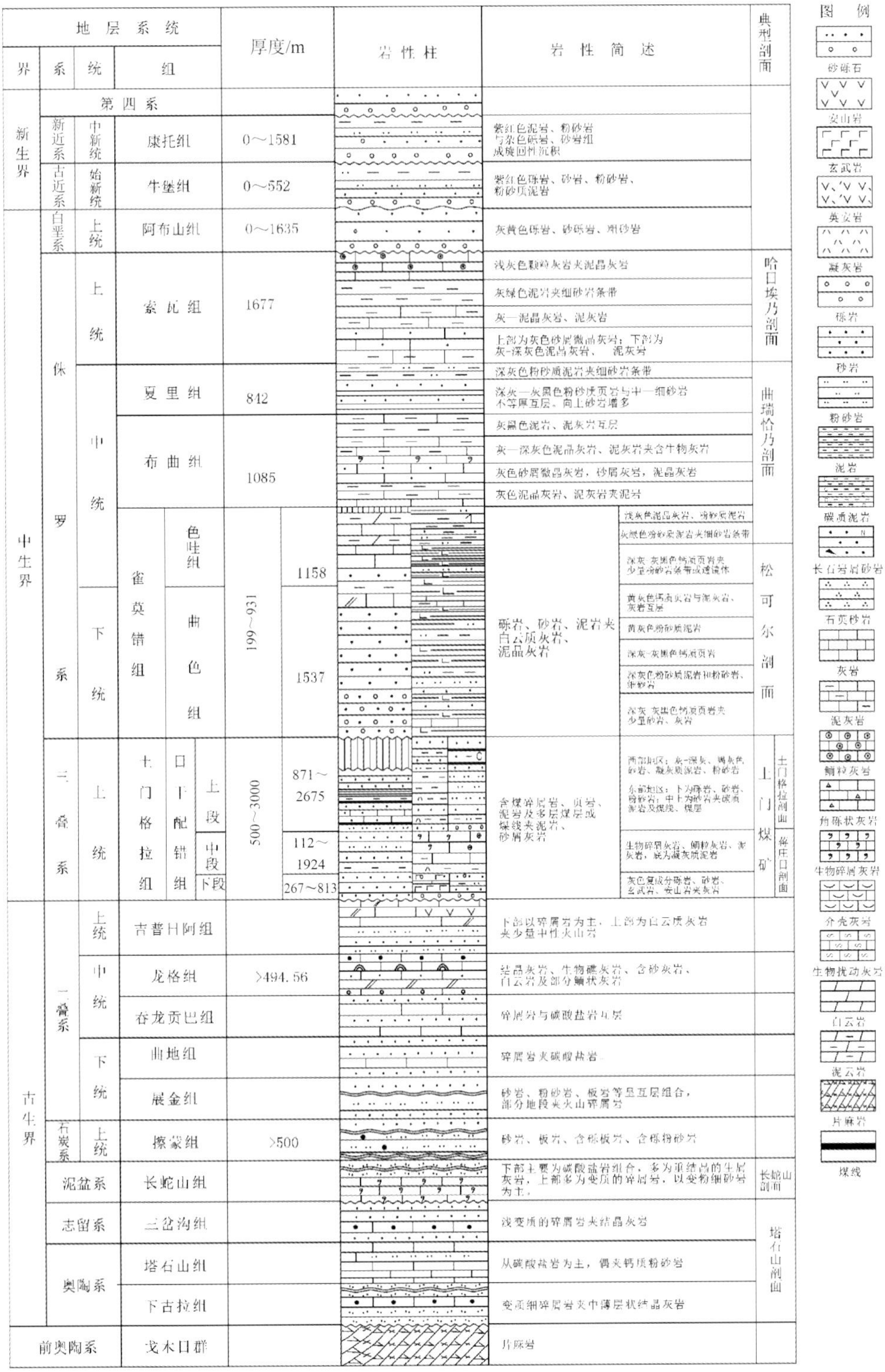
地层系统
界
系
统
组
厚度/m
岩性柱
岩性简述
典型剖面
新生界
第四系
新近系
中新统
康托组
0～1581
紫红色泥岩、粉砂岩与杂色砾岩、砂岩组成旋回性沉积
古近系
始新统
牛堡组
0～552
紫红色砾岩、砂岩、粉砂岩、粉砂质泥岩
中生界
白垩系
上统
阿布山组
0～1635
灰黄色砾岩、砂砾岩、细砂岩
侏罗系
上统
索瓦组
1677
浅灰色颗粒灰岩夹泥晶灰岩
灰绿色泥岩夹细砂岩条带
灰—泥晶灰岩、泥灰岩
上部为灰色砂屑微晶灰岩；下部为灰-深灰色泥晶灰岩、泥灰岩
哈日埃乃剖面
中统
夏里组
842
深灰色粉砂质泥岩夹细砂岩条带
深灰—灰黑色粉砂质页岩与中—细砂岩不等厚互层，向上砂岩增多
布曲组
1085
灰黑色泥岩、泥灰岩互层
灰—深灰色泥晶灰岩、泥灰岩夹含生物灰岩
灰色砂屑微晶灰岩，砂屑灰岩，泥晶灰岩
灰色泥晶灰岩、泥灰岩夹泥岩
曲瑞恰乃剖面
下统
雀莫错组
色哇组
曲色组
199～931
1158
1537
砾岩、砂岩、泥岩夹白云质灰岩、泥晶灰岩
浅灰色泥晶灰岩、粉砂质泥岩
灰绿色粉砂质泥岩夹细砂岩条带
深灰-灰黑色钙质页岩夹少量粉砂岩条带或透镜体
黄灰色钙质页岩与泥灰岩、灰岩互层
黄灰色粉砂质泥岩
深灰-灰黑色钙质页岩
深灰色粉砂质泥岩和粉砂岩、细砂岩
深灰-灰黑色钙质页岩夹少量砂岩、灰岩
松可尔剖面
三叠系
上统
土门格拉组
日干配错组
上段
中段
下段
500～3000
871～2675
112～1924
267～813
含煤碎屑岩、页岩、泥岩及多层煤层或煤线夹泥岩、砂屑灰岩
西部地区：灰-深灰、褐灰色砂岩、凝灰质泥岩、粉砂岩
东部地区：下为砾岩、砂岩、粉砂岩；中上为砂岩夹碳质泥岩及煤线、煤层
生物碎屑灰岩、鲕粒灰岩、泥灰岩，底为凝灰质泥岩
灰色复成分砾岩、砂岩、玄武岩、安山岩夹灰岩
土门煤矿
土门格拉剖面
肖庄口剖面
古生界
二叠系
上统
吉普日阿组
下部以碎屑岩为主，上部为白云质灰岩夹少量中性火山岩
中统
龙格组
>494.56
结晶灰岩、生物礁灰岩、含砂灰岩、白云岩及部分鲕状灰岩
吞龙贡巴组
碎屑岩与碳酸盐岩互层
下统
曲地组
碎屑岩夹碳酸盐岩
展金组
砂岩、粉砂岩、板岩等呈互层组合，部分地段夹火山碎屑岩
石炭系
上统
擦蒙组
>500
砂岩、板岩、含砾板岩、含砾粉砂岩
泥盆系
长蛇山组
下部主要为碳酸盐岩组合，多为重结晶的生屑灰岩，上部多为变质的碎屑岩，以变粉细砂岩为主。
长蛇山剖面
志留系
三岔沟组
浅变质的碎屑岩夹结晶灰岩
奥陶系
塔石山组
以碳酸盐岩为主，偶夹钙质粉砂岩
下古拉组
变质细碎屑岩夹中薄层状结晶灰岩
塔石山剖面
前奥陶系
戈木日群
片麻岩
图例
砂砾石
安山岩
玄武岩
英安岩
凝灰岩
砾岩
砂岩
粉砂岩
泥岩
碳质泥岩
长石岩屑砂岩
石英砂岩
灰岩
泥灰岩
鲕粒灰岩
角砾状灰岩
生物碎屑灰岩
介壳灰岩
生物扰动灰岩
白云岩
泥云岩
片麻岩
煤线

图 3-4　南羌塘坳陷地层综合柱状图

第二节　古生代地层划分与对比

一、地层划分与对比

古生界地层格架的建立主要根据中国地质调查局（2003~2006）完成的羌塘地区1：25万区调资料成果，目前仅发现奥陶系和志留系，主要为浅海相碎屑岩沉积；泥盆系普遍缺失下统，以稳定型浅海相碳酸盐岩沉积为主；石炭系在羌塘地区主体为碳酸盐岩和碎屑岩含煤沉积，在中央隆起带可见复理石砂板岩、火山岩组合；二叠系中、下统以碳酸盐岩沉积为主，普遍含有基性—中基性火山岩夹层（连续厚度可达数百米），上统为滨、浅海相碳酸盐岩、碎屑岩组合，局部夹火山岩和煤；三叠系中、下统主要出现在羌塘地区的北部，以浅海—半深海相碎屑岩沉积为主，向南过渡为陆相，大致在中央隆起带北缘沉积尖灭，在昌都地区仅东北缘（瓦拉寺一带）局部沉积，其余大部分地区缺失；上三叠统在羌塘—昌都地区广泛分布，可能缺失卡尼早期沉积，底部普遍发育不整合面和底部砾岩、火山岩或煤层，向上过渡为滨、浅海相碳酸盐、碎屑岩沉积。侏罗系，在自昌都向北东至羌塘盆地为海、陆过渡相-浅海相碎屑岩、碳酸盐岩组合，羌南发育次深海—深海相过渡型及活动型沉积。白垩纪早期海水收缩至羌北一带，并逐步退出该区，大部分地区为河、湖相沉积；古近纪全区为山间湖泊相沉积，沉积一套碎屑岩为主的红色地层。

二、地层分述

（一）北羌塘拗陷分区

古生代出露的最老地层为奥陶系，主要沿中央隆起带以断块形式零星分布。

1. 奥陶系

1）下奥陶统三岔口组（O_1s）

该组由夏军等（2006）建立于三岔口一带，为一套灰—灰黄色中层变细粒石英砂岩、粉砂岩、页岩组成的旋回地层，含腕足类 *Nanorthis* sp.、*Nanorthis* cf. *Hamburgensis*（*Walcott*）及遗迹化石 *Zoophcus*，时代归属于早奥陶世，是羌塘地区目前有化石控制的最底层位（夏军等，2006）。

2）中上奥陶统饮水河群（$O_{2-3}y$）

该群由西藏自治区区域地质调查队 1987 年在日土县多玛区饮水河地区命名，指整合于普尔错群结晶灰岩之下的一套碎屑岩。该套地层主要出露于测区北西部饮水河两岸，呈北东—南西向展布，该组的岩石类型较为单一，主要类型为长石岩屑砂岩及页岩，另发育有少量的碳酸盐岩等。西藏区域地质调查队 1986 年在测制饮水河组剖面过程中，采集到以富含腕足类和三叶虫为主的古生物化石，如腕足类 *Plaesiomys* sp.、三叶虫 *Dicranurus* sp. 等化石，时代归属为上奥陶统。

2. 志留系

1）志留系普尔错群（Sp）

该群由西藏自治区区域地质调查队 1984 年于拉竹龙南山饮水河—兽形湖一带命名，指出露于日土县多玛区饮水河北岸地区的一套碳酸盐岩及碎屑岩地层体，下部为灰色石英砂岩夹粉砂岩、微晶灰岩；中部为深灰色微晶灰岩、生物碎屑灰岩；上部为石英砂岩夹粉砂岩、岩屑石英砂岩，出露宽度为 2.2～5.1km，延伸长约 30km，出露面积为 69.13km^2，与下伏饮水河组整合接触。1∶25 万土则岗日幅中在普尔错群采集到的头足类化石有 *Dawsonoceras* cf. *annulatum*（Soweby）等，腹足类 *Euomphalus* sp.等，三叶虫 *Encrinurus* sp.等。

2）志留系龙木错群（Sl）

该群由章炳高于 1984 年命名，下部为灰色中厚层灰岩，上部为灰白色块状灰岩及灰黑色薄层泥质灰岩，顶部为暗紫色石英砂岩，厚度大于 66m，含䗴类 *Triticites altus*、苔藓虫 *Meekopora rutogensis* 及腕足类 *Ortheteles* sp.等化石。

3. 泥盆系

1）泥盆系查桑群（Dc）

该群仅见于查桑附近的几个小山包上（李日俊和吴浩若，1997），由浅灰色、浅紫色生物碎屑灰岩、泥灰岩、结晶灰岩夹角砾灰岩和少量硅质岩组成。在硅质岩样品中采集到了放射虫化石 *Albaillella*? sp.、*Folllicuculus* sp.，等化石，时代归属于二叠纪中—晚期。

2）中下泥盆统雅西尔群（D$_{1-2}y$）

该群由中国科学院青藏高原综合科学考察队 1984 年命名于拉竹龙南山饮水河—兽形湖一带，岩性为石英砂岩夹灰岩，含角石 *Kapaninoceras* sp.、头足类 *Harrisoceras* sp.、腕足类 *Leptaenopyxis*（*Hefengia*）*hefengensis* Xu 及珊瑚 *Heliolites* sp.等化石。

3）上泥盆统拉竹龙组（D$_3l$）

该组由金玉玕和孙东立（1981）创名，在查桑、菊花山、日土多玛的龙木错一带均有出露。岩性由灰色生物碎屑灰岩和灰岩组成，厚度为 246～850m。产腕足类 *Tenticospirifer* cf. *vilis*、*Yunnanella* sp.、*Cyrtospirifer* sp. 及珊瑚 *Phyllipsastraea macoumi* 等化石。

4. 石炭系

1）下石炭统日湾茶卡组（C$_1r$）

该组由谢义木（1983）在改则日湾茶卡创名，为一套灰色、灰绿色、浅紫红色的泥质灰岩、砂质灰岩、灰岩与砂页岩不等厚互层，厚 417m，向下不整合于时代不明的火山岩地层之上。地层中产珊瑚类 *Yuanophyllun* sp.、腕足 *Gigangtoproductus-Striatifera* 组合，时代属早石炭世大塘期。

2）下石炭统月牙湖组（C$_1y$）

该组由西藏自治区区域地质调查队（1987）于双点达坂—月牙湖一带命名，岩性上以拉竹龙组顶部一层灰黄色角砾状、团块状粉砂质灰岩为标志，但在野外较难划分，因此依据化石无洞贝类的绝灭和 *Unispirifer-Syringothyris* 的大量出现作为月牙湖组的底界。古生物化石主要有腕足类 *Marginatia hunanensis* Tan、珊瑚类 *Tachylasma* sp. 等。

3）上石炭统—下二叠统冈玛错群（C_2-P_1g）

该群主要分布在中央隆起的北部边缘，出露于冈玛错、日湾茶卡及查桑等地，为一套灰色、灰绿色的粉砂岩、细砂岩、泥岩及泥晶灰岩组合，产珊瑚 *Campophyllumkiaeri*、*Cyathaxonia* sp.、*Amplexus romonovskyiFomitcher*、*A. stukenbergia* 等化石，时代属晚石炭世—早二叠世。该群在改则一带亦称塔里来组，大致为同一套地层。

5. 二叠系

1）中二叠统开心岭群（P_2k）

该群由青海省石油局 632 队 1957 年于开心岭地区命名，上部为淡灰色致密块状灰岩，中部为黑灰色砂岩、页岩，局部夹薄层砾岩及泥质砂岩，下部为黑灰色厚层及灰白色薄—厚层致密状页岩，底部为青绿色砂岩夹黑色页岩及厚度达 1m 的煤层。1:25 万温泉兵站幅（2006）将开心岭群划分为三个组，由下至上依次为九十道班组（P_2j）、诺日巴尕日保组（P_2nr）、尕笛考组（P_2gd），其中九十道班组（P_2j）产有蜓类 *Yabeina minuta*、珊瑚 *Ipciphyllum ipci*、有孔虫 *Hemigordiopsis remzi*、红藻 *Ungdarella* sp.等，尕笛考组（P_2gd）产有蜓类 *Schwangerina* sp.、有孔虫类 *Pachyphloia lanceolata* K. M.-Maclay、绿藻 *Pseudovermiporella* sp. 等化石。

2）中二叠统先遣组（P_2x）

该组岩性为鲕粒灰岩、泥晶灰岩及少量的碎屑岩，灰岩中含大量生物碎屑，产大量腕足类和双壳类化石，主要发现有 *Palaeolima fasciulicosta* Lin、*Psendolongissima* Lee、*Palaeanodonta* cf. *schizodus pinguis* Gan 等（1:25 万黑石北幅），以及蜓类 *Parafusulina shaksgamensis*、*Neoschwagerina colaniae*、*P. yunnanica* 和珊瑚类 *Szechuanophyllum szechuanense*、*Iranophyllum* sp.、*Waagenophyllum* sp.等化石，其中蜓类化石组合明显反映出茅口晚期生物特征（1:50 万土幅），厚度大于 3027m。

3）上二叠统乌丽群（P_3w）

该群由西北煤炭勘探局乌丽煤矿青藏勘查队于 1956 年命名于唐古拉乌丽煤矿。1958 年，尹赞勋在《中国区域地层表（草案）补编》一书中首次介绍引用，原指："上部灰色薄层中粒及细粒砂岩；中部为黄绿色夹深灰色粗粒及细粒砂岩夹薄层砾岩，向上夹有深灰色致密凸镜体石灰岩；下部以灰色、黄绿色砂岩、页岩为主，夹厚层砾岩及 2～4m 厚的煤层，产植物化石，其上夹深灰色凸镜状致密石灰岩"，产腕足类 *Neoplicatifera huagi*（Ustriski）.，？*Spinomarginifera* sp.，珊瑚 *Margarophyllia* sp.、*Plerophyllum*，孢粉类 *Dictyophyllidites intercrassus*、*Dictyophyllidites mortoni*、*Leiotrileres exiguus* 等化石，时代为晚二叠世。

4）上二叠统热觉茶卡组（P_3r）

该组由中国科学院青藏科学考察队文世宣等（1979）建立于热觉茶卡南。在热觉茶卡西侧和南侧，热觉茶卡组呈北西—南东方向展布，未见底。下部以黑灰色薄层状长石石英砂岩、粉砂岩、含碳质粉砂岩为主，夹绿灰色薄层状粉砂岩、黄灰色岩屑长石细砂岩、粉砂岩、褐黄色薄层状粉砂岩、绿灰色粉砂质泥岩、含碳质页岩薄层等。产双壳类化石，未见底。中部：青灰色中薄层状中细粒岩屑长石砂岩，夹黄灰色、浅灰色中厚层状含生物碎屑砂屑灰岩，含生物碎屑砂屑结晶灰岩透镜层，总体具有韵律性沉积特点。灰岩中含丰富的蜓类、腕足类、腹足类、双壳类、苔藓虫及丰富的非蜓有孔虫和海百合茎化石。上部为黄灰色中层中细粒砂岩，含细砾粗砂岩、中细砂岩、青灰色中薄层状粉细砂岩、灰黑色薄层含碳质页岩夹煤线 7 层。最厚煤线达 27cm，产植物化石，厚 502m。顶部与上覆三叠系整合接触，产蜓类 *Gallwaginella*、*Palaeofusulina* 和 *Reichelina* 等化石。

（二）南羌塘拗陷分区

古生代地层主要沿中央隆起带及其南缘分布，仅中二叠统局部见于南羌塘拗陷北部。近年来的 1∶25 万地质大调查创建了奥陶系、志留系、泥盆系及石炭系地层组。

1. 奥陶系

奥陶系地层组由李才等（2004）首次发现，目前仅见于尼玛县玛依岗日附近的塔石山一带，由 1∶25 万玛依岗日幅（2006）分别创名为下奥陶统下古拉组（O_1x）、上奥陶统塔石山组（$O_{2-3}t$），两者之间为整合接触，与上覆志留系三岔沟组（Ss）为整合接触关系。

1）下奥陶统下古拉组（O_1x）

该组为一套杂色中薄层状变质细碎屑岩夹中薄层状结晶灰岩，未采获有意义的古生物化石。考虑到下古拉组整合于塔石山组之下，岩性、岩相等特征又与申扎地区的扎扛组相似，故推测其时代为早奥陶世。

2）上奥陶统塔石山组（$O_{2-3}t$）

该组以一套浅色碳酸盐岩为主，偶夹钙质粉砂岩，岩石多已重结晶，产极为丰富的鹦鹉螺化石，且可与措勤—申扎地区的中上奥陶统柯尔多组、刚木桑组完全对比。

2. 志留系

三岔沟组（Ss）由李才等（2004）首次发现，目前仅见于尼玛县玛依岗日附近的塔石山一带，由 1∶25 万玛依岗日幅（2006）创名为志留系三岔沟组（Ss），与下伏地层呈整合接触关系。三岔沟组为一套浅变质的碎屑岩夹结晶灰岩薄层或透镜体组合，岩石类型包括绢云母化粉砂岩、绢云母片岩、结晶灰岩等。产笔石类，从古生物化石到岩石类型组合，均可与西藏申扎地区的志留系对比。

3. 泥盆系

长蛇山组（Dch）由 1∶25 万玛依岗日幅（2006）首次记载，并在尼玛县绒玛乡附近的长蛇山一带创名。岩性组合为：下部主要为碳酸盐岩组合，多为重结晶的生物碎屑灰岩；上部多为变质的碎屑岩，以变粉细砂岩为主。根据下部灰岩中所产竹节石 *Nowakia*？*sulcata*、*Guerchinaxizangersis* 和腕足类生物化石，确定其时代为泥盆纪。未见顶底。

4. 石炭系

石炭系地层组在藏北西部地区最早称霍尔巴错群（C-Ph），为一套冰海相杂砾岩沉积。梁定益等（1982）进一步将其划分为（由下至上）擦蒙组（C$_2$c）、展金组（C$_2$z）和曲地组（C$_2$-P$_1$q）。石炭系在南羌塘地区主要沿中央隆起带分布，出露十分零星，主要见于宁日错—冈塘错—阿日爱—肖切保一带。在新近完成的羌塘地区 1：25 万地质大调查中，统一采用了该划分方案。

1）下石炭统擦蒙组（C$_2$c）

该组由一套砂岩、板岩、含砾板岩、含砾粉砂岩等组成，厚度大于 500m。

2）下石炭统展金组（C$_1$z）

该组主要为砂岩、粉砂岩、板岩等呈互层组合，部分地段夹火山碎屑岩，也见有少量安山岩和英安岩，常见生物化石主要以小型腕足类、小型单体珊瑚、双壳以及腹足类为主，以含冈瓦纳相双壳类化石 *Eurydesma*、*Ambikella* 为特征，时代为晚石炭世。

3）上石炭统曲地组（C$_2$q）

该组总体为一套碎屑岩，也夹有碳酸盐岩，区域变化大，横向上岩石类型多变。已知所含生物化石中，既有特提斯相的 *Triticites*、*Pseudofusulina* 等，也有冈瓦纳相的 *Subaniria*、*Stepanoviella* 等，且具穿时现象，时代从晚石炭世晚期到早二叠世中、晚期。

5. 二叠系

1）下二叠统吞龙贡巴组（P$_1$t）

该组主要为一套碎屑岩与碳酸盐岩互层，在不同地区，各岩性含量也不一致，整合于霍尔巴错群之上。产有䗴类 *Monodiexodina*、*Schwagerina*、*Parafusulina*、*Pseudofusulina*、*Triticites*、*Rugosofusulina*，腕足类 *Gratiosina*、*Spinomarginifera*、*Neospirifer*、*Stenoscisma*，珊瑚 *Waagenophyllum*、*Yatsengia* 等化石，多见于我国南方早、中二叠世栖霞—茅口期地层中。

2）中二叠统龙格组（P$_2$l）

该组由梁定益等（1982）创名于日土县欧拉，原义指岩性为块状结晶灰岩、生物礁灰岩、含砂灰岩、白云岩及部分鲕状灰岩组成的一套地层体，富含䗴类和群体珊瑚、苔藓虫、钙藻及部分腕足、腹足类化石，时代为茅口期，向东至羌塘盆地主体部分，亦称鲁谷组。岩性为：下部的灰—深灰色薄—中层泥晶灰岩夹薄—中层状生物碎屑灰岩、薄层状泥岩、薄层状硅质岩、枕状玄武岩；上部为沉火山角砾岩、凝灰质砂岩、粉砂岩、泥岩夹枕状玄武岩，厚度大于 494.56m，未见顶底，产䗴类 *Neoschwagerina*、珊瑚 *Waagenophyllum*、腕足类 *Plicatifera* 等化石，均为中二叠世茅口期化石组合。

3）上二叠统吉普日阿组（P$_3$j）

该组由梁定益等（1982）创名于日土县多玛区吉普村东北吉普日阿，1997 年《西藏自治区岩石地层》沿用其名，指一套以碎屑岩和白云质灰岩为主夹中性火山岩的地层体，下部以碎屑岩为主，上部为白云质灰岩夹少量中性火山岩，含䗴类 *Palaeofusulina* sp.、*Codonofusiella* sp.、*Reichelina* sp. 和珊瑚 *Waagenopyllum* sp.等化石，时代归属于晚二叠世。

第三节　中、新生代地层划分与对比

一、地层划分与对比

羌塘盆地中、新生代地层的划分与对比方案以王剑等（2009）的研究为基础（图 3-1）。根据各地层的时、空分布特征，大致将盆地内中生代地层划分为两个分区（图 3-2），即北羌塘拗陷地层分区、南羌塘拗陷地层分区（王剑等，2009）。

南、北拗陷地层分区分别位于中央隆起带的南、北两侧，与南、北羌塘拗陷相对应，尤以侏罗系广泛分布为典型。

侏罗系在羌塘盆地和改则—东巧分区广泛分布，通过数次大规模的调查，研究较为深入。王剑等（2009）在前人研究基础上，通过进一步调查，取得了三方面新的认识。一是通过火山岩精确定年将基于原定义的北羌塘拗陷分区的下侏罗统那底岗日组归属为上三叠统，导致上覆雀莫错组层位下移，其下部缺乏生物化石依据，部分地层当属下侏罗统，具体分界还待进一步研究；二是在南羌塘拗陷分区色哇乡松可尔剖面采获了多件菊石化石，确定了中下侏罗统曲色组和色哇组的分界线（陈明等，2007）；三是在胜利河油页岩的勘查中通过铼-锇同位素测定确定北羌塘拗陷分区存在早白垩世海相地层，并采获了相应的生物化石依据。

二、地层分述

（一）中生界

1. 三叠系

1）下、中三叠统

下、中三叠统仅在北羌塘拗陷分区南部见有出露，沿北拗陷南部热觉茶卡—康如茶卡—江爱达日那一带零星分布。层型剖面由文世宣（1979）建于现绒玛乡西北的康鲁山，包括三个岩石地层单元，下统称为康鲁组及硬水泉组；中统称为康南组。

（1）下三叠统康鲁组（T_1k）。在热觉茶卡剖面，出露良好，底部以浅灰色细砾岩、含砾粗砂岩与下伏上二叠统热觉茶卡组含煤粉砂岩、泥岩呈低角度不整合接触；下部为灰色、灰紫色中—厚层状中、粗粒岩屑砂岩和长石砂岩，夹粉砂岩，发育底冲刷、交错层理；中部为灰紫色中层状细粒岩屑长石砂岩夹粉砂岩，局部夹细砾岩透镜体，其中发育大型近对称波痕、虫迹等；上部为灰褐色、灰绿色粉砂质泥岩、钙质泥岩等，厚 415.76m。该段中部可见丰富的双壳类生物化石，主要有 *Claraia* sp.等，其中大多见于我国四川的茨岗组、波茨沟组和西藏的普水桥组，时代属早三叠世早期。

（2）下三叠统硬水泉组（T_1y）。硬水泉一名由文世宣（1979）创立，建组剖面在原双湖办事处南西硬水泉附近。岩性主要为一套以中厚层灰岩、砂屑岩、砾屑岩、砂质灰岩为主，夹深灰色中层状鲕粒灰岩、灰色薄层状钙质砂岩，泥质条带灰岩，有孔灰岩，总厚大于 198m。顶、底与上覆康南组和下伏康鲁组为整合接触。产双壳类 *Eumorphotis-rugosa*

Chen、*E. inacquicostata*、*E. huancangensis* Chen、*Promyalina pututiatensis*（*kiparisova*）等化石，时代归属于早三叠世晚期。

（3）中三叠统康南组（T$_2$*k*）。康南组主要出现于康如茶卡一带，与下伏康鲁组生物碎屑泥灰岩整合接触。下部为灰色、灰绿色砂岩、粉砂质泥岩、页岩夹透镜状泥质灰岩；向上过渡为灰色、深灰色薄—中层状灰岩、含泥质灰岩组合，未见顶，总厚大于 190.8m。下部含丰富的菊石，有 *Aristopty chites* sp.、*Balatonites*、*Gymnites incultus* 等中三叠世安尼期化石；上部有腕足 *Mentzelia* cf. *subspherica*、*Ptychites* cf. *rugifer* 等见于我国西南地区中三叠统中晚期的化石分子。

2）上三叠统

上三叠统在各分区均有分布，包括北羌塘拗陷分区的肖茶卡组、藏夏河组、甲丕拉组、波里拉组、巴贡组和那底岗日组；南羌塘拗陷分区的日干配错组、土门格拉组。

（1）肖茶卡组（T$_3$*x*）。由西藏区域地质调查队（1986）创名于双湖西肖茶卡，用于代表羌塘地区的上三叠统。《西藏地质志》（1989）将肖茶卡群应用到北羌塘地区，区别于南羌塘地区的上三叠统称为日干配错群。此划分意见被沿用至今。肖茶卡组仅指北羌塘拗陷中南部的上三叠统下部地层。在甜水河、菊花山一带，以灰岩沉积为主，为灰色、灰紫色泥质灰岩、泥晶灰岩和少量生物介壳灰岩组成，未见底，顶部被那底岗日组平行不整合覆盖。向南至中央隆起带北侧的沃若山、吐错一带，相变为一套灰至灰黑色含煤碎屑岩夹灰岩组合。厚度大于 668.64m。剖面上含双壳和腕足 *Chlamys dingriensis*、*Indopecten* sp.、*Chylamys* cf.*biformatus*、*Plagiostomma* sp.、*Astarte* 等化石，时代定为晚三叠世中、晚期。

（2）藏夏河组（T$_3$*z*）。藏夏河组为一套沿北羌塘北部藏夏河—多色梁子—丽江湖一带分布的砂泥质深水复理石沉积，原归入肖茶卡组，作为沉积相变序列，1∶25 万黑虎岭幅（2006）正式创名为藏夏河组。岩性组合为灰、深灰色薄—中厚层状细砾岩、含砾砂岩、细粒岩屑长石砂岩、长石岩屑砂岩，石英砂岩、粉砂岩、粉砂质泥岩页岩和泥页岩组成多种互层状韵律式沉积。在砂岩底部发育沟模、槽模、底冲刷，砂岩常具粒序层理等浊流沉积构造，出露厚度为 627～1063m。含有牙形石 *Epigondolella postera* 和 *E.obneptis spatulatus*，腕足类 *Caucasorhynchia*、*Halobia plicasa*、*H. superbescens* 及 *Triadithyris* 等晚三叠世诺利期的化石分子。盆地内多处未见顶、底，在弯弯梁一带见其顶部被那底岗日组平行不整合覆盖。

（3）甲丕拉组（T$_3$*j*）。该组由四川省第三区测队 1974 年根据西藏昌都甲丕拉山剖面创建。该组与波里拉组和巴贡组均分布广泛，由唐古拉山地区向东南一直延伸至西藏的昌都地区。该组地层颜色、岩性和碎屑颗粒大小等在纵向、横向上变化都比较快，砾岩、砂岩、粉砂岩、页（泥）岩、板岩和灰岩所占的比例各地不一，但其底部有厚度不稳定的复成分砾岩，具有由下而上、由粗变细的正粒序旋回特征。在囊极一带，甲丕拉组所夹薄层灰岩中采集到腕足类？*Sugmarella* sp.、*Zhidothyris yulonge-nsis* Sun、*Septamphiclina qinghaiensis* Jin et Fang、*Zeilleria* cf. *lingulata* Jin、*Sun* et Ye、*Timorhynchia sulcata* Jin，*Sun* et Ye 等化石，时代归为中三叠统卡尼阶。

（4）波里拉组（T$_3$*b*）。岩性以灰黑色薄—中厚层状生物碎屑泥晶—粉晶灰岩、生物介壳灰岩、泥晶灰岩为主，夹灰白、灰褐、紫红色中层状岩屑石英砂岩，灰绿、紫红、灰黑、灰色钙铁质泥页岩，局部夹少量泥云岩。古生物化石有介形虫 *Bairdia emeiensis*、双壳类 *Halobia pluriradiata*、腕足类 *Yidunella pentagona Ching* 等，时代为中三叠统诺利阶。

（5）巴贡组（T₃*bg*）。岩性可分为两段，下段为灰、灰绿、浅灰色中层状粉砂岩与灰黑、深灰、灰色薄—极薄层泥页岩不等厚互层，上段为浅紫、紫红色中—厚层状细—粗粒砾岩、含砾粗砂岩、细—粗粒砂岩、粉砂岩不等厚互层，沉积厚度大于 1061.31m，与下覆波里拉组整合接触，产古植物 *Neocalamites* cf. *hoerensis Equisetites* 化石，归为诺利阶—瑞替阶。

（6）那底岗日组（T₃*nd*）。那底岗日组是据西藏自治区区域地质调查队（1986）创建的那底岗日群命名的，建组剖面位于菊花山附近。该组主要分布于弯弯梁、雀莫错和中央隆起带北侧三个区域，以石水河、菊花山、拉雄错、拉相错、那底岗日、江爱达日那和玛威山一带较为连续，宽约 50km，长约 300km。主要为一套火山岩、火山碎屑岩沉积，可大致分为两个岩相组合类型，一类是陆上喷发系列，以安山熔岩-熔结凝灰岩-凝灰岩为主，局部见玄武岩；另一类是水下喷发系列，为沉火山角砾岩-沉凝灰岩-凝灰质砂岩-粉砂岩-泥岩等，局部夹灰岩。两类沉积常交互出现，厚度为 200~650m。该地层通常与下伏地层（上三叠统肖茶卡组）角度不整合（菊花山剖面）或平行不整合（雀莫错、石水河剖面）接触，可见古风化面（付修根等，2007；王剑等，2007a），与上覆地层雀莫错组整合接触。在那底岗日和菊花山一带，那底岗日组与上覆雀莫错组呈平行不整合或整合接触，在江爱藏布、西长梁、雀莫错、弯弯梁一带，那底岗日组被雀莫错组角度不整合所覆。

该套地层中缺少化石组合，过去依据火山岩的同位素年龄为 174Ma（Rb-Sr 法，咸水河）、187Ma（Rb-Sr 法，虾河）（王成善等，2001）、182.97±3.66Ma（Ar-Ar 法，菊花山）、167.5±4.4Ma（K-Ar 法，菊花山），将其时代定为早侏罗世托尔期—巴柔期。王剑等（2007b）根据石水河、那底岗日等地火山岩中单颗粒锆石的 SHRIMP 定年，确定其时代为 205±4Ma、208±4Ma 和 210±4Ma，为晚三叠世中期（诺利晚期）。为此，将其划归为上三叠统。

（7）日干配错组（T₃*rg*）。由西藏地质矿产勘查局 1993 年创名于改则县森多以东日干配错剖面。岩性以浅海碳酸盐岩为主，夹砂页岩。对肖茶卡西、吓先错以及其香错北东索布查温泉等地的上三叠统进行了实测和观测，总体而言，日干配错组出露不全，大多未见底。在肖茶卡西，王剑等（2009）首次发现其底部以一套河流相底砾岩不整合于中二叠统龙格组之上。

以肖茶卡西剖面为代表，自下而上可分为四段。第一段为灰色砾岩-砂岩-粉砂岩-泥岩组合，未见生物化石，厚 186.5m；第二段为中—基性火山岩、火山角砾岩，夹深灰色微晶灰岩和灰绿色凝灰质泥岩，厚度为 670.4m，火山岩 K-Ar 年龄测定为 206.3±71.8Ma；第三段为微晶灰岩、介壳灰岩夹泥灰岩，与下伏钙质凝灰岩整合接触，厚 120.77m，含双壳类 *Indopecten calamiscriptus*、*Palaeocardita langnongensis*、*Plagiostomma* cf. *baxoense*、*Halobia* sp.，腕足类 *Caucasorhynchia* cf. *kunensis*、*C.cf. trigonatia*、*Triadicthyris* sp.等，时代大致定为晚三叠世中、晚期；第四段为灰色、深灰色薄—中层状钙质粉砂岩，与粉砂质泥岩、泥岩互层，夹砂岩透镜体，局部夹少量泥灰岩，含牙形石 *Epigondalella postera*、*Neohindeodella triassica*、*Neohindeodella kobayashii*，孢粉 *Asseretospota gyrata*、*Annulispora* sp.、*Cycadopites* sp.等晚三叠世化石分子，厚度大于 420.6m，顶部为新近系康托组不整合超覆。

（8）土门格拉组（T₃t）。该组是西藏东北部唐古拉山南麓的一个重要含煤层位，分布于南羌塘分区的东部，由西藏地质局藏北地质队 1956 年发现于安多县西北的土门格拉。为一套含煤碎屑岩、页岩、泥岩及多层煤层或煤线夹泥岩、砂屑灰岩、微晶白云岩，并产双壳、植物及孢粉等化石组合。总厚可达 3000m 左右。地层中含丰富的动植物化石，有双壳类 *Myophoria*（*Costatoria*）*mansuyi*、*M.*（*Neoschizodus*）sp.、*Nuculanayunnanensis*、*Entolium* cf. *quotidianum*、*Cardium*（*Tulongocardium*）*nequam*、*C.*（*T.*）*xiangyunensis*、*Unionitesemeiensis*、*U. rhomboidalis*、*U. ellipticus*、*Mytilus* sp.、*Posidonia* sp.、*Pleuromya* sp.，植物 *Danaeopsisfecunda*、*Equisetitesarenaceum*、*Clathropterismeniscioides*、*Dictyizamites* sp.、*Otozamites* sp.、*Zamites* sp.等。在双湖扎那陇巴还分析出孢粉类 *Concavisporites toralis*、*Klukisporites* sp.、*Chasmatosporites hians*、*Ovalipollis* sp.、*Psophosphaera* sp.、*Biretisporites* sp.等化石，时代为晚三叠世晚期。

2. 侏罗系

1）中、下侏罗统

中、下侏罗统在盆地内广泛分布，下部地层在南、北拗陷差异明显，北羌塘拗陷分区称雀莫错组，南拗陷分区称曲色组、色哇组及雀莫错组；中、上部全盆趋于一致，统称布曲组和夏里组。

（1）雀莫错组（J₁₋₂q）。雀莫错组由白生海（1989）在对盆地东部的雀莫错剖面进行分析时而创名，下部岩性为紫红色巨厚层砾岩，生物化石稀少；中部为紫红、灰绿色岩屑石英砂岩、粉砂岩；上部为灰绿色粉砂岩、泥岩、泥灰岩。总厚度为 1234m。区域上，向西部出现较明显的沉积差异，如咸水河剖面，底部以泥、页岩为主，下部以灰色粉砂岩、泥岩为主，夹多层泥灰岩，中、上部则为一套巨厚的灰绿、紫红色砾岩、砂岩、粉砂岩、泥岩组合，沉积总厚度达 1953m，整体表现为一个沉积速率迅速加大的进积序列，与东部的雀莫错剖面正好相反。在中部的那底岗日、双湖一带，则为一个过渡沉积区，底部为紫红色砾岩、砂岩，中部为微晶灰岩、泥晶灰岩以及泥晶白云岩夹两层石膏，上部为紫红、灰绿色泥岩、粉砂质泥岩夹灰岩、白云岩和石膏组合。总沉积厚度仅 498m。雀莫错组多假整合于上述上三叠统那底岗日组或角度不整合、整合于上三叠统之上，局部直接不整合于古生代地层之上，顶部与中侏罗统布曲组整合接触。在雀莫错组中、上部产丰富的双壳类化石，有 *Astarte muhibergi*、*A.elagans*、*Protocardia truncata*、*Pleuromyaoblita*、*Camptonectes laminatus*、*Chlamys*（*Radulopecten*）cf. *Matapwensis*、*Modiolus imbricatus*、*Protocardia* cf. *Hepingxiangensis* 等，时代定为中侏罗统巴柔期。推测其下部的紫红色巨厚层砾岩段时代跨入早侏罗世。

（2）下侏罗统曲色组（J₁q）。该组由西藏区域地质调查队（1986）所创，建组剖面在其香错北西的索布查温泉附近，为一套深灰色泥岩、页岩夹少量粉砂岩、泥灰岩，该套地层可向西断续出露，延至改则县康托一带（王剑等，2004）。在松可尔剖面，曲色组岩性可分为四段：一段以深灰色、灰黑色泥页岩为主，夹少量灰岩、粉砂质页岩和透镜状细砂岩、发育钙质结核，发育水平层理，厚度大于 546.7m；二段由灰色、深灰色砂岩、粉砂岩、粉砂质页岩及页岩组成，发育平行层理、砂纹层理、水平层理、包卷构造、底冲刷构造，厚 331.6m；三段由灰色、深灰色泥页岩夹少量粉砂质泥页岩组成，见水平层理，厚398.1m；四段由灰色、深灰色泥灰岩、微泥晶灰岩和泥岩组成，厚261m。顶部以一层含砂屑泥晶灰岩与中侏罗统色哇组分界。地层中自下而上产丰富的菊石化石，主要有 *Grammoceras striatulum* Sowerby、*Renziceras* sp.，时代为下侏罗统托尔期中—晚期。剖面未见顶，厚度大于 995.49m，为南羌塘拗陷早侏罗世的典型沉积。与下伏上三叠统灰岩整合接触，王剑等（2009）通过对色哇乡松可尔下—中侏罗统连续剖面进行了实测，确定其与上覆色哇组整合接触。

（3）中侏罗统色哇组（J_2s）。色哇组由文世宣（1976）在色哇等地发现并创名，代表一套深灰色、灰绿色粉砂岩、泥岩、页岩夹砂岩、泥灰岩构成的韵律组合。松可尔剖面实测资料，其岩性组合主要由灰色、深灰色泥页岩夹粉砂质页岩、泥灰岩组成，底部以薄层状细粒长石石英砂岩整合于曲色组之上，未见顶，厚度大于1022.9m。其中产丰富的菊石、双壳类、腕足类和腹足类化石，时代较为确切的为菊石 *Dorsetensia* cf. *regrediens*、*Witchellia* sp.、*Witchellia tebtica*Arkell、*Calliphylliceras* sp.、*Dorsetensia* sp.和 *Cadomites* sp.，是欧、非、亚、美洲常见的中侏罗世早期化石。

（4）中侏罗统布曲组（J_2b）。布曲组由白生海（1989）创名于唐古拉山乡的布曲，代表雀莫错组与夏里组两套紫红色碎屑岩之间出现的一套岩性比较稳定的中厚层状碳酸盐岩建造。

在岩性组合上，以碳酸盐台地相灰岩为主，在盆地边缘以及中央隆起带附近含较多的细碎屑岩夹层。在北拗陷中—西部，碳酸盐岩含量达 70%～95%，岩性以灰色、深灰色中—厚层状泥晶灰岩、泥灰岩、生物碎屑灰岩、藻灰岩为主，夹少量粉砂岩、泥岩、页岩和内碎屑灰岩；在东部和北部乌兰乌拉湖—雀莫错—雁石坪一带，碎屑岩含量可达 25%～50%，岩性组合表现为灰色薄—中层状灰岩、生物碎屑灰岩与泥岩、页岩、粉砂岩呈互层或夹层产出；沿中央隆起那底岗日—达卓玛—依仓玛一带，灰岩层厚占组厚的 40%～85%，岩性以灰色、浅灰色中—厚层状泥晶灰岩为主，以含丰富的生物碎屑灰岩、鲕粒灰岩、核形石灰岩、粒屑灰岩等为特征，局部夹膏岩和少量粉砂岩、泥岩；在南拗陷，北部懂杯桑—隆鄂尼—昂达尔错一带，地层出露不全，岩性为微晶灰岩、藻礁灰岩、珊瑚礁灰岩、白云岩等，形成一个断续延伸的礁、滩带。南部可以曲瑞恰乃剖面为代表，岩性为灰色、深灰色薄—中层状泥晶灰岩、泥灰岩、条带状灰岩夹钙质泥岩、页岩等。厚度为 142～1446m，以北东部最小，向西、南部增大。

地层中含有丰富的双壳类、腕足类化石，并有珊瑚、有孔虫、海胆、腹足类化石，其中双壳类可建立 *Eomiodon angulatus-Isognomon*（*Mytiloperna*）*bathhonicus* 组合和 *Camptonectes laminatus-Radulopecten vagans* 组合，腕足类发育 *Burmirhynchia-Holcothyris* 组合，指示其时代为巴通期。该组底界以上厚 141～178m 的灰岩中产丰富的 *Burmirhynchia-Holcothyris* 组合，横向上分布稳定，被当作地层对比的标志层（赵政璋等，2001a）。该组底部与下伏雀莫错组整合接触，顶部与中侏罗统夏里组泥岩整合接触。

（5）中侏罗统夏里组（J_2x）。该组为青海省区调综合地质大队 1987 年于雀莫错东夏里山创建，岩性以紫红色碎屑岩夹石膏沉积为特征，但在盆地内不同区域有一定差异。在盆地东部乌兰乌拉湖、雀莫错、温泉、114 道班、土门、达卓玛、那底岗日、东湖等广大地区，岩性以那底岗日剖面为代表，厚 679.13m。下部为灰色、灰绿色及暗紫红色薄—中层状钙质泥岩、泥灰岩、泥晶灰岩夹 5 层石膏和少量钙质石英砂岩、粉砂岩组成；上部为紫红色、灰绿色中层状钙质细粒石英砂岩、钙泥质粉砂岩为主，夹粉砂质泥岩、钙质泥岩等。显著特点是呈紫红色、含有丰富的石膏层，在达卓玛石膏层多达 10 余层，总厚 140m，而在温泉一带，单层厚度可达 70m。在北拗陷西部曲龙沟、野牛沟、马牙山、长水河（半岛湖）等地区，岩性可以马牙山剖面为代表，厚 502m，为灰色、灰绿色薄—中层状钙质细粒石英砂岩、长石砂岩、粉砂岩和泥岩夹泥晶灰岩、砂屑灰岩、生物碎屑灰岩等，局部夹砾岩透镜体，普遍未含石膏。在南拗陷，夏里组剖面资料有限，岩性以曲瑞恰乃为代表，厚 617m，为灰色薄层状泥岩、浅灰色薄—中层状粗粉砂岩及灰色薄—中层状细粒石英砂岩互层组成，局部夹灰色薄—中层状生物碎屑鲕粒灰岩。厚度为 400~800m，下与布曲组、上与索瓦组均为整合接触。重要化石有双壳类 *Chlayms*（*Radulopecten*）*vegans*（*sowerby*）、*Protocardia stichlandi*（*Morris et Lycett*）、*Plagiostomma* sp.、*Pterperna burensis*、*Ansisocardia tenera* 等；腕足类 *Thurmannella penptychina*、*Dorsoplicathyris ovalis* 等，可建立 *Praelacunosella- Dorsoplicathyris* 组合，指示时代为巴通晚期—卡洛期。

2）上侏罗统

上侏罗统索瓦组（J_3s）。索瓦组最早由青海省地矿局区域地质调查队（1987）创建于盆地东部的雀莫错剖面，相当于早期定义的"雁石坪群"上灰岩段，在岩性上以灰岩为主，频繁出现粉砂岩夹层区别于布曲组。岩性组合在北东部及中央隆起带两侧碎屑岩含量较高（31%~47%），局部（祖尔肯乌拉山）高达 56%。岩性组合以深灰色薄层状泥灰岩、泥质泥晶灰岩、生物介壳灰岩为主，夹薄层状钙质泥岩、粉砂岩，其中泥岩和粉砂岩自下向上逐渐增多，中部含少量石膏夹层，生物化石丰富，但不含菊石；在盆地中西部，碎屑岩含量低（0~21.4%）。岩性以半岛湖附近的长虹河剖面为代表，为灰色中—厚层状泥晶灰岩、生物屑灰岩、砂屑灰岩、核形石灰岩、鲕粒灰岩、礁灰岩等，夹少量钙质粉砂岩、长石砂岩、泥岩。岩层中生物化石十分丰富，普遍含菊石。局部形成点礁、生物滩，不含膏岩层。

索瓦组中含有十分丰富的生物化石，产腕足类 *Steptaliphoria septentrionalis*、*Pentithyris* cf. *Pelagica*、*Thurmanella acuticosta*，双壳类 *Radulopecten fibrosus*、*Gervillella aviculoides*、*Pteroperna* cf. *polyodom*、*Astarte mummus* 等化石，时代定为晚侏罗世牛津期。该地层整合于夏里组之上，厚 283~1825m。

3. 白垩系

羌塘盆地内部的白垩系包括下白垩统雪山组、白龙冰河组和上白垩统阿布山组（K_2a）。

1）下白垩统

（1）雪山组。雪山组首先由原地质部石油地质综合大队青藏分队 1966 年提出，

1983 年由蒋忠惕正式公布，建组剖面位于青海南部雁石坪温泉附近，其含义是指塘古拉群最上部的一组地层。它整合于唐古拉群上部灰岩之上，主要是一套灰色的粉砂岩、粉砂质泥岩互层，其中夹一些不厚的灰质泥岩和泥灰岩层，未见顶，顶部风化残积物中见许多大块的黄灰色、褐黄色中—粗粒砂岩。其中采到了 *Paranippononaia* cf. *Paucisulcata*、*Trigonoides* sp.、*Nippononiia* aff. *wakinoensis* 等亚洲地区常见于下白垩统中的淡水双壳化石动物群，故将之定为下白垩统（蒋忠惕，1983）。

根据盆地内的剖面及路线观察，雪山组整合于索瓦组大套灰岩（下段）之上，主要为一套巨厚三角洲相碎屑岩系，普遍具二分性，下部为紫红、灰绿、浅灰及黄灰色等组成的杂色碎屑岩和泥岩组合，上部为紫红色碎屑岩组合，夹含砾粗砂岩或细砾岩。盆地内该地层组均见顶，厚度大于 532.52m。

（2）白龙冰河组。该组为西藏自治区区域地质调查队（1986）所创，强调仅出现在北拗陷西北部的白龙冰河一带，为一套浅海相泥灰岩、泥岩、灰岩、白云质灰岩、鲕粒灰岩、泥岩及页岩等，总厚达 2080m。其中含有丰富的菊石化石，个体普遍较大，部分直径可达 35cm 左右。其时代归于早白垩世。

2）上白垩统

上白垩统阿布山组（K_2a）最早由吴瑞忠等（1985）创立，位于双湖西侧，定为上白垩统，其岩性为紫红色中砾岩、细砾岩、粗砂岩和中—细砂岩、粉砂岩、泥岩组成，自下而上粉砂岩、细砂岩、泥岩含量增加，为一个河流-湖泊沉积序列，厚 1202.96m。其时代依据仅有孢粉化石，故认识尚不一致，朱同兴等（2002）根据其分析的孢粉及磁性地层的研究，将阿布山组的时代定为早白垩世。双湖地区阿布山组明显不整合于上三叠统肖茶卡组或侏罗系之上，顶部被康托组不整合覆盖。

（二）新生界

羌塘盆地新生界分布零星，但广泛分布于盆地内部，主要包括康托组、唢呐湖组和石平顶组。

1. 古近系

1）康托组（Ek）

康托组以河流相沉积为主，以发育大套粗—巨砾岩、粗碎屑岩为特征，砾石成分以灰岩为主，其次为砂岩。以角度不整合覆盖在中生界或更老的地层之上，原剖面未见顶，产淡水双壳、腹足类、介形虫等化石，厚 200~2700m。

近年来，随着全盆地 1∶25 万区调填图的完成，局部发现唢呐湖组或石坪顶组呈角度不整合覆盖其上。化石时代依据也取得了新的证据，在丁固—加措一带，岳龙等（2006）于康托组黏土岩采获轮藻及孢粉类，发现轮藻 *Obtusochara* sp.、*O. lanpingensis*、*Gyrogona-qinajiangica*，孢粉 *Polypodiaceaesporites*、*Polypodiaceoisporites*、*Lycopodiumsporitesneogenicus*、*Tsugaepollenites*、*Ephedirpites*、*Nitrariadites*、*Tricolporopollenites*、? *Nymphaeacidites*、

Fupingopollenites、*Persicarioipollis*、*Chenopodipollis*、*Ranunnculacidites* 等化石。其中，*Obtusochara* sp.大量产于青藏高原班公湖、伦坡拉一带的牛堡组，湖北新沟咀组下部，渤海沿岸孔店组等地；*O. lanpingensis* 最初报道于云南晚白垩世至古近纪早期地层，常见于中国南方古新世和始新世地层，如湖南洞庭盆地古新统新湾组和下始新统沅江组，浙江长河凹陷古新统长河群一组，河南济源盆地中新统聂庄组、余庄组等（沙金庚等，2005）。据此，将康托组地质时代确定为古新世—始新世。

2）唢呐湖组（Es）

唢呐湖组由西藏自治区区域地质调查队 1986 年以唢呐湖东剖面为代表所建。岩性为紫红色砾岩、含砾砂岩、砂岩、粉砂岩、泥岩夹多层石膏组合，不整合于侏罗系之上，与上覆石坪顶组火山岩也为不整合接触，厚 4300m。

在区域上，该地层组常以含大量石膏或石膏质泥岩（或灰岩）为特征，整体以大套灰白色含膏岩石组合最具代表性，通常以此作为划分依据。

唢呐湖组的时代自其建组以来，争论颇大，至今没有采获具有较为确切依据的生物化石。

2. 新近系

石坪顶组由西藏自治区区域地质调查队（1986）以改则县沉鱼湖剖面为代表创立，岩性为一套基性—酸性火山岩，厚 10～200m，时代定为上新世—更新世。

谭富文等（2000）曾对北拗陷中部黑虎岭、浩波湖北东、半岛湖、东湖等地的石平顶组火山岩进行过较深入的研究，表明它们不整合于侏罗系或新近系唢呐湖组之上，然而对 13 件不同地点火山岩的 K-Ar 同位素年龄测定结果为 44.1+1.0～32.6+0.8Ma，时代属古近纪始新世—渐新世，但在北拗陷北部玉盘湖一带石平顶组火山岩的 K-Ar 同位素年龄为 10.6Ma（西藏自治区区域地质调查队，1986），时代属中新世。

第四章 沉积相与古地理

羌塘盆地位于藏北地区,是一个建立在前奥陶系结晶基底之上的一个大型叠合盆地,经历了前奥陶系结晶基底形成阶段、古生代大陆边缘盆地发展阶段、早—中三叠世前陆盆地演化阶段、晚三叠世—早白垩世被动大陆边缘裂陷-拗陷盆地演化阶段和晚白垩世—新近纪构造变形阶段,最终形成目前的残留型盆地(谭富文等,2009,2016;王剑等,2009)。现今的羌塘(残留)盆地以中生代沉积保留最为完整,夹持于可可西里-金沙江缝合带与班公湖-怒江缝合带之间,为一个呈东西向展布的长条形盆地,总面积约为22万平方公里。盆地中,自前奥陶系结晶基底之上,古生界至新生界发育较齐全,厚度达10000~15000m,其中,古生界主要出露于盆地北部的褶皱冲断带、中央隆起带和东部边缘地区,中、新生界则广泛出露。由于目前对盆地的调查研究主要集中于地表,深部资料不多,因此对中、新生界研究较为深入,对古生界的研究较薄弱。

第一节 沉积相类型及特征

古生代以来,羌塘盆地经历了海—陆—海—陆交替的演化过程,沉积环境从陆相到浅海直至深海盆地均有发育,形成了相应的海相与陆相沉积体系。

对沉积体系的划分因突出的重点不同而异,根据 Fisher 和 Mcgown 1976 年所定义的沉积体系为"在沉积环境和沉积作用过程方面具有成因联系的三维岩相组合体",每一种沉积体系包含多个沉积相和沉积亚相。羌塘盆地古生代—新生代共计可划分出 8 种沉积体系、10 种沉积相和多个沉积亚相(表 4-1)。

表 4-1 羌塘盆地古生代-新生代沉积体系及沉积相分类表

沉积体系	沉积相	沉积亚相	出现层位
冲积扇	冲积扇	泥石流、河床沉积、片汜沉积	那底岗日组、雀莫错组、康托组
河流	河流	河道、边滩、心滩、泛滥平原	那底岗日组、雀莫错组、雪山组、阿布山组、康托组
湖泊	湖泊	海侵湖、海漫湖、湖泊三角洲、滨湖、浅湖、半深湖、深湖	那底岗日组、雀莫错组、唢呐湖组
三角洲	三角洲	三角洲平原、三角洲前缘、前三角洲	热觉茶卡组、康南组、巴贡组、肖茶卡组、雀莫错组、夏里组、雪山组
碳酸盐缓坡	碳酸盐缓坡	淡化潟湖、浅滩、浅水缓坡、深水缓坡	康鲁组、康南组、肖茶卡组
障壁型碳酸盐岩沉积	碳酸盐台地	台缘斜坡、开阔台地、局限台地、生物礁、台缘礁、台缘浅滩、潮坪、萨勃哈	塔石山组、查桑组、拉竹龙组、日湾茶卡组、鲁谷组、布曲组、夏里组、索瓦组下段、索瓦组上段
无障壁海岸-半深海	滨岸、陆棚、盆地	后滨、前滨、近滨、内陆棚、外陆棚斜坡、半深海盆地	展金组、曲地组、日干配错组、巴贡组、曲色组、色哇组、夏里组、白龙冰河组
火山碎屑岩	火山碎屑岩	水下沉积、陆上火山喷发、水下火山喷发	展金组、曲地组、那底岗日组

为更好地了解羌塘盆地中生代不同时期沉积环境变化情况,以下分时代论述所出现的沉积体系和沉积相特征(图4-1)。

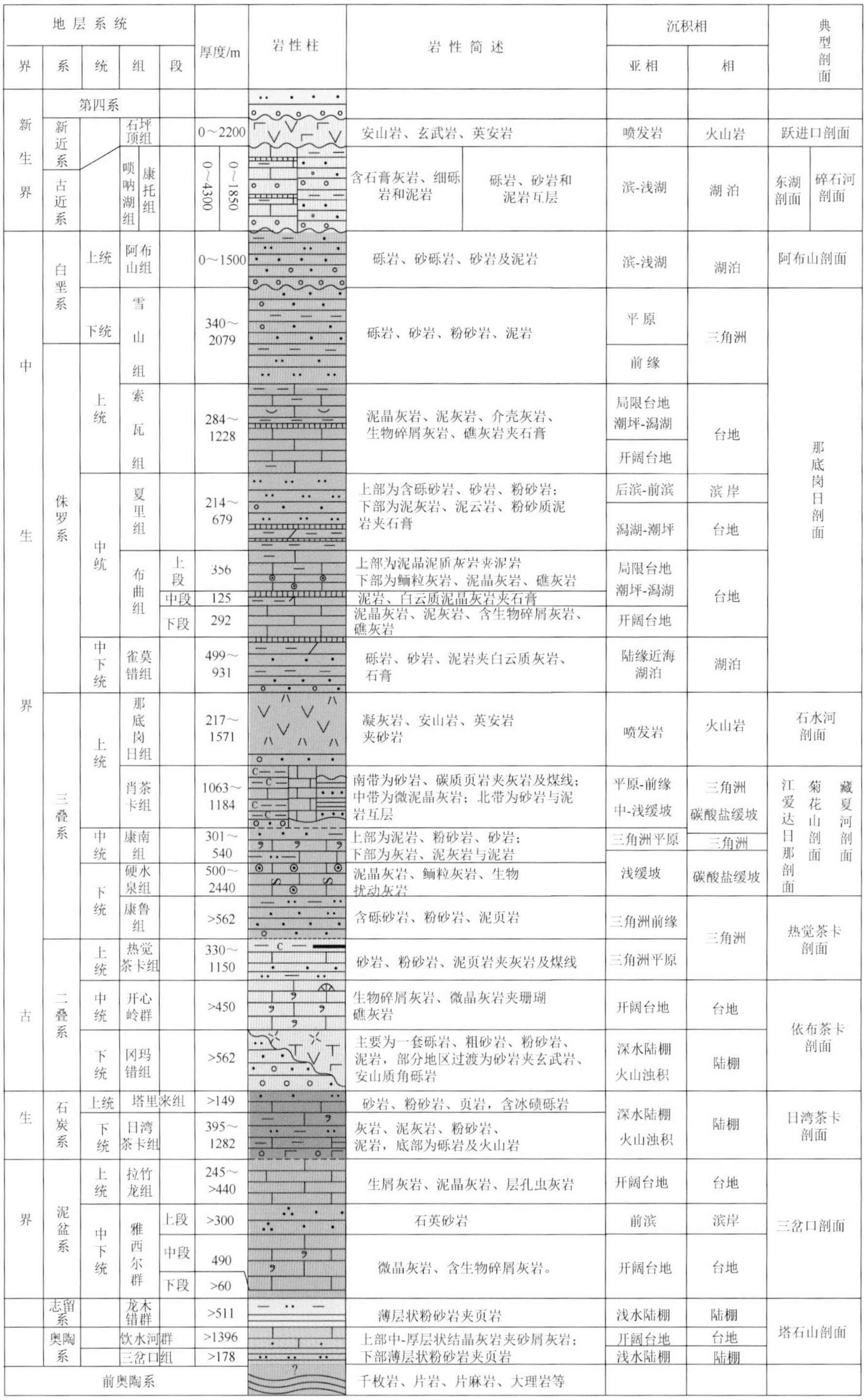

界	系	统	组	段	厚度/m	岩性柱	岩性简述	亚相	相	典型剖面
新生界			第四系							
	新近系		石坪顶组		0~2200		安山岩、玄武岩、英安岩	喷发岩	火山岩	跃进口剖面
	古近系		康托组		0~1850		含石膏灰岩、细砾岩和泥岩	滨-浅湖	湖泊	东湖剖面
			喷呐湖组		0~4300		砾岩、砂岩和泥岩互层			碎石河剖面
中生界	白垩系	上统	阿布山组		0~1500		砾岩、砂砾岩、砂岩及泥岩	滨-浅湖	湖泊	阿布山剖面
		下统	雪山组		340~2079		砾岩、砂岩、粉砂岩、泥岩	平原	三角洲	
								前缘		
	侏罗系	上统	索瓦组		284~1228		泥晶灰岩、泥灰岩、介壳灰岩、生物碎屑灰岩、礁灰岩夹石膏	局限台地潮坪-潟湖	台地	那底岗日剖面
								开阔台地		
		中统	夏里组		214~679		上部为含砾砂岩、砂岩、粉砂岩；下部为泥灰岩、泥云岩、粉砂质泥岩夹石膏	后滨-前滨	滨岸	
								潟湖-潮坪	台地	
		中统	布曲组	上段	356		上部为泥晶泥质灰岩夹泥岩；下部为鲕粒灰岩、泥晶灰岩、礁灰岩、白云质泥晶灰岩夹石膏 泥晶灰岩、泥灰岩、含生物碎屑灰岩、礁灰岩	局限台地潮坪-潟湖	台地	
				中段	125					
				下段	292			开阔台地		
		中下统	雀莫错组		499~931		砾岩、砂岩、泥岩夹白云质灰岩、石膏	陆缘近海湖泊	湖泊	
中生界	三叠系	上统	那底岗日组		217~1571		凝灰岩、安山岩、英安岩夹砂岩	喷发岩	火山岩	石水河剖面
			肖茶卡组		1063~1184		南带为砂岩、碳质页岩夹灰岩及煤线；中带为微晶灰岩；北带为砂岩与泥岩互层	平原-前缘 中-浅缓坡	三角洲 碳酸盐缓坡	藏夏河剖面 菊花山剖面 江爱达日那剖面
		中统	康南组		301~540		上部为泥岩、粉砂岩、砂岩；下部为灰岩、泥灰岩与泥岩	三角洲平原	三角洲	
		下统	硬水泉组		500~2440		泥晶灰岩、鲕粒灰岩、生物扰动灰岩	浅缓坡	碳酸盐缓坡	
			康鲁组		>562		含砾砂岩、粉砂岩、泥页岩	三角洲前缘	三角洲	热觉茶卡剖面
古生界	二叠系	上统	热觉茶卡组		330~1150		砂岩、粉砂岩、泥页岩夹灰岩及煤线	三角洲平原	三角洲	
		中统	开心岭群		>450		生物碎屑灰岩、微晶灰岩夹珊瑚礁灰岩	开阔台地	台地	依布茶卡剖面
		下统	冈玛错组		>562		主要为一套砾岩、粗砂岩、粉砂岩、泥岩，部分地区过渡为砂岩夹玄武岩、安山质角砾岩	深水陆棚 火山浊积	陆棚	
	石炭系	上统	塔里来组		>149		砂岩、粉砂岩、页岩，含冰碛砾岩	深水陆棚	陆棚	
		下统	日湾茶卡组		395~1282		灰岩、泥灰岩、粉砂岩、泥岩，底部为砾岩及火山岩	深水陆棚 火山浊积	陆棚	日湾茶卡剖面
	泥盆系	上统	拉竹龙组		245~>440		生屑灰岩、泥晶灰岩、层孔虫灰岩	开阔台地	台地	
		中下统	雅西尔群	上段	>300		石英砂岩	前滨	滨岸	三岔口剖面
				中段	490		微晶灰岩、含生物碎屑灰岩。	开阔台地	台地	
				下段	>60					
	志留系		龙木错群		>511		薄层状粉砂岩夹页岩	浅水陆棚	陆棚	
	奥陶系		饮水河群		>1396		上部中-厚层状结晶灰岩夹砂屑灰岩	开阔台地	台地	塔石山剖面
			三岔口组		>178		下部薄层状粉砂岩夹页岩	浅水陆棚	陆棚	
	前奥陶系						千枚岩、片岩、片麻岩、大理岩等			

图4-1 羌塘盆地典型地层及沉积相柱状图

一、古生界

目前除寒武系以外，奥陶系、志留系、泥盆系、石炭系和二叠系在羌塘盆地均有发现，为一套大陆边缘沉积，以稳定的陆棚-台地-三角洲平原沉积为主，晚石炭世—早二叠世发生裂谷事件，相当于茶桑-查布裂谷（王成善等，1987），发育深水复理石沉积。

古生界主要发育无障壁海岸-半深海沉积体系、障壁型碳酸盐岩沉积体系和三角洲沉积体系，根据目前出露的地层识别出的沉积相主要有：三角洲相、台地相和陆棚相。

1. 三角洲相

三角洲相发育于上二叠统热觉茶卡组，自下而上发育一个较完整的三角洲体系沉积旋回。

下部发育前三角洲亚相，为灰黑色薄层状细粒长石石英砂岩、粉砂岩，夹灰绿色薄层状粉砂岩、泥质粉砂岩，含碳质或碳屑的泥质粉砂岩、页岩，见水平层理、小型交错层理。

中部发育三角洲前缘亚相沉积，为青灰色中层状中粒岩屑长石砂岩，见斜层理构造，局部夹含生物碎屑砂屑灰岩透镜体。

上部发育三角洲平原相沉积，为黄灰色中层状中粒长石岩屑砂岩与灰色泥岩、粉砂岩互层产出，接近顶部出现灰色、灰褐色含细砾的粗砂岩、中砂岩，夹多层灰黑色薄层状页岩和煤线，煤层最厚可达 27cm，产大量植物化石。

2. 台地相

台地相发育于上奥陶统塔石山组上段、中泥盆统查桑组、上泥盆统拉竹龙组、下石炭统日湾茶卡组和中二叠统鲁谷组，主要为开阔台地相。

上奥陶统塔石山组上段为灰色中层状结晶灰岩、灰白色厚层状大理岩化石灰岩夹青灰色砂屑结晶灰岩，产极丰富的鹦鹉螺类、腹足类、海百合茎及保存欠佳的腕足类等化石，为开阔台地相，下部见一层角砾状石灰岩（李才等，2016），属台缘沉积物。该套沉积物与下伏中奥陶统的混积陆棚相粉砂岩、泥岩与石灰岩互层，以及下奥陶统的深水陆棚相粉砂岩、泥岩、页岩夹细砂岩共同构成一个向上变浅的沉积旋回。

中泥盆统查桑组为浅灰、浅紫红色中厚层状生物碎屑细晶灰岩、浅紫红色中层状粉屑生物细晶灰岩、浅紫红色薄—中层状含生物碎屑砂屑灰岩、生物碎屑砂砾屑细—中晶灰岩，产丰富的生物化石，主要有腕足类、珊瑚、层孔虫、海百合、苔藓虫等（朱同兴等，2010）。在生物碎屑砂砾屑灰岩中，岩石呈浅灰色、浅紫红色，生物碎屑含量为60%～70%，生物碎屑具明显的磨蚀现象，生物碎屑、内碎屑为砂、砾级，屑间为亮晶方解石胶结，反映水体较浅，能量较高。在砂砾屑亮晶灰岩中，所含生物碎屑及砂砾屑同样具磨蚀现象。结合生物门类多，保存皆较差，其沉积相应为碳酸盐台地浅滩相。而在粉屑生物细晶灰岩中，粒屑以粉砂级为主，其反映水体能量较低，同时其中所含生物门类亦很丰富，其沉积相应为开阔台地相。

上泥盆统拉竹龙组与中泥盆统查桑组差异不大，为浅紫红色中层状含生物碎屑砂砾屑中晶灰岩、浅灰色薄—中层状泥灰岩和泥晶灰岩，中、上部由浅紫、浅灰色中—厚层、浅紫红色中层状（含）生物碎屑中—粗晶灰岩、块状含生物碎屑细晶灰岩、生物碎（棘）屑灰岩、浅紫红色中厚层状生物碎屑球粒灰岩、淡紫红色厚块状层孔虫礁灰岩组成。岩石普遍已重结晶，含珊瑚、腕足、层孔虫、海百合、苔藓虫、腹足等化石。在生物碎屑灰岩中，岩石呈浅灰色、浅紫红色，生物碎屑含量为 $60\%\sim70\%$，生物碎屑具明显的磨蚀现象，生物碎屑间为亮晶方解石胶结，反映水体较浅，能量较高；在砂砾屑亮晶灰岩中，所含生物碎屑及砂砾屑同样具磨蚀现象，结合生物门类多，保存皆较差，其沉积相应为台地浅滩相；泥灰岩、泥晶灰岩，单层较薄，单层延伸稳定，所含生物化石保存较好，反映一种较低能环境；在生物碎屑球粒灰岩中，虽然生物碎屑亦具明显的磨蚀现象，但岩石以球粒为主，泥晶充填胶结，亦为低能环境沉积。总体仍为开阔台地相。

中二叠统鲁谷组（龙格组），以羌塘盆地孔孔茶卡一带为代表，岩性组合主要为灰色薄—中层状含生物碎屑泥晶灰岩、生物碎屑泥质灰岩组成，含礁灰岩，向东部的扎窝查桑一带出现浅灰色中层状生物碎屑灰岩、白云质灰岩沉积，并表现为白云质由下向上增多的进积型沉积特征。沉积相总体表现为台地相碳酸盐岩沉积，但在横向上有一定的变化，由东部向西依次为萨勃哈、局限台地、碳酸盐滩、开阔台地、台缘礁滩相，向西北方向水体变深。

下石炭统的日湾茶卡组为浅紫红色中—厚层状砂砾屑细晶灰岩、含砂砾屑生物碎屑灰岩、灰色中层状含生物碎屑藻球灰岩、藻屑灰岩、（含）生物碎屑泥晶灰岩、浅灰色厚—块状珊瑚礁灰岩，夹薄—中层状介壳生物灰岩，含珊瑚、腕足、菊石、角石、海百合、苔藓虫等化石，以丰富的珊瑚和腕足类化石为特征，总体上为一套点礁-浅滩相-开阔台地相组合。

3. 陆棚相

陆棚相发育于下奥陶统、志留系、上石炭统展金组和下二叠统曲地组。

下奥陶统见于改则县、尼玛县一带，下部为灰绿色薄层状页岩、粉砂岩夹灰黑色中层状粉—细砂岩，为深水陆棚相；上部为浅灰色薄层状粉—细砂岩夹薄层状灰岩，为浅水陆棚相、混积陆棚相。

志留系仅见于尼玛县荣玛乡冈塘错北约 10km 的塔石山（李才等，2016），富含笔石化石，出露很少，主要为一套灰绿色粉砂岩夹页岩组合，为一套浅水陆棚相组合。

上石炭统展金组和下二叠统曲地组的岩性相似，总体为一套厚度巨大的类复理石-复理石建造，并夹有大量的沉凝灰岩、玄武岩和冰筏沉积（李才等，2016）。

上石炭统展金组可以大致分为两个沉积旋回，第一个沉积旋回以砂岩为主，含多层沉凝灰岩、玄武岩，沉积物成分成熟度低，分选极差，杂基含量普遍在 20%以上，可见鲍马层序、槽模、沟模等沉积构造，代表水体较深的陆棚环境下发生的板内裂谷沉积环境；第二个旋回，以粉砂岩、粉砂质泥岩沉积为主（变质为千枚状板岩），其中发育滨海杂砾岩（冰筏沉积），砾石成分较杂，大小不一，呈漂浮状，具有冰筏沉积特征，为深水陆棚浊流和冰筏沉积。

下二叠统曲地组沉积组合可分为上、下两个部分，下部为黄灰色中层状砾岩、细砾岩、含砾粗砂岩，中—薄层状含钙质结核细砂岩、粉砂岩，薄层状钙质粉砂岩、粉砂质泥岩，偶夹玄武岩、枕状玄武岩和安山角砾岩，总体为一个自下而上变细的深水复理石沉积，粉砂质泥岩中产丰富的虫迹化石；上部为灰色、褐灰色中—薄层状岩屑长石砂岩、中层状长石石英粉砂岩、细砂岩呈不等厚互层，发育鲍马层序、平行层理、小型砂纹层理和水平层理，顶部夹深灰色薄层状碳质粉砂岩、含生物碎屑灰岩，产䗴科和海百合茎等化石。总体上为一套向上变浅的深水-浅水陆棚沉积。

二、中生界

羌塘盆地中生代经历了早—中三叠世前陆盆地演化阶段和晚三叠世—早白垩世被动大陆边缘裂陷-拗陷盆地演化阶段，晚白垩世发生构造变形和造山作用（王剑等，2004；谭富文等，2016）。沉积环境发生了海—陆—海—陆交替的演化过程，形成了相应的海相与陆相沉积体系，大致可划分出8种沉积体系，9种沉积相和多个沉积亚相（表4-1）。

1. 火山碎屑岩相

火山碎屑岩相主要出现在上三叠统那底岗日组，代表晚三叠世末期，伴随班公湖-怒江洋盆的扩张，其北侧的羌塘被动大陆边缘盆地发生裂陷与热膨胀，在裂陷槽内产生了火山作用与沉积事件（谭富文等，2016）。根据火山喷发环境火山碎屑岩相可以分为陆上火山喷发碎屑岩亚相和水下火山喷发碎屑岩亚相（图4-2）。

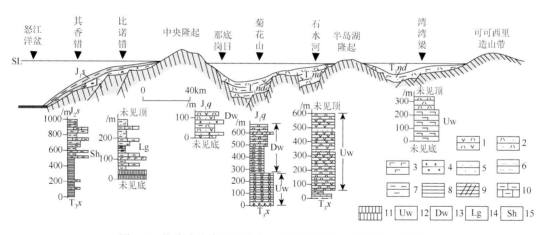

图4-2　羌塘盆地晚三叠世火山岩沉积模式（王剑等，2004）

1. 火山碎屑岩；2. 沉积火山碎屑岩；3. 基性熔岩；4. 砾岩；5. 砂岩；6. 粉砂岩；7. 泥岩；8. 页岩；9. 油页岩；10. 泥灰岩；11. 石膏；12. 陆上喷发火山碎屑岩；13. 水下喷发火山碎屑岩；14. 潟湖；15. 陆棚

1）陆上火山喷发碎屑岩亚相

陆上火山喷发碎屑岩亚相地表主要出现在菊花山、石水河等地，表现为暗紫红色中酸性岩屑晶屑凝灰岩，熔结凝灰岩和石灰岩、灰绿色凝灰岩、安山质凝灰岩、角砾状流纹质岩屑、晶屑凝灰岩等，局部夹安山熔岩。

2）水下火山喷发碎屑岩亚相

水下火山喷发碎屑岩亚相见于菊花山、雀莫错、那底岗日等地，主要为灰色、灰绿色中层状英安质含砂屑沉凝灰岩、沉凝灰岩、凝灰质砂岩，局部夹含球粒的沉凝灰岩，可见平行层理和正粒序层理，显示水下重力流沉积特征。

2. 冲积扇相

冲积扇相主要发育上三叠统那底岗日组和中-下侏罗统雀莫错组，地表主要见于羌塘盆地北部的那底岗日北坡、菊花山、乌兰乌拉以及中央隆起带西段的土门格拉等地，以碎屑泥石流为主夹辫状河道的砂质砾岩沉积和砂岩沉积。碎屑泥石流沉积主要为灰紫色厚层—块状砂、泥质砾岩，分选性极差，砾石成分为火山岩、变质岩、石灰岩、砂岩、脉石英、玉髓等，磨圆度较差，填隙物为砂、泥质；辫状河道的砂质砾岩沉积由暗紫红色中—厚层状细砾岩夹细砂岩透镜体组成，具正粒序构造，砂岩中常见交错层理、平行层理；砂岩沉积为紫红色、灰白色、杂色薄层状砂、粉砂和泥质沉积物，分选差，见交错层理、砂纹层理和水平层理，沉积物呈透镜状产于粗砂岩或含砾粗砂岩、细砾岩层之上，在整套地层中呈夹层出现。

3. 河流相

羌塘盆地主要发育辫状河和曲流河，见于上三叠统那底岗日组、中-下侏罗统雀莫错组和上白垩统雪山组，其岩性为紫红色中砾岩、细砾岩、粗砂岩、中砂岩、细砂岩、粉砂岩、泥岩。可见其具有下粗上细的二元结构，即下部为砾、砂质沉积，上部为粉砂、泥质沉积，在每个韵律的底部，常见底冲刷现象，沉积物砾石成分复杂，砂岩、粉砂岩中不稳定矿物组分较多，沉积构造发育，见大型板状交错层理、大型槽状交错层理、平行层理、水平层理、冲刷构造等。

4. 湖泊相

羌塘盆地中生代主要为海相沉积环境，湖泊沉积主要出现在侏罗纪被动大陆边缘裂陷作用后期，在盆地扩张的早期广泛分布于盆地北部中侏罗统雀莫错组，沉积物组合和同位素特征反映其具有陆缘近海湖泊相的典型特征（谭富文等，2004b），可进一步划分出湖泊三角洲亚相、海侵湖亚相和海漫湖亚相。

1）湖泊三角洲亚相

湖泊三角洲亚相见于雀莫错组中部、上部，广泛分布于羌塘盆地北部拗陷的周缘，主要发育三角洲平原和三角洲前缘部分，常见分支河道、分流间湾、河口砂坝等微相，为紫红色、灰绿色、杂色粉砂岩、泥岩夹灰色砂岩。代表三角洲前缘分支水道沉积的含砾砂岩透镜体发育，可见底冲刷，内部见槽状交错层理和槽模构造，局部见泥砾质泥岩，代表三角洲平原的泥质粉砂岩中干裂纹十分发育，其中被含膏岩泥质物充填。沉积物中平行层理、交错层理、砂纹层理、浪成波痕、流水波痕等十分发育，局部见植物碎片、煤线。

2）海侵湖亚相

海侵湖亚相见于那底岗日地区雀莫错组中部、上部，菊花山、咸水河一带雀莫错组下部，雁石坪、雀莫错一带的雀莫错组上部，主要为灰绿色与紫红色薄—中层状粉砂岩、泥岩不等厚互层，夹多层泥灰岩、生物碎屑灰岩，局部夹石膏层，发育水平层理，出现淡水双壳、半咸水双壳和咸水双壳类生物混生组合（阴家润，1989）。

3）海漫湖亚相

海漫湖亚相见于雀莫错一带的雀莫错组下部，以紫红色薄层状粉砂岩、粉砂质泥岩、泥岩为主，夹少量泥质球粒灰岩，见水平层理，发育半咸水和淡水生物（阴家润，1989）。

5. 三角洲相

羌塘盆地中生界三角洲相主要发育于下三叠统康鲁组，上三叠统肖茶卡组上部（巴贡组）、日干配错组，中侏罗统夏里组和下白垩统雪山组，普遍发育三角洲平原亚相、三角洲前缘亚相和前三角洲亚相。

1）三角洲平原亚相

三角洲平原亚相分布广泛。在下三叠统康鲁组里，三角洲平原亚相主要见于热觉茶卡南，在这里以发育分支河道沉积为特点，可见多个灰绿、棕褐色中—厚层状含砾粗砂岩-粗砂岩-中—细砂岩或粉砂岩组成的韵律沉积组合。砾石成分以脉石英为主，其次为变质岩和少量火山岩屑，大小为 0.3～1.5cm，磨圆度较好。砂岩均为次岩屑长石砂岩。其中，含砾粗砂岩底部具有冲刷面，具有正粒序结构，明显呈透镜体状产出。中砂岩、粗砂岩中发育槽状交错层理、大型交错层理、平行层理，古流向为 18°～46°，反映物源来自南侧的中央隆起带。粉砂岩、细砂岩中发育小型砂纹层理，见虫孔，但生物化石稀少。

在上三叠统肖茶卡组上部（巴贡组）和日干配错组中，三角洲平原亚相见于中央隆起带两侧、盆地北缘及盆地东部，沉积组合主要为灰色、深灰色薄—中层状长石砂岩、岩屑砂岩、粉砂岩、泥岩等，普遍夹煤层、煤线或碳质泥岩。岩石中常见菱铁矿结核和植物碎片，发育交错层理、小型砂纹层理、水平层理等。通常表现为深灰色粉砂岩、细砂岩夹灰色砂岩，或互层产出，进一步可细分出分支河道砂坝、分流间湾以及岸后沼泽等微相。

在中侏罗统夏里组中，三角洲平原亚相主要见于北羌塘拗陷的周缘，以雁石坪地区的沉积为例，岩性主要为灰紫色中层状粉砂质泥岩夹灰色厚层状细粒长石石英砂岩，含丰富的植物碎片。砂岩呈透镜体状，见底冲刷和槽模，发育板状交错层理、砂纹层理、剥离线理等沉积构造，为分支河道沉积物；粉砂质泥岩延伸较好，见砂纹层理、干涉波痕等沉积构造，层面上还可见干裂纹，为河流间湾沉积。

在下白垩统雪山组中，三角洲平原亚相广泛分布于盆地北部和东部地区，以星罗河、多格错仁、雀莫错等剖面出露最好。以北部的星罗河沉积剖面为例，三角洲平原亚相发育于三角洲相的上部，表现为一个向上变浅的退积序列（图4-3）。三角洲平原亚相下部为紫红色薄层状泥岩与粉砂岩不等厚互层，夹多层含砾粗砂岩、砾岩，砾岩和含砾粗砂岩呈透镜体状，发育底冲刷，具正粒序，局部见交错层理，为分支河道及分流间湾沉积；上部为紫红色薄层状夹粉砂岩和少量细砂岩，发育水平层理、小型交错层理和砂纹层理，见干裂纹，为分流间湾沉积。

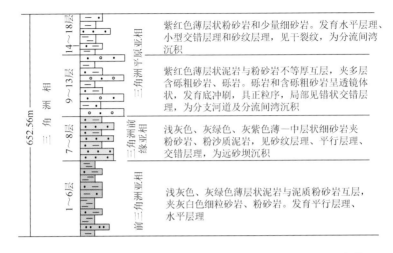

图 4-3　羌塘盆地星罗河地区雪山组中、下部的三角洲沉积序列（据王剑等，2004）

2）三角洲前缘亚相

三角洲前缘亚相见于上三叠统肖茶卡组上部（巴贡组）、日干配错组，中侏罗统夏里组和下白垩统雪山组，广泛分布于北羌塘拗陷的周缘。以星罗河地区雪山组为例，为浅灰色、灰绿色、灰紫色薄—中层状细砂岩夹粉砂岩、粉砂质泥岩，见砂纹层理、平行层理、交错层理，为远砂坝沉积。

3）前三角洲亚相

前三角洲亚相见于雀莫错组，夏里组，雪山组地层中。以星罗河地区雪山组为例，浅灰色、灰绿色薄层状泥岩与泥质粉砂岩互层，夹灰白色细粒砂岩、粉砂岩，发育平行层理、水平层理。

6. 滨岸相

滨岸相在中生代各个时期均有发育，主要在中央隆起带两侧和盆地北缘、东缘分布，包括后滨、前滨和近滨亚相。以盆地中部中央隆起带北缘的加那地区夏里组沉积剖面为代表，沉积地层以灰色及灰绿色中层状细粒石英砂岩和钙质石英砂岩沉积为主，夹钙质粉砂岩，其中发育楔状交错层理、平行层理、冲洗层理等，有较好的分选性和磨圆性，为前滨沉积。该组合上下均过渡为前滨-陆棚相粉砂岩、泥岩、页岩沉积。后岸带可出现潟湖，如土门一带，为紫红色泥岩、粉砂岩夹大量膏岩沉积。近滨沉积较少出露，可以南羌塘拗陷区的下侏罗统曲色组上部为代表，为一套深灰色薄层状细粒长石石英砂岩与粉砂岩互层组成，见小型砂纹层理。

7. 陆棚相

陆棚相在侏罗系十分发育，主要出现在中央隆起带南缘，再向南过渡为半深海相，与班公湖-怒江洋盆相连接。以南羌塘拗陷东部的曲瑞恰乃地区的色哇组沉积剖面相序为例，可进一步分为内陆棚和外陆棚亚相。内陆棚为灰色薄层状泥岩夹粉砂岩和少量细粒石英砂岩组合，发育水平层理、砂纹层理；外陆棚为灰色、浅灰色薄层状细粒石英砂岩与粉砂岩、粉砂质泥岩不等厚互层，上部夹少量鲕粒灰岩透镜体，见平行层理、砂纹层理和楔形交错层理。地层中含较丰富的菊石化石。

在北羌塘拗陷，陆棚相出现在早白垩世，盆地萎缩区，见于盆地西北部的白龙冰河一带，沉积特征可以长龙梁剖面为代表，为灰色、深灰色薄层状泥灰岩与泥晶灰岩不等厚互层，夹灰绿色薄层状钙质泥岩、粉砂岩，含有大量菊石和薄壳双壳类生物，局部见丰富的水平虫迹。

8. 碳酸盐缓坡相

碳酸盐缓坡相主要发育于下三叠统康鲁组、中三叠统康南组和上三叠统肖茶卡组，地表主要见于热觉茶卡南侧地区，可进一步划分出淡化潟湖亚相、浅滩亚相、浅水缓坡亚相。

1）淡化潟湖亚相

淡化潟湖亚相见于康鲁组上段和康南组下部，为灰色薄层状钙质、粉砂质泥岩、泥灰岩，以及薄—中层状含生物碎屑泥砾泥质灰岩、泥晶灰岩等。尤以泥砾泥质灰岩最为发育，泥砾呈片状、不规则状，直径为0.2～1.0cm，含量为10%～60%，被灰泥胶结，断面上风化色较深，呈蠕虫状。泥砾分选差，几乎未经磨圆，反映为短距离搬运至极低能环境堆积形成。泥灰岩中含薄壳腕足、双壳、腹足类化石，以及大量海百合茎，保存良好。在粉砂质泥岩中常见干裂纹，偶见植物根化石。对上述泥灰岩中海百合茎和介壳类化石进行稳定同位素分析（王剑等，2004），结果显示 Sr^{87}/Sr^{86} 为0.7069～0.7076，接近海相碳酸盐岩之高限0.708（杨杰东，1988）；$\delta^{13}C‰$ 为-0.147～-1.374，平均为-0.6198，$\delta^{18}O‰$ 为-7.790～-8.454，平均为-8.01，二者均略低于正常海相碳酸盐岩的 $\delta^{13}C‰$ 和 $\delta^{18}O‰$，与淡化潟湖环境沉积碳酸盐岩接近。

2）浅滩亚相

浅滩亚相见于康鲁组上段，与上述淡化潟湖相沉积交替出现，岩石组合为灰色中层状鲕粒灰岩和球粒灰岩，鲕粒和球粒均为藻类成因，大小为1～2mm，含量为70%～80%，圆度好，表面光滑，圈层多数为1个或2个，泥晶方解石胶结，反映其形成的水动力较弱，属低能滩相沉积。

3）浅水缓坡亚相

浅水缓坡亚相见于中三叠统康南组上部和上三叠统肖茶卡组下部，为灰色薄-中层状石灰岩，含泥质灰岩和生物碎屑灰岩。岩性较单一、横向分布稳定。

9. 碳酸盐台地相

碳酸盐台地相主要见于中侏罗统布曲组和上侏罗统索瓦组，属有障壁型海岸碳酸盐岩沉积体系，可进一步划分出台缘斜坡亚相、生物礁亚相、台缘浅滩亚相、开阔台地亚相、局限台地亚相、潮坪亚相和萨勃哈亚相等。

1）台缘斜坡亚相

台缘斜坡亚相广泛发育在南羌塘拗陷南部，见于布曲组和索瓦组下段中，实测剖面资料较少。可以绒玛乡南懂杯桑剖面为例，为深灰色中层状含珊瑚泥晶灰岩与浅灰色中—厚层状含生物碎屑泥晶角砾灰岩近等厚互层。角砾呈次棱角状，成分主要为砂屑灰岩、内碎屑灰岩和泥晶灰岩，大小为 2～15cm，含量为 53%～58%，被泥晶方解石和生物碎屑胶结。此外，在康托一带，还见数十至数百米大小的砂屑灰岩滑塌岩块，其中发育斜层理和包卷层理，产于灰绿色薄层状钙质泥岩、泥灰岩中。

2）生物礁亚相

生物礁亚相在盆地内广泛见于中侏罗统布曲组和索瓦组下段，按造礁生物种类划分主要有珊瑚礁、层孔虫礁、藻礁和海绵礁；按礁体形态划分有点礁、岸礁和堤礁；按生长位置划分有台地边缘礁和台地内部斑礁。

台地边缘礁主要沿中央隆起带南缘分布，布曲组见礁剖面有扎美仍、懂杯桑、隆鄂尼、加那南、扎日阿布、昂达尔错等地（表 4-2）；索瓦组下段见礁剖面有日土多玛、扎美仍和北雷错等地。大致以肖查卡、帕度错一线为界，以西地区主要生长珊瑚礁，呈链状分布，构成堤礁，剖面上以扎美仍和懂杯桑两地出露最好，横向上可在卫片图像和地质路线上得以追索。礁体特征以南羌塘拗陷懂杯桑布曲组中部发育的生物礁为例，其纵向生长序列如图 4-4 所示，共见两层礁灰岩，下部礁体厚 61.54m，生长于核形石灰岩和砂屑灰岩组成的浅滩之上，造礁生物主要为树枝状群体珊瑚，以六射珊瑚为主，直径为 0.6～1.2cm，含量为 20%～50%；其次为层孔虫，直径多为 8～12cm，可达 40cm。二者共同组成礁体骨架，骨架间充填泥晶方解石和生物碎屑，具有明显的抗浪性。在横向上可见礁前塌积岩（含砾灰岩）。在扎美仍，礁体规模更大，地表呈东西向延伸的狭长状山丘，南北方向上共出现三个类似的礁丘，形成丘-谷相间的地貌特征。据路线地质调查推测，单个礁体厚 50～130m，礁灰岩具块状构造，造礁生物以珊瑚为主，其次为海绵。珊瑚多为群体六射珊瑚，含量为 50%～60%，直径为 2～15cm，具明显向上生长特征，组成礁体骨架，风化后留下的泥晶方解石充填物也呈网格状。多处见礁前滑塌角砾岩，角砾大小为 1～8cm，无磨圆性，为泥晶灰岩和生物碎屑胶结。

表 4-2　羌塘盆地中侏罗统布曲组和上侏罗统索瓦组生物礁统计表

序号	产地	经纬度	层位	造礁生物	厚度/m	礁体类型	资料来源[①]
1	野牛沟	E86°51′12″，N34°11′12″	J_2b	珊瑚、海绵	27.49	点礁	成都地矿所，1995
2	弯弯梁	E86°51′30″，N34°34′00″	J_2b	群体珊瑚	5	点礁	成都理工大学，1995
3	马科山南	E90°50′40″，N34°24′12″	J_2b	海绵	3	点礁	成都地矿所，1995
4	波垅曲源头	E90°35′28″，N33°49′40″	J_2b	海绵、苔藓	<1	点礁	成都地矿所，1995
5	石榴湖	E86°57′41″，N34°42′19″	J_2b	群体珊瑚	5	点礁	成都理工大学，1995
6	长水河西	E88°45′50″，N34°11′00″	J_2b	藻类、珊瑚	200	堤礁	大庆石油学院，1996

① 资料来源：除序号 11、12、13、36，其余均来自中石油青藏项目经理部 1994～1998 年组织各施工单位完成的羌塘地区区域填图报告（内部资料）。

续表

序号	产地	经纬度	层位	造礁生物	厚度/m	礁体类型	资料来源
7	长龙山北	E88°12′16″，N33°56′52″	J_2b	群体、珊瑚	20	点礁	成都地矿所，1997
8	扎日阿布	E88°56′59″，N32°54′07″	J_2b	藻类	200	岸礁	大庆石油学院，1997
9	加那南	E88°48′20″，N32°46′24″	J_2b	藻类	139	岸礁	大庆石油学院，1997
10	懂杯桑	E86°47′50″，N32°26′35″	J_2b	珊瑚	85.05	岸礁	成都地矿所，1995
11	扎美仍	E84°46′36″，N33°03′07″	J_2b	珊瑚	130	岸礁	王剑等，2004
12	隆鄂尼	E88°47′53″，N32°47′56″	J_2b	藻类	80	岸礁	王剑等，2004
13	昂达尔错	E88°47′53″，N32°47′56″	J_2b	藻类	40	岸礁	王剑等，2004
14	错尼北	E88°47′53″，N32°47′56″	J_3s	群体珊瑚	9.5	点礁	成都理工大学，1995
15	台南石山	E87°55′00″，N34°34′30″	J_3s	群体珊瑚	25	点礁	成都理工大学，1995
16	G20051	E87°38′22″，N34°22′41″	J_3s	群体珊瑚	2	点礁	成都地矿所，1996
17	G21131	E87°54′35″，N34°24′24″	J_3s	群体珊瑚	20	点礁	成都地矿所，1996
18	芨芨岭	E88°31′37″，N34°51′49″	J_3s	珊瑚、海绵	6	点礁	大庆石油学院，1995
19	梁西湖南	E88°29′23″，N34°33′31″	J_3s	珊瑚、海绵	8	点礁	大庆石油学院，1995
20	万安湖	E88°29′00″，N34°30′12″	J_3s	珊瑚、海绵	15	点礁	大庆石油学院，1995
21	半岛湖东	E88°28′29″，N34°08′20″	J_3s	细管状珊瑚	40	点礁	成都地矿所，1996
22	半岛湖北	E88°29′54″，N34°15′12″	J_3s	珊瑚、海绵	10	点礁	大庆石油学院，1995
23	G24264	E88°28′29″，N34°08′20″	J_3s	海绵	7	点礁	成都地矿所，1996
24	方湖	E87°35′01″，N33°50′00″	J_3s	群体珊瑚	5	点礁	成都理工大学，1995
25	那底岗日	E87°54′01″，N33°39′55″	J_3s	群体珊瑚	5~6	点礁	成都理工大学，1995
26	东湖西	E88°32′00″，N33°57′39″	J_3s	珊瑚、藻类	10	点礁	大庆石油学院，1995
27	石榴湖	E86°35′58″，N34°44′28″	J_3s	刺毛珊瑚	15	点礁	成都理工大学，1996
28	错尼	E87°03′35″，N34°21′21″	J_3s	细管状珊瑚	5	点礁	成都理工大学，1996
29	清平梁	E87°22′12″，N34°37′36″	J_3s	六射珊瑚	10	点礁	成都理工大学，1996
30	白滩湖东	E88°43′46″，N34°31′51″	J_3s	珊瑚、藻类	4	点礁	大庆石油学院，1996
31	白滩湖南	E88°33′30″，N34°29′50″	J_3s	珊瑚、藻类	5	点礁	大庆石油学院，1996
32	万安湖南	E88°38′54″，N34°22′20″	J_3s	珊瑚、藻类	80	堤礁	大庆石油学院，1996
33	向峰河北东	E88°40′08″，N34°15′40″	J_3s	珊瑚、藻类	40	堤礁	大庆石油学院，1996
34	强仁温杂日	E88°38′48″，N34°05′52″	J_3s	珊瑚、藻类	50	堤礁	大庆石油学院，1996
35	河湾山南	E88°35′52″，N34°00′45″	J_3s	珊瑚、藻类	50	堤礁	大庆石油学院，1996
36	扎美仍	E84°45′10″，N33°02′32″	J_3s	群体珊瑚	60	岸礁	王剑等，2004
37	北雷错	E88°24′20″，N33°00′29″	J_3s	群体珊瑚	200	岸礁	大庆石油学院，1995
38	北雷错东南	E88°29′49″，N32°54′00″	J_3s	群体珊瑚	30	岸礁	大庆石油学院，1995

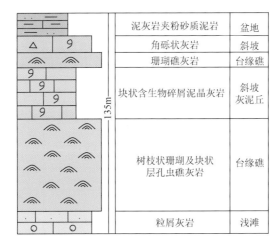

图 4-4 懂杯桑布曲组生物礁生长序列（王剑等，2004）

在肖茶卡、帕度错一线以东地区，主要生长藻礁，见于布曲组中，以昂达尔错—毕洛错西的隆鄂尼一带出露最好，两地间地表也断续出露（如加那南、扎日阿布等），礁体呈层状，与生物介壳灰岩不等厚互层产出，构成岸礁。礁体中藻纹层十分发育，多呈波状起伏，局部呈穹状生长，后期发生了强白云岩化，形成细—粗晶白云岩，孔隙间见丰富的液态稠油。未见相应的礁前塌积岩，可能反映这一地区地形较缓，水动力较弱。

台内斑礁分布于北羌塘拗陷内部，主要为点礁和堤礁。在实测剖面资料中少见，但在区域填图路线资料中有大量报道（表 4-2）。以索瓦组中最为发育，其次为布曲组，造礁生物主要为藻类、珊瑚和海绵。

点礁个体较小，厚度通常为几米至几十米不等，延伸为数十至数百米，但发育较为完整，可明显划分出礁核、礁翼和礁间三个相带。以半岛湖东侧点礁为例，礁核为灰色块状珊瑚礁灰岩，厚40m左右，珊瑚呈细管状、树枝状，直径为0.5~2cm，含量为30%~40%，风化后呈蜂巢状，留下灰泥质充填物；礁翼为泥晶灰岩夹泥晶角砾灰岩，向礁核方向加厚；礁间为含浅灰色薄—中层状含生物碎屑泥晶灰岩和泥灰岩。整体在地表呈丘状出现，直径为150m左右。

堤礁厚度大，通常为40~200m，延伸长，为数百米至几公里不等，多呈带状体，如长水河一带，因出露原因，地表难以划分相带。隐伏礁体可在地震物探影像图中清晰显现，如万安湖礁体（赵政璋等，2001b）。

3）台缘浅滩亚相

台缘浅滩亚相主要发育在布曲组和索瓦组中，见于中央隆起带及其两侧，主要由亮晶鲕粒灰岩、砂屑灰岩、内碎屑灰岩和生物介壳灰岩组成。常发育交错层理和楔形层理，纵向上向礁相或开阔台地相或台缘演化，形成泥晶灰岩、亮晶鲕粒灰岩、砂屑灰岩序列或泥灰岩（灰泥丘）、泥晶灰岩、亮晶鲕粒灰岩、生物礁灰岩序列。

4）开阔台地亚相

开阔台地亚相在布曲组和索瓦组中非常发育，见于中央隆起带及其以北地区，包括台盆微相（静水碳酸盐岩）和台内浅滩微相。

台盆微相：为灰—深灰色中—厚层状泥晶灰岩夹生物碎屑灰岩，典型剖面如半岛湖北的长水河一带的布曲组、那底岗日和白龙冰河一带的索瓦组下段，其中常含较丰富的双壳类和菊石化石，且保存完好，局部可见直径达 15cm 的菊石化石（白龙冰河）反映较水体较深的低能环境的产物。该亚相与陆棚相主要不同点在于后者岩层多呈（除灰泥丘）薄层状，且与泥岩、页岩互层；与局限台地相潟湖或潮坪低能环境沉积亚相的区别在于后者呈薄层状，且由多个向上变浅的沉积序列组成，其中见暴露标志、膏岩等。

台内浅滩微相：在布曲组和索瓦组下段中尤其发育，也见于夏里组中。典型剖面如野牛沟的布曲组、索瓦组下段，黄山、雁石坪的布曲组，以及东湖和半岛湖西南长虹河的索瓦组下段。在野牛沟剖面上布曲组滩岩十分发育，为灰—浅灰色中—厚层状鲕粒微晶灰岩、生物碎屑灰岩、泥晶球粒灰岩、核形石泥晶灰岩等交替出现，间夹少量含生物碎屑泥晶灰岩，特点是碎屑颗粒间为泥晶方解石或灰泥质胶结，多为杂基支撑，反映较低能的沉积环境。总厚度达 144.67m，其上过渡为潟湖相薄—中层状泥灰岩或泥晶灰岩。在长虹河剖面，为灰色、浅灰色和灰紫色中层状内碎屑泥晶灰岩夹少量灰—灰绿色薄层状钙质泥岩、粉砂质泥岩和含生物碎屑泥晶灰岩，内碎屑以核形石最为发育，其次为球粒、介壳和鲕粒，总厚度为 207.2m，同样显示低能浅滩环境的沉积特征。夏里组中滩岩发育较差，多见于盆地中、西部，以马牙山剖面为例，滩岩有灰色中—厚层状泥晶球粒灰岩、砂屑灰岩和生物碎屑灰岩，常呈透镜体状产出，厚度 0.5~15m，延伸 10~400m，作为夹层产于潟湖或潮坪相灰绿色、紫红色粉砂岩、钙质泥岩、细砂岩等地层中。

5）局限台地亚相

局限台地亚相见于中侏罗统布曲组和上侏罗统索瓦组下段，以盆地北东部最为发育，也见于中央隆起带东段局部地区，主要发育潟湖亚相。典型剖面有乌兰乌拉湖东山的布曲组、索瓦组，祖尔肯乌拉山、达卓玛等地的布曲组；曲龙沟、雀莫错、达卓玛等地的索瓦组下段。岩性为灰色薄—中层状含白云质泥晶灰岩、泥灰岩和含生物碎屑泥晶灰岩夹薄层状钙质泥岩、页岩、粉砂岩和膏岩，含丰富的双壳类化石，保存好，但个体普遍较小，通常为 1~3cm，剖面上常演化出现潮坪相膏岩层。

6）潮坪亚相

潮坪亚相在布曲组和索瓦组下段均有发育，见于雁石坪、雀莫错、祖尔肯乌拉山、达卓玛等地，沉积厚度小，与潟湖相或浅滩相交替产出，主要为潮间坪，岩性主要为深灰—灰黑色中—薄层状泥灰岩、钙质泥岩及泥晶灰岩、粉晶灰岩等，常呈互层产出，产双壳化石，岩层中发育水平层理、条带状层理，具鸟眼构造、窗格构造等，局部可见膏岩晶洞。

7）萨勃哈亚相

萨勃哈亚相主要发育在索瓦组下段，分布零星，如达卓玛剖面，岩性组合主要为灰白—灰黑色中—厚层状粒状石膏层，其中常夹有极薄层钙质泥岩、泥灰岩、白云岩，可见帐篷构造。

三、新生界

羌塘盆地新生代受喜马拉雅运动作用的影响，发育一系列山间盆地，初步统计，可划分出 17 个盆地（王剑等，2009），盆地内主要发育古近系—新近系康托组和唢呐湖组，二者在整个盆地中可能不具上下关系，而是相变关系，沉积组合具有穿时性，沉积相主要有冲积扇相、河流相和湖泊相。

1. 冲积扇相

冲积扇相出现在康托组下部，岩性主要为灰、紫灰色中厚层-块状复成分含粗、巨砾中砾岩、紫灰色中薄层-厚块状复成分含中砾细砾岩、含砾粗粒岩屑砂岩，砾石具次圆状，分选较差，砾径一般为 8～35cm，少量大于 40cm，砾石成分主要为石灰岩（50%～60%）、火山岩（40%～50%）、少量石英、砂岩；中—细砾岩具正粒序层理，砾石呈次棱角状，砾石成分主要为石灰岩。砂岩以粗砂岩为主，大多含砾，常呈透镜体夹于砾岩中，发育正粒序层理。其特征反映为冲积扇沉积。

2. 河流相

河流相见于康托组上部，主要为一套紫红色中—厚层状砂质砾岩、含砾砂岩、不等粒砂岩、细粒长石岩屑杂砂岩、细砂岩、（粉砂质）泥岩组合。砾岩和含砾砂岩中砾石含量为 40%～80%，成分以石灰岩为主，砾径较小，一般为 1～5cm，次圆状一圆状，具一定分选性，发育正粒序层理、冲刷构造；砂岩主要为岩屑砂岩，分选性差，发育平行层理、大型交错层理，局部见小型交错层理。局部见河流的二元沉积特征，总体为河流相。

3. 湖泊相

湖泊相见于唢呐湖组，各地有差异，但总体表现为一套以灰色、杂色、紫红色泥岩，粉砂岩，含膏泥岩，含膏泥灰岩为主，局部地区底部见砂砾岩，上部见淡水灰岩，在纵向上显示一个向上变细的退积序列。含膏泥岩中石膏呈星点状、雪花状或不规则粒状散布于岩石中，或沿水平纹理分布，含量约为 5%～15%，溶蚀后呈黄褐色斑点、斑纹或空洞，局部见水平层理，为滨湖沉积；含膏泥灰岩中发育水平纹层，石膏含量约为 6%～9%，呈粒状或不规则状、雪花状散布于泥灰岩中，石膏溶蚀常留下空洞；泥灰岩中水平纹理发育，沿水平层纹见石膏分布，石膏呈粒状或不规则状散布于灰岩中，含量约为 10%，藻多呈纹层状或豆粒状分布于岩层中，石膏溶蚀后常形成孔洞。可见木本、草本植物花粉，其沉积环境为干旱湖泊。

第二节　中生代岩相古地理

编制岩相古地理图需要大量的地层剖面测量与统计资料。对于羌塘盆地的岩相古地理研究，王剑等（2004，2009）先后做过两轮工作，本次修编在广泛搜集分析了中石油 1994～1997 年完成的成果报告和中国地质调查局开展的 1:25 万地质调查资料基础上，重点针对 2010～2018 年羌塘盆地油气地质调查取得新成果新认识，特别是地质浅钻和二维地震资料，编制了晚三叠世卡尼期—诺利期早期、诺利期晚期—瑞替期，早侏罗世—中侏罗世巴柔期，中侏罗世巴通期、卡洛期，晚侏罗世牛津期—基末里期和晚侏罗世提塘期—早白垩世贝里阿斯期等 7 各时期的岩相古地理图。羌塘盆地中-下三叠统仅出露于热觉茶卡和阿布山等局部地区，仅据此信息编制古地理图意义不大。本节主要依据王剑等（2009）编制的上述岩相古地理图，适当修改，对羌塘盆地中生代岩晚三叠世以来各典型沉积期的相古地理进行分析。

一、晚三叠世

二叠纪末—三叠纪早期是古特提斯洋关闭，并开始造山作用的时期。受其影响，羌塘地区发生了强烈的构造挤压作用，在二叠系与三叠系之间普遍形成了一个明显的角度不整合面。羌塘南部经历了较长期的隆升，缺失早、中三叠世沉积，羌塘北部则受北侧古特提斯造山带逆冲载荷作用的影响形成南浅北深的箕状前陆盆地。但是，早、中三叠世地层仅出露于热觉茶卡和阿布山等十分局部地区，仅据此信息编制岩相古地理图意义不大。

晚三叠世地层出露较为广泛，但在盆地中、西部出露有限，对古地理的研究分歧较大。本书根据以往资料，结合近年来在羌塘盆地开展的地质钻井，尤其是盆地东部玛曲地区的3口钻井资料对以往的岩相古地理图加以修编，编制了晚三叠世卡尼期—诺利期早期和诺利期晚期—瑞替期两个时期的岩相古地理图，就现有资料，尽量反映羌塘盆地晚三叠世的古地理面貌。

1. 晚三叠世卡尼期—诺利期早期岩相古地理

晚三叠世的古地理面貌对早、中三叠世有一定的继承性，但是，这个时期在羌塘-昌都地块的南侧，班公湖-怒江洋盆已经自东向西打开，到诺利期，羌塘盆地南部已具有被动大陆北缘盆地的雏形，中西部相应沉积的日干配错组具有陆棚-碳酸盐台地沉积特征，其余地区主要发育滨岸-三角洲沉积。其古地理面貌如图 4-5 所示，包括以下古地理单元。

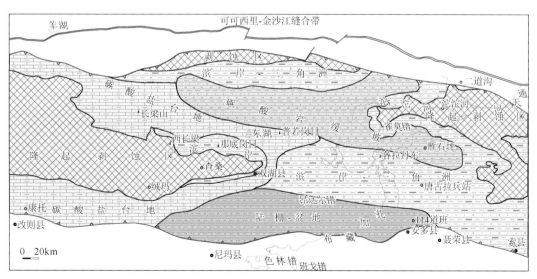

图 4-5　羌塘盆地晚三叠卡尼期-诺利早期岩相古地理图

1）陆源剥蚀区

该时期盆地内具有三个物源区，盆地北部的可可西里造山带、盆地东部的岛链状隆起带和盆地中部的中央隆起带。北侧的可可西里造山带，是北羌塘北部前陆拗陷区巨厚复理石沉积物的主要物源区，在盆地北部雪环湖南的多色梁子一带根据砂岩中重荷模和底模构造测得其古流方向为 310° 和 235°，沉积物中富含大量来自北侧造山带的火山岩岩屑和变质岩岩屑。东部的玛曲地区上三叠统巴贡组发育近源沉积物和沼泽相含煤沉积，说明其附近有隆起剥蚀区。盆地中部的中央隆起带作为物源区的证据有四点，①北侧热觉茶卡见三叠系与下覆地层的不整合面；②在北侧的沃若山地区发育滨岸和沼泽相沉积；③在江爱达日北西的红水沟上三叠统剖面下部三角洲相沉积的粗粒岩屑砂岩中，岩屑含量达 30%，其中石英岩屑占 30%，其他变质岩屑占 15%，绿色火山岩岩屑占 55%；④古流向统计显示剥蚀带北侧热觉茶卡一带为 0°、15°、45°、320° 和 350° 等。

2）滨岸、三角洲沉积

在盆地北部边缘、中央隆起带东部边缘和盆地的中、东部地区，主要发育滨岸和三角洲平原沉积，局部发育沼泽相沉积，可形成多个煤层或煤线，如沱沱河西（纳日帕查）、雁石坪、土门、那底岗日北西（沃若山）等地。

3）碳酸盐岩缓坡沉积

碳酸盐岩缓坡沉积近东西向展布，主要分布于盆地西部，主要沉积一套较纯碳酸盐岩，岩性单一，横向分布较稳定。

4）浅海陆棚-盆地沉积

浅海陆棚-盆地沉积主要位于羌北拗陷的中部和南羌塘盆地的南部。在南羌塘盆地的南部，以索布查地区的沉积剖面为代表，为一套深灰色薄层状细砂岩，以及粉砂岩、页岩沉积，向上明显变细，夹多层石灰岩，总体表现为向上变深的沉积序列。在北羌塘拗陷的中部，可以玛曲地区的 QK8 钻井中巴贡组下段为代表，为一套灰黑色薄层状粉砂岩、页岩、页岩组合，与南羌塘盆地不同的是，向上过渡为巴贡组上段，沉积物明显变粗，主要为灰色、灰黑色薄—中层状细砂岩、粉砂岩，夹中层状中—粗砂岩，顶部含煤，说明沉积环境由陆棚向三角洲平原过渡，总体为一个向上变浅的沉积序列。

2. 晚三叠世诺利期晚期—瑞替期岩相古地理

该时期，羌塘盆地南侧的怒江洋盆已进入快速扩张阶段，受其影响，羌塘地区地壳逐步拉伸减薄，羌北地区的前陆盆地逐步萎缩，并受怒江洋盆扩张而引起的热隆作用，局部地区经历了短暂的隆升剥蚀，随后整个羌塘盆地发生了强烈的裂陷作用，伴生广泛的火山活动。南羌塘地区继承晚三叠世面貌，进一步下沉。至此，在羌塘盆地的中部出现了所谓的"中央隆起带"，其东、西段均处于剥蚀区，对南、北羌塘地区的沉积格局起着明显的控制作用，海水仅沿中段双湖一带狭窄通道向北浸漫。古地理面貌如图 4-6 所示，古地理单元包括：剥蚀区、河流、湖泊、滨岸、陆棚-盆地等。

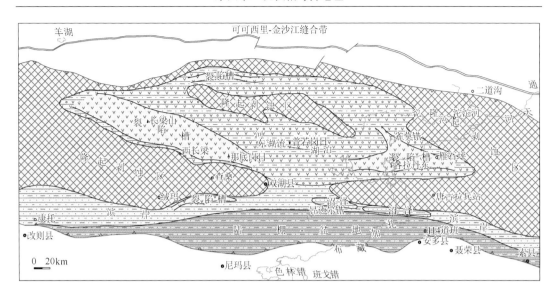

图 4-6　羌塘盆地晚三叠世诺利晚期—瑞替期岩相古地理图

1）陆源剥蚀区

该时期，北羌塘地区仅在中部地区发育河流-湖泊沉积，周缘大部地区仍处于隆起剥蚀区。此外，在拗陷内部航磁所显示的半岛湖-沱沱河凸起之上的半岛湖北、半咸河西等地见中侏罗统雀莫错组不整合在肖茶卡组或二叠系之上，其间缺失那底岗日组，说明它同样是该时期的剥蚀区。

2）火山碎屑-河流-湖泊沉积区

火山碎屑-河流-湖泊沉积区分布于北羌塘地区，地表出露范围有限，据典型剖面分析，沉积物以陆相喷发的火山熔岩、火山碎屑岩为主，其次为水下喷发的火山碎屑岩，夹紫红色或杂色河流、湖泊相砾岩、砂岩、泥岩。统计显示，地表出露的沉积物明显呈近东、西向条带分布，分别位于北部的弯弯梁、东部的雀莫错和南部的菊花山-那底岗日-玛威山一带，并具有快速沉积特点，据此推测当时存在三个较大的裂陷槽沉积。基于该期沉积物厚度在区域上差异较大，推测当时具有隆-拗相间的格局，但总体上表现为河流、湖泊纵横交错的面貌。

3）滨岸带

滨岸带沿中央隆起南缘发育，沉积物相当于日干配错组上部沉积，可以肖茶卡西、土门格拉等地沉积物为例，以滨岸沉积为主，夹河流、三角洲沉积，局部地区有含煤沼泽相沉积。

4）陆棚-盆地沉积

陆棚-盆地沉积位于南羌塘南部，随着盆地沉降作用的逐步加强，沉积环境由早期的滨、浅海粗碎屑岩迅速向中晚期陆棚浅海细碎屑岩沉积转变，沉积水体北浅南深，逐步过渡至盆地相。陆棚相沉积物可以色哇乡索布查剖面为代表，主要为一套深灰色粉砂岩夹细砂岩和泥灰岩，含有保存完好的双壳化石，具低能环境沉积特征。

二、侏罗纪

侏罗纪时期，南侧的怒江洋盆继续快速扩张，羌塘地区进入被动大陆边缘盆地发展阶段，受其影响，羌塘地区地壳逐步拉伸减薄，北羌塘地区经历了强烈的裂陷作用后，发生热冷却与快速沉降作用；南羌塘地区继承早侏罗世早期面貌，继续下沉；羌塘中部地带则处于相对隆升状态，从而形成了对南北羌塘沉积起重要控制作用的所谓"中央隆起带"。总体上形成了两拗一隆的构造-古地理基本格局，海水仅沿双湖一带狭窄通道向北浸漫。

1. 早侏罗世—中侏罗世巴柔期岩相古地理

该期北羌塘地区仍位于海平面以上，但经过前期的快速沉积和夷平之后，地形已大大趋缓，沉积物以雀莫错组为代表，广泛分布，几乎覆盖北羌塘地区全区。沉积环境仍以炎热干旱的河流-湖泊相为主，为一套紫红色与灰绿色相间的紫色沉积物。但相对于前期，北羌塘地区在拉张作用下继续快速沉降，陆源剥蚀区大大缩小，盆地范围明显扩大，海水频繁地越过中央隆起带向北浸漫，使盆地内沉积物带有明显的海相色彩，但总体上仍以地表径流和淡水作用为主，陆源沉积物供应十分丰富，堆积了一套厚达 2000m 的陆源碎屑岩层，反映具有较强的差异沉降作用，沉积等厚图反映沉降中心继承了早侏罗世托尔期的特点，仍在弯弯梁、雀莫错、菊花山及石水河等地。

南羌塘地区则大致继承了前期的沉积格架，从色哇乡松可尔剖面的曲色组、色哇组来看，其主体为一套典型的陆棚沉积，富含菊石，整体表现出自下而上逐渐变浅的沉积序列，可能反映羌南陆架的坡度在逐步变缓。

该时期古地理单元如图 4-7 所示，主要包括：陆源剥蚀区、河流-陆源近海-湖泊、滨岸-陆棚。

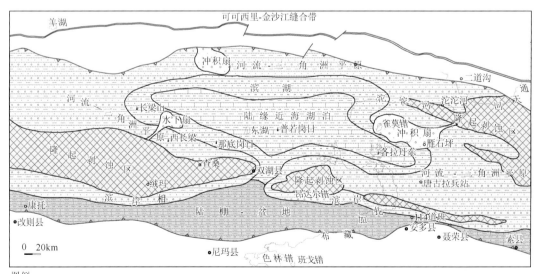

图 4-7　羌塘盆地早侏罗世—中侏罗世巴柔期岩相古地理图（据王剑等，2009）

1) 陆源剥蚀区

古流向统计显示，盆地内具有来自南、北两侧的双向物源特征，说明陆源区与前期相近，主要位于盆地北侧的可可西里造山带和中央隆起带。靠近源区，砂岩比例较高，占该期总沉积的 90%，向盆内明显降低。随着盆地的下沉和面积的大幅扩展，古陆范围大大缩小，中央隆起东段大部分地区被夷平接受沉积，但大部分以河流-三角洲平原沉积为主，向东至沱沱河以东地区仍处于隆起剥蚀区。

2) 河流-陆源近海湖泊

河流-陆源近海湖泊位于北羌塘地区，北浅南深，湖盆中心靠近中央隆起带北侧石水河、那底岗日、雀莫错一带；滨湖地区水体较浅，为湖泊三角洲相沉积；湖泊周缘近源广大地区发育河流和小型湖泊。沉积剖面显示湖盆的沉积中心具有从中西部石水河一带向北东部雀莫错、雁石坪和乌兰乌拉一带迁移的特点。早期中心沉积物以石水河剖面下部的细碎屑岩夹海相灰岩为代表，其后，由于沉积速率大于沉降速度，沉积物变为以粗碎屑物为主的三角洲相进积序列，导致沉积中心向北东逐步迁移。雀莫错、乌兰乌拉地层剖面显示，下部以三角洲相沉积为主，向上变为以细碎屑沉积为主的湖盆（晚期中心）相或湖滨相沉积，总体表现为一个欠补偿退积序列；在那底岗日、半岛湖、玛曲一带则处于过渡区，沉积速率和沉降速率均小，主要为一套细碎屑岩夹海相石灰岩和巨厚（达370m）的膏岩沉积，陆源物质供给差，沉积水体较为清澈，盐度大，反映其紧邻海水向北浸漫通道。

3) 滨岸-陆棚

滨岸-陆棚位于南羌塘地区。滨岸带沿中央隆起带南侧分布，沉积物主要为成熟度较高的石英砂岩或长石砂岩，河流相不发育，说明其地势较中央隆起带北侧平缓。向南过渡为以沿东西向广泛出露的曲色组、色哇组深灰色陆棚相粉砂岩、泥岩、泥灰岩为主的沉积。

2. 中侏罗世巴通期岩相古地理

巴通期，羌塘地区差异升降作用明显减弱，北羌塘地区经历了前期的快速沉积充填作用以后，盆地地形大大变缓。随着班公湖-怒江洋盆的进一步扩张，全区发生了整体性大规模下沉（拗陷），羌塘地区发生了一次侏罗纪最大规模的海侵，前期大部分物源被海水淹没，陆源碎屑供应量急剧减少，沉积物以中侏罗统布曲组为代表，为一套十分稳定的碳酸盐岩沉积，主体为有障壁型碳酸盐岩沉积的海岸沉积，海水向南加深，过渡为斜坡、盆地环境。古地理格局如图 4-8 所示，古地理单元包括：陆地、局限台地（潮坪、潟湖）、开阔台地（台盆、浅滩/斑礁）、台缘礁/浅滩、台缘斜坡、盆地。

1) 陆源剥蚀区

该时期以内源沉积为主，陆源剥蚀区的范围已大大减小，地质调查资料显示，盆地北部玛尔盖茶卡、雪环湖、乌兰乌拉湖一带均有布曲组，说明前期的陆源区已向北退出现今所保留的盆地范围。在中央隆起带上多处发现布曲组石灰岩出露，因此推测当时中央隆起带仅局部露出水面成为剥蚀区。

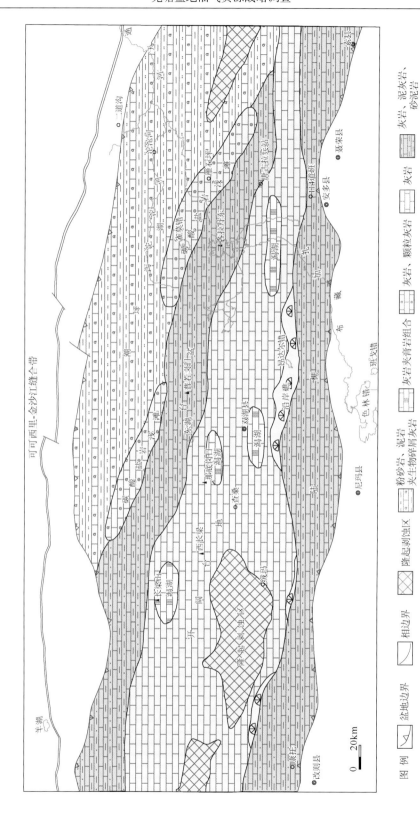

图 4-8　羌塘盆地中侏罗世巴通期岩相古地理图（据王剑等，2009）

根据地层中砂岩、泥岩/总岩厚度比值等值线推断，陆源剥蚀区位于现今盆地北侧可可西里地区，以及中央隆起带的戈木茶卡、玛依岗日、多巧等局部地区，沿剥蚀区外缘地层中含碎屑岩，可达 50%左右，向外侧迅速减少，北羌塘的东北部普遍含有较高的陆源碎屑沉积，故更靠近陆源剥蚀区。

虽然中央隆起带局部仍对羌南和羌北起着一定的分隔作用，但大部分地区位于水下，其上沉积的浅滩相碳酸盐岩只起海岸障壁作用。

2）局限台地

局限台地位于盆地的东北缘玉盘湖、乌兰乌拉湖、沱沱河一带，内部发育潟湖和潮坪沉积，以泥晶灰岩为主，夹钙质泥岩和少量砂岩、粉砂岩，局部有膏岩沉积，是盆地内较好的盖层。

3）开阔台地

开阔台地位于羌塘盆地北部广大地区，分布范围极广，大致沿吐波错、半岛湖、吐错、雁石坪一带，呈北东向带状展布，可进一步分为台盆和台内浅滩亚相。

（1）台盆。台盆大致沿白龙冰河、吐波错、半岛湖南、普若岗日、温泉一带呈北西南东向展布，宽度近 30km，为碳酸盐台地内相对低洼地带，大部分位于浪基面以下，处于低能环境。台盆内沉积物以泥晶灰岩为主，夹深灰色钙质泥岩、泥灰岩等，分析表明，其有机质含量高，是盆地内很好的烃源岩系。

（2）台内浅滩。台内浅滩在盆地的北东部，位于台盆的北侧，大致沿半岛湖北、雀莫错、雁石坪等地呈岛链状分布。其内主要发育支层状生物碎屑灰岩、颗粒灰岩，并出现一系列点礁。这些颗粒灰岩和礁灰岩的沉积能量较台地边缘的礁滩相低，多数为灰泥质胶结。颗粒本身以及胶结物易被溶蚀，在成岩早—中期易形成孔隙，是很好的储集岩。

4）台缘浅滩带

台缘浅滩带位于羌塘盆地中部，大致沿现今划分的中央隆起带呈东西向分布，但南北宽度更大，范围更广。沉积物主要为亮晶胶结的生物碎屑灰岩、鲕粒灰岩、核形石灰岩等，常呈厚层状、块状，连续沉积厚度大，如那底岗日一带，鲕粒灰岩连续厚度可达 400m，为盆地高能环境产物。滩相灰岩多呈透镜体产出，侧向过渡为台地相亮晶灰岩或微晶灰岩。在局部地带可出现滩间潟湖，如长梁山、尖头山、蜈蚣山、双湖、巴斯康根等地，形成较厚大的膏岩沉积体。

5）台缘生物礁

台缘生物礁沿中央隆起带南侧断续分布，如扎美仍、日干配错、隆鄂尼、昂达尔错等地，主要为珊瑚礁和藻礁。礁灰岩在成岩期间，常受白云岩化，孔隙度和渗透率高，是盆内极其良好的储层，较典型的如隆鄂尼古油藏。

6）台缘斜坡-盆地

台缘斜坡-盆地位于盆地南部，沉积薄—中层状泥晶灰岩、泥灰岩、条带状灰岩夹钙质泥岩、页岩等，局部见砂屑灰岩透镜体，其中见滑动构造，向南过渡为深盆-远洋环境，沉积木嘎岗日群。

3. 中侏罗世卡洛期岩相古地理

卡洛期，盆地内发生了大规模的海退，中央隆起带西段和盆地北侧的可可西里造山带再次出露水面，成为剥蚀区，并向盆地内注入陆源碎屑沉积物。中央隆起带东段作为水下高地，也对南北羌塘地区起着明显的分隔作用，从而再次将羌北拗陷区与南侧的广海分隔，成为一个巨大的半封闭型海湾环境，海水局部地带向北间歇性侵入其中。

总体上，该时期地形高差不大，沉积速率小，沉积地层厚度不大，仅 200～1000m 左右。沉积物以粉砂岩、细砂岩、泥岩为主，并夹大量海源沉积，也反映当时源区剥蚀缓慢，地形平缓。但该时期气候明显向干热气候转变，致使沉积物普遍呈紫红色，并普遍发育蒸发盐。

岩相古地理面貌如图 4-9 所示，古地理单元构成包括：陆源剥蚀区、河流-三角洲、潮坪-潟湖、滨岸、浅海陆棚和洋盆。

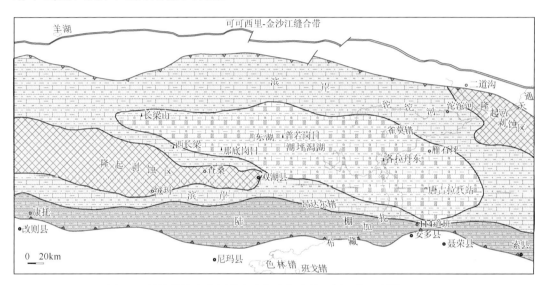

图 4-9 羌塘盆地中侏罗世卡洛期岩相古地理图（据王剑等 2009）

1）陆源剥蚀区

陆源剥蚀区分布于盆地北侧、北东侧，以及中央隆起带西段冈玛错、玛依岗日、肖茶卡一带，根据沉积厚度和石灰岩含量的变化，推测其东段可能也有部分岛状剥蚀区。

2）河流-三角洲

河流-三角洲主要位于盆地的北缘以及中部隆起区的北侧，据现有资料，共计识别出5 个河流-三角洲沉积区，分别位于尖头山、拉雄错、金泉湖、浩波湖和长湖等地（图 4-9）。沉积物以中、细砂岩为主，普遍见少量的砾岩夹层。在雁石坪剖面，早期发育河道沉积，主要为灰紫色中层状粉砂质泥岩夹灰色厚层状细粒长石石英砂岩，见板状交错层理、砂纹层理、剥离线理等沉积构造，并见淡水生物化石（阴家润，1990）以及大量植物化石，可能为该期最大规模的陆地入海水系；中期演变为三角洲环境，沉积砂岩呈多个透镜状叠置体（三角洲前缘砂坝），其中可见底冲刷和槽模等。粉砂质泥岩延伸较好，见砂纹层理、干涉波痕等沉积构造，层面上还可见干裂纹，为河流间湾沉积。

3）潟湖-潮坪

潟湖-潮坪位于沉降中心拉雄错、吐波错、半岛湖、各拉丹东一带，主要沉积灰色泥岩、页岩等细碎屑岩，发育水平层理，局部可见膏岩晶洞。沉积物中常夹较多的内源沉积，如泥灰岩、生物碎屑灰岩等，含量为10%~20%，最高达34%（向阳湖）。

在潟湖的外侧为潮坪环境，沉积物以陆源碎屑为主（大于85%），主要为杂色泥岩、粉砂岩夹灰色介壳灰岩透镜体组合，常呈多个介壳灰岩-泥质粉砂岩-泥岩沉积韵律，每一旋回以膏岩或密集顺层排列的膏岩晶洞作为顶部。区域上分布范围宽阔，反映地形较平坦。受干热气候影响，带内膏岩十分发育，形成了一个宽阔的膏岩环带。膏岩层在紫红色粉砂岩、泥岩中呈夹层产出，多属潮上萨布哈沉积，是盆地内良好的油气盖层。

4）滨岸

在北羌塘地区，滨岸分布于北羌塘拗陷的周缘，沉积物以紫红色陆源碎屑为主（大于85%），分布范围宽阔，反映地形较平坦。受干热气候影响，带内也发育大量萨布哈相膏岩沉积。

在南羌塘地区，沿中央隆起带的南缘呈东西向分布，滨岸沉积物以灰色及灰绿色中层状细粒石英砂岩和钙质石英砂岩为主，夹钙质粉砂岩，其中发育楔状交错层理、平行层理、冲洗层理等，有较好的分选性和磨圆性。

5）浅海陆棚

位于南羌塘坳陷的中部地区，沉积组合以曲瑞恰乃剖面为例，可进一步分为内陆棚和外陆棚亚相。内陆棚为灰色薄层状泥岩夹粉砂岩和少量细粒石英砂岩组合，发育水平层理、砂纹层理；外陆棚为灰色、浅灰色薄层状细粒石英砂岩与粉砂岩、粉砂质泥岩不等厚互层，上部夹少量鲕粒灰岩透镜体，见平行层理、砂纹层理和楔形交错层理。地层中普遍含菊石化石。

6）洋盆

洋盆位于上述陆棚以南地区，大部分被后期改造破坏，沉积物部分保存在现今班公湖-怒江缝合带内。

4. 晚侏罗世牛津期—基末里期岩相古地理

牛津期，羌塘盆地发生了侏罗纪以来的第二次大规模海侵，但此次海侵的方向是以自西向东为主，其次为西南向北东方向，与巴通期由南而北的海侵方向显然不同。在地形上，无论是沉积厚度（反映沉积中心），还是沉积物碎屑岩含量（反映沉降中心）都显示全区形成了东高西低的格局。该期古地理格局与巴通期大致相近（图4-10）。古地理单元包括：陆地、局限台地（潮坪、潟湖）、开阔台地（台盆、浅滩/斑礁）、台缘礁/浅滩、台缘斜坡-陆棚。

1）陆源剥蚀区

该期盆地东部发生了明显的抬升，形成了盆地内范围较大的剥蚀期。此外，根据地层中陆源碎屑沉积物含量统计发现，在中央隆起带西段局部地区也存在陆源剥蚀区。总体上，盆地内陆源碎屑沉积含量低，说明该期整个羌塘地区已大大夷平，剥蚀强度大为减弱。

2）局限台地

该时期羌塘盆地东浅西深的格局十分明显，在盆地东北部广大地区均发育局限台地相沉积物。区内主要发育潮坪和潟湖亚相，据典型剖面统计，二者在剖面上交替出现，纵向上没有明显的优势相，说明该期地形较缓，潟湖可能具有棋盘状分布的面貌。

区内沉积物中富含双壳生物，但生物分异度低，种属单调，说明环境局限、海水盐度异常。沉积物为泥晶灰岩、钙质泥岩、粉砂岩和少量砂岩，局部夹膏岩透镜体。膏岩层有

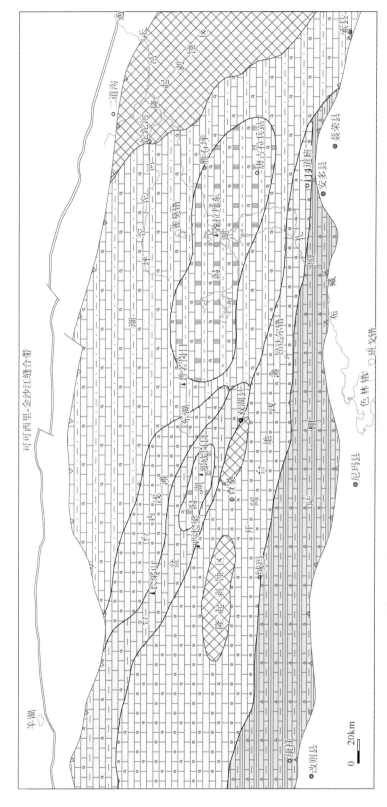

图4.10　羌塘盆地晚侏罗世牛津期—基末里期岩相古地理图（据王剑等，2009）

两种产出类型，一是潟湖相膏岩，作为钙质泥岩、泥灰岩中夹层产出，产于潟湖环境高盐度地区；二是萨布哈相膏岩，产于近陆源区潮上部位，与紫色粉砂岩、泥岩或白云岩共生，说明当时气候仍以干热气候为主。

3）开阔台地

开阔台地位于盆地的中西部，沿布若岗日、黑尖山、尖头山一带呈北西向-南东向带状展布，北西部较宽，向南东方向在双湖—尖头山一带尖灭。总体上，范围较巴通期小，分布也向西南方向迁移。带内包括台盆亚相和台内浅滩亚相。

（1）台盆亚相。台盆亚相沿独雪山、西长梁、双湖一带分布，台盆内沉积物以大套灰色厚层-块状泥晶灰岩为主夹深灰色泥灰岩，双壳类化石较少，但普遍含有丰富的海百合茎，生油能力远不如巴通期同类环境发育，可能反映该期水体较浅。局部地带含膏岩，如黑尖山南的胜利河、向阳湖一带。但在白龙冰河一带，沉积水体较深，沉积物以薄—中层状泥晶灰岩、泥灰岩为主，夹深灰色页岩，具有较好的生油能力，其中见较丰富的菊石类浮游生物化石。

（2）台内浅滩亚相。台内浅滩亚相分布于元宝湖、青尖山、半岛湖一带，以发育碳酸盐浅滩为主，点礁体呈星散状分布其中。浅滩由生物碎屑、球粒、鲕粒、核形石等内碎屑物质堆积而成，以泥晶方解石或灰泥质胶结为主，亮晶方解石胶结物少见，属低能滩。滩上点礁十分发育，据初步统计，目前已发现出露地表的点礁近 20 个。

4）台缘浅滩

台缘浅滩大致沿中央隆起带分布，向东尖灭。沉积物主要为亮晶灰岩或微晶灰岩，生物碎屑灰岩、鲕粒灰岩、核形石灰岩等，地层多呈厚层状、块状，生物碎屑十分破碎，具明显的高能环境沉积特征。

5）台缘生物礁

台缘生物礁分布于台源浅滩的南缘，地表见于磨盘山、扎美仍和北雷错等地，以珊瑚礁为主，单个礁体规模大，最大厚度可达 200m，延伸数公里，孔隙发育，是较好的储层。

6）台缘斜坡-陆棚

台缘斜坡-陆棚位于盆地南部，斜坡相发育较差，主要为生物碎屑灰岩、砂屑灰岩夹粉砂岩，局部见角砾状灰岩；陆棚相较发育，以 114 道班沉积为例，发育一套灰色—深灰色薄—中层状泥晶灰岩、泥灰岩、夹泥岩、页岩，富含菊石化石，其中泥灰岩、页岩是很好的烃源岩。

三、早白垩世

该时期是班公湖-怒江洋盆最终消亡的时期，区内发生了大规模的海退，北侧造山带、中央隆起带和盆地的东部地区迅速隆起。盆地内由晚三叠世以来的北浅南深首次转变为南浅北深的格局，海侵来自盆地的西北方向（图 4-11）。在盆地南部，除中央隆起带东段附近，目前为止尚未发现相当的地层，推测南羌塘地区已迅速转变为陆地。从沉积物发育情

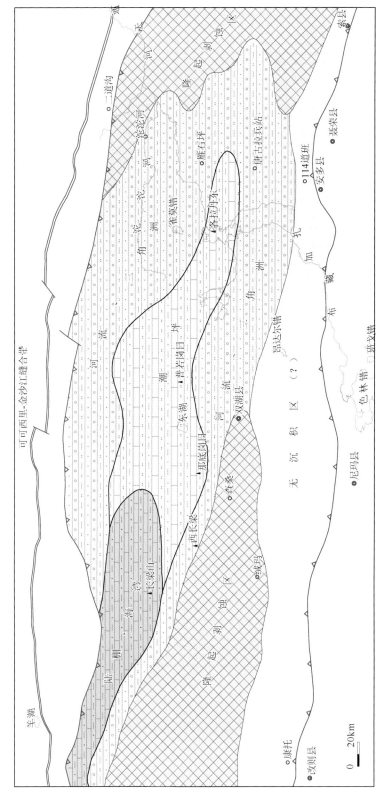

图 4-11　羌塘盆地晚侏罗世提塘期—早白垩世贝里阿斯期岩相古地理图（据王剑等，2009）

况看，北羌塘地区总体为一个向北西开口的相对闭塞的巨大海湾，其余周围均向其内部提供物源，尤以东部最盛，反映东部可能处于区域性最高部位。

该时期膏岩层并不发育，说明古气候相对湿润，从东湖附近硅化木的发现（谭富文等，2003）以及地层中富含孢粉来看，中央隆起带附近应当有大片森林。贝里阿斯期末，海水迅速退出羌塘地区，转变为陆内河湖沉积环境，发育陆相磨拉石和广泛的膏岩沉积，古气候再次处于干热状态。

该时期沉积了索瓦组上段、白龙冰河组、雪山组和扎窝茸组等地层，它们属侏罗世末至早白垩世初期的同期异相沉积物（谭富文等，2004a）。据此认识得出的岩相古地理如图 4-11 所示。古地理单元有：陆源剥蚀区、河流-三角洲、海湾（潮坪-潟湖）和陆棚-海湾。

1）陆源剥蚀区

陆源剥蚀区位于盆地北缘的可可西里造山带、盆地东缘以及盆地中部近东西展布的中央隆起带。从盆缘沉积砾岩看，其砾石成分主要由石英、变质岩、火山岩、花岗岩和少量碳酸盐岩、砂岩组成，磨圆度好，与碳酸盐岩和砂岩砾石占绝对优势的古近—新近纪砾岩明显不同，说明该时期造山作用的幅度不大。

2）河流-三角洲

河流-三角洲沿隆起区外缘分布，沉积了雪山组。近源区发育河流相沉积，沉积特征以星罗河剖面雪山组上部为代表，在独山、乌拉乌拉湖、102 道班、达卓玛、长梁山等地均十分发育；近海区发育三角洲相，沉积特征相当于星罗河剖面雪山组下部和雀莫错剖面扎窝茸组，同样的沉积还见于半岛湖北、多格错仁、温泉、雁石坪、依仓玛、巴斯康根、那底岗日等地。总体上，该相区表现出十分明显的海退沉积。随着盆地的萎缩，河流相向盆内进积，叠覆在前期三角洲之上，如多格错仁、雁石坪、依仓玛等剖面上部或顶部沉积。

3）海湾（潮坪-潟湖）

海湾呈狭长状位于盆地中部，沉积了索瓦组上段。范围的圈定是根据半岛湖北、祖尔肯乌拉山、温泉、依仓玛、巴斯康根一带，沉积物为灰岩、钙质泥岩夹粉砂岩，具潟湖相、潮坪相沉积构造特征。

4）陆棚-海湾

陆棚-海湾位于盆地的西北部，现今的分布呈狭长状，考虑到该地区现今地壳的缩短量已达 50%左右，其复原面貌应相对开阔。沉积地层为白龙冰河组，主要为一套灰—深灰色薄层状泥灰岩夹页岩组合。在长龙梁一带地层出露较为齐全，整体特征表现为向上变浅的沉积序列，早期的陆棚相泥灰岩、泥岩沉积，生物含量少，可见大个体菊石，保存完整；晚期出现多层生物碎屑灰岩，反映水动力加强，水体变浅。在横向上，沉积水体向北西方向加深，在西北部的拜若布错一带，整体为一套陆棚相深灰色薄层状泥岩、页岩夹泥灰岩、泥晶灰岩沉积。

该期沉积物以泥岩、页岩、粉砂岩为主，边缘相带虽然发育河道砂体，但多以成熟度较高的致密砂岩为主，分析表明，生油性能和储集性能均较差，但总体上封盖性能较好。

第五章 羌塘盆地地质浅钻调查及油气地质条件

地质浅钻工程是地质矿产、能源等最直接、最实用的勘查手段之一，是获取地下地质信息的重要途径。通过对区域地层、构造背景、岩相古地理及二维地震等综合分析研究，优选并实施了石油地质浅钻井，获取了羌塘盆地大量的地下信息。本章主要依托中国地质调查局成都地质调查中心在羌塘盆地获取的 17 口地质浅钻的地下资料，并结合前人在该地区的研究成果，对地层、沉积相及油气地质条件进行研究。

第一节 概　　述

截至目前，羌塘盆地共钻探 40 余口浅钻，其中，中国地质调查局成都地质调查中心组织完成了 17 口石油地质浅钻，它们分别位于北羌塘盆地（6 口）、南羌塘盆地（10 口）和中央隆起带上（1 口），这些浅钻钻遇的地层包括下白垩统白龙冰河组、上侏罗统索瓦组、中侏罗统夏里组、布曲组、色哇组、中-下侏罗统雀莫错组、上三叠统鄂尔陇巴组、土门格拉组、波里拉组以及中-下二叠统，具体情况如表 5-1 和图 5-1 所示。

表 5-1　羌塘盆地浅钻统计简况表

钻井编号		总进尺/m	开钻与完钻地层	施工时间/年	施工地区/构造	组织实施单位
1	QZ-1	816	J_2x-J_2b	2005	龙尾湖区块黑石河背斜	中国地质调查局成都地质调查中心
2	QZ-2	812	J_2b-J_2s	2006	扎仁区块桑嘎尔塘布背斜北翼	
3	QZ-3	887.4	Q-J_3s	2010	托纳木地区 2 号构造	
4	QZ-4	314	Q-Q	2012	托纳木地区 5 号构造	
5	QZ-5	1001.4	Q-P_1z		角木茶卡地区二叠系古油藏	
6	QZ-6	549.65	Q-T_3t	2013	日阿梗地区土门格拉组地层	
7	QZ-7	402.5	T_3bg-T_3b	2014	雀莫错东地区巴贡组-波里拉组	
8	QZ-8	501.7	T_3bg-T_3b		雀莫错东地区巴贡组-波里拉组	
9	QZ-9	600.25	J_2s-J_2s		其香错地区色哇组地层	
10	QZ-10	601.35	J_2s-J_2s		其香错地区色哇组地层	
11	QZ-11	600	J_2b-J_2b		日尕尔保布曲组古油藏区	
12	QZ-12	600.12	J_2b-J_2b		晓嘎晓那布曲组古油藏区	
13	QZ-13	600	Q-T_3t	2015	隆鄂尼—鄂斯玛	
14	QZ-14	1200	J_2x -T_3t		隆鄂尼—鄂斯玛	
15	QZ-15	600	Q-T_3t		隆鄂尼—鄂斯玛	
16	QZ-16	1593	$J_{1-2}q$-T_3j	2016	雁石坪玛曲地区	
17	QD-17	2001	E_2s-J_2b	2017	双湖县万安湖地区	

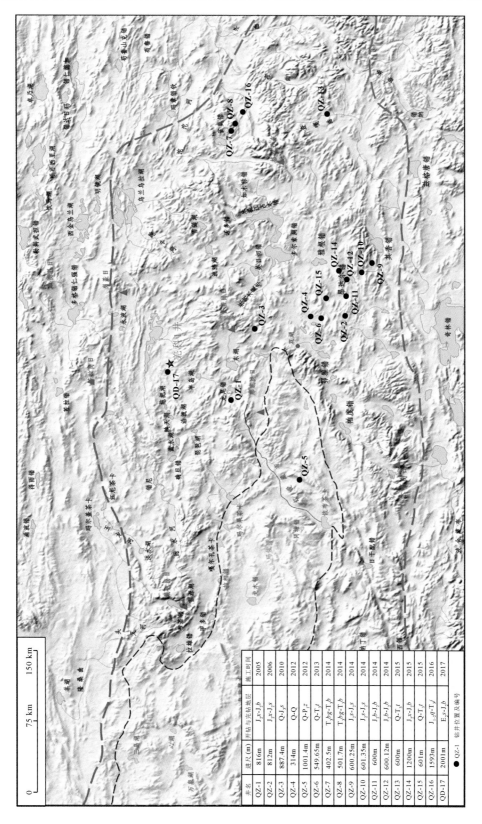

图 5-1 羌塘盆地浅钻位置及主要钻井深度

井名	进尺 (m)	开钻与完钻地层	施工时间
QZ-1	816m	J_3x-J_1b	2005
QZ-2	812m	J_3x-J_1s	2006
QZ-3	887.4m	Q-J_1s	2010
QZ-4	314m	Q-Q	2012
QZ-5	1001.4m	Q-P_2z	2012
QZ-6	549.65m	Q-T_3f	2013
QZ-7	402.5m	T_3bg-T_3b	2014
QZ-8	501.7m	T_3bg-T_3b	2014
QZ-9	600.25m	J_3s-J_3s	2014
QZ-10	601.35m	J_3s-J_3s	2014
QZ-11	600m	J_1b-J_1b	2014
QZ-12	600.12m	J_1b-J_1b	2014
QZ-13	600m	Q-T_3f	2015
QZ-14	1200m	J_3x-J_1b	2015
QZ-15	601m	Q-T_3f	2015
QZ-16	1593m	$J_{1-2}g$-T_3f	2016
QD-17	2001m	E_2x-J_1b	2017

● QZ-1 钻井位置及编号

这些地质调查井工程的资料已经完全能够为我们提供充足的资料，为我们开展地层、沉积演化、生储盖特征及油气成藏条件等的研究奠定了基础。

第二节 钻遇地层及沉积特征

2005～2017 年，由中国地质调查局成都地质调查中心共实施钻井 17 口，主要钻遇的地层包括中-下二叠统展金组、龙格组，上三叠统甲丕拉组、波里拉组、土门格拉组和鄂尔陇巴组，中-下侏罗统雀莫错组，中侏罗统色哇组、布曲组和夏里组，上侏罗统索瓦组和始新统唢呐湖组。

一、二叠系

二叠系地层由羌资 5 井揭露，主要包括二叠系龙格组（10～413m）和展金组（413～1001.4m）。

（一）龙格组（P_2l）

龙格组岩性主要为棕灰色薄层状泥晶、微晶灰岩夹少量角砾灰岩、砂屑灰岩、生物碎屑灰岩、硅质岩（图 5-2）。

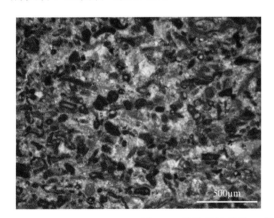

图 5-2 羌塘盆地羌资 5 井中浅灰色薄层状砂屑灰岩

具体分为三段：10～92m 井段为棕灰色薄层状泥晶、微晶灰岩夹少量砂屑灰岩、生物碎屑灰岩、硅质岩；92～152m 井段为浅灰色厚层—块状角砾灰岩；152～413m 井段为棕灰色薄层状泥晶、微晶灰岩夹少量砂屑灰岩、生物碎屑灰岩、硅质岩，主要形成于局限台地和台地边缘斜坡相沉积环境。

（二）展金组（P_1z）

展金组岩性可分为三段：①灰黑色粉砂质泥岩夹浅灰色岩屑粉砂岩、灰绿色凝灰质粉细砂岩偶夹泥灰岩；②墨绿色块状火山角砾岩夹少量凝灰岩；③浅灰色与棕灰色薄层纹层状粉细晶白云岩互层夹薄层状硅质岩。具体分为：413～731m 井段为灰黑色泥岩、粉砂质泥岩夹浅灰色岩屑粉砂岩、灰绿色凝灰质粉细砂岩（图 5-3），偶夹泥灰岩；731～867m 井段为墨绿色块状火山角砾岩夹少量凝灰岩；867～1001.4m 井段为浅灰色与棕灰色薄层纹层状粉—细晶白云岩互层夹少量薄层状隐晶质硅质岩（图 5-4）。展金组主要形成于台地边缘上斜坡环境。

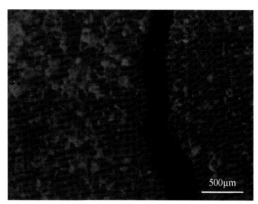

图 5-3 羌塘盆地羌资 5 井中浅灰—深中灰色薄层状粉砂质泥岩、泥质粉砂岩

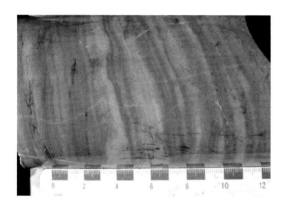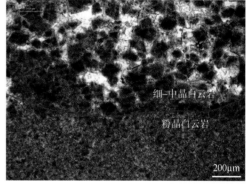

图 5-4 羌塘盆地羌资 5 井中浅灰—深灰色薄层—极薄层状粉—中晶白云岩

另外，在羌资 5 井钻遇的中二叠统龙格组（P_2l）深灰色泥灰岩中采集有 8 件微体古生物样，在下二叠统展金组（P_1z）的深灰色生物碎屑灰岩、含生物碎屑粉砂岩采集有 11 件微体古生物样，包含大量蜓（图 5-5）、有孔虫和孢粉化石，根据这些微体古生物化石特征，认为羌资 5 井中龙格组化石主要为中二叠世，但部分为晚二叠世古生物分子；展金组中大部分化石的时代跨度较大，出现于整个石炭纪—二叠纪，但仍然以早二叠世古生物分子为主。

二、三叠系

羌塘盆地地质浅钻仅钻遇了上三叠统地层，包括上三叠统甲丕拉组、波里拉组、巴贡组/土门格拉组和鄂尔陇巴组。其中，羌资 7 井和羌资 8 井均钻遇了巴贡组和波里拉组地

层，羌资 13 井、羌资 15 井钻遇了土门格拉组地层，羌资 16 井钻遇了连续的上三叠统甲
丕拉组、波里拉组、巴贡组和鄂尔陇巴组地层。

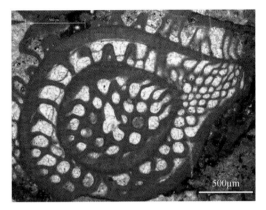
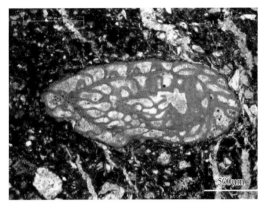

图 5-5　羌资 5 井中䗴类化石

（一）甲丕拉组（T_3j）

由羌资 16 井揭示的甲丕拉组岩性特征与层型剖面和雀莫错西部剖面略有差异，仅揭
示了 84.07m 厚的甲丕拉组地层，未见底。主要岩性为紫红色含砾砂岩、砾岩，灰绿色复
成分砾岩。甲丕拉组砾岩的粒径大小不一，最大者可以达到 4 cm×6cm，砾石分选、磨圆
较差，为棱角—次棱角状，砾石为基地式接触，泥质胶结，砾石成分较为复杂，见火山岩
砾石、硅质岩砾石及碳酸盐岩砾石等（图 5-6、图 5-7）。砾岩之上逐渐过渡为波里拉组灰
色岩屑石英砂岩。根据区域生物化石特征，甲丕拉组的地质时代为晚三叠世诺利期。总体
表现为一套扇三角洲相沉积。

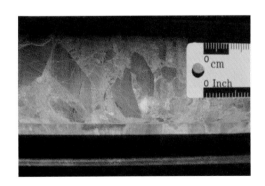

图 5-6　羌资 16 井甲丕拉组杂色复成分砾岩　　　　图 5-7　羌资 16 井甲丕拉组灰绿色砾岩截面

（二）波里拉组（T_3b）

羌资 7 井、羌资 8 井、羌资 16 井揭示的波里拉组厚度分别为 157m、330m 和 185m。主要
岩性为灰—灰白色泥晶灰岩，灰白色生物碎屑灰岩，灰黑色砂屑灰岩及灰黑色泥质粉砂岩和泥

岩（图5-8～图5-10）。根据在鄂尔托陇巴一带产双壳类*Cassianella* cf. *berychi*、*Halobia plicosa*、*H. superbescens*、*H.* sp.、*Plagiostoma* sp.化石，将波里拉组的地质时代定为晚三叠世诺利期。

312m含砾屑的砂屑灰岩

312m砂屑灰岩顺层滑动

图5-8　羌资7井波里拉组砂屑灰岩

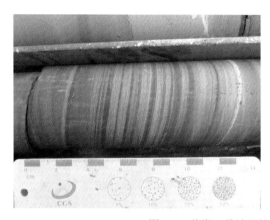

图5-9　羌资7井波里拉组泥晶灰岩和砂屑灰岩

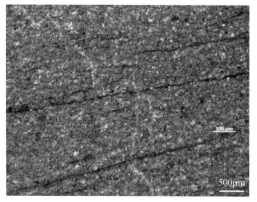

图5-10　羌资7井波里拉组含生物碎屑砂屑灰岩与纹层状泥晶灰岩

波里拉组主要发育障壁海岸沉积体系，主要为局限台地相沉积，波里拉组顶界以灰岩的消失及砂岩出现作为划分标志，为水体逐渐变浅的进积型组合（图5-11）。

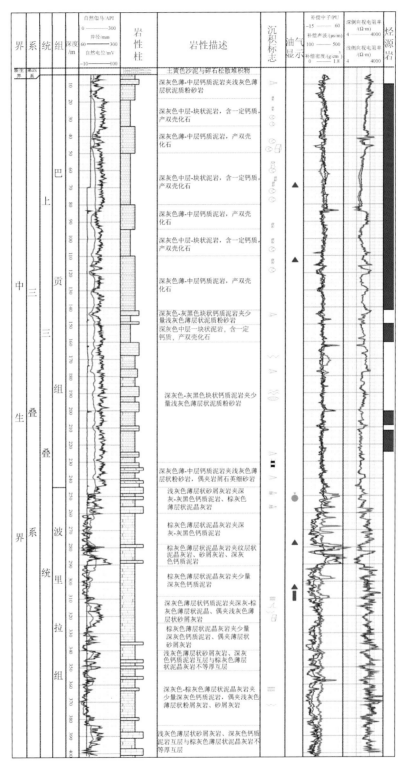

图 5-11　羌塘盆地羌资 7 井岩性综合柱状图

（三）巴贡组（T₃bg）

土门格拉组和巴贡组为晚三叠世羌塘盆地同期异相的沉积,土门格拉组分布在盆地的中部和南部地区,巴贡组主要分布在盆地东部地区,巴贡组主要有羌资7井、羌资8井、羌资16井揭露,厚度分别为240m、166m和445.29m。

以羌资16井为代表,其钻遇的巴贡组总厚度为445.29m(878.20～1323.49m),主要岩性为灰黑色泥岩、泥质粉砂岩和粉砂质泥岩。在泥岩和粉砂质泥岩中发育丰富的黄铁矿,特别是在井深1227.88～1259.18m处黄铁矿尤为发育。岩心中识别出的黄铁矿主要有两种分布形态:第一种是沿地层顺层分布,这种黄铁矿在岩心中分布较广(图5-12),黄铁矿脉体的宽度为2～10mm。

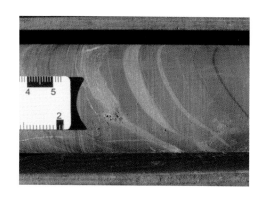 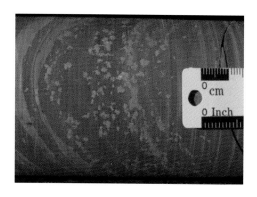

图5-12　羌资16井顺层分布的黄铁矿　　　　图5-13　羌资16井粉砂质泥岩中点状黄铁矿

第二种是在岩心表面呈点状散布,如图5-13所示,黄铁矿颗粒或聚集物在岩心表面杂乱分布。羌资7井、羌资8井钻遇巴贡组的主要岩性为深灰色—灰黑色块状钙质泥岩和含钙质泥岩,其次为灰色薄—极薄层状粉砂岩、浅灰色薄层状石英岩屑细砂岩。区域上,巴贡组中产双壳类 *Halobia superbescens-H. disperseinsecta* 组合和 *Amonotis togtonheensis-Cardium (Tulongocardium) xizhangensis* 组合,菊石类 *Nodotibetites* cf. *nodosus-Paratibetites* cf. *wheeleri* 组合及腹足类等化石,地质时代为晚三叠世诺利期。

（四）鄂尔陇巴组（T₃e）

羌资16井钻遇的鄂尔陇巴组为井下雀莫错组与巴贡组之间的一套火山碎屑岩-凝灰岩组合,以中基性凝灰岩的出现为底界划分标志。羌资16井钻遇的鄂尔陇巴组总厚度为22.6m(855.60～878.20m),鄂尔陇巴组为一套火山碎屑岩夹火山岩地层,主要岩性为紫红色块状角砾岩,灰绿色凝灰岩,以及暗红色、灰绿色凝灰质泥质粉砂岩(图5-14,图5-15)。

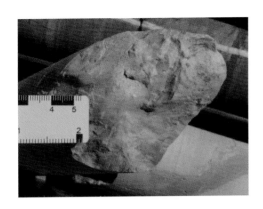 

图 5-14 羌资 16 井鄂尔陇巴组凝灰岩   图 5-15 羌资 16 井鄂尔陇巴组晶屑岩屑凝灰岩

根据对羌资 16 井凝灰岩进行锆石定年，得到 U-Pb 年龄为 219.1±2.1Ma，时代为上三叠统诺利阶。另外，宜昌地质矿产研究所（姚华舟等，2011）在各拉丹冬一带鄂尔陇巴组中获得单颗粒锆石 U-Pb 年龄为 212±1.7Ma，与本次在井下获取的样品时代接近。Fu 等（2010）对各拉丹冬一带的鄂尔陇巴组玄武岩开展了锆石定年，获得了 220.4±0.3Ma 的锆石 U-Pb 年龄。另外，在雀莫错一带鄂尔陇巴组之下的巴贡组上部产双壳类 *Amonotis togtonheensis- Cardium*（*Tulongocardium*）*xizhangensis* 组合、菊石 *Nodotibetites* cf. *nodosus-Paratibetites* cf. *wheeleri* 组合化石，其地质时代为晚三叠世诺利早一中期。综上所述，该套整合或不整合于其上的鄂尔陇巴组火山-火山碎屑岩地质时代应为晚三叠世诺利期，顶部可能跨入了瑞替期。

三、侏罗系

羌塘盆地地质浅钻钻遇了较为完整的侏罗系地层，包括中-下侏罗统雀莫错组，中侏罗统布曲组、色哇组、夏里组和上侏罗统索瓦组。其中，羌资 16 井钻遇了雀莫错组，羌资 1 井、羌资 11 井、羌资 12 井、羌资 14 井和羌地 17 井钻遇了布曲组，羌资 2 井钻遇了色哇组，羌资 1 井和羌资 14 井钻遇夏里组，羌资 3 井钻遇了索瓦组地层。

（一）雀莫错组（$J_{1-2}q$）

羌资 16 井钻遇了雀莫错组的中下部地层，揭露的雀莫错组总厚度为 823.78m，井段 31.82～855.60m 为中-下侏罗统雀莫错组。根据岩性可以将雀莫错组分为三段：上段（31.81～246.59m）岩性主要为紫红色泥岩，灰黑色泥岩，灰白色岩屑石英砂岩、粉砂岩、泥质粉砂岩及粉砂质泥岩，为潮坪相沉积环境；中段（246.59～628.28m）岩性主要为黑色、灰白色、白色石膏，黑色泥晶灰岩夹黑色角砾岩和泥岩（图 5-16～图 5-18），石膏截面发育黑色有机质和沥青，为蒸发潟湖相沉积；下段（628.28～855.60m）岩性主要为紫红色粉砂岩，灰色粉砂岩、泥质粉砂岩、岩屑石英砂岩，底部为一套厚 8.01m 的紫红色砾岩与下部的上三叠统鄂尔陇巴组相区分（图 5-19、图 5-20），该段显示出河流-三角洲相沉积环境。

图 5-16　羌资 16 井雀莫错组第 169 回次中的石膏段特征

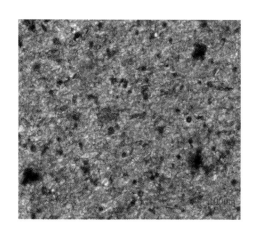 

图 5-17　羌资 16 井硬石膏（275m）　　　　　　图 5-18　羌资 16 井硬石膏（326m）

图 5-19　羌资 16 井雀莫错组石膏中夹黑色　　　图 5-20　羌资 16 井雀莫错组底部紫红色砾岩
　　　　　薄层状泥岩

前人在雀莫错组中上部采集到了丰富的双壳类化石，有 *Astarte muhibergi*、*A. elagans*、

Protocardia truncata、*Pleuromyaoblita*、*Camptonectes laminatus*、*Chlamys*（*Radulopecten*）cf. *Matapwensis*、*Modiolus imbricatus*、*Protocardia* cf. *Hepingxiangensis* 等，时代定为中侏罗世巴柔期，推测其下部的紫红色巨厚层砾岩段时代跨入早侏罗世。

（二）布曲组（J₂b）

布曲组代表雀莫错组与夏里组两套紫红色碎屑岩之间出现的一套岩性比较稳定的中厚层状碳酸盐岩建造。该组底部与下伏雀莫错组整合接触，顶部与中侏罗统夏里组泥岩整合接触。

羌资 1、羌资 2 井、羌资 11 井、羌资 12 井、羌资 14 井和羌地 17 井均钻遇了中侏罗统布曲组地层，均未见底，其中羌资 1 井和羌地 17 井分布在北羌塘拗陷，羌资 2 井、羌资 11 井、羌资 12 井、羌资 14 井位于南羌塘拗陷古油藏带。北羌塘盆地以羌资 1 井为代，南羌塘盆地以羌资 2 井为代表。

羌资 1 井钻遇布曲组上部，其岩性组合为泥晶灰岩-微晶灰岩-生物碎屑灰岩-粒屑（鲕粒、砂屑、生物碎屑等）灰岩-白云质灰岩，具有明显的沉积韵律，反映了海平面的周期性升降变化。同时上部（132～138 回次，约 21m）也发育有纹层状钙质粉砂岩和纹层状粉砂质泥晶灰岩。羌资 12 井 4.2～600.1m 井段为中侏罗统布曲组（J₂b）碳酸盐岩，岩性主要为深灰色、灰黑色细晶白云岩（含油）、深灰色微晶灰岩、浅灰色白云质灰岩、灰色—浅灰色粉晶灰岩等。区域上，布曲组生物群面貌以产巴通期腕足类和双壳类为特征，并建立 *Burmirhynchia-Holcothyris* 腕足组合带（王永胜等，2012），地质时代为中侏罗世巴通阶（Bathonian）。

布曲组主要发育碳酸盐开阔台地沉积体系，以羌资 2 井为例（图 5-21），根据水动力条件，可进一步划分台地边缘浅滩和滩-滩间微相。

（三）色哇组（J₂s）

色哇组由羌资 2 井、羌资 9 井、羌资 10 井揭露，厚度分别为 200m、600m 和 595.45m，3 口钻井均未见底。以羌资 2 井为代表，色哇组顶部与布曲组整合接触，下部未见底。色哇组主要岩性为紫红、深灰色泥岩、粉砂质泥岩与薄—厚层状白云质粉—中粒砂岩、岩屑石英细砂岩、细—粗粒岩屑砂岩组成向上变粗的基本层序。

另外，在羌资 2 井色哇组地层中获取大量的微体化石。从样品中分析出的孢粉化石，类型单调，数量少，在很多样品中 *Classopollis* 花粉占绝对优势。在 WG294-1 中共分析出 298 粒孢粉，其中 *Classopollis* 有 287 粒，占孢粉总数的 96%多，为中-晚侏罗世的特征孢粉特征。*Classopollis* 不但数量多，也鉴定出 5 个种属，其中又以 *Classopollis anunlatus* 占优，该种花粉从中侏罗世到早白垩世占优。吉林省地质调查院 2006 年（王永胜等，2012）在色哇组还建立了 *Dosetensia-Sonninia* 菊石带、*Rhynchonelloidea-Rhynchonelloidella* 腕足组合带和 *Trigonia-Lopha* 双壳组合带。因此，色哇组以产丰富的菊石、腕足类和双壳类化石为特征，孢粉组合以 *Classopollis* 花粉占绝对优势，地质时代为中侏罗世阿林阶（Aalenian）—巴柔阶（Bajocian）。

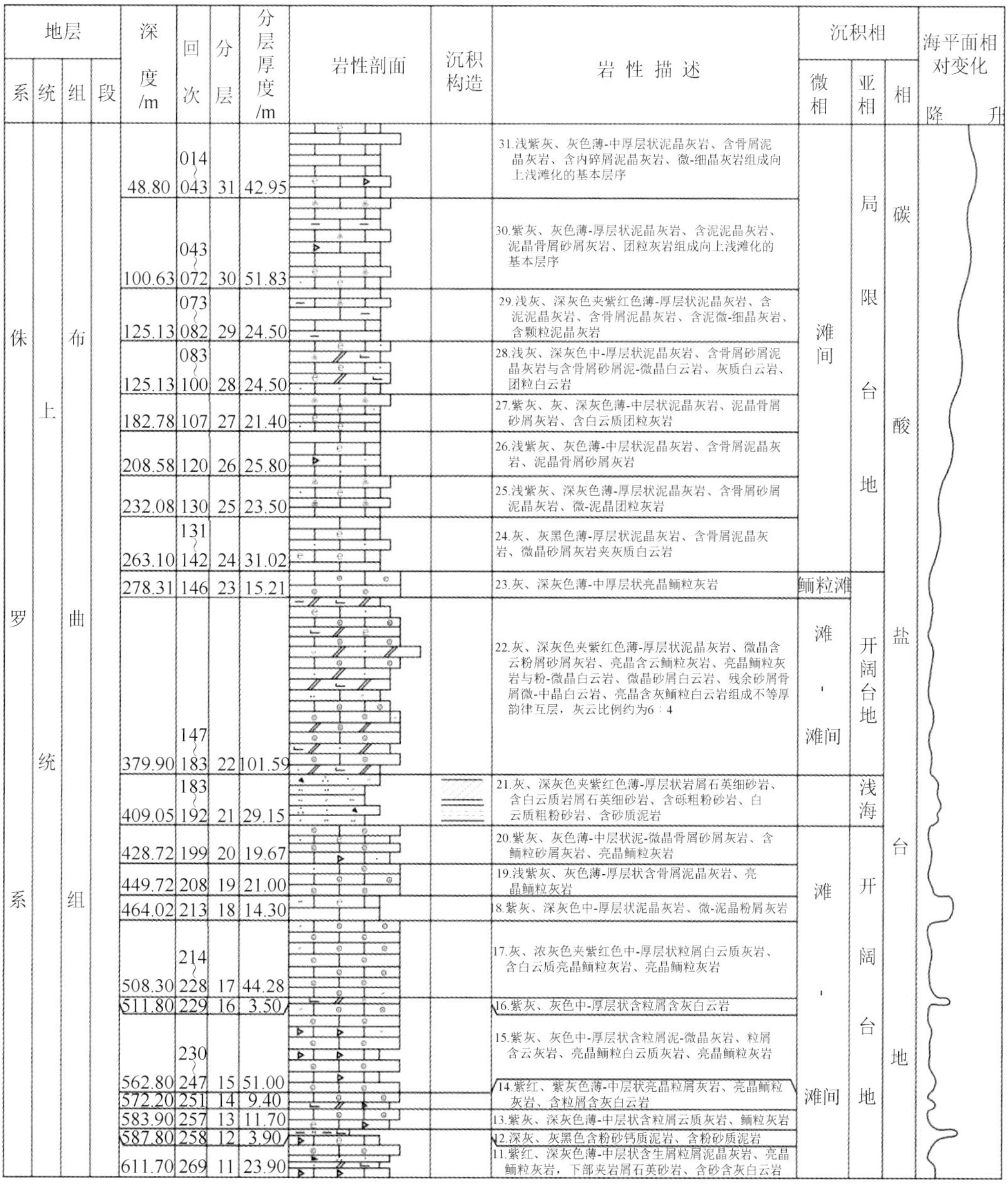

地层				深度/m	回次	分层	分层厚度/m	岩性剖面	沉积构造	岩性描述	沉积相			海平面相对变化
系	统	组	段								微相	亚相	相	降　升
侏罗系	上统	布曲组		48.80	014~043	31	42.95			31.浅紫灰、灰色薄-中厚层状泥晶灰岩、含骨屑泥晶灰岩、含内碎屑泥晶灰岩、微-细晶灰岩组成向上浅滩化的基本层序	滩间	局限台地	碳酸盐地	
				100.63	043~072	30	51.83			30.浅紫、灰色薄-厚层状泥晶灰岩、含泥晶骨屑砂屑灰岩、团粒灰岩组成向上浅滩化的基本层序				
				125.13	073~082	29	24.50			29.浅灰、深灰色夹紫红色薄-厚层状泥晶灰岩、含泥晶骨屑泥晶灰岩、含骨屑微-细晶灰岩、含颗粒泥晶灰岩				
				125.13	083~100	28	24.50			28.浅灰、深灰色中-厚层状泥晶灰岩、含骨屑砂屑泥晶灰岩与含骨屑砂屑泥-微晶白云岩、灰质白云岩、团粒白云岩				
				182.78	107	27	21.40			27.紫灰、灰、深灰色薄-中层状泥晶灰岩、泥晶骨屑砂屑灰岩、含白云质团粒灰岩				
				208.58	120	26	25.80			26.浅紫灰、灰色薄-中层状泥晶灰岩、含骨屑泥晶灰岩、泥晶骨屑砂屑灰岩				
				232.08	130	25	23.50			25.浅紫灰、深灰色薄层状泥晶灰岩、含骨屑砂屑泥晶灰岩、微-泥晶团粒灰岩				
				263.10	131~142	24	31.02			24.灰、灰黑色薄-厚层状泥晶灰岩、含骨屑泥晶灰岩、微晶砂屑灰岩夹灰质白云岩			盐	
				278.31	146	23	15.21			23.灰、深灰色中-中厚层亮晶鲕粒灰岩	鲕粒滩	开阔台地		
				379.90	147~183	22	101.59			22.灰、深灰色夹紫红色薄-厚层状泥晶灰岩、微晶含云粉屑砂屑灰岩、亮晶含云鲕粒灰岩与粉-微晶白云岩、微晶砂屑白云岩、残余砂屑骨屑微-中晶白云岩、亮晶含灰鲕粒白云岩组成不等厚韵律互层。灰云比例约为6:4	滩-滩间			
				409.05	183~192	21	29.15			21.灰、深灰色夹紫红色薄-厚层状岩屑石英细砂岩、含云质岩屑石英砂岩、含砾粗砂岩、白云质粗粉砂岩、含砂质泥岩		浅海	台地	
				428.72	199	20	19.67			20.紫灰、灰色薄-中层泥-微晶砂屑骨屑灰岩、含鲕粒砂屑灰岩、亮晶鲕粒灰岩	滩	开阔台地		
				449.72	208	19	21.00			19.浅紫灰、灰色薄-厚层状含骨屑泥晶灰岩、亮晶鲕粒灰岩				
				464.02	213	18	14.30			18.紫灰、深灰色中-厚层状泥晶灰岩、微-泥晶粉屑灰岩				
				508.30	214~228	17	44.28			17.灰、浓灰色夹紫红色中-厚层状粒屑白云岩、含白云质亮晶鲕粒灰岩、亮晶鲕粒灰岩				
				511.80	229	16	3.50			16.紫灰、灰色中-厚层含粒屑含灰云岩				
				562.80	230~247	15	51.00			15.紫灰、灰色中-厚层含粒屑-微晶粒屑灰岩、粒屑含云鲕粒白云质灰岩、亮晶鲕粒灰岩	滩间			
				572.20	251	14	9.40			14.紫红、紫灰色薄-中层状亮晶粒屑灰岩、亮晶粒屑、含粒屑含云白云岩				
				583.90	257	13	11.70			13.紫灰、深灰色薄-中层状粒屑含云质灰岩、鲕粒灰岩				
				587.80	258	12	3.90			12.深灰、灰黑色含粉砂钙质泥岩、含粉砂质泥岩				
				611.70	269	11	23.90			11.紫灰、灰色薄层状含生屑粒屑灰岩、亮晶鲕粒灰岩、下夹岩屑石英砂岩、含砂含灰云质白云岩				

图 5-21　羌资 2 井布曲组碳酸盐台地沉积体系

羌资 2 井下部井深 611.70~812.00m 的中侏罗统色哇组中,根据钻孔岩心的沉积序列,可进一步划分为前三角洲亚相和三角洲前缘亚相,整体具下细上粗的沉积相序。三角洲前缘亚相是三角洲沉积的主体部分,是三角洲分流河道进入海域的水下沉积部分,可以进一步分为水下分流河道、河口坝、远砂坝、水下分流间湾等微相。前三角洲亚相位于三角洲前缘与浅海过渡带,总体上与浅海沉积很难区分。沉积组分主要为粉砂质泥岩、泥岩,有时含炭屑,发育水平层理,在相序上与席状砂或远砂坝互层。

（四）夏里组（J₂x）

羌资 1 井、羌资 14 井和羌地 17 井均钻遇了夏里组地层，其中羌资 14 井钻遇完整的夏里组，总厚 344m，顶部和底部分别与索瓦组和布曲组整合接触，夏里组以深灰色钙质泥岩为主，偶见泥岩中夹浅灰色粉砂质条带，整体显示出局限台地相的潟湖沉积特征。

羌地 17 井钻遇了厚 673m 的中侏罗统夏里组，岩性主要为灰—深灰色钙质泥质粉砂岩、粉砂岩、含泥粉砂岩、粉砂质泥岩和深灰色泥灰岩，局部夹薄层的细砂岩和生物碎屑砾屑灰岩（图 5-22），大多含植物和生物化石（图 5-23），发育脉状层理（图 5-24）、水平层理和透镜状层理（图 5-25）等，显示出潮坪潟湖-三角洲相的沉积特征。

灰色含钙粉砂岩、紫红色泥质粉砂岩

灰—深灰色泥晶灰岩夹多层生物碎屑灰岩

灰—灰绿色泥质粉砂岩

灰—深灰色薄层粉砂质泥岩

图 5-22　羌地 17 井中侏罗统夏里组岩心特征

图 5-23　羌地 17 井中侏罗统夏里组岩心断面双壳化石和植物特征

对羌资 1 井夏里组分析了 22 件孢粉样品，结果显示除了广泛分布于裸子植物花粉中的 *Classopollis*，其他分子很少，但从 *Cyathidites* sp.、*Neoraistrickia* sp.、*Cycadopites* sp.、

Chasmatosporites apertus、*Punctatisporites* sp.及 *Osmundacidites* 等的出现依然可以判断羌资 1 井的孢粉组合，应属中侏罗统 *Classopollis-Cyathidites-Neoraistrickia* 组合带。羌资 1 井钻遇的夏里组地层时代为中侏罗世。

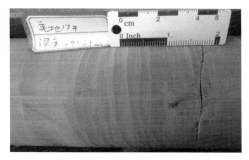 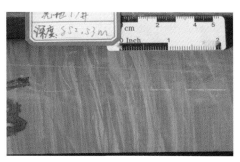

图 5-24　泥质粉砂岩中发育脉状层理　　　　图 5-25　透镜状层理

（五）索瓦组（J₃s）

索瓦组在岩性上以石灰岩为主，频繁出现粉砂岩夹层，区别于布曲组。羌资 14 井钻遇的索瓦组以棕灰色薄—中层状微晶为主，夹少量棕灰色粒屑灰岩、含生物介壳灰岩，主要形成于开阔台地相的浅滩和滩间环境。

另外，在羌资 3 井中采集到了 2 件菊石化石，分布于井钻遇地层的下部（图 5-26、图 5-27）。经鉴定，主要为旋菊石科一属（*Perisphinctidae*），似为? *Subneumayria* sp.，这些化石时代应为晚侏罗世。此外，化石发现的位置处于底层底部，从时代上地层属于晚侏罗世。区域上，索瓦组中含有十分丰富的生物化石，产腕足类 *Steptaliphoria septentrionalis*、*Pentithyris* cf. *Pelagica*、*Thurmanella acuticosta*；双壳类 *Radulopecten fibrosus*、*Gervillella aviculoides*、*Pteroperna* cf. *polyodom*、*Astarte mummus* 等化石，时代定为晚侏罗世牛津期。

图 5-26　J₃s² 地层中的菊石化石（860.45m）　　图 5-27　J₃s² 地层中的菊石化石（886.8m）

四、古近系

羌地 17 井钻遇了 466m 厚的古近系唢呐湖组地层，也是目前羌塘盆地首次钻遇的古近系地层。岩性主要为紫红—灰绿色湖泊相沉积，上部（4～168m）主要为透明石膏夹青灰色钙质泥岩和紫红色钙质泥岩组合（图 5-28～图 5-30），形成于蒸发盐湖沉积环境；下部（168～470m）岩性以紫红色泥岩为主，夹青灰色粉砂质泥岩、泥质粉砂岩、粉砂岩、岩屑石英细砂岩（图 5-31、图 5-32）和含砾中—粗砂岩，形成于浅湖沉积环境。唢呐湖组组自建组以来，至今没有获得有确切依据的生物化石和年龄数据，通常将唢呐湖组置于康托组之上，时代暂定于中新世—早上新世。

值得注意的是，在羌地 17 井井深 220.8m 处发现了一套厚约 15cm 的灰白色斑脱岩夹层，通过锆石 U-Pb 定年，得到唢呐湖组中部的斑脱岩的锆石 SIMS^{206}Pb/^{238}U 加权平均年龄为 46.57±0.30Ma，时代为古近系始新统，代表了该层斑脱岩的就位（沉积）时间，也代表了唢呐湖组的形成时间。因此，我们最新的斑脱岩的锆石 U-Pb 年龄表明，唢呐湖组和康托组应为盆地同期异相沉积，由于沉积时期的古地理条件的差异而呈现出不同环境的沉积特征，因此，将唢呐湖组与康托组作为上下接触关系是不妥的。

图 5-28　古近系唢呐湖组石膏及紫红色泥岩

图 5-29　羌地 17 井唢呐湖组石膏镜下特征　　　图 5-30　羌地 17 井唢呐湖组含泥石膏
　　　　　　　（26.4m）　　　　　　　　　　　　　　　　（155m）

图 5-31 羌地 17 井唢呐湖组细砂岩
（185m）

图 5-32 羌地 17 井唢呐湖组泥岩
（220m）

第三节 烃 源 岩

羌塘盆地所完成的地质调查井中，钻遇烃源层主要有上二叠统展金组（P_3z）、上三叠统（T_3）、中侏罗统色哇组（J_2s）、布曲组（J_2b）、夏里组（J_2x）和上侏罗统索瓦组（J_3s）等。其中上三叠统（T_3）烃源岩是一套主要烃源岩，其他为次要烃源岩，羌塘盆地井下烃源岩有机质丰度统计表如表 5-2 所示。

表 5-2 羌塘盆地井下烃源岩有机质丰度统计表

井位	层位	厚度/m	岩性	有机碳含量/%	氯仿沥青"A"含量/($\times 10^{-2}$)	生烃潜量/(mg/g)
羌资 5 井	P_3z	318	泥岩	0.62～1.42 1.15（12）	0.0024～0.1361 0.0319（12）	0.14～0.68 0.46（12）
羌资 6 井	T_3	35.15	泥岩	0.54～3.33 1.07（19）	0.45～2.80 0.89（11）	0.0029～0.0099 0.0045（11）
羌资 7 井	T_3	167	泥岩	0.52～3.56 1.20（18）	0.04～0.17 0.10（14）	0.0096～0.0585 0.0194（14）
羌资 8 井	T_3	128.6	泥岩	0.51～3.37 1.34（20）	0.03～0.54 0.12（14）	0.0035～0.0136 0.0098（4）
羌资 13 井	T_3	84	泥岩	0.54～2.04 0.88（14）	0.11～0.45 0.21（4）	—
羌资 15 井	T_3	162	泥岩	0.56～0.85 0.68（17）	—	—
羌资 16 井	T_3	41.2	泥岩	0.53～1.09 0.76（12）	—	0.0005～0.002 0.0014（8）
羌资 2 井	J_2s	—	泥岩	0.14～0.26 0.20（2）	0.0025～0.0027 0.0026（2）	0.01～0.32 0.0026（2）
羌资 9 井	J_2s	—	泥岩	0.20～0.58 0.41（45）	0.0074～0.0059 0.0067（2）	—

续表

井位	层位	厚度/m	岩性	有机碳含量/%	氯仿沥青"A"含量/($\times 10^{-2}$)	生烃潜量/(mg/g)
羌资10井	J_2s	—	泥岩	0.16～0.53 0.35（38）	0.0091～0.0115 0.0103（2）	—
羌资1井	J_2b	—	碳酸盐岩	0.08～0.24 0.12（13）	0.0014～0.0041 0.0025（8）	0～0.04 0.01（8）
羌资2井	J_2b	—	碳酸盐岩	0.05～0.35 0.16（27）	0.0005～0.0056 0.0025（27）	0.01～0.05 0.25（27）
羌地17井	J_2b	84	碳酸盐岩	0.58～1.41 0.87（17）	0.0027～0.0073 0.0046（13）	0.065～0.303 0.104（13）
		—	泥岩	0.30～0.48 0.36（9）	—	—
羌资1井	J_2x	—	泥岩	0.09～0.32 0.14（22）	0.00378（5）	0.088（5）
		—	碳酸盐岩	0.07～0.30 0.13（5）		
羌资14井	J_2x	—	泥岩	0.18～0.68 0.22（22）	—	—
		—	碳酸盐岩	0.06～0.07 0.07（2）		
羌地17井	J_2x	—	泥岩	0.14～0.39 0.21（27）		
羌科1井	J_2x	—	泥岩	0.004～0.456 0.129（270）	—	0.0026～0.3334 0.064（270）
羌资3井	J_3s	72	泥岩	0.56～1.26 0.78（6）	0.0009～0.0151 0.0044（6）	0.01～0.29 0.13（6）
		—	碳酸盐岩	0.11～0.34 0.25（3）	0.0013～0.0052 0.0033（3）	0.02～0.07 0.05（3）

一、有机质丰度

1. 展金组

羌资5井钻遇二叠系地层，其中展金组黑色泥岩可能为烃源岩，其厚度约为318m。测试结果表明，其TOC较高，分布范围为0.62%～1.42%，氯仿沥青"A"含量为0.0024%～0.1361%，生烃潜量S_1+S_2较高，为0.14～0.68mg/g（表5-2），按照相关评价标准为差—中等烃源岩。

2. 上三叠统

上三叠统是羌塘盆地一套主要烃源岩，区域上分布广泛，烃源岩主要为一套三角洲-浅海陆棚相暗色泥页岩及含煤泥页岩。目前已经实施的地质调查井中，共有羌资6-井、羌资7井、羌资8井、羌资13井、羌资15井和羌资16井钻遇了上三叠统地层，其烃源岩厚度范围为35.15～167m，其中羌塘盆地东部羌资7井中上三叠统烃源岩厚度最大，累计为167m（表5-2）。

从钻遇的几口井烃源岩情况来看，上三叠统烃源岩有机碳质量分数总体较高，为0.51%~3.56%（表5-2），属差—好烃源岩，其中羌资7井和羌资8井大部分达到了中等一好烃源岩的级别。上三叠统烃源岩氯仿沥青"A"含量和生烃潜量较低，氯仿沥青"A"含量为0.0005%~0.0585%，生烃潜量S_1+S_2为0.03~0.54mg/g。

3. 色哇组

色哇组区域上沉积厚度一般为1000~2000m，南羌塘拗陷色哇组烃源岩主要是一套陆棚相-盆地相的沉积，烃源岩以深灰色泥岩为主。羌资9井和羌资10井钻遇地层为色哇组地层。

羌资9井和羌资10井有机碳分析结果显示（表5-2），色哇组有机碳含量总体较低，仅少数样品达到烃源岩标准。羌资9井45件样品中，7件样品属于差烃源岩，其余样品的有机碳含量<0.5%，属于非烃源岩；羌资10井中分析了38件泥岩，仅有3件样品属于差烃源岩，其余样品属于非烃源岩，氯仿沥青"A"含量很低，为0.0074%~0.0115%。因此，色哇组泥岩生烃能力较差，仅少数达到差烃源岩标准。

4. 布曲组

钻遇布曲组地层的主要为羌资1井、羌资2井、羌资11井、羌资12井和羌地17井，可能烃源岩主要为灰—深灰色泥晶灰岩。从测试结果来看，布曲组碳酸盐岩有机碳含量含量总体较低，羌资1井、羌资2井均未达到烃源岩标准（表5-2）；羌地17井有部分烃源岩达到烃源岩标准，其中碳酸盐岩烃源岩有机碳含量为0.58%~1.41%，平均值为0.87%（表5-2），具有一定生烃能力，其厚度约84m；泥岩有机碳含量为0.30%~0.48%，均未达到烃源岩标准（表5-2）。羌资1井、羌资2井和羌地17井中，氯仿沥青"A"含量和生烃潜量均较低，按照氯仿沥青"A"和生烃潜量标准，均为非烃源岩（表5-2）。

5. 夏里组

钻遇夏里组地层的主要为羌资1井、羌资14井、羌地17井和羌科1井。夏里组可能烃源岩以深灰色泥岩、深灰色泥晶灰岩等。从测试情况来看，不管是泥岩还是碳酸盐岩，有机碳含量都很低（表5-2），大部分未达到烃源岩下限，仅南羌塘拗陷羌资14井有1件样品达到差烃源岩标准。

6. 索瓦组

钻遇索瓦组地层的主要为羌资3井，烃源岩主要为一套灰色、深灰色泥岩、泥晶灰岩等岩石组合。羌资3井索瓦组共6件泥质烃源岩有机碳含量为0.56%~1.26%，均值为0.78%（表5-2）；氯仿沥青"A"含量较低，为0.0009%~0.0151%，岩石热解分析表明生烃潜量S_1+S_2非常低，为0.01~0.29mg/g（表5-2）。综合这些参数表明，索瓦组泥岩中部分达到了差—中等烃源岩标准，有一定生烃潜力，其烃源岩厚度约为72m。

羌资3井索瓦组3件碳酸盐岩烃源岩为0.11%~0.34%（表5-2），氯仿沥青"A"含量较低，为0.0013%~0.0052%，岩石热解分析表明生烃潜量S_1+S_2非常低，为0.02~0.07mg/g，这表明，索瓦组碳酸盐岩未达到烃源岩标准，为非烃源岩。

二、有机质类型

划分有机质类型的指标很多，但是羌塘盆地烃源岩热演化熟度普遍较高，相比较而言，干酪根镜下鉴定和干酪根碳同位素受到的影响相对较小，因此，本书主要利用干酪根镜下鉴定、干酪根碳同位素及生物标志物等参数确定其有机质类型，羌塘盆地井下烃源岩有机质类型数据统计表如表 5-3 所示。

表 5-3　羌塘盆地井下烃源岩有机质类型数据统计表

井号	层位	岩性	有机显微组分/%				干酪根碳同位素	有机质类型
			腐泥组	壳质组	镜质组	惰质组		
羌资 5 井	P₃z	泥岩	$\dfrac{42\sim49}{46.3（8）}$	0	$\dfrac{15\sim25}{20.5（8）}$	$\dfrac{29\sim38}{33.1（8）}$	$\dfrac{-22.3\sim-22.7}{-22.8（8）}$	II₂-III
羌资 6 井	T₃	泥岩	—					II₂-III
羌资 7 井	T₃	泥岩	$\dfrac{25\sim48}{39.5（14）}$	$\dfrac{2\sim8}{5.57（14）}$	$\dfrac{18\sim42}{27.6（14）}$	$\dfrac{20\sim36}{27.2（14）}$	$\dfrac{-28.4\sim-24.5}{-26.2（14）}$	II₂-III
羌资 8 井	T₃	泥岩	$\dfrac{37\sim48}{41.75（4）}$	$\dfrac{5\sim7}{6.25（4）}$	$\dfrac{18\sim30}{21.5（4）}$	$\dfrac{26\sim36}{30.5（4）}$	—	II₂-III
羌资 13 井	T₃	泥岩	$\dfrac{37\sim41}{39（4）}$	$\dfrac{5\sim9}{6.75（4）}$	$\dfrac{27\sim31}{29.5（4）}$	$\dfrac{20\sim27}{24.75（4）}$		II₂-III
羌资 15 井	T₃	泥岩	—	—	—	—	$\dfrac{-24.1\sim-20.6}{-21.87（12）}$	II₂-III
羌资 9 井、羌资 10 井	J₂s	泥岩	$\dfrac{35\sim44}{41（4）}$	$\dfrac{2\sim8}{4（4）}$	$\dfrac{25\sim30}{27.5（4）}$	$\dfrac{26\sim32}{28.3（4）}$		II₂-III
羌资 1 井	J₂b	碳酸盐岩	$\dfrac{66\sim77}{71.8（9）}$	$\dfrac{0\sim1}{0.2（9）}$	$\dfrac{4\sim6}{10.2（9）}$	$\dfrac{7\sim18}{14.5（9）}$		II₁
	J₂x	泥岩	$\dfrac{57\sim82}{72.7（13）}$	$\dfrac{0\sim2}{0.2（13）}$	$\dfrac{5\sim22}{12.1（13）}$	$\dfrac{8\sim19}{11.4（13）}$	—	II₁，少量II₂
羌资 2 井	J₂b	碳酸盐岩	$\dfrac{29\sim59}{72（27）}$	$\dfrac{1\sim2}{1.27（27）}$	$\dfrac{5\sim22}{13.5（27）}$	$\dfrac{8\sim18}{12.6（27）}$	$\dfrac{-26.76\sim-22.75}{-25.08（27）}$	II₁，少量II₂
	J₂s	泥岩	$\dfrac{52\sim74}{65.5（13）}$	0	$\dfrac{3\sim28}{10.6（13）}$	$\dfrac{17\sim33}{23.8（13）}$	—	II₁-II₂
羌资 3 井	J₃s	泥岩	$\dfrac{35\sim76}{62.3（14）}$	$\dfrac{1\sim3}{1.61（14）}$	$\dfrac{8\sim25}{15.9（14）}$	$\dfrac{10\sim24}{16.9（14）}$	$\dfrac{-24.1\sim-20.6}{-21.87（14）}$	II₁-II₂

1. 二叠系展金组

干酪根镜下鉴定显示，羌资 5 井展金组干酪根中以腐泥组占绝对优势，其含量为 42%～49%；其次为惰质组（含量为 29%～38%）和镜质组（含量在 15%～25%），基本不含壳质组和沥青组（表 5-3）。其 H/C 原子比为 0.49～0.54，O/C 原子比为 0.06～0.07，投到范氏图上，样品在图中 II、III 区域均有分布（图 5-33）。干酪根 $\delta^{13}C$ 为 -22.7‰～-23.3‰，平均为 -22.8‰（表 5-3），干酪根 $\delta^{13}C$ 大于 -24‰。综上，烃源岩以 III 型干酪根为主，次为 II₂ 型干酪根。

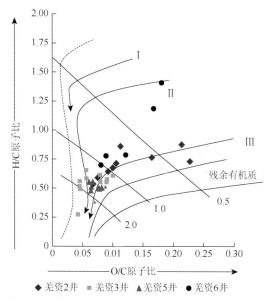

图 5-33 羌塘盆地井下烃源岩 H/C-O/C 原子比图解

2. 上三叠统

羌塘盆地上三叠统泥岩的显微组分以腐泥组、镜质组和惰质组为主，壳质组含量非常低（表 5-3）。羌资 7 井干酪根显微组分的三角图投点显示，上三叠统烃源岩干酪根具有明显的混合来源特征（图 5-34）。类型指数 TI 为 $-33.5\sim19$，表明上三叠统泥岩有机质类型以 II_2-III 型为主，其中羌资 6 井有机质类型主要为 II_2 型。羌资 7 井中 14 件样品的干酪根 $\delta^{13}C$ 为 $-28.4‰\sim-24.5‰$，平均为 $-26.2‰$（表 5-3）。其中有 12 件样品的干酪根 $\delta^{13}C$ 大于 $-27‰$，表明有机质类型为 II-III 型，这一结果与镜下鉴定结果基本一致。

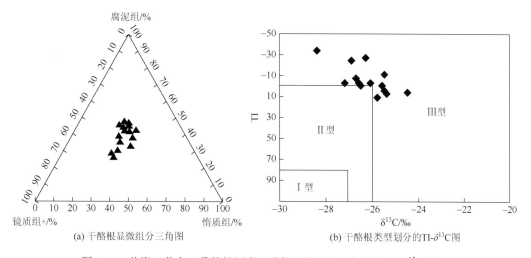

(a) 干酪根显微组分三角图　　(b) 干酪根类型划分的TI-δ^{13}C图

图 5-34 羌资 7 井上三叠统烃源岩干酪根显微组成三角图及 TI-δ^{13}C 图解

3. 色哇组

羌资 9 井、羌资 10 井中侏罗统色哇组泥岩显微组分以腐泥组、镜质组和惰质组为主，壳质组含量非常低（表 5-3）。其中腐泥组含量较高，为 35%～44%；惰质组和壳质组的含量相对较低，分别为 25%～30%和 26%～32%；壳质组的含量最低，为 2%～8%。羌资 9 井、羌资 10 井中侏罗统色哇组的干酪根类型指数计算结果，TI 值为–16.75～0.25，表明中侏罗统色哇组泥岩有机质类型为 II_2-III 型。

4. 布曲组

羌资 1 井布曲组干酪根组分也以腐泥组为主，镜质组和惰质组次之，不含或者含少量壳质组，根据干酪根显微组分及类型指数，它们为 II_1 型干酪根为主，还含少量 II_2 型（表 5-3）。元素分析数据投到范氏图上（图 5-33 中的羌资 2 井），其 H/C、O/C 原子比大致是随着 O/C 原子比增大而增大，H/C 原子比为 0.92～3.94，O/C 原子比为 0.19～0.90，大多数点落于图上 II 区域，少数落于 III 型区域。羌资 2 井烃源岩干酪根碳同位素最大值为 –20.58‰，最小值为–26.78‰，平均值为–24.58‰。可以看出，布曲组碳酸盐岩烃源岩有机质类型以 II_1 型为主，还含有少量 II_2 型，此特征与干酪根镜下鉴定得出有机质类型以 II_1 型为主的结果基本一致。

5. 夏里组

羌资 1 井夏里组干酪根组分以腐泥组为主，腐泥组为 57%～80%，镜质组和惰质组次之，分别为 5%～22%和 8%～19%，不含或含少量的壳质组和沥青组（表 5-3），其干酪根的类型以 II_1 为主，部分样品为 II_2 型干酪根。

6. 索瓦组

索瓦组烃源岩干酪根仅包括 3 种显微组分，即腐泥组、镜质组和惰质组，不含壳质组和腐殖无定形，以腐泥组占绝对优势，其次为惰质组，镜质组含量相对较少（表 5-4 中的羌资 15 井）。索瓦组烃源岩干酪根类型指数均为 0～80，对应的有机质类型主要为 II_2 型，占所有样品的 70%；其次为 II_1 型（表 5-3），占所有样品的 30%。其 H/C 原子比为 0.45～0.67，O/C 原子比为于 0～0.09，样品在图中 I、II、III 区域均有分布（图 5-33）。干酪根碳同位素分布于–24.1‰～–20.6‰，平均值为–21.87%（表 5-3），有机质类型主要为III型，这与干酪根镜下鉴定的结果不一致，这可能是受到热演化程度影响，因为随着热演化程度的提高稍有变重的趋势。

三、有机质热演化

1. 上二叠统展金组

羌资 5 井展金组镜质体反射率值分析数据如表 5-4 所示，R_o 为 0.89%～1.44%，平均值为 1.10%；T_{max} 为 461～504℃，平均值为 491℃；OEP 基本上接近 1.0，为 0.82～1.20，CPI 值为 0.65～1.33，$C_{29}\alpha\alpha\alpha20S/(20S+20R)$ 为 0.43～0.47，$C_{29}\alpha\beta\beta/(\alpha\alpha\alpha+\alpha\beta\beta)$ 为 0.31～0.36，$T_s/(T_m+T_s)$ 为 0.32～0.56（表 5-4），反映出烃源岩有机质演化处于成熟—高成熟阶段。

表 5-4　羌塘盆地二叠、三叠系井下烃源岩的有机质成熟度数据统计表

井号	层位	岩性	$R_o/\%$	$T_{max}/℃$	$C_{29}\alpha\alpha\alpha20S/$ $(20S+20R)$	$C_{29}\alpha\beta\beta/$ $(\alpha\alpha\alpha+\alpha\beta\beta)$	$T_s/(T_m+T_s)$
羌资 5 井	P_3z	泥岩	0.89～1.44 1.10（12）	461～504 490（12）	0.43～0.47 0.44（8）	0.31～0.36 0.35（8）	0.32～0.56 0.50（8）
羌资 6 井	T_3	泥岩	1.38	433～443 437（11）	—	—	—
羌资 7 井	T_3	泥岩	1.46～1.9 1.62（14）	470～537 503（14）	0.35～0.48 0.39（14）	0.30～0.45 0.35（14）	0.53～0.57 0.55（14）
羌资 8 井	T_3	泥岩	—	373～572 502（14）	—	—	—
羌资 13 井	T_3	泥岩	2.20～2.29 2.24（4）	549～576 564（4）	—	—	—
羌资 15 井	T_3	泥岩	2.01～2.24 2.15（5）	—	—	—	—
羌资 16 井	T_3	泥岩	2.44～2.77 2.62（8）	536～602 580（4）	0.43～0.47 0.45（8）	0.38～0.41 0.39（8）	0.45～0.50 0.48（8）

2. 上三叠统

羌塘盆地上三叠统烃源岩实测镜质体反射率数据如表 5-4 所示，从测试的结果来看，上三叠统井下烃源岩样品成熟度较高，镜质体反射率为 1.38%～2.77%，T_{max} 为 373～602℃ 处在高成熟—过成熟阶段。

羌资 6 井、羌资 7 井和羌资 8 井镜质体反射率为 1.38%～1.90，T_{max} 为于 373～572℃，处于高成熟阶段。羌资 13 井和羌资 16 井镜质体反射率 R_o 为 2.20%～2.77%，T_{max} 为 536～602℃，处于过成熟阶段，主要生成干气。

羌资 7 井泥岩的 $C_{29}\alpha\alpha\alpha20S/(20S+20R)$ 相对比较接近，为 0.35～0.48（表 5-4），平均值为 0.39；羌资 16 井泥岩的 $C_{29}\alpha\alpha\alpha20S/(20S+20R)$ 相对比较接近，为 0.43～0.47（表 5-4），平均值为 0.45；羌资 7 井 $C_{29}\alpha\beta\beta/(\alpha\alpha\alpha+\alpha\beta\beta)$ 为 0.30～0.45，平均值为 0.35，羌资 16 井 $C_{29}\alpha\beta\beta/(\alpha\alpha\alpha+\alpha\beta\beta)$ 为 0.38～0.41，平均值为 0.39（表 5-4、图 5-35），总体反映了一定程度的热演化。羌资 7 井泥岩的 $T_s/(T_m+T_s)$ 为 0.53～0.57（表 5-4），羌资 16 井泥岩的 $T_s/(T_m+T_s)$ 为 0.45～0.50，绝大部分大于 0.5，因此总体反映了较高成熟的热演化程度，与 T_{max} 和 R_o 反映的结果基本一致。

总体而言，羌塘盆地上三叠统井下烃源岩的热演化程度较高，处在高成熟—过成熟阶段。

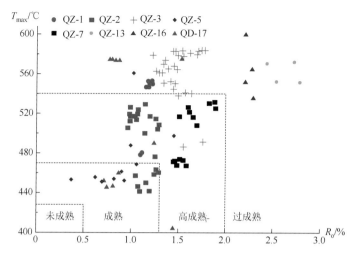

图 5-35　羌塘盆地井下烃源岩 T_{max}-R_o 相关图

3. 布曲组

羌塘盆地中侏罗统布曲组烃源岩有机质成熟度数据如表 5-5 所示，从测试的结果来看，布曲组井下烃源岩样品处在成熟—高成熟阶段。

羌资 1 井、羌资 7 井件样品镜质体反射率 R_o 为 1.18%～1.25%，平均值为 1.21%，T_{max} 为 364～569℃，平均值为 512℃，主要集中在 500℃左右，表明烃源岩均已进入成熟阶段。

表 5-5　羌塘盆地侏罗系井下烃源岩的有机质成熟度数据统计表

井号	层位	岩性	R_o/%	T_{max}/℃	$C_{29}\alpha\alpha\alpha20S$/（20S+20R）	$C_{29}\alpha\beta\beta$/（$\alpha\alpha\alpha$+$\alpha\beta\beta$）	CPI	OEP
羌资 1 井	J_2b	泥岩	1.18～1.25 1.21（7）	364～569 512（7）	0.38～0.43 0.40（7）	0.34～0.53 0.42（7）	—	—
	J_2x	泥岩	0.83～1.16 0.99（8）	384～565 455（8）	0.32～0.65 0.40（8）	0.35～0.53 0.42（8）	—	0.65～1.35 0.98（8）
羌资 2 井	J_2b	泥岩	0.99～1.29 1.30（28）	443～530 494（28）	0.27～0.45 0.41（28）	0.31～0.43 0.38（28）	0.96～1.52 1.11（28）	0.37～1.14 0.89（28）
羌地 17 井	J_2b	泥岩	0.77～1.55 0.99（13）	400～575 514（13）	—	—	—	—
羌资 3 井	J_3s	泥岩	1.29～1.75 1.50（13）	486～583 553（13）	0.30～0.48 0.41（13）	0.40～0.54 0.47（13）	0.98～1.18 1.04（13）	0.40～1.24 1.04（13）

羌资 2 井 R_o 最小值为 0.99%，最大值为 1.29%，平均值为 1.30%；T_{max} 为 443～530℃，平均值为 494℃，分布范围主要集中在 500～530℃，次要集中在 440～460℃；OEP 基本上接近 1.0，为 0.37～1.14；CPI 为 0.96～1.52（表 5-5），甾烷 $C_{29}\alpha\alpha\alpha20S$/（20S+20R）和 $C_{29}\alpha\beta\beta$/（$\alpha\beta\beta$+$\alpha\alpha\alpha$）分别为 0.27～0.45 和 0.31～0.43，平均值分别为 0.41 和 0.38，表明烃源岩均已进入成熟阶段。

羌地 17 井 R_o 范围为 0.77%～1.55%，平均值为 0.99%，T_{max} 为 400～575℃，平均值为 514℃，表明烃源岩均已进入成熟—高成熟阶段。

4. 夏里组

羌资 1 井夏里组烃源岩样品干酪根 R_o 为 0.83%～1.16%，平均值为 0.99%，T_{max} 为 384～565℃，平均值为 455℃。OEP 基本上接近 1.0，为 0.65～1.35，平均值为 0.98；CPI 平均值接近 1.0，甾烷 $C_{29}\alpha\alpha\alpha20S/(20S+20R)$ 和 $C_{29}\alpha\beta\beta/(\alpha\beta\beta+\alpha\alpha\alpha)$ 分别为 0.32～0.65 和 0.35～0.53，平均值分别为 0.40 和 0.42，仅有极少量样品达到或超过热演化平衡值 0.55（表 5-5），表明这些烃源岩有机质处于成熟阶段。

5. 索瓦组

羌资 3 井索瓦组烃源岩 R_o 最小为 1.29%，最大为 1.75%，平均值为 1.50%；T_{max} 为 486～583℃，平均值为 553℃；OEP 基本上接近 1.0，为 0.40～1.24，平均值为 1.04；CPI 为 0.98～1.18，平均值为 1.04；甾烷 $C_{29}\alpha\alpha\alpha20S/(20S+20R)$ 和 $C_{29}\alpha\beta\beta/(\alpha\beta\beta+\alpha\alpha\alpha)$ 分别为 0.30～0.49 和 0.40～0.54，平均值分别为 0.40 和 0.47（表 5-5），这表明，羌资 3 井索瓦组烃源岩主要处在高成熟阶段。

四、井下与地表烃源岩对比

1. 有机质丰度对比

本节对羌塘盆地索瓦组、布曲组、上三叠统及展金组井下烃源岩进行样品与邻区地表烃源岩样品有机碳和氯仿沥青"A"含量对比研究（图 5-36）。

通过对比研究发现以下三点。

（1）风化作用对烃源岩的有机质含量具有一定的破坏作用，井下烃源岩样品有机碳含量一般要高于地表烃源岩样品，如展金组、索瓦组和布曲组；但上三叠统井下烃源岩有机碳含量和地表差别不大。

（2）氯仿沥青"A"含量也存在一定的差异，地下样品的氯仿沥青"A"含量略高于地表样品，如展金组、索瓦组和布曲组；但是上三叠统井下烃源岩氯仿沥青"A"含量和地表差别不大。这说明风化作用对可溶有机组分也造成了一定的影响，地表烃源岩可溶组分有所损失。

（3）生烃潜量 S_1+S_2 存在一定的差异，地下样品的 S_1+S_2 略高于地表样品，如展金组、索瓦组和布曲组。这说明风化作用对生烃潜量 S_1+S_2 也造成了一定的影响，地表烃源岩可溶组分有所损失。

2. 有机质类型对比

研究地下样品与地表样品之间有机质类型的关系主要从干酪根显微组分、干酪根碳同位素、干酪根元素、氯仿沥青"A"的族组分特征及饱和烃气相色谱分析来进行对比分析。

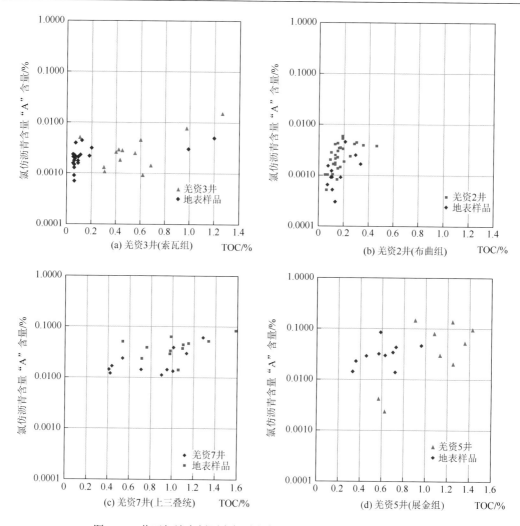

图 5-36　井下与地表剖面有机碳与氯仿沥青"A"含量对比关系图

1）干酪根显微组分对比分析

据表 5-6 研究发现，地表与地下烃源岩干酪根的显微组分具很强的相似性，两者均以腐泥组占绝对优势，且地表与地下样品含量基本接近；其次为惰质组，地表样品含量要高于地下样品；而镜质组则是井下样品高于地表样品；壳质组地表样品和地下样品含量也很低。综上，羌塘盆地各层位井下与地表烃源岩干酪根类型与地表干酪根类型基本一致。

表 5-6　井下与地表剖面烃源岩干酪根显微组分对比表

组分类别		腐泥组/%	壳质组/%	镜质组/%	惰质组/%	类型
羌资 3 井	井下样品	35～76 62.3（14）	1～3 1.61（14）	8～25 15.9（14）	10～24 16.9（14）	II₁-II₂
	地表样品	52～78 62.6（30）	—	3～28 11.5（30）	14～39 25.9（30）	II₁-II₂

续表

组分类别		腐泥组/%	壳质组/%	镜质组/%	惰质组/%	类型
羌资 1 井	井下样品	66～77 70.5（17）	1（1）	4～16 9.1（17）	7～18 12.8（17）	II₁
	地表样品	51～88 67（15）	1～3 2（3）	3～24 9.8（15）	9～38 25.5（15）	II₁-II₂
羌资 2 井	井下样品	59～80 72（27）	1～2 1.27（11）	5～22 14（27）	8～16 13（27）	II₁
	地表样品	65～80 74（13）	1	7～18 12（13）	9～17 13（13）	II₁
羌资 5 井	井下样品	42～49 46（8）	0	15～25 20.5（8）	29～38 33.1（8）	II₂-III
	地表样品	12～58 45.4（10）	0	18～30 22.3（10）	17～70 32.3（10）	II₂-III
羌资 7 井、羌资 8 井	羌资 7 井下样品	25～48 39.5（14）	2～8 5.57（14）	18～42 27.6（14）	20～36 27.2（14）	II₂-III
	羌资 8 井下样品	37～48 41.75（4）	5～7 6.25（4）	18～30 21.5（4）	26～36 30.5（4）	II₂
	地表样品	52～65 60（11）	0	8～17 13.7（11）	19～37 26.2（11）	II₂

2）干酪根碳同位素对比分析

干酪根碳同位素对比分析表明，除羌资 3 井，井下烃源岩的干酪根同位素基本与地表相近或者略好于地表（图 5-37）。多数学者认为成熟度对干酪根同位素有一定影响，在高温干法试验中，成熟度的影响在 1‰ 之内，在低温长时间干法试验中，成熟度的影响在 2‰左右。所测试的地表样品尽管与井下样品取自相同的层位，但与井下样品并不是同一样品，这可能是羌资 3 井井下样品与地表样品干酪根碳同位素差距较大的原因。

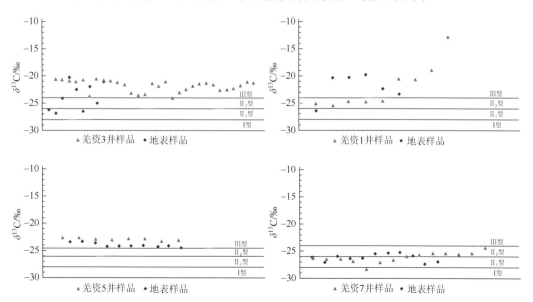

图 5-37　羌塘盆地井下与地表剖面烃源岩干酪根碳同位素判别图解

3）干酪根元素对比分析

经过筛选，选取了代表井下样品和地表样品的干酪根元素进行对比研究。在范氏图上，井下各样品干酪根的 H/C 与 O/C 原子比要略微高于地表样品干酪根的 H/C 与 O/C 原子比，这说明井下干酪根的类型略微要好于地表样品（图 5-38）。

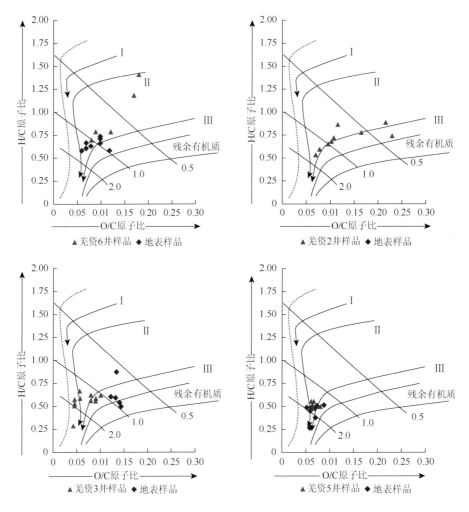

图 5-38　羌塘盆地井下与地表剖面烃源岩干酪根 H/C、O/C 原子比对比分析图

两者之间的差异是由于地表样品受到风化剥蚀作用，使得岩石中的氢元素流失，导致氢元素在干酪根中的含量降低，而使得氧元素、碳元素在干酪根中的相对含量增加。因此，地表 H/C 与 O/C 原子比低于井下。

4）氯仿沥青"A"的族组分特征

对比井下与地表样品族组分含量发现，多数样品饱和烃含量较芳烃高，饱芳比值也较大（表 5-7）。井下与地表样品饱和烃含量较高，饱芳比均值一般大于1。同时，井下烃源岩样品各组分的含量与地表烃源岩各组分含量相近，基本一致。

表 5-7　羌塘盆地井下与地表烃源岩族组分对比表

类别	饱和烃/%	芳香烃/%	非烃/%	沥青质/%	饱芳比
羌资 1 井	16.84～43.24 30.17（8）	7.32～26.53 13.96（8）	25.26～64.21 38.99（8）	6.32～20.69 12.05（8）	0.77～5.33 2.74（8）
地表样品	6.06～50 31.43（7）	8～19.23 14.07（7）	23.66～50 35.28（7）	5.56～33.33 19.19（7）	0.48～3.5 2.37（7）
羌资 2 井	59～80 72（27）	1～2 1.27（11）	3～24 10.7（3）	5～22 14（27）	8～16 13（27）
地表样品	65～80 74（13）	1	—	7～18 12（13）	9～17 13（13）
羌资 5 井	7.9～45.1 22.9（12）	0.9～29.5 14.5（12）	1.8～37.9 18.4（12）	1.5～26.0 8.9（12）	0.5～9.0 3.0（12）
地表样品	12.1～22.8 15.3（10）	10.9～19.9 14.6（10）	18.6～60.6 40.7（10）	7.4～52.7 29.3（10）	0.6～1.4 1.1（10）

5）饱和烃气相色谱分析

饱和烃气相色谱研究发现，羌资 5 井和羌资 7 井与地表样品正构烷烃特征基本保持一致，反映受到地表风化作用较小，而羌资 1 井和羌资 2 井与地表样品正构烷烃特征差距较大，受地表风化作用明显。（图 5-39）。

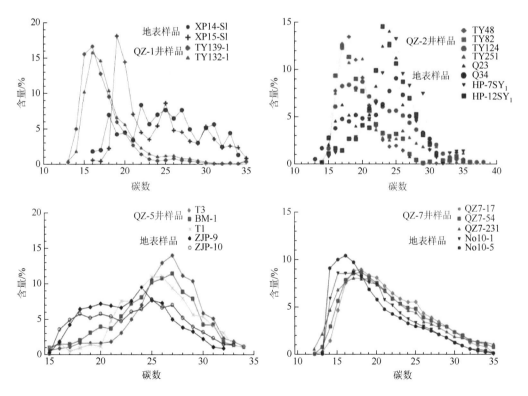

图 5-39　羌塘盆地井下与地表样品正构烷烃碳数分布模式图

图 5-40 显示，从 Ph/nC_{18} 与 Pr/nC_{17} 指标来看，无论是地表样品还是井下样品，各指标值主要处于以指示藻类生物来源为主的 II 型有机质区域内，表明它们的有机质都具有相近的水生生物母质来源，并聚集于相对还原的沉积环境，与实际情况相符。当然，仅凭这些数据尚不能确定地表风化作用对于烃源岩的分子地球化学指标没有影响，对于这一问题尚需做进一步的研究。

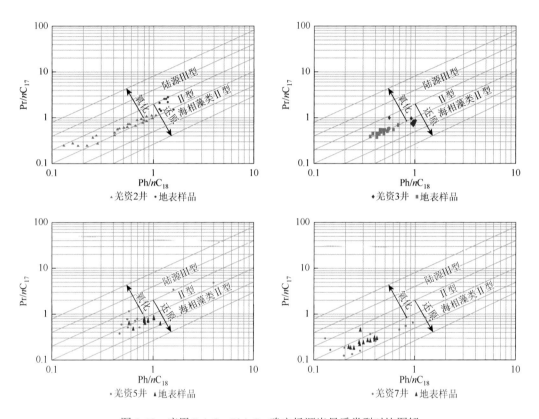

图 5-40　应用 Pr/nC_{17}-Ph/nC_{18} 确定烃源岩母质类型对比图解

3. 有机质成熟度对比

1）镜质体反射率及 T_{max} 对比

对比地表与地下样品的镜质体反射率及 T_{max} 发现，羌资 3 井索瓦组和羌资 7 井上三叠条井下烃源岩样品的热演化程度要略高于地表样品的烃源岩热演化程度,而羌资 5 井二叠系展金组和羌资 1 井、羌资 2 井及羌地 17 井布曲组井下烃源岩样品的热演化程度要略低于地表样品的烃源岩热演化程度（图 5-41）。

一般而言，热演化程度主要受以下几方面影响：①最高古地温和古埋藏深度；②断层或褶皱带的不均衡压力变形；③火成岩及其深层地下热流。地表样品和地下样品尽管为同一层位，但并不是同一样品，古埋藏深度可能不尽相同，受到的构造热事件也不同。因此引起了地表与井下烃源岩热演化上述差异。

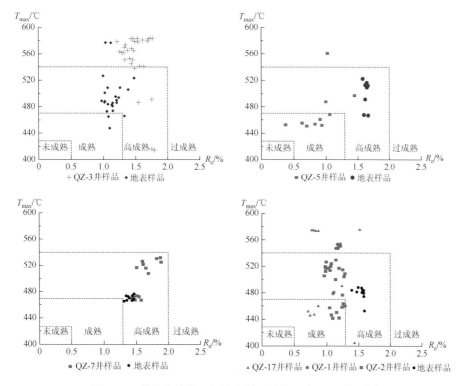

图 5-41　羌塘盆地井下与地表剖面样品 R_o 与 T_{max} 关系图

2）生物标志物成熟度对比

本书对比了二叠系展金组、三叠系巴贡组、侏罗系布曲组、夏里组和索瓦组井下和地表烃源岩的 OEP、CPI、$C_{29}\alpha\alpha\alpha20S/(20S+20R)$、$C_{29}\alpha\beta\beta/(\alpha\beta\beta+\alpha\alpha\alpha)$ 和 $T_s/(T_s+T_m)$ 等成熟度参数，地表样品和地下样品较为接近，其 OEP、CPI 值基本趋于平衡值 1，$C_{29}\alpha\alpha\alpha20S/(20S+20R)$、$C_{29}\alpha\beta\beta/(\alpha\beta\beta+\alpha\alpha\alpha)$ 及 $T_s/(T_s+T_m)$ 主要分布在 0.40～0.50（表 5-8）。

表 5-8　羌塘盆地井下与地表烃源岩饱和烃色谱成熟度对比表

井位	OEP	CPI	$C_{29}\alpha\alpha\alpha20S/(20S+20R)$	$C_{29}\alpha\beta\beta/(\alpha\beta\beta+\alpha\alpha\alpha)$	$T_s/(T_s+T_m)$
羌资 1 井	0.62～1.20 0.96（8）	0.80～1.46 1.15（8）	0.21～0.65 0.40（8）	0.35～0.53 0.42（8）	—
羌资 1 井 地表样品	0.59～1.74 1.09（7）	1.03～1.24 1.14（7）	0.30～0.39 0.36（7）	0.38～0.43 0.40（7）	—
羌资 2 井	0.37～1.14 0.89（30）	0.96～1.52 1.10（30）	0.27～0.45 0.41（30）	0.31～0.43 0.38（30）	0.32～0.50 0.43（27）
羌资 2 井 地表样品	1.06～1.18 1.12（7）	1.0～1.46 1.17（7）	0.37～0.48 0.41（7）	0.38～0.44 0.40（7）	0.35～0.45 0.40（7）
羌资 3 井	0.40～1.24 1.04（13）	0.98～1.18 1.04（13）	0.30～0.48 0.41（13）	0.40～0.54 0.47（13）	0.40～0.58 0.51（13）
羌资 3 井 地表样品	0.81～1.16 1.02（12）	1.06～1.26 1.10（12）	0.49～0.55 0.53（7）	0.36～0.50 0.41（7）	0.28～0.55 0.46（7）

井位	OEP	CPI	$C_{29}\alpha\alpha\alpha 20S/(20S+20R)$	$C_{29}\alpha\beta\beta/(\alpha\beta\beta+\alpha\alpha\alpha)$	$T_s/(T_s+T_m)$
羌资 5 井	0.83～1.20 1.03（12）	0.66～1.18 1.08（12）	0.43～0.47 0.44（8）	0.31～0.36 0.35（8）	0.32～0.56 0.50（8）
羌资 5 井 地表样品	0.89～1.16 1.04（10）	0.95～1.28 1.08（10）	0.39～0.48 0.44（10）	0.44～0.58 0.49（10）	0.38～0.58 0.51（10）
羌资 7 井	—	—	0.35～0.48 0.40（14）	0.30～0.45 0.36（14）	0.53～0.57 0.55（14）
羌资 7 井 地表样品	0.97～1.07 1.02（8）		0.29～0.60 0.49（8）	0.37～0.57 0.44（8）	0.41～0.60 0.49（8）

总之，对羌塘盆地井下烃源岩与地表烃源岩样品对比研究表明：风化作用对烃源岩的有机质含量具有一定的破坏作用，展金组、索瓦组和布曲组井下烃源岩样品有机碳含量一般要高于地表烃源岩样品，上三叠统井下烃源岩有机碳含量和地表差不多。井下有机质类型要略好于地表样品或者基本一致。羌资 7 井三叠系和羌资 3 井索瓦组井下烃源岩热演化程度要高于地表样品热演化程度，但是羌资 5 井展金组和羌资 1 井、羌资 2 井布曲组和夏里组井下烃源岩热演化程度要低于地表样品热演化程度。

五、烃源岩发育的控制因素

烃源岩是油气藏形成的物质基础，作为有效烃源岩，其要有一定的分布范围，烃源岩厚度不必很大，但有机质丰度必须高（张水昌等，2002）。这里以上三叠统烃源岩为例，对羌塘盆地优质烃源岩的形成和控制因素进行了分析。

1. 构造与古气候

全球范围的古气候因大气组成成分的不同、纬度地带性和海陆格局的差异而引起古大气环流形式、气候带的差异（刘喜停等，2010），从而对有机质的繁殖及烃源岩的形成具有重要的控制作用（张水昌等，2005），而古气候的变化又受大地构造和古地理等条件的严格控制。板块构造理论自提出以来，已被越来越多的石油地质学家所接受，并用于古地理再造。古地磁方法是古地理再造的主要研究方法，前人古地磁资料研究表明，羌塘盆地上三叠统诺利期，即上三叠统烃源岩形成时期，羌塘盆地的古纬度为北纬 27°左右（图 5-42）。比现今位置偏南 6°左右，其所处位置相当于现今的印度中部所在地区，温度与湿度相对较高，非常有利于生物的大量繁殖，这些为盆地内烃源岩的发育提供了充足的物源，巴贡组地层中煤系发育也说明了这一点。

巴贡组泥岩 Sr/Ba 为 0.14～2.23，平均值为 1.31；Sr/Cu 为 2.98～11.27，平均值为 7.22。Sr/Ba 和 Sr/Cu 反映了巴贡组开始沉积的阶段为温暖潮湿的气候，然后转变为一个半干旱—干旱的气候条件（余飞，2018）。巴贡组地层中还发现具有明显特征的孢子和花粉粒：

Ovalipollis ovalis、*Ovalipollis breviformis*、*Micrhystridium* sp.、*Limatulasporites* sp.、*Annulispora* sp.、*Chasmatosporites* sp.、*Taeniaesporites* sp.、*Klausipollenites* sp.、和 *Pinuspollenites* sp. 等。其中 *Ovalipollis* 是晚三叠世典型的孢粉（Kunz，1990；冀六祥等，2015），宽沟粉（*Chasmatrosporite*）主要生活在温暖—干旱及半湿润的环境中（曾胜强等，2012），说明巴贡组泥岩沉积时经历了温暖—干旱及半湿润的气候条件。

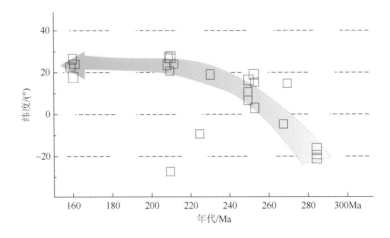

图 5-42　羌塘盆地晚古生代—中生代古纬度（据宋春彦，2012）

岩相古地理研究表明，晚三叠世诺利期，随着海平面下降和陆地隆升（李勇等，2002；王剑等，2004，2009），羌塘盆地主要发育陆棚相-三角洲相，在盆地内可能形成一些缺氧、低能的环境（Pr/Ph 低），于是有机质能够得以大量保存，从而形成了这套优质烃源岩，从井下巴贡组烃源岩的有机地球化学特征研究可以看出，该套烃源岩有机质丰度较高，可见，温暖湿润的气候对烃源岩的发育十分有利。

2. 古生产力

优质烃源岩的形成通常与较高古生产力水平密不可分，高的生产力条件是优质烃源岩形成的物质基础。

烃源岩正构烷烃的碳数分布特征能较好地反映有机质母源。羌塘盆地羌资 7 井巴贡组正构烷烃碳数分布主要为单峰型，正构烷烃碳数分布为 C_{13}～C_{35}，并且以 nC_{16} 或 nC_{17} 为主峰碳数，反映有机母质中以有藻类等低等水生生物的输入为主。C_{27}、C_{28} 和 C_{29} 甾烷的相对含量分别为 32%～48%、20%～27%和 31%～43%，其中 C_{27} 与 C_{29} 含量相近，质谱图上呈不对称的"V"形分布，在 C_{27}-C_{28}-C_{29} 三角图解中，样品主要落在混合来源区（图 5-43），共同指示了一种以低等水生生物为主，混合来源的生物母源特征。另外，在 Pr/nC_{17}-Ph/nC_{18} 图解中，样品均落在 II 型分布区，说明有机质来源中有藻类等低等水生生物输入（图 5-43），有利于烃源岩的形成。

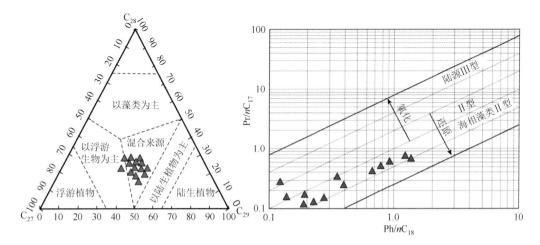

图 5-43　羌塘盆地羌资 7 井上三叠统烃源岩 C_{27}-C_{28}-C_{29} 甾烷组成三角图及 TI-δ^{13}C 图解

海洋初级生产力受光层营养元素控制，主量元素 P 是重要的营养元素，与水体中初级生产力具有重要的联系。有机质富集的沉积物中通常含有较高的磷含量，研究的样品中 P 和 Al 的相关性（$R^2 = 0.016$）较差（图 5-44），说明陆源的 P 含量很低，基本可以忽略。因此，巴贡组泥岩中总 P 的含量可以很好地反映有机磷（P）的含量。据研究巴贡组中黑色泥岩中 P 的含量为 541～701 μg/g（图 5-44），平均含量为 602 μg/g，比北美页岩中 P 的平均含量 480 μg/g 高 122 μg/g（Gromet et al.，1984），说明巴贡组泥岩具有较高的初级生产力（余飞，2018）。

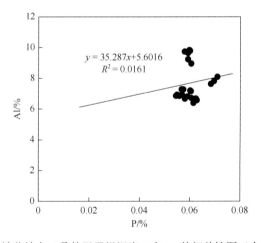

图 5-44　羌塘盆地上三叠统巴贡组泥岩 P 和 Al 的相关性图（余飞，2018）

3. 有机质保存条件

有机质保存条件对形成优质烃源岩具有重要作用，在相对还原的环境中，有机质才能保存下来。Pr/Ph 是指示沉积环境及介质酸碱度的重要标志，一般认为低 Pr/Ph 指示一种还原环境，而高 Pr/Ph 则与氧化环境有关（Powell and Mckirdy，1973；傅家谟等，1991）。

羌资 7 井中巴贡组泥岩的 Pr/Ph 为 0.53～0.94，平均值为 0.66，显示出还原环境。另外，在 Pr/nC_{17}-Ph/nC_{18} 图解中，样品也主要落在偏还原区域内（图 5-43）。

　　羌资 7 井巴贡组泥岩样品的伽马蜡烷指数为 0.11～0.22，平均值为 0.15，指示当时的沉积时水体主要表现为具有一定盐度的还原环境，水体存在明显分层，下层水体处于缺氧状态，有利于有机质的保存。而巴贡组地层的最小沉积速率为 72～111m·Ma^{-1}（余飞，2018），这反映了一个非常快速的沉积速率，使得有机质得以快速保存下来。

　　综合巴贡组泥岩古气候、古生产力、氧化还原条件及沉积速率等条件分析，巴贡组沉积时古气候为温暖潮湿的气候，有利于生物的繁殖，具有较高的古生产力；水体具有一定盐度，有机质沉积在较还原的环境中，同时还具有较高的沉积速率，十分有利于有机质保存。这种环境为一种有利于煤形成的海陆交互相环境，与现在巴贡组发育的煤层事实相符。从这个角度分析认为，温暖潮湿的古气候为有机质的生产提供适宜的温度、光照和营养等，还原的沉积环境及相对较快的沉积速率为烃源岩的形成与发育提供了良好的保存环境。

第四节　储层特征

　　截至目前，中国地质调查局成都地质调查中心在羌塘盆地共组织完成了 17 口地质浅钻，在这些浅钻中，发育了不同层位、不同厚度的储集岩层。

一、储层分布及岩石类型

　　统计结果表明（表 5-9），羌塘盆地井下储层主要分布于上三叠统（土门格拉组、巴贡组、波里拉组、夺盖拉组）、布曲组和色哇组，其次分布于中侏罗统夏里组和上侏罗统索瓦组，其储层岩石类型有碎屑岩和碳酸盐岩储层。储层类型丰富，累计厚度较大，但总体物性表现为低孔、低渗的特点，具有一定的储集潜力，17 口浅钻中，羌资 4 井仅钻遇第四系地层，因此未统计其储层厚度。

表 5-9　羌塘盆地井下储层发育情况统计表

井位	总进尺/m	储层发育层位	主要岩性	储层累计厚度/m	占钻井进尺比例/%
羌资 1 井	816	夏里组	碎屑岩，碳酸盐岩	56.4	21
		布曲组	碳酸盐岩	118.6	
羌资 2 井	812	色哇组	碎屑岩	81.5	39
		布曲组	碳酸盐岩	233.1	
羌资 3 井	887.4	索瓦组	碎屑岩，碳酸盐岩	132	15
羌资 4 井	314	缺失	-	-	
羌资 5 井	1001.4	展金组	碳酸盐岩	102	10
羌资 6 井	549.65	土门格拉组	碎屑岩	162.5	30
羌资 7 井	402.5	波里拉组	碎屑岩	52.5	13

井位	总进尺/m	储层发育层位	主要岩性	储层累计厚度/m	占钻井进尺比例/%
羌资 8 井	501.7	巴贡组	碎屑岩	33.3	20
		波里拉组	碳酸盐岩	68	
羌资 9 井	600.25	色哇组	碎屑岩	85	14
羌资 10 井	601.35	色哇组	碎屑岩	88	15
羌资 11 井	600	布曲组	碳酸盐岩	217	36
羌资 12 井	600.12	布曲组	碳酸盐岩	231	38
羌资 13 井	600	索瓦组	碳酸盐岩	48	20
		布曲组	碳酸盐岩	70	
羌资 14 井	1200	夺盖拉组	碎屑岩	340	28
羌资 15 井	600	土门格拉组	碎屑岩	155	26
羌资 16 井	1593	雀莫错组	碎屑岩	166.7	20.2
		巴贡组	碎屑岩	63.8	
		波里拉组	碳酸盐岩	48.8	
		甲丕拉组	碎屑岩	43.2	
羌地 17 井	2001	夏里组	碎屑岩	173	18.5
		布曲组	碳酸盐岩	198	

1. 上三叠统

该组储层主要发育碎屑岩储层，在波里拉组中见有碳酸盐岩储层，5 口钻遇上三叠统地层的浅钻均位于南羌塘拗陷北侧地区。岩石类型包括三角洲前缘相的粗—中粒砂岩、三角洲平原相的细粒砂岩和浅水陆棚相的砂屑灰岩，厚度为 52.5～340m。以羌资 6 井为例，其总进尺为 549.65m，储层累计发育厚度为 162.54m，占钻井地层厚度的 30%。

2. 中侏罗统色哇组

该组储层主要发育碎屑岩储层，3 口钻遇色哇组地层的浅钻主要位于其香错西北侧。岩石类型包括三角洲相的中粒砂岩和陆棚相的粉—细粒砂岩，厚度为 81.5～88m。以羌资 10 井为例，其总进尺为 601.35m，储层累计发育厚度为 88m，占钻井地层厚度的 15%。

3. 中侏罗统布曲组

该组储层主要发育碳酸盐岩储层，5 口钻遇布曲组地层的浅钻主要位于南羌塘昂达尔错一带。岩石类型包括台地边缘礁滩相的生物礁灰岩、鲕粒灰岩、砂屑灰岩、白云岩和开阔台地相的生物碎屑灰岩、颗粒灰岩等，厚度为 70～233.1m。以羌资 12 井为例，其总进尺为 600.12m，储层累计发育厚度为 231m，占钻井地层厚度的 38%。

4. 中侏罗统夏里组

该组储层以发育碎屑岩储层为主，亦见有碳酸盐岩储层分布，仅有位于龙尾错地区的羌资 1 井钻遇夏里组地层。岩石类型包括潮坪相的细粒砂岩及粉砂岩等，储层累计发育厚度为 56.45m，占钻井地层厚度的 7%。

5. 上侏罗统索瓦组

该组储层以发育碳酸盐储层为主，羌资 3 井和羌资 13 井钻遇索瓦组地层。岩石类型包括碳酸盐台地相的砂屑灰岩、鲕粒灰岩、核形石灰岩和生物礁灰岩等，厚度为 48~132m。以羌资 3 井为例，其总进尺为 887.4m，储层累计发育厚度为 132m，占钻井地层厚度的 15%。总体来说，索瓦组多暴露于地表，储集意义不大。

二、储层岩石学特征

在已完成的 17 口地质浅钻中，羌资 2 井碎屑岩和碳酸盐岩储层均有发育，储层累计厚度较大且岩石类型丰富，因此，以羌资 2 井为代表来研究盆地井下储层的岩石学特征。

1. 碎屑岩储层岩石学特征

岩石类型以中—细粒岩屑石英砂岩、岩屑石英粉砂岩为主（占绝大多数），另外还有少量长石岩屑砂岩、岩屑长石砂岩、长石砂岩、长石石英粉砂岩等，石英砂岩非常少见，总体上看，岩石的结构成熟度和成分成熟度均不太好，为中等—差。

1）岩石成分

碎屑成分以石英为主，含量基本上大于 60%；次为岩屑，含量变化较大，为 5%~30%；长石含量较低，均不大于 2%。砂岩粒度以细粒为主，次为粉砂和中粒，局部可见到粗粒结构，岩石分选性一般，为次棱角状。

2）填隙物

填隙物包括杂基和化学作用形成的胶结物，羌资 2 井碎屑岩储层中填隙物以白云石胶结物为主，含量多为 10%~20%；次为方解石胶结物，含量一般小于 10%。大部分样品中未统计出杂基，小部分样品中杂基含量一般为 10%~20%。

3）胶结类型

碎屑岩的胶结类型有接触式、薄膜式、再生式、孔隙式、基底式和压嵌式 6 种，羌资 2 井岩石颗粒间主要呈孔隙式和接触式，其次为基底式胶结。

2. 碳酸盐岩储层岩石学特征

岩石类型有鲕粒灰岩、泥晶灰岩、泥微晶白云岩、砂砾屑灰岩、亮晶砂砾屑灰岩、团粒灰岩等，以及它们之间的一些过渡类型，如：白云质泥晶灰岩、灰质白云岩、生物碎屑灰岩等。

鲕粒灰岩：以亮晶鲕粒灰岩为主，还有角砾状砂屑鲕粒灰岩、亮晶含云质鲕粒灰岩、微晶鲕粒灰岩、角砾状砂屑鲕粒灰岩等。鲕粒有薄皮鲕、复鲕、放射鲕，有时具生物碎屑核心和同心环，鲕粒含量为57%～90%；除鲕粒，岩石中还散布有数量不等的砂屑、砾屑、介屑、虫屑、棘屑、藻屑等；岩石为亮晶胶结，亮晶胶结物为方解石和白云石，一世代亮晶方解石为纤状栉壳，二世代为晶粒状亮晶方解石，剩余粒间孔被亮晶白云石充填或晶粒状亮晶方解石被白云石交代，构成第三世代胶结物。

白云岩：岩石类型主要有含粒屑微—泥晶含灰质云岩、微—泥晶含骨屑砂屑白云岩、泥晶灰质云岩、微晶灰质鲕粒云岩、残余骨屑鲕粒细晶云岩、微晶白云岩、含灰白云岩、粉—微晶白云岩、含泥微晶白云岩、含泥灰质泥晶白云岩，岩石主要由泥晶、微晶白云石组成，含量为59%～90%，其余为方解石和泥质，还有少量石英、胶磷矿等；除此之外，在泥微晶白云石中还分散有砂屑、粉屑、砾屑、鲕粒以及介屑、棘屑、虫屑等生物碎屑，数量不等。

其他灰岩类：主要指鲕粒灰岩、泥晶灰岩、白云岩之外的其他类型灰岩，主要类型有泥晶团粒灰岩、泥晶砂屑骨屑灰岩、砂屑灰岩、残余砂屑云质灰岩、亮晶砂屑灰岩、泥晶含云质生屑灰岩、鲕粒云质灰岩、粒屑云质灰岩、粒屑（内碎屑、球粒）灰岩、亮晶粒屑灰岩等，岩石主要由方解石组成，其余为白云石和泥质，还有微量—少量石英、胶磷矿、黄铁矿、磁铁矿等；结构方面，除泥微晶方解石，还有砂屑、粉屑、砾屑、团粒、鲕粒以及介屑、棘屑、虫屑、藻屑等生物碎屑，数量不等；胶结物主要为泥微晶方解石和亮晶方解石。

三、储集条件特征

1. 储层物性特征

从已获得的资料和分析测试数据来看，上三叠统，中侏罗统色哇组、布曲组和夏里组的储集岩层物性资料较为丰富，井下储层物性总体（白云岩储层将在下文单独讨论）表现为低孔、低渗的特点。各层系孔隙度平均值为0.46%～6.95%，渗透率平均值为0.0016×10^{-3}～$2.1472 \times 10^{-3} \mu m^2$（表5-10）。但各层系其孔渗特征又不尽相同，现分述如下。

表5-10 羌塘盆地井下储层物性数据

钻井	地层	岩性	孔隙度/%		渗透率/($\times 10^{-3} \mu m^2$)	
			变化范围	平均值（n）	变化范围	平均值（n）
羌资1井	$J_2 b$	碳酸盐岩	0.10～2.4	1.03（31）	0.0001～0.0121	0.0022（7）
羌资2井	$J_2 b$	碳酸盐岩	0.31～7.11	1.08（76）	0.003～1.6215	0.032（76）
	$J_2 s$	碎屑岩	0.63～19.59	6.95（58）	0.0096～26.7271	2.1472（58）
羌资6井	T_3	碎屑岩	0.8～11.20	6.28（15）	0.02～6.27	1.0313（15）
羌资7井	T_3	碎屑岩	0.67～2.56	1.72（3）	0.00007～0.7764	0.2912（3）
羌资8井	T_3	碳酸盐岩	0.71～3.52	1.66（11）	0.00008～0.1982	0.059（10）
羌资9井	$J_2 s$	碎屑岩	0.43～1.87	1.27（4）	0.00004～0.0301	0.0076（4）
羌资10井	$J_2 s$	碎屑岩	0.38～0.54	0.46（2）	0.00005～0.019	0.0095（2）

续表

钻井	地层	岩性	孔隙度/%		渗透率/($\times 10^{-3} \mu m^2$)	
			变化范围	平均值（n）	变化范围	平均值（n）
羌资 13 井	J_2b	碳酸盐岩	1.92～10.20	6.06（6）	0.00004～0.1132	0.0226（6）
羌资 16 井	J_2s	碎屑岩	0.73～3.76	1.66（10）	0.001～0.0025	0.0019（9）
	T_3	碎屑岩	0.29～5.87	1.52（13）	0.0004～0.0046	0.0016（3）
羌地 17 井	J_2x	碎屑岩	1.73～17.82	5.93（9）	0.0011～0.3361	0.0405（9）
	J_2b	碳酸盐岩、砂岩	1.18～2.36	1.56（7）	0.0012～0.0026	0.0018（7）

1）上三叠统

上三叠统物性数据来自 4 口钻井，其中羌资 6 井、羌资 7 井和羌资 16 井为碎屑岩储层，羌资 8 井为碳酸盐岩储层。碎屑岩储层孔隙度变化范围为 0.29%～11.2%，平均值为 3.17%；渗透率变化范围为 $0.00007 \times 10^{-3} \sim 6.27 \times 10^{-3} \mu m^2$，平均值为 $0.44 \times 10^{-3} \mu m^2$。相对来说，羌资 6 井的孔隙度和渗透率最好，均值分别为 6.28% 和 $1.0313 \times 10^{-3} \mu m^2$。羌资 8 井中碳酸盐岩储层孔隙度变化范围为 0.71%～3.52%，平均值为 1.66%；渗透率变化范围为 $0.00008 \times 10^{-3} \sim 0.1982 \times 10^{-3} \mu m^2$，平均值为 $0.059 \times 10^{-3} \mu m^2$（表 5-10）。

2）中侏罗统色哇组

色哇组物性数据来自 4 口钻井，均为碎屑岩储层。储层孔隙度变化范围为 0.38%～19.59%，平均值为 2.59%；渗透率变化范围为 $0.00004 \times 10^{-3} \sim 26.7271 \times 10^{-3} \mu m^2$，平均值为 $0.54 \times 10^{-3} \mu m^2$。相对来说，羌资 2 井的孔隙度和渗透率最好，均值分别为 6.95 和 $2.1472 \times 10^{-3} \mu m^2$（表 5-10）。

3）中侏罗统布曲组

布曲组物性数据来自 4 口钻井，其中羌资 1 井、羌资 2 井和羌资 13 井为碳酸盐岩储层，羌地 17 井为碳酸盐岩和碎屑岩储层。储层孔隙度变化范围为 0.1%～10.2%，平均值为 2.43%；渗透率变化范围为 $0.00004 \times 10^{-3} \sim 1.6215 \times 10^{-3} \mu m^2$，平均值为 $0.01 \times 10^{-3} \mu m^2$。相对来说，羌资 13 井的孔隙度和渗透率较好，均值分别为 6.06% 和 $0.0226 \times 10^{-3} \mu m^2$（表 5-10）。

4）中侏罗统夏里组

夏里组碎屑岩储层孔隙度变化范围为 1.73%～17.82%，平均值为 5.93%；渗透率变化范围为 $0.0011 \times 10^{-3} \sim 0.3361 \times 10^{-3} \mu m^2$，平均值为 $0.0405 \times 10^{-3} \mu m^2$（表 5-10）。

2. 孔隙类型及特征

1）碎屑岩

羌塘盆地井下碎屑岩储层主要分布于上三叠统、中侏罗统色哇组和布曲组地层中，根据储层砂体的孔隙发育实际情况，我们将其划分为原生粒间孔、溶蚀孔隙、铸模孔隙、微孔隙及微裂隙五类，前四种与岩石结构有关，微裂缝可与其他类型共生。

（1）原生粒间孔：在镜下可见，保存良好的粒间孔周围发育有一定厚度的绿泥石衬里

（图 5-46），或产出于石英颗粒加大边之间，粒间孔的边界被加大边所围限，在岩屑石英砂岩及石英砂岩中较为多见。

（2）溶蚀孔隙：根据被溶组分的不同可分为粒间溶孔、粒内溶孔和填隙物溶孔。粒间溶孔是碎屑岩储层中常见孔隙类型，一般呈星散分布，孔径为 0.01～0.2mm，呈半—未充填，形状为次圆—不规则状，边缘多呈锯齿或港湾状；粒内溶孔常见于长石颗粒内部的溶孔，一般沿长石的节理方向选择性进行，形成蜂窝状溶孔（图 5-46b）。

（3）铸模孔隙：在薄片中常见到的主要是长石颗粒（图 5-46c）、碳酸盐颗粒被溶蚀成铸模孔，且铸模孔的外缘保存了一层泥质薄膜（泥包壳）。

（4）微孔隙：最常见的微孔隙为黏土矿物的晶间孔，由于区内黏土矿物分布的特点，以自生高岭石的晶间孔最为发育。

（5）微裂隙：镜下所见以沿粒间延伸的类型为主，可见与次生溶孔、铸模孔及剩余粒间孔相通的微裂隙（图 5-46d），能有效改善储层的孔喉结构。镜下部分样品可见一条或数条不规则微裂缝，一般较粗短，宽度为 0.05～1mm，大多已被方解石、硅质等充填。

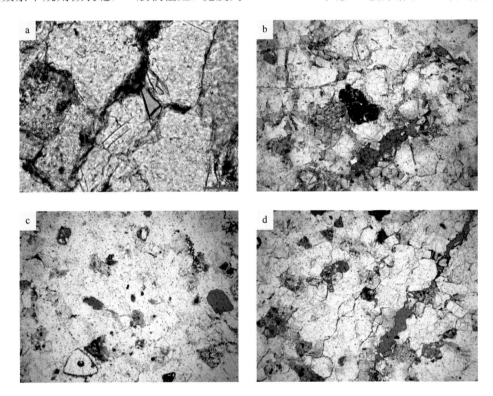

图 5-46　羌塘盆地碎屑岩储层孔隙类型微观图

a. 剩余粒间孔，颗粒边缘见绿泥石衬里，沃若山，×400（-）；b.溶蚀孔隙，羌资 2 井，327m，×200（-）；c.长石颗粒被完全溶解形成的铸模孔，羌资 2 井，294m，×100（-）；d. 微裂隙，羌资 2 井，327m，×200（-）

2）碳酸盐岩

羌塘盆地井下碳酸盐岩储层主要分布于中侏罗统布曲组地层中，在上三叠统地层中少量发育。根据常规薄片、铸体薄片的分析结果，碳酸盐岩储层储集空间主要包括孔隙与裂缝两种类型，储集空间组合表现为孔隙-裂缝型储层。按形成机理，孔隙可分为粒间溶孔、粒内溶孔、晶间孔、晶间溶孔、非组构选择性溶孔、沿缝合线分布的溶孔等六类。

（1）粒间溶孔：粒间溶孔主要发育在颗粒灰岩中，它是生物碎屑、内碎屑等颗粒边缘被溶蚀，或颗粒间的泥晶基质、胶结物被溶蚀而形成的孔隙，孔隙形状不规则，孔径大小一般为 0.1～0.3mm，大者可达 1mm 以上（图 5-47a）。

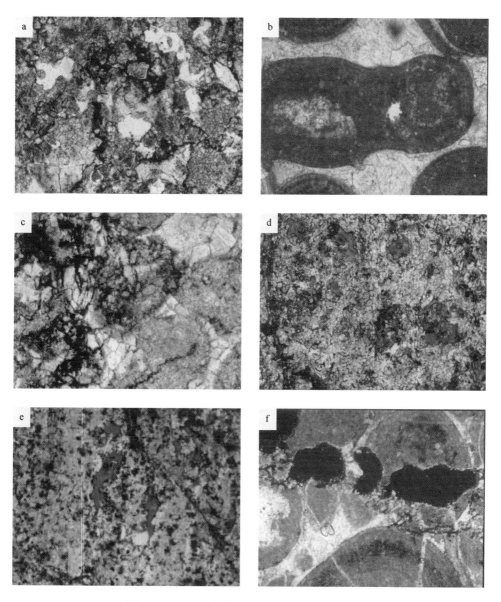

图 5-47　羌塘盆地碳酸盐岩储层孔隙类型微观图

a. 砂屑颗粒间的粒间溶孔，羌资 1 井，169m，×400（－）；b. 鲕粒中的粒内溶孔，羌资 2 井，145m，×400（－）；c. 砂屑灰岩白云岩化形成的晶间孔，羌资 1 井，152m，×400（－）；d. 白云石晶间溶孔，羌资 2 井，155m，×200（－）；e. 粒屑灰岩中的非组构选择性溶蚀孔，羌资 2 井，65m，×200（－）；f. 发育在缝合线处的溶孔，羌资 1 井，401m，×400（－）

（2）粒内溶孔：粒内溶孔指鲕粒、生物碎屑骨骼内被选择性溶蚀形成的颗粒内孔隙，一般为圆或椭圆形（图 5-47b），粒径大小主要取决于次生溶蚀的程度，一般为 0.1～0.3mm。

（3）晶间孔：晶间孔主要由碳酸盐岩重结晶和交代作用形成，常见于重结晶作用较强的微晶、细晶灰岩、白云岩、经去云化形成的次生灰岩中（图 5-47c）。晶间孔一般孔径较小，为 0.03～0.1mm，形状较规则，多呈三角形或多角形，连通性较好。

（4）晶间溶孔：在晶间孔基础上经溶蚀扩大而成，形状多呈三角形或多角形，孔径一般为 0.02～0.05，孔隙连通性较好（图 5-47d）。

（5）非组构选择性溶蚀孔：形状不规则，孔径大小差别大（图 5-47e），这类孔隙的形成多与裂缝、缝合线的分布及其对地下水和地表水的输导有关，是深埋藏溶蚀作用的产物。

（6）沿缝合线分布的溶孔：裂缝内溶孔是指裂缝充填物方解石（白云石）经后期溶蚀形成的孔隙，溶蚀作用沿缝合线进行也能形成沿缝合线分布的孔隙（图 5-47f）。

裂缝在碳酸盐岩储层中非常发育，按成因可分为构造缝、构造-溶解缝、压溶缝和溶蚀缝四种。在岩心编录中发现，宏观上布曲组碳酸盐岩以斜缝最为发育，具体特征为立缝（＞75°）5～15 条/m，缝宽 0.01～0.3cm；平缝（15°～75°）10～15 条/m，缝宽 0.01～1.2cm；斜缝（＜15°），15～20 条/m，缝宽 0.1～6.5cm。在裂缝中充填有较多的灰白色方解石脉、紫红色砂泥质、有机质等。微观特征方面，在 500 多片碳酸盐岩薄片中，几乎每件薄片中都发育裂缝，最多一块薄片中裂缝可达 50 多条，裂缝宽度一般为 0.01～0.05mm，少部分可达 10～20mm。所有裂缝除少部分未充填或半充填，几乎全被充填，充填物成分主要为方解石，其次为白云石、铁泥质、有机质、硅质等。

3. 孔隙结构类型及特征

1）碎屑岩

利用图像分析中的平均孔隙直径和压汞分析中的饱和度中值喉道宽度 R_{50}，并结合其他孔隙结构参数，制定出羌资 2 井碎屑岩储层孔隙、喉道分级标准（表 5-11）。

表 5-11　碎屑岩储层孔隙与喉道分级标准

孔隙分级	平均孔径/μm	喉道分级	R_{50}/μm
大孔隙	＞50	粗喉道	＞2.0
中孔隙	50～30	中细喉道	2.0～0.04
小孔隙	30～10		
微孔隙	＜10	微喉道	＜0.04

色哇组：储层饱和度中值喉道宽度 R_{50} 平均值为 0.107μm，最大值为 1.249μm，最小值为 0.004μm，显示碎屑岩喉道均为中细喉道和微喉道。其中，小于 0.04μm 的微喉道样 25 件，占 43.1%；0.04～2μm 的中细喉道样 33 件，占 56.9%。铸体薄片图像分析结果表明，色哇组碎屑岩储层平均孔隙最大值为 170.4μm，最小值为 22.6μm，平均值为 74.7μm；大于 50μm 的大孔隙有 8 件样品，占 53%；10～50μm 的中小孔隙有 7 件样品，占 47%。

夏里组：根据毛管压力曲线的形态，夏里组碎屑岩毛管曲线分为Ⅰ型和Ⅲ型。其中，

Ⅰ型为孔喉分选较好，进汞曲线略向左凹；Ⅲ型为孔喉分选性差，进汞曲线完全左凸，总体来说，毛管曲线为Ⅲ型，Ⅰ型次之。

2）碳酸盐岩

我们对羌资 1 井和羌资 2 井布曲组碳酸盐岩储层样品进行了压汞分析和铸体薄片分析，根据毛管压力曲线的形态，可将 52 件样品的毛管曲线分为 2 种类型。

Ⅱ型为孔喉分选性较差，进汞曲线呈陡的斜线上升，略左凹或左凸，这类曲线有 4 条。

Ⅲ型为孔喉分选性差，进汞曲线完全左凸，这类曲线占大部分，表现为高排替压力、高饱和度中值压力、低孔喉半径等特征。

羌资 1 井和羌资 2 井毛管压力曲线总体为Ⅲ型，Ⅱ型和Ⅰ型次之。另外，从Ⅲ型、Ⅱ型和Ⅰ型相对于层位的分布看，夏里组碎屑岩储层略优于布曲组灰岩。因此，工区储层孔喉分选较差，部分较好，夏里组碎屑岩又稍优于布曲组灰岩。

四、白云岩储层特征及成因机制

中国地质调查局成都地质调查中心 2014 年在南羌塘盆地完成了羌资 11 井和羌资 12 井，并获取的岩心资料。其中，羌资 12 井在井深 213.56m 至地表发育白云岩储层，共识别出 81 个灰岩-白云岩（厘）米级旋回。羌资 11 井底部 576.30～587.30m 井段发育灰黑色针孔状中晶白云岩，裂隙发育，587.30～592.25m 井段发育灰黑色含藻白云岩，592.25～600.00m 井段发育灰黑色针孔状中晶白云岩，裂隙发育。

1. 白云岩储层特征

依据研究区白云岩对先驱灰岩原始组构的保留程度,可进一步分为保留先驱灰岩原始组构的白云岩和晶粒白云岩。其中，保留先驱灰岩原始组构的白云岩包括泥—微晶白云岩和（残余）颗粒白云岩，晶粒白云岩根据晶体边界和晶体大小分为细晶、自形白云岩，细晶、半自形白云岩和中—粗晶、他形白云岩。

1）白云岩储集空间类型

在大量剖面观察、岩心观察、薄片鉴定和扫描电镜分析的基础上，将布曲组白云岩储层分为三种类型（表 5-12）：组构选择性孔隙（如铸模孔、晶间孔/晶间溶孔）、非组构选择性孔隙（包括各类溶蚀孔洞及洞穴）以及裂缝（以构造缝、溶蚀缝和成岩缝为代表）。

表 5-12　羌塘盆地布曲组白云岩储层的主要储集空间类型及组合

储集空间类型		成因	孔径大小/mm	孔隙形态	充填程度	典型照片
组构选择性孔隙	膏溶孔	主要由石膏等蒸发性岩类溶蚀而成	0.05～1.5	圆、椭圆或不规则形状	未充填/半充填	唢呐湖布曲组剖面

续表

储集空间类型		成因	孔径大小/mm	孔隙形态	充填程度	典型照片
组构选择性孔隙	铸模孔/粒内溶孔	主要由砂屑、鲕粒、生物碎屑等颗粒被部分或全部溶蚀而成	0.01~0.5	半圆形、不规则状	充填/半充填，孔隙多不连通	羌资 12 井 100.67m，×10（－）
	晶间孔/晶间溶孔	主要为白云石化作用及重结晶作用形成，或是晶间充填物（以方解石为主）溶蚀而成	<0.1~0.5	四面体或多面体状	未充填/半充填，连通性好	羌资 12 井 100.67m，×2.5（－）
非组构选择性孔隙	溶蚀孔洞	通常由侵蚀性流体沿裂缝或早期形成的孔隙系统扩容而成	<2mm 溶孔 2~5mm 小洞 5~10mm 中洞 10~100mm 大洞	不规则状、港湾状、蜂窝状	未充填、半充填、完全充填均有发育	羌资 11 井 598.65m
非组构选择性孔隙	大型溶洞（洞穴）	主要是指直径大于100mm 的溶洞或洞穴层，往往与表生岩溶有关	>100	不规则状、漏斗状、条带状	半充填、全充填	羌资 12 井 100.22m
裂缝	构造缝	构造活动过程中形成的破裂缝	以高角度缝居多，呈两组方向延伸，缝宽一般为0.01~10mm，从未充填到完全充填均有，充填物多为亮晶方解石，可是识别出三期主要的方解石胶结：第一期为沿缝壁的白色亮晶方解石脉；第二期发育肉红色亮晶方解石；第三期为白色亮晶方解石脉或晶体			羌资 12 井 54.64m，×5（－）
裂缝	溶蚀缝	成岩早期裂缝、微裂隙扩容而成	缝壁凹凸不平，缝宽也大小不一，往往能够连通孤立的孔洞，缝内未充填、半充填居多，也可见亮晶方解石完全充填			羌资 11 井 594.40m，×2.5（－）
裂缝	成岩缝	成岩过程中的压溶作用形成	包括缝合线、微缝合线，以中—低幅为主，缝合线主要发育有因压实作用形成的大致沿水平方向（顺层面）的缝合线，和受构造挤压的高角度延伸的缝合线，缝宽较小，多为 1mm 以下，常见有机质、泥质充填			巴格底加日，×5（－）

2）白云岩储层物性特征

在羌资 11 井和羌资 12 井资料的基础上，我们同时收集了大庆油田羌地 2 井的资料（伊海生等，内部资料），其中羌资 11 井的白云岩层段较薄，只有 24m，现以羌地 2 井和羌资 12 井为例，阐述研究区井下白云岩储层的物性特征。

（1）羌地2井。由表5-13可知，羌地2井碳酸盐岩储层孔隙度为0.92%～17.48%，平均值为5.25%，集中分布在2%～6%，占61%，其次分布在6%～12%，占28%，以中、低等孔隙度为主。渗透率为0.002×10^{-3}～$1.77\times10^{-3}\mu m^2$，平均值为$0.243\times10^{-3}\mu m^2$，主要分布在$0.002\times10^{-3}$～$0.25\times10^{-3}\mu m^2$，占76%，其次分布在$0.25\times10^{-3}$～$1.00\times10^{-3}\mu m^2$，占11%，大于$1.00\times10^{-3}\mu m^2$的约占分析样品总数的11%，以低—特低渗透性为主（表5-13）。白云岩孔隙度和渗透率的最大值、最小值和平均值均高于灰岩（表5-13），同时白云岩孔隙度相较于灰岩相对集中分布在较高孔隙度区域，渗透率分布亦有类似的规律。因此，白云岩储层各项参数均优于灰岩，说明白云岩储层物性比灰岩储层要好。

（2）羌资 12 井。68 件样品的实测结果表明，保留先驱组构的白云岩（RD1）孔隙度为1.701%～6.239%，渗透率为0.015×10^{-3}～$0.041\times10^{-3}\mu m^2$；细晶、自形白云岩（RD2）储层孔隙度为3.477%～11.447%，平均值为7.322%，渗透率为0.043×10^{-3}～$24.874\times10^{-3}\mu m^2$，平均值为$7.17\times10^{-3}\mu m^2$；细晶、半自形白云岩（RD3）储层孔隙度为1.854%～7.634%，平均值为3.97%，渗透率为0.01×10^{-3}～$2.109\times10^{-3}\mu m^2$，平均值为$0.378\times10^{-3}\mu m^2$；中—粗晶、他形白云岩（RD4）储层孔隙度为1.851%～3.638%，平均值为2.596%，渗透率为0.016×10^{-3}～$0.159\times10^{-3}\mu m^2$。本次测试的灰岩样品其孔隙度为0.559%～2.862%，平均值为1.685%，渗透率为0.002×10^{-3}～$0.046\times10^{-3}\mu m^2$，平均值为$0.013\times10^{-3}\mu m^2$。过渡性岩类孔隙度为0.436%～2.943%，平均值为1.163%，渗透率为0.001×10^{-3}～$0.02\times10^{-3}\mu m^2$，平均值为$0.007\times10^{-3}\mu m^2$（图 5-48）。因此，白云岩储层各项参数均优于灰岩，说明白云岩储层物性比灰岩和过渡性岩类储层要好。

表 5-13　羌地 2 井布曲组碳酸盐岩储层常规物性（据李启来等，2013）

岩类	孔隙度				渗透率/($\times10^{-3}\mu m^2$)			
	样品数/件	平均值/%	最大值/%	最小值/%	样品数/%	平均值	最大值	最小值
白云岩	26	6.53	17.48	2.06	22	0.2886	1.77	0.0029
灰岩	32	4.56	12.53	0.92	23	0.199	1.13	0.0017
碳酸盐岩	58	5.25	17.48	0.92	45	0.2432	1.77	0.0017

2. 白云岩储层成因机制

布曲组白云岩的孔隙度虽然好于灰岩，但并非所有的白云岩都能够形成有效储层，不同结构、不同成因甚至不同阶段形成的白云岩，在其储集空间类型及储集性能方面各不相同。

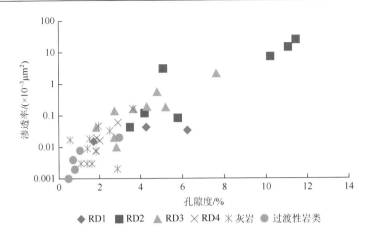

图 5-48　羌资 11 井、羌资 12 井不同类型白云岩的孔隙度、渗透率交汇图

1）沉积作用对白云岩储层的控制

在晚三叠世随着班公湖-怒江洋盆的又一次打开，在羌塘盆地内发育了 3 个裂陷槽，形成"地堑-地垒"相间的地貌特征，控制了盆地的原型及格局，后期的沉积充填过程继承了盆地开启时的古地貌特征，即布曲组沉积前的古地貌形态控制了布曲组的沉积环境及沉积微相展布，进而控制了白云岩发育的地区和层段。

虽然研究区布曲组白云岩储层是白云石化作用的结果，但其在沉积序列及岩性组合上具有很强的规律性，即白云石化作用发育的层段往往位于高位体系域的中后期。这些高频海平面变化发育的高频层序界面势必控制了泥—粉晶白云岩、颗粒白云岩和细晶、自形白云岩以及细晶、半自形白云岩的储层质量，从而形成多个与高频层序界面有关的白云岩储层。

2）白云石化作用对储层的控制

统计结果表明，当白云石含量为 90%～96% 时，面孔率最为发育（图 5-49），甚至最大面孔率可达 16%。也就是说，只有白云石化作用较为彻底的岩石才具有发育孔隙的基础，如果仅仅少量发生白云石化或者部分发生白云石化，对储层的储集空间影响并不大。

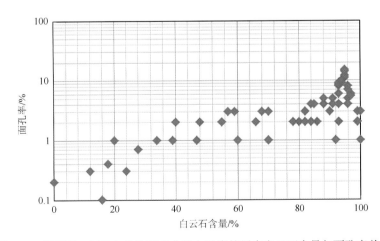

图 5-49　隆鄂尼—昂达尔错地区布曲组白云岩储层中白云石含量与面孔率关系

白云石化流体对先驱灰岩及储层的改造受先驱灰岩的组构、白云石化流体浓度、成岩系统的开放-封闭程度以及白云石化作用的成岩温度等因素共同控制，由于隆鄂尼—昂达尔错地区古油藏带布曲组白云岩遭受多期次成岩流体的改造，因此不同阶段的白云石化过程对储层储集空间及物性的影响各不相同。浅埋藏阶段形成的细晶、自形白云岩即研究区砂糖状白云岩的晶间孔隙应该与白云石化作用有关，虽然这些孔隙可能是白云石化过程继承了先驱灰岩的孔隙，但这些孔隙都是白云石化作用的结果。与白云石化作用相关的白云岩储层，其发育与分布实质上与细晶、自形白云岩和细晶、半自形白云岩的发育程度和保存情况密切相关。

3）后期构造活动对白云岩储层的改造作用

这里与构造活动有关的白云岩储层主要是指发育有鞍形白云石充填物的储层。鞍形白云石的形成与外来流体有关，并且在羌资 11 井发育鞍形白云石的井段，见到大量的溶蚀针孔，可能与参与形成鞍形白云石的外来流体溶蚀有关。这类白云石是以裂缝、孔洞充填物的形成产出，对储层是破坏性的，但外来流体与大气淡水下渗有关的流体，对碳酸盐岩矿物来说，是不饱和的，进入到布曲组地层中，可对宿主白云岩进行溶蚀，从而形成大量的溶蚀孔洞，当然这种溶蚀孔洞的发育受到断裂系统和断裂系统沟通的早期形成的白云岩储层发育情况共同控制。

五、井下与地表储层对比

1.物性特征对比

从上述分析可知，羌塘盆地井下储集岩包括碎屑岩和碳酸盐岩储集层，大多具有低孔低渗特征。由于地表色哇组储层分析数据较少，这里重点讨论上三叠统、中侏罗统夏里组碎屑岩储集层和布曲组碳酸盐岩储集层的地表与地下对比问题。

1）上三叠统碎屑岩

上三叠统储层主要指土门格拉组碎屑岩储集层，以地表扎那陇巴剖面为例，储集岩孔隙度为 1.44%～14.38%，平均值为 4.84%；渗透率为 0.001×10^{-3}～$9.05\times10^{-3}\mu m^2$，平均值为 $0.15\times10^{-3}\mu m^2$。井下样品以羌资 6 井为例，储集岩孔隙度为 0.8%～11.2%，平均值为 6.28%；渗透率为 0.02×10^{-3}～$6.27\times10^{-3}\mu m^2$，平均值为 $1.0313\times10^{-3}\mu m^2$（表 5-14）。由此可见，上三叠统碎屑岩井下样品孔隙度略好于地表样品，而井下样品渗透率明显好于地表样品，但均显示低孔低渗的特征，属于致密储集层。

表 5-14　羌塘盆地地表与井下储集岩物性特征对比

区域	取样位置	层位	碎屑岩		碳酸盐岩		白云岩	
			孔隙度/%	渗透率/（$\times10^{-3}\mu m^2$）	孔隙度/%	渗透率/（$\times10^{-3}\mu m^2$）	孔隙度/%	渗透率/（$\times10^{-3}\mu m^2$）
龙尾湖龙尾湖	井下	J_2x	0.36～4.31（2.59）	0.0031～0.0401（0.0265）	—	—	—	—
		J_2b	—	—	0.50～2.40（0.96）	0.0001～33.60（3.37）	—	—
	地表	J_2x	1.76～3.18（2.47）	0.0507～0.0774（0.065）	—	—	—	—

续表

区域	取样位置	层位	碎屑岩		碳酸盐岩		白云岩	
			孔隙度/%	渗透率/($\times 10^{-3} \mu m^2$)	孔隙度/%	渗透率/($\times 10^{-3} \mu m^2$)	孔隙度/%	渗透率/($\times 10^{-3} \mu m^2$)
扎仁	井下	J_2b	—	—	0.31~7.11 (1.55)	0.0026~1.6215 (0.0537)	0.37~4.33 (1.77)	0.0031~1.0683 (0.1591)
	地表	J_2b	—	—	1.54~3.77 (2.54)	0.0179~3.4021 (1.405)	2.37~14.2 (7.188)	0.0585~14.572 (5.2505)
扎那陇巴	井下	T_3t	0.8~11.2 (6.28)	0.02~6.27 (1.0313)	—	—	—	—
	地表	T_3t	1.44~14.38 (4.84)	0.001~9.05 (0.15)	—	—	—	—

注：括号内为平均值。

2）夏里组碎屑岩

夏里组地表剖面上储集岩孔隙度为 1.76%~3.18%，平均值为 2.47%，渗透率为 $0.0507 \times 10^{-3} \sim 0.0774 \times 10^{-3} \mu m^2$，平均值为 $0.065 \times 10^{-3} \mu m^2$；井下储集岩孔隙度为 0.36%~4.31%，平均值 2.59%，渗透率为 $0.0031 \times 10^{-3} \sim 0.0401 \times 10^{-3} \mu m^2$，平均值为 $0.0265 \times 10^{-3} \mu m^2$，具低孔、低渗的特征（表 5-14）。从孔隙度与渗透率的分布情况看，井下储集层好于地表对应储集层的孔隙度，但二者渗透率分布范围基本一致，属于很致密储集层。

3）布曲组碳酸盐岩

在扎仁地区，井下储集层孔隙度为 0.31%~7.11%，平均值为 1.55%，渗透率为 $0.0026 \times 10^{-3} \sim 1.6215 \times 10^{-3} \mu m^2$，平均值为 $0.0537 \times 10^{-3} \mu m^2$；地表剖面上储集层孔隙度为 1.54%~3.77%，平均值为 2.54%，渗透率为 $0.0179 \times 10^{-3} \sim 3.4021 \times 10^{-3} \mu m^2$，平均值为 $1.405 \times 10^{-3} \mu m^2$（表 5-14）。碳酸盐岩储集层均显示低孔、低渗的特征，但地表样品其物性特征明显好于井下对应层位的物性特征，这可能与地表储集层经历了较强的风化作用，溶蚀孔、缝发育有关。

4）白云岩物性特征对比

白云岩类储集层主要分布于南羌塘隆鄂尼—昂达尔错一带，以羌资 2 井为例，孔隙度为 0.37%~4.33%，平均值为 1.77%，渗透率为 $0.0031 \times 10^{-3} \sim 1.0683 \times 10^{-3} \mu m^2$，平均值为 $0.1591 \times 10^{-3} \mu m^2$；地表剖面上孔隙度为 2.37%~14.20%，平均值为 7.188%，渗透率为 $0.0585 \times 10^{-3} \sim 14.572 \times 10^{-3} \mu m^2$，平均值为 $5.2505 \times 10^{-3} \mu m^2$（表 5-14）。由此可见，地表白云岩储集层物性特征明显优于地下白云岩物性特征，这可能与二者成岩作用以及后期溶蚀作用的差异有关，地表白云岩不仅经历了早期微晶白云石化，同时经历了晚期细晶白云石化，形成细粒、中粒及粗粒白云岩。另外，地表白云岩中晶间溶孔以及溶蚀缝发育，显示明显的后期溶蚀特征。

2. 孔隙类型及结构特征对比

无论地表储集层还是井下储集层，其孔隙类型较为相似，储集空间主要包括孔隙与裂缝两种类型，储集空间组合表现为孔隙-裂缝型储层。但在孔隙结构上，地表储集层与井下储集层表现出一定的差异。

1）夏里组碎屑岩

从前文的分析可知，龙尾湖地区夏里组井下储集层样品的毛管曲线分为三种类型，总体是III型，II型和I型次之。地表储集层与之类似，毛管压力曲线总体为III型，II型次之，I型较少，其孔喉分选较差，仅部分样品较好。井下储集层孔隙以微孔为主，为0.037～9.74μm，平均值为1.68μm，喉道类型微—细喉为主，为0.01～0.189μm，平均值为0.047μm；地表储集层孔隙也以微孔为主，为0.01～1.43μm，平均值为0.20μm，喉道类型微孔为主，为0.01～0.03μm，平均值为0.02μm（表5-15）。因此，无论从毛管压力曲线的形态来看，还是从孔隙、喉道的分布类型来看，在北羌塘地区，井下与地表碎屑岩类储集层孔隙结构的差异并不明显。其他孔隙结构参数也显示类似的特征，总体上均表现为低孔、低渗的特征，喉道连通性差，属于低孔、低渗型储集层。

表5-15　羌塘盆地地表与井下储集岩孔隙结构参数对比

层位	样品编号	岩性	时代	P_d/MPa	R_d/μm	P_{c50}/MPa	R_{c50}/μm	S_{min}/%	分选	喉道类型
龙尾湖	井下	碎屑岩	J₂x	0.08～40.96 (6.57)	0.037～9.74 (1.68)	19.9～66.11 (40.76)	0.01～0.189 (0.047)	11.26～60.46 (34.58)	0.93～2.87 (2.10)	微-细
		碳酸盐岩	J₂b	2.56～81.92 (31.08)	0.009～0.29 (0.069)	53.06～162.53 (105.25)	0.005～0.014 (0.009)	20.76～74.54 (58.20)	0.058～2.13 (1.00)	微
龙尾湖	地表	碎屑岩	J₂x	0.52～91.74 (35.13)	0.01～1.43 (0.20)	23.32～175.36 (90.51)	0.01～0.03 (0.02)	10.35～57.61 (38.15)	0.76～2.81 (1.59)	微
扎仁	井下	碳酸盐岩	J₂b	1.59～104.95 (47.42)	0.006～0.181 (0.0324)	19.89～190.44 (93.71)	0.004～0.154 (0.0139)	7.66～78.12 (48.81)	0.17～2.27 (0.80)	微-细
		白云岩	J₂b	1.28～122.4 (50.81)	0.012～1.67 (0.26)	16.32～22.06 (19.19)	0.006～0.588 (0.132)	16.58～78.35 (48.69)	0.11～2.26 (0.94)	微-细
	地表	碳酸盐岩	J₂b	0.67～4.02 (2.12)	0.187～1.127 (0.514)	13.16～25.82 (18.22)	0.029～0.057 (0.044)	17.44～28.95 (21.75)	2.53～3.58 (3.00)	微-细
		白云岩	J₂b	0.063～3.94 (0.97)	0.143～11.95 (5.40)	0.17～40.67 (8.15)	0.018～4.33 (1.129)	4.54～32.49 (12.27)	2.30～4.43 (3.46)	微-粗

注：括号内为平均值。

2）布曲组碳酸盐岩

该类储集层无论井下还是地表储集层，其毛管压力曲线形态主要表现为孔喉分选性较差的II型或III型，但二者的孔隙结构特征表现出一定的差异。地表剖面上碳酸盐岩类储集层孔隙以微孔为主，为0.187～1.127μm，平均值为0.514μm，喉道类型以微—细喉为主，为0.029～0.057μm，平均值为0.044μm；井下碳酸盐岩类储集层孔隙也以微孔为主，为0.006～0.181μm之间，平均值为0.0324μm，喉道类型以微喉为主，为0.004～0.0154μm，平均值为0.0139μm（表5-15）。井下与地表碳酸盐岩类储集层均属于低孔低渗型，但井下碳酸盐岩类储集层更为致密，最小非饱和孔喉体积百分数（S_{min}）明显偏高，而地表则明显低得多（表5-15），这可能与地表储集层经历了较强的风化作用，溶蚀孔、缝发育有关。

3）布曲组白云岩

南羌塘井下与地表白云岩类储集层孔隙结构特征表现出了较大的差异，地表白云岩类储集层孔隙以微孔为主，但见有部分小孔，为0.143～11.95μm，平均值为5.40μm；喉道类型以中—粗喉为主，为0.018～4.33μm，平均值为1.129μm；最小非饱和孔喉体积百分数（S_{min}）较低，为4.54%～32.49%，平均值为12.27%（表5-15），说明大多数白云岩中—粗孔所占体积大。与之相比，井下白云岩类储集层孔隙以微孔为主，为0.012～1.67μm，平均值为0.26μm；吼道类型以微喉为主，见有部分中喉；最小非饱和孔喉体积百分数（S_{min}）较高，为16.58%～78.35%，平均值为48.69%（表5-15），说明大多数白云岩微孔所占体积大。因此，从孔隙结构分析，地表白云岩储集层孔隙结构特征明显优于地下白云岩孔隙结构特征，这可能也与二者成岩作用以及后期溶蚀作用的差异有关。

六、储层发育因素探讨

1. 原生控制因素分析

各井下碎屑岩储集层以粉砂结构、粉—细粒结构为主，原岩结构致密性较高，原生孔隙极不发育，直接控制着成岩期胶结作用、交代作用以及溶蚀作用的发育程度。通过原始沉积相和岩石类型对孔隙形成的控制作用分析表明，原始的沉积相控制着原始的岩石类型特征及空间展布，原始的岩石类型又控制成岩晚期的埋藏溶蚀作用。

井下布曲组碳酸盐岩储集体主要为粒屑滩、潮下高能带藻粒屑相带，这些相带原始沉积环境水动力条件较强，所形成的岩石类型以颗粒碳酸盐岩为主，抗压实能力较强，有助于原始孔隙的形成和保存，也有利于后期次生孔隙的发育。由于布曲组中白云岩层段受后期成岩作用改造强烈，重结晶作用和溶蚀作用已经将原有的岩石特征重塑，但通过详细的微观对比可以发现，次生孔隙的发育特征和原始的沉积相密切相关。因此，沉积相及原始岩石类型对碳酸盐岩优质储层发育具有重要控制作用，碳酸盐台地中的浅滩微相、滩-滩间微相形成的颗粒碳酸盐岩优于局限台地亚相（滩间）和浅海亚相。

2. 后生控制因素分析

影响储集层性能的因素众多，除了原始的沉积微相和岩性特征，还有成岩期各种后生成岩作用改造因素。从井下储集层后期成岩作用特征分析来看，影响储集层发育的因素主要是压实-压溶作用、溶蚀-沉淀作用以及构造破裂-充填作用。

1）压实-压溶作用

压实-压溶作用是致使各岩性储集层孔隙度下降的主要因素之一，压实作用主要发生在同生期—成岩早期阶段，是导致岩石原生孔隙下降最快的原因。成岩晚期形成的压溶缝合线中常见大量的难溶物质充填和残余的沥青充填，因此，从成岩序列及有机质演化序列对应关系看，压溶缝合线形成时间稍早于油气大量排出时间，故可作为良好油气运移通道。

2）溶蚀-沉淀作用

溶蚀-沉淀改造作用是一把双刃剑，埋藏条件下，溶蚀-沉淀机理一般是一个动态平衡的过程，当被溶解物质随着流体不断运移，受到温、压条件的改变，或者是流体的混合，又会在其他地方发生结晶沉淀，从而堵塞原有的部分或全部孔隙。所以，溶蚀-沉淀作用对储层物性的影响具有双重性质。

3）构造破裂-充填作用

通过对井下储集层的岩心及镜下薄片的观察发现，色哇组和夏里组的碎屑岩储集层以及布曲组中的碳酸盐岩储集层都受到明显的构造应力改造。相比之下，碳酸盐岩储集层中的构造裂缝发育程度远强于碎屑岩储集层，既有几厘米宽的大型裂缝，也有 1～2mm 微裂隙。尽管构造破裂作用会产生各种裂缝，有利于流体的运移、扩散，但是外来流体所引起的充填作用强于溶蚀作用。因而，构造裂缝实际上不利于优质储层的形成，对于已形成的储渗空间具有间接性的破坏作用。

第五节　盖 层 特 征

盖层条件是油气藏形成的必备条件之一，盖层封闭的性能，直接影响油气的聚集和保存。大型含油气盆地，必然存在着良好的区域性盖层。

一、盖层岩石类型及分布

钻遇的地层包括上二叠统—上侏罗统地层，它们大多具有封盖性能好的特征。其中上三叠统盖层、中-下侏罗统雀莫错组盖层和中侏罗统夏里组盖层为 3 套区域性盖层，其他为局部性盖层。

1. 上侏罗统索瓦组盖层

羌资 3 井盖层主要是厚层状至块状泥岩，其累计厚度可能达 100.0m 左右，因此，在井下泥岩对砂岩中油气的侧向和垂向运移都起着一定封闭作用。

2. 中侏罗统夏里组盖层

夏里组地层主要见于南羌塘昂达尔错地区的羌资 14 井、北羌塘龙尾湖地区的羌资 1 井和万安湖地区的羌地 17 井及正在实施的羌科 1 井。

南羌塘羌资 14 井夏里组盖层厚度为 347.28m，岩性以粉砂质泥岩、泥质粉砂岩和泥岩为主，几乎不含灰岩。

北羌塘龙尾湖地区羌资 1 井中夏里组地层以碎屑岩为主，主要有钙质泥岩、泥质粉砂岩和粉砂质泥岩、粉砂质细砂岩、纹层状粉细砂岩等。夏里组地层中还发育多套石膏层，累计厚度为 6.65m，泥岩及泥灰岩也较为发育，厚度分别为 119.3m 和 60.92m，是非常有利的区域性盖层。膏岩类盖层主要发育于羌资 1 井上部的潟湖相沉积序列中，发育有两层，但从井下获取的资料来看，这些膏岩层常与泥灰岩、泥岩共生，呈薄层状产出，形成含膏岩灰岩、泥岩的组合。泥岩及泥灰岩类盖层发育于羌资 1 井中上部，与膏岩层一起形成含膏岩灰岩、泥岩的组合，厚约 164m，占井下夏里组地层厚度的 64.3%。

万安湖地区羌地 17 井夏里组地层岩性以灰—灰黑色粉砂质泥岩、泥质粉砂岩为主，夹灰岩，地层厚度为 673.9m，其中盖层为泥质粉砂岩及泥岩，厚度为 518.88m，占井下夏里组地层厚度的 77.0%。邻近羌地 17 井的羌科 1 井，盖层主要分布在夏里组下部，为一套以泥岩为主、夹石膏（含石膏）的地层，泥岩单层最大厚度为 65m，泥岩夹石膏连续累计厚度达 263m，占井下夏里组地层厚度的 26.5%。地震剖面上显示为一层弱反射层，地层较为平缓，连续性好，无大规模的破碎和错断，显示该套盖层受构造活动改造小（图 5-50），足以封闭油气。

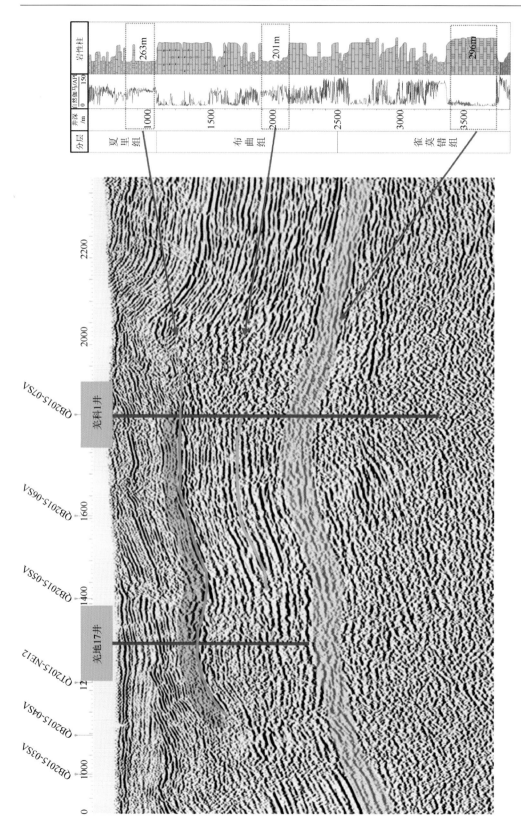

图 5-50　羌塘盆地半岛湖地区雀莫错组、布曲组和夏里组组盖层示意图

3. 中侏罗统布曲组盖层

在北羌塘龙尾湖地区的羌资 1 井以及南羌塘扎仁地区的羌资 2 井、羌资 11 井、羌资 12 井、羌资 14 井、羌地 17 井及羌科 1 井中，均钻遇到布曲组地层，其岩性组合为泥晶灰岩、微晶灰岩、生物碎屑灰岩、粒屑（鲕粒、砂屑、生物碎屑等）灰岩及白云质灰岩，盖层主要为致密的泥晶灰岩及微晶灰岩，盖层厚度为 195～490m，在南羌塘羌资 2 井中，灰岩盖层累计厚度超过 490m，占该井布曲组地层厚度的 77.6%，单层最大厚度可达 224m。

4. 中-下侏罗统雀莫错组盖层

雀莫错组地层主要见于北羌塘玛曲地区羌资 16 井及半岛湖地区羌科 1 井，盖层岩性主要为膏岩、泥岩、粉砂岩等。

羌资 16 井雀莫错组总厚度为 823.78m，仅膏岩厚度累计就可达 372m（图 5-50），主要分布在井段 258～630m，占地层厚度的 45.2%，石膏段岩心完整，多为灰—灰黑色，以粉石膏为主，少量硬石膏，具光泽，硬度低，易刻划，条痕白色，性脆，岩屑呈团块状，撵成粉末后具滑感。该段厚层的石膏少见溶蚀，厚度大，具有良好的封盖能力。从半岛湖地区羌科 1 井中，雀莫错组膏岩层的厚度达到了 270m，占地层厚度的 18.9%。从地震资料来看，该套雀莫错组盖层分布稳定，地层较为平缓，连续性好，为一套较好的区域性盖层（图 5-50）。

5. 中-下侏罗统色哇组盖层

色哇组地层主要见于南羌塘扎仁地区的羌资 2 井、其香错地区的羌资 9 井和羌资 10 井。其中，羌资 2 井岩性为紫红、深灰色泥岩、粉砂质泥岩与薄—厚层状白云质粉—中粒砂岩、岩屑石英细砂岩、岩屑砂岩。泥岩及粉砂质泥岩为该套地层的一般性盖层，分布于色哇组地层的中部及下部，累计厚度超过 121m，占该井色哇组地层厚度的 59%，单层最大厚度超过 87m。

羌资 9 井及羌资 10 井盖层岩性主要为灰—深灰—灰黑色含泥质粉砂岩、泥质粉砂岩、粉砂质泥岩，含粉砂质泥岩等。其中，羌资 9 井色哇组地层厚度为 600.1m，羌资 10 井色哇组地层厚度为 595.9m，盖层厚度大。

6. 上三叠统盖层

上三叠统盖层主要见于北羌塘玛曲地区的羌资 7 井、羌资 8 井、羌资 16 井，南羌塘隆鄂尼—鄂斯玛地区羌资 6 井、羌资 13 井和羌资 15 井，盖层岩性为泥岩及粉砂质泥岩。

在南羌塘隆鄂尼—鄂斯玛地区的羌资 6 井中，泥岩及泥质粉砂岩盖层累计厚度约为 35.15m，占该井上三叠统地层厚度的 6.4%；羌资 13 井中，泥岩及泥质粉砂岩盖层累计厚度超过 84m，占该井上三叠统巴贡组地层厚度的 14.1%；羌资 15 井中，泥岩及泥质粉砂岩盖层累计厚度超过 240m，占该井上三叠统巴贡组地层厚度的 40.5%，单层最大厚度可达 66m。

在北羌塘玛曲地区，羌资 7 井中，泥岩及泥质粉砂岩盖层累计厚度为 241m，羌资 8 井中，泥岩及泥质粉砂岩盖层累计厚度为 166m，但是它们均未见顶；羌资 16 井中，泥岩及泥质粉砂岩盖层累计厚度超过 417m，占该井上三叠巴贡组地层厚度的 93.7%，单层最大厚度可达 65.6m。

二、盖层封盖条件特征

羌塘盆地井下资料显示，盖层岩性众多，有膏岩、泥质岩、泥晶灰岩、泥灰岩、致密砂岩、粉砂岩等，不同岩性盖层的封闭性能不同。

1. 膏岩

膏岩是已被实践所证实了的优质盖层，从井下样品分析结果来看，膏岩的孔隙度、渗透率较低，分别为2.74%～3.85%和0.0352×10⁻³～0.1179×10⁻³μm²，排替压力较高，为33.6～45.1MPa，平均值为40.7MPa（表5-16），同时，井下资料显示，羌资16井和羌科1井雀莫错组膏岩厚度大于200m，膏岩显然可以作为好的盖层。

表 5-16 羌塘盆地井下各岩性盖层物性特征分析结果

样品编号	岩性	层位	孔隙度/%	渗透率/(×10⁻³μm²)	模拟上覆压力/MPa	模拟温度/℃	突破压力/MPa	排替压力/MPa
GW1-1	膏岩	J₂x	3.11	0.0883	18	30	34.6	43.9
GW2-1			3.85	0.1179	18	30	31.4	40.3
GW38-1			2.74	0.0352	18	30	33.9	45.1
GW-10			—	—	25	50	31.2	33.6
GW-11			—	—	25	50	30.4	40.5
GW-1	泥岩	J₂x	—	—	25	50	20.1	15.7
GW-2			—	—	25	50	21.2	7.5
GW-8			—	—	25	50	18.5	7.7
GW-9			—	—	25	50	24.3	9.9
GW361-1		J₂s	5.41	0.3569	18	30	2.05	5.05
GW-3	泥灰岩	J₂x	<1	<10⁻³	25	50	11.8	18.9
GW-4			<1	<10⁻³	25	50	0.95	9.7
GW-5			<1	<10⁻³	25	50	17.6	29.4
GW-6			<1	<10⁻³	25	50	16.1	7.3
GW-7			<1	<10⁻³	25	50	14.5	17.1
CW31-1	泥晶灰岩	J₂b	1.04	0.009	18	30	5.12	—
CW33-1			0.83	0.0136	18	30	5.12	—
CW37-1			1.38	0.0041	18	30	2.56	—
CW50-1			1.20	0.0053	18	30	2.56	—
CW63-1			0.60	0.0028	18	30	20.48	—
CW74-1			0.85	0.0031	18	30	2.56	—
CW77-1			1.03	0.0028	18	30	10.24	—
CW84-1			1.01	0.0026	18	30	2.56	—
CW92-1			1.15	0.0053	18	30	5.12	—

续表

样品编号	岩性	层位	孔隙度/%	渗透率/（×10⁻³μm²）	模拟上覆压力/MPa	模拟温度/℃	突破压力/MPa	排替压力/MPa
CW94-1			0.37	0.0031	18	30	81.92	—
CW97-1			0.66	0.0031	18	30	20.48	—
CW110-1			0.98	0.0060	18	30	10.24	—
CW111-1			1.68	0.012	18	30	5.12	—
CW115-1			1.05	0.0159	18	30	10.24	—
CW124-1	泥晶灰岩	J_2b	0.88	0.013	18	30	10.24	—
CW125-1			1.66	0.0043	18	30	2.56	—
CW131-1			0.63	0.0033	18	30	20.48	—
CW138-1			0.88	0.0080	18	30	5.12	—
CW139-1			1.02	0.0086	18	30	10.24	—
CW142-1			1.38	0.0067	18	30	5.12	—
CW143-1			0.77	0.0044	18	30	10.24	—

2. 泥岩

羌塘盆地井下泥岩类盖层主要分布于夏里组及色哇组地层中,孔隙度较低,大多小于5%,但渗透率略微偏高,排替压力较高,为5.05～15.7MPa,平均值为9.17MPa。从物性特征来看(表5-16),夏里组地层中泥岩的封盖性能明显好于色哇组地层中泥岩的封盖性能,而且,夏里组地层中泥岩类盖层厚度较大,累计厚度可达164m,单层最大厚度大于23m,泥岩中见石膏沉积,大大改善了泥岩作为盖层的封闭性能,因此,泥岩可以作为独立的盖层(Ⅲ类-Ⅱ类封油、Ⅲ类封气)。

3. 泥灰岩

羌塘盆地井下泥灰岩类盖层主要分布于夏里组地层中,具有低孔低渗的特征,所测试的样品孔隙度大多小于1%,渗透率小于$10^{-6}μm²$,排替压力较高,为7.3～29.4MPa,平均值为16.48MPa(表5-16)。泥灰岩单层厚度不大,最大单层厚度为11m,但泥灰岩常与泥岩或致密碎屑岩一起产出,其连续沉积最大厚度大于80m,二者共同形成好的Ⅰ类盖层(封油和封气)。

4. 泥晶灰岩

羌塘盆地井下泥晶灰岩类盖层主要分布于布曲组地层中,具有低孔低渗的特征,21件分析样品的孔隙度为0.60%～1.68%,平均值为1.00%,渗透率为0.0026×10⁻³～0.0159×10⁻³μm²,平均值为0.00652×10⁻³μm²,排替压力与泥灰岩相似,均大于5MPa(表5-16)。羌资1井和羌资2井中,泥晶灰岩的厚度存在一定的差异,南羌塘的羌资2井泥晶灰岩最大单层厚度可达234m,而北羌塘的羌资1井泥晶灰岩最大单层厚度仅为38m。但不论羌资1井还是羌资2井,泥晶灰岩均可作为较好的盖层(Ⅱ类-Ⅰ类封油、Ⅱ类封气)。

5. 致密碎屑岩

致密碎屑岩主要包括石英细砂岩、石英粉砂岩及泥质粉砂岩，这些碎屑岩类盖层主要分布于色哇组地层中，夏里组地层中也有少量分布，具有孔隙度高、渗透率较好的特征。9 件样品的孔隙度为 3.44%～9.14%，平均值为 6.82%；渗透率为 0.0877×10^{-3}～$0.8441 \times 10^{-3} \mu m^2$，平均值为 $0.3983 \times 10^{-3} \mu m^2$；排替压力为 4.51～46.81MPa，平均值为 17.36MPa（表 5-17）。在羌资 1 井中致密碎屑岩最大单层厚度为 42m，在羌资 2 井中致密碎屑岩类盖层厚度更大，其最大单层厚度超过 99m。综合分析表明，致密碎屑岩可作为一般至中等封油盖层，封气性能相对较差。

表 5-17　羌塘盆地井下各岩性盖层物性特征分析结果

样品号	岩石名称	层位	孔隙度/%	渗透率/（× $10^{-3}\mu m^2$）	模拟上覆压力/MPa	模拟温度/℃	突破压力/MPa	排替压力/MPa
GW320-1	泥质粉砂岩		8.64	0.8441			2.17	6.88
GW325-1	泥质粉砂岩		9.69	0.2816			3.71	8.86
GW334-1	石英粉砂岩		4.58	0.1871			8.11	46.81
GW341-1	石英粉砂岩		6.78	0.2711			1.88	4.51
GW342-1	石英细砂岩	J_2s	3.44	0.0877	18	30	3.53	7.65
GW349-1	石英粉砂岩		5.99	0.2332			8.91	45.80
GW352-1	石英细砂岩		6.76	0.9916			1.62	3.88
GW355-1	石英细砂岩		6.38	0.1744			7.82	28.87
GW356-1	石英粉-细砂岩		9.14	0.5138			1.42	2.95

三、井下与地表盖层特征对比

1. 膏岩封盖性对比

盆地膏岩十分发育，主要呈中—薄层状、块状产出或呈极薄层状夹于泥岩中，具纤维状、板状和粒状结构。由于前人石膏样品来自地表，受天水溶蚀影响而使其封盖性能极差（表 5-18），其孔隙度为 5.39%～31.7%、渗透率为 0.02×10^{-3}～$96.37 \times 10^{-3} \mu m^2$、饱和煤油突破压力为 0.20～1.10MPa、饱和水突破压力为 1.50～7.68MPa，膏岩平均孔隙直径为 6.59～136nm，而 50～100nm 的孔隙占 20%～46%（赵政璋等，2001b），显然不具有封闭特性。

表 5-18　羌塘盆地不同岩性盖层封盖性能统计表（据赵政璋等，2001b）

岩性	层位	孔隙度/%	渗透率/（× $10^{-3}\mu m^2$）	突破压力/MPa		排替压力/MPa	比表面/(m²/g)	扩散系数/（× 10^{-5}cm²/s）
				饱和煤油	饱和水			
石膏	J_3s	31.7	4.08	—	1.50	—	7.6212	0.0516
	J_2x	16.41	96.37	1.10	6.84	5.51	7.23	1.59
	J_2b	5.39	0.021	1.00	4.60	—	6.5	—
	J_2q	12.36	2.14	0.20	7.68	—	5.63	4.59

续表

岩性	层位	孔隙度/%	渗透率/(×10⁻³μm²)	突破压力/MPa		排替压力/MPa	比表面/(m²/g)	扩散系数/(×10⁻⁵cm²/s)
				饱和煤油	饱和水			
泥岩	J_2x	1.42	0.0012	9.00	18.37	—	2.8300	6.3650
	J_2b	1.14	0.0190	1.00	5.00	—	—	—
	J_2q	1.24	0.0028	—	8.74	—	—	—
	J_1q	2.00	0.0033	6.50	11.70	5.34	7.3400	0.0061
	T_3x	3.57	0.0223	3.00	9.00	—	10.24	0.0361
泥晶灰岩	J_3s	1.22	0.0420	6.30	10.68	—	3.8200	0.7080
	J_2x	1.85	0.1020	4.10	8.94	2.43	3.0800	6.6700
	J_2b	1.39	0.0650	2.98	7.21	10.34	4.0300	0.9244
	J_2q	0.87	0.0074	5.25	11.00	—	0.9000	—
	T_3x	2.77	0.0130	1.38	7.40	4.35	0.4300	2.2200
泥灰岩	J_3s	1.73	0.0295	0.20	2.30	8.00	0.2000	0.0398
	J_2x	1.34	0.0007	—	—	—	—	—
	J_2b	0.99		9.81	—	—	—	—
	J_2q	1.60	0.0028	—	22.20	—	—	—
	T_3x	2.59	0.0701	—	8.30	—	—	0.0409
致密砂岩	J_3s	3.25	0.0174	—	10.97	—	1.7504	2.3095
	J_2x	1.38	0.0084	7.00	11.80	—	0.7509	1.7480
	J_2b	4.37	0.0352	2.00	5.65	—	—	—
	J_2q	1.93	0.0037	4.00	9.00	—	—	0.3890
	J_1q	1.16	0.0021	—	—	—	—	—
	T_3x	0.83	0.0033	7.00	14.20	—	—	—

羌塘盆地井下 150m 范围内获取了 5 件石膏样品，其孔隙度比地表样品成倍数降低，排替压力明显比地表高（表 5-19）；在 50℃温度和 25MPa 覆压下的饱和水模拟突破压力分别为 31.2MPa 和 30.4MPa，也比地表样品的饱和水模拟突破压力高，且当地表样品的围压增加到 50MPa 时，温度为 70℃，突破压力可达到 32MPa（赵政璋等，2001b）。这表明石膏在地下具有极强的封盖能力。

表 5-19 地表及浅钻石膏岩封闭参数统计表

层位	样品号	孔隙度/%	渗透率/(×10⁻³μm²)	模拟有效上覆压力/MPa	模拟温度/℃	突破压力/MPa	排替压力/MPa	来源
E_2s	D3091G1	7.01	0.0946	25	50	26.5	—	龙尾湖区块地表
	D3091G2	7.69	0.0684	25	50	27.8	—	
	D3091G3	5.98	0.0553	25	50	29.3	—	
J_3x	D7051G1	4.23	1.6916	25	70	0.98	—	
J_3s	D3022G1	8.53	0.3325	25	70	29.3	—	

续表

层位	样品号	孔隙度/%	渗透率/($\times 10^{-3} \mu m^2$)	模拟有效上覆压力/MPa	模拟温度/℃	突破压力/MPa	排替压力/MPa	来源
J_3s	D3015G2	6.24	0.3337	25	70	20.6	—	龙尾湖区块地表
	D3015G1	5.73	0.0557	25	70	25.5	—	
J_2x	GW10	3.20	0.2254	25	50	31.2	33.6	浅钻
	Gw11	2.46	0.2548	25	50	30.4	40.5	
	Gw1-1	—	—	180	30	34.6	43.9	
	Gw2-1	—	—	180	30	31.4	40.3	
	Gw38-1	—	—	180	30	33.9	45.1	

2. 泥岩封盖性对比

羌塘盆地各层位地表泥岩（表 5-18）孔隙度为 1.14%~3.57%，渗透率为 0.0028×10^{-3}~$0.0223\times10^{-3}\mu m^2$，饱和水突破压力为 5.00~18.37MPa，饱和煤油突破压力为 1.00~9.00MPa，排替压力为 5.34MPa，显示泥岩盖层孔隙度小、孔渗性特低、排替压力和突破压力高的特点。

地下浅钻泥岩排替压力为 7.5~15.7MPa（表 5-20），平均值为 10.20MPa，比地表的排替压力明显偏高；在 50℃温度和 25MPa 覆压下的饱和水模拟突破压力为 18.5~24.3MPa，平均值为 21.0MPa，明显比地表泥岩突破压力、排替压力大，显示泥岩在地下的封盖性能更好。

表 5-20　羌资 1 井浅钻泥岩封闭参数统计表

层位	样品号	模拟有效上覆压力/MPa	模拟温度/℃	突破压力/MPa	排替压力/MPa
J_2x	GW-1	25	50	20.1	15.7
	GW-2	25	50	21.2	7.5
	GW-8	25	50	18.5	7.7
	GW-9	25	50	24.3	9.9

泥岩中黏土矿物的伊利石和蒙脱石，具有较强的可塑性、吸水膨胀性和封闭性。赵政璋等（2001b）的研究中，泥岩孔隙以小于 10nm 的微小孔隙为主（＞45%），平均孔隙直径为 1.63~12.61nm。

3. 泥晶灰岩封盖性对比

盆地地表各层位泥晶灰岩盖层（表 5-18）以特低孔特低渗为主，突破压力、排替压力较大；孔隙度为 0.87%~2.77%、渗透率为 0.0027×10^{-3}~$0.1020\times10^{-3}\mu m^2$，饱和水突破压力为 7.00~11.00MPa、饱和煤油突破压力为 1.38~6.30MPa、排替压力为 2.43~10.34MPa。

地下浅钻泥晶灰岩排替压力为 7.3~29.4MPa（表 5-21），平均为 17.9MPa，比地表排替压力显著增高；在 50℃温度和 25MPa 覆压下的饱和水模拟突破压力为 14.5～17.6MPa，平均为 16.1MPa，比地表突破压力明显偏高。这表明地下泥晶灰岩的封盖性能比地表好。

表 5-21　羌资 1 井浅钻泥晶灰岩及泥灰岩封闭参数统计表

层位	样品号	岩性	模拟有效上覆压力/MPa	模拟温度/℃	突破压力/MPa	排替压力/MPa
	GW-3	泥灰岩	25	50	11.8	18.9
	GW-4	泥灰岩	25	50	0.95	9.7
J_2x	GW-5	泥晶灰岩	25	50	17.6	29.4
	GW-6	泥晶灰岩	25	50	16.1	7.3
	GW-7	泥晶灰岩	25	50	14.5	17.1

4. 泥灰岩封盖性对比

地表各层位泥灰岩（表 5-18）的孔隙度为 0.99%～2.59%、渗透率为 0.0007×10⁻³～0.0701×10⁻³μm²、饱和水突破压力为 2.30～22.20MPa、饱和煤油突破压力为 0.20～9.81MPa，具有特低孔特低深，突破压力高为特征。

地下浅钻泥灰岩（表 5-21）的排替压力为 9.7～18.9MPa，平均值为 14.3MPa；在 50℃温度和 25MPa 覆压下的饱和水突破压力为 0.95～11.8MPa，平均值为 6.4MPa，与地表样品的突破压力相近。

四、盖层发育的因素探讨

影响盖层封盖性能的因素众多，如岩性、韧性、厚度、连续性、构造活动等，且各因素又相互制约、相互弥补。

1. 盖层的岩性

不同岩性盖层的封盖性能不同，泥质岩盖层由于孔隙细小，其排替压力往往很高，具有较强封盖能力。钻井表明，羌塘盆地井下盖层岩性众多，盖层有膏岩、泥质岩、泥晶灰岩、泥灰岩、致密碎屑岩等。其中，羌资 16 井及羌科 1 井雀莫错发育泥岩-膏岩层，羌资 1 井、羌地 17 井及羌科 1 井揭示夏里组中发育膏岩-泥岩盖层，具有良好封盖条件。

2. 盖层的厚度

盖层厚度间接影响其封盖能力，一般局部盖层厚度为几十米甚至几米即可，而区域盖层的厚度往往需要百余米甚至几百米。羌资 16 井及羌科 1 井中雀莫错组膏岩层厚度达 300m 以上，羌科 1 井及羌地 17 井夏里组膏岩-泥岩厚度也超过 200m，封盖性能良好。

3. 连续性和分布范围

分布范围大、连续性好的区域盖层对于油气封盖最为有利。从钻井钻遇的实际并结合区域情况来看，上三叠统巴贡组泥岩盖层和中-下侏罗统雀莫错膏岩-泥岩盖层组及中侏罗统夏里组泥岩-膏岩盖层分布面积广、厚度大，具备作为区域盖层的条件。其他层组都有分布局限，或者厚度较小，或者封盖岩石类型欠佳而只能作为局部地区的盖层。

4. 韧性

盖层的韧性对油气封存也很重要，在构造变形中，脆性盖层易出现裂缝，而韧性盖层不易产生断裂和裂缝。通常，韧性的顺序由大到小依次为：盐岩＞硬石膏＞富含有机质页岩＞页岩＞粉砂质页岩＞钙质页岩＞燧石岩。雀莫错地区羌资 16 井石膏层和北羌塘拗陷中心的半岛湖—万安湖地区羌科 1 井石膏层厚度均超过 300m，具有较好韧性，是优良的封盖层。

5. 构造活动对盖层封闭性的破坏作用

构造活动对盖层封闭性具有破坏作用，构造活动越强烈的地区，盖层保存条件越不好，越不利于盖层封盖油气。从图 5-50 地震剖面上可以看见，夏里组和雀莫错组地层显示为一层弱反射层，地层较为平缓，连续性好，无大规模的破碎和错断，显示这两套最为重要的区域性套盖层受构造活动改造小，构造活动对盖层的封闭性破坏不大。

第六节　油气成藏条件

一、油气显示及油源

1. 主要油气显示

羌塘盆地地质调查井中，已有多口钻井发现了油气显示，钻遇油苗的地层包括下二叠统、上三叠统巴贡组、中侏罗统夏里组、布曲组和索瓦组，主要为含油白云岩和沥青等（表 5-22）。

表 5-22　羌塘盆地地质调查井中油气显示统计

井名	构造位置	地区	层位	显示类型
羌资 1 井	北羌塘	龙尾错	J_2x	沥青
羌资 2 井	南羌塘	扎仁	J_2b	沥青
羌资 3 井	北羌塘	托纳木	J_3s	沥青
羌资 5 井	中央隆起	角木茶卡	P_3l	沥青、含油白云岩
羌资 7 井	北羌塘	玛曲	T_3	沥青
羌资 8 井	北羌塘	玛曲	T_3	沥青
羌资 11 井	南羌塘	隆鄂尼—鄂斯玛	J_2b	含油白云岩
羌资 12 井	南羌塘	隆鄂尼—鄂斯玛	J_2b	含油白云岩
羌资 16 井	北羌塘	玛曲	T_3b	沥青
羌地 17 井	北羌塘	万安湖	E_2s、J_2b	含油石膏、气显示

1）二叠系

羌资 5 井见有油气显示的井段为 10～92m、152～731m 和 867～1001.4m。油气显示以沥青为主，还有含油白云岩（图 5-51）。沥青主要充填于层间缝、构造缝、溶蚀形成的孔、洞中 [图 5-51（a）、图 5-51（c）、图 5-51（d）]，含油白云岩断面呈砂状、黑色，用地质锤敲开后可以闻到浓烈的油气味 [图 5-51（b）]。

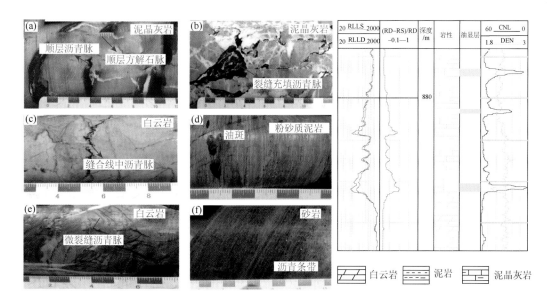

图 5-51 羌资 5 井油气显示特征

注：RLLS 为浅测视电阻率（Ω·m）；RLLD 为浅测视电阻率（Ω·m）；CNL 为补偿中子（PU）；DEN 为补偿密度（g/cm³）

2）三叠系

羌塘盆地玛曲地区羌资 7 井、羌资 8 井及羌资 16 井三叠系地层中都发现大量油气显示，主要为沥青，充填于孔、洞、缝中，与沥青一起还常伴生有白色方解石石脉（图 5-52、图 5-53）。

图 5-52 羌资 8 井层间缝中充填沥青

图 5-53 羌资 16 井层间缝中充填沥青

3）侏罗系

羌资 2 井、羌资 11 井和羌资 12 井位于南羌塘隆鄂尼—昂达尔错古油藏带上，钻遇的地层为布曲组地层。羌资 2 井布曲组碳酸盐岩缝合线（或裂缝）中除发现大量沥青，还在荧光录井、荧光薄片、包裹体研究中发现大量油气显示。沥青大多呈薄膜状分布于裂缝（或缝合线）的表面，偶尔在溶孔中有沥青发现，但这些沥青多充填于溶孔表面。在羌资 11 井 589～600m 段和羌资 12 井 0～120m 段分别发现厚度大于 11m 和 100m 的含油白云岩段（图 5-54），呈灰黑色—浅黑色，砂糖状晶粒结构，晶粒大小不等，从中晶到细晶均有存在，以细晶为主，敲开可闻到浓烈油气味。

图 5-54　羌塘盆地羌资 11 井和羌资 12 井含油白云岩照片

羌资 3 井沥青油主要为顺岩层面裂缝充填，其次为灰岩中的压溶线充填和少量孔洞充填。井段 116.6～119.6m 的沥青油气显示最厚部分约为 2cm，玻璃光泽，污手，顺岩层面产出，在海拔 5260m 氧气稀薄的环境中能燃烧（图 5-55）。

在北羌塘拗陷万安湖地区羌地 17 井中，气测曲线在 1484～1485m 出现高峰值，$\sum C_n$ 0.186↑3.901%，C_1 0.154↑3.781%。并进行了 3 次后效观测，其中 8 月 14 日对该段的后效观测中，气测值达到高峰。全烃 0.253↑10.587%，C_1 0.238↑0.10.197%，C_2 0.000↑0.001%，C_3 0.000↑0.003%（图 5-56）：其他组分无，持续时间约为 7min，反映该段含气性较好，结合岩心观察，认为该段含气层可能是裂缝含气层。

(a) 115.6～117.2m 井段砂岩中充填的沥青　　(b) 461.6～464.6m 井段灰岩压溶缝内的沥青

图 5-55　羌资 3 井裂缝中充填的沥青

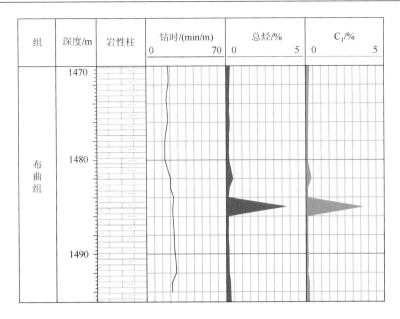

图 5-56　羌地 17 井布曲组 1470.00～1495.00m 井段气测曲线图

2. 油源对比研究

（1）生物标志物综合参数对比。羌塘盆地东部羌资 16 井三叠系巴贡组沥青的族组成均以较高饱和烃含量和高饱芳比为特征，主峰碳和 Pr/Ph 较低，均具前高单峰型的正构烷烃分布形态；油苗甾烷、萜烷的分布特征也表明油苗母质来源于低等藻类等水生生物，生物标志物成熟度参数 $C_{29}\alpha\alpha\alpha20S/\alpha\alpha\alpha$（20S+20R）、$C_{29}\alpha\beta\beta/$（$\alpha\alpha\alpha+\alpha\beta\beta$）和 $C_{31}22S/$（22S+22R）等表明，油苗处在成熟阶段。从已经有的研究结果来看，三叠系巴贡组发育的暗色泥岩可能是油苗的母源，其有机碳含量较高，为 0.62%～1.42%，平均值为 1.15%，为中等—好烃源岩，有机质类型为 II$_2$-III 型，镜质体反射率为 0.89%～1.44%，平均值为 1.1%，处在成熟—高成熟阶段。从三叠系巴贡组烃源岩与油苗的生物标志物参数的对比来看（图 5-57），它们具有较好的对比性，表明三叠系油苗可能来自三叠系巴贡组烃源岩。

（2）单体烃碳同位素对比。单体烃碳同位素将油源对比提高到了分子级别，原油单体正构烷烃碳同位素组成主要受其形成的沉积环境和母质类型控制。图 5-58 给出了羌塘盆地羌资 16 井中油苗与烃源岩单体烃碳同位素对比图。

可以看出巴贡组烃源岩样品的单体烃碳同位素组成也较轻，并且与油苗的分布形式和变化趋势基本相似，但是单体烃碳同位素还是存在一定的差别，表明了油苗混合来源的特征，即羌资 16 井巴贡组地层中油苗除主要来自巴贡组烃源岩，还可能存在其他来源，需要进一步研究。

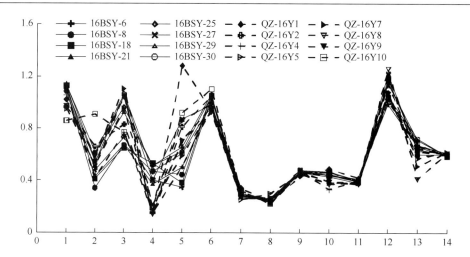

图 5-57　羌塘盆地羌资 16 井三叠系油苗与烃源岩生物标志物对比图（实线为烃源岩，虚线为油苗）

横坐标：1. OEP；2. Pr/C$_{17}$；3. Ph/C$_{18}$；4. Pr/Ph；5. C$_{21}$/C$_{21}^{+}$；6. CPI；7. C$_{27}$；8. C$_{28}$；9. C$_{29}$；10. C$_{29}$ 甾烷 20S/(20S+20R)；11. C$_{29}$ 甾烷 ββ/[(αβ+ββ)]；12. T$_{s}$/T$_{m}$；13. C$_{24}$ 四环萜烷/C$_{26}$ 三环萜烷 14. C$_{31}$ 藿烷-22S/(S+R)

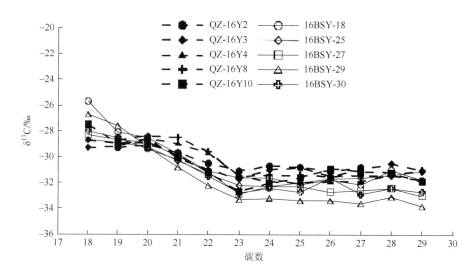

图 5-58　羌塘盆地羌资 16 井油苗与烃源岩单体烃碳同位素对比图（实线为烃源岩，虚线为油苗）

3. 南羌塘布曲组井下油苗对比

1）羌资 2 井布曲组油苗

（1）生物标志物综合参数对比。生物标志物综合参数对比表明，羌资 2 井中沥青可能存在两种不同的油源，一种以样品 169 为代表，具有高的 Pr/Ph（1.48）和明显偏低的三环萜烷/藿烷（1.03）；另外一种以样品 147 和 180 为代表，这些沥青具有相对较低的 Pr/Ph（0.60~0.89）和高的三环萜烷/藿烷（2.07~2.08）。显然，羌资 2 井中沥青的各生物标志物参数与井下布曲组烃源岩各生物标志物参数是完全一致的（图 5-59），反映了该井中沥青来自布曲组烃源岩，是烃源岩自生自储的产物。

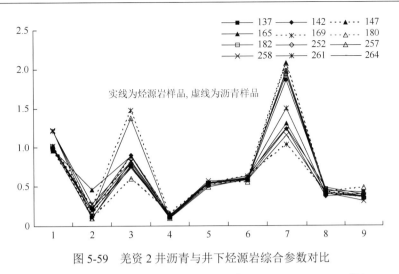

图 5-59　羌资 2 井沥青与井下烃源岩综合参数对比

横坐标：1. OEP；2. C_{21}^-/C_{21}^+；3. Pr/Ph；4. 伽马蜡烷/$\alpha\beta$-C_{30}藿烷；5. $T_s/(T_s+T_m)$；6. C_{31}藿烷-22S/(S+R)；
7. 三环萜烷/藿烷；8. C_{29}甾烷 20S/(20S+20R)；9. C_{29}甾烷 $\beta\beta/(\alpha\beta+\beta\beta)$

（2）单体烃碳同位素对比。羌资 2 井中，沥青正构烷烃碳同位素分布范围为 −27.44‰～−31.91‰，姥鲛烷和植烷碳同位素组成分别为−29.58‰～−29.90‰和 −29.96‰～−30.29‰，总体上各沥青样品之间正构烷烃碳同位素的差异并不明显，反映了油源的相对单一，这一特征与饱和烃图谱所反映的特征是一致的。在沥青与井下烃源岩单体烃碳同位素分布模式对比图（图 5-60）上，沥青的单体烃同位素曲线与井下布曲组烃源岩的单体烃碳同位素曲线几乎完全重合，也表明这些沥青主要来源于布曲组烃源岩，是烃源岩自生自储的产物。

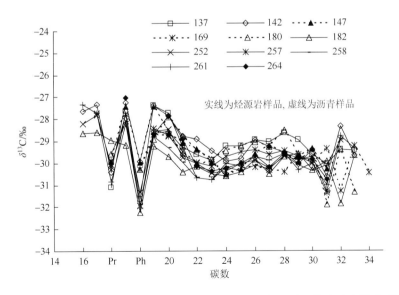

图 5-60　羌资 2 井中沥青与烃源岩正烷烃及姥鲛烷、植烷碳同位素分布模式对比

2）羌资 11 井、羌资 12 井油苗对比

对研究区羌资 11 井、羌资 12 井含油白云岩样品类异戊二烯烃、萜烷、甾烷等化合物进行系统的分析，并与羌资 2 井深灰色泥晶灰岩（部分样品）、研究区附近曲色组、夏里组烃源岩样品的 12 个生物标志化合物参数进行对比分析，发现其与布曲组灰岩、夏里组泥页岩及曲色组页岩之间都具有较好的对比性（图 5-61、图 5-62）。

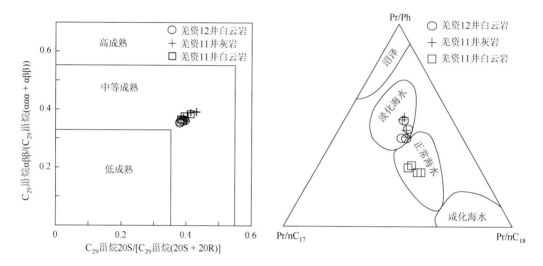

图 5-61　羌资 11、羌资 12 井含油样品 Pr/Ph–Pr/nC_{17}–Ph/nC_{18} 分布图解

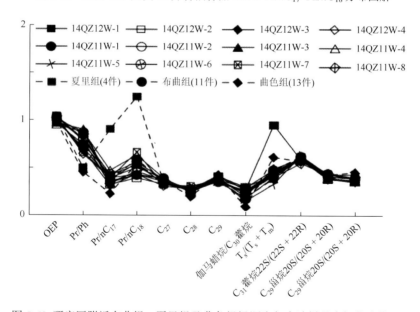

图 5-62　研究区附近布曲组、夏里组及曲色组烃源岩与含油样品生标化合物对比

关于南羌塘地区隆鄂尼—昂达尔错古油藏带的油源问题，前人进行过一定的研究，其认识也各不一致。王成善等（2001）通过原油的单体碳同位素及生标化合物研究表明隆鄂尼古油藏油源来自毕洛错油页岩；赵政璋等（2001c）认为隆鄂尼地区古油藏油源

来自夏里组烃源岩；付修根等（2007）研究认为扎仁古油藏油源具有混合来源的特征，主要来自夏里组烃源岩，可能也存在毕洛错油页岩的混入；季长军等（2013）通过对 D-2 井中含油白云岩分析，认为原油可分成两类，第一类可能来自曲色组和布曲组烃源岩，第二类可能来源于夏里组。

井下及地表烃源岩研究表明，布曲组和夏里组烃源岩有机碳含量偏低，可能不具备形成如此大规模古油藏带的条件，其生标化合物之间拟合度高也可能与布曲组灰岩中混有原油和夏里组提供部分油源有关。而比洛错曲色组油页岩尽管厚度不大，但是其有机碳含量高，平均含量可达到 8.34%，其烃源岩品质远远好于夏里组和布曲组，具备形成大型油气藏的潜力。曲色组油页岩干酪根碳同位素正偏，与全球早侏罗世托尔期（Toarician）缺氧时间存在很好的对应关系，这可能是其烃源岩品高的原因。曲色组黑色页岩生标化合物与原油之间存在一定的差异性，这可能与混入了部分其他油源及具有较高热演化程度有关。基于以上认识，本书认为南羌塘古油藏的油源可能为混合来源，油源主要来自中下侏罗统曲色组油页岩，可能混入了部分其他来源的油源。

4. 索瓦组油苗

羌资 3 井沥青正构烷烃分布均为前低后高的单峰型，主峰碳为 $nC_{17} \sim nC_{18}$，碳数范围 $nC_{10} \sim nC_{35}$，nC_{21}^- / nC_{21}^+ 为 1.0～1.12～0.24，OEP 为 0.81～1.0。羌资 3 井中沥青正构烷烃的分布模式与井下索瓦组烃源岩正构烷烃分布模式较为相似。

索瓦组泥岩与沥青类异戊二烯烷烃、伽马蜡烷/C_{30} 藿烷、甾烷 C_{27}、C_{28}、C_{29} 等生物标志物参数表明它们母质形成沉积环境与母源输入具有较好的一致性（图 5-63），反映了沥青与泥岩之间具有亲缘关系的特点。同时，泥岩与沥青中反映成熟度的生物标志化合物参数 $T_s/(T_s+T_m)$、C_{31}22S/(22S+22R)、$C_{29}\alpha\alpha\alpha$20S/(20S+20R) 和 $C_{29}\alpha\beta\beta/(\alpha\beta\beta+\alpha\alpha\alpha)$ 在数值上差异也较小，表明羌资 3 井沥青与泥岩处于相同的成熟演化阶段。

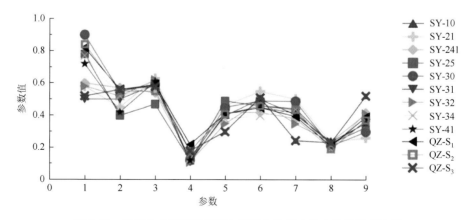

图 5-63　羌资 3 井索瓦组沥青与泥岩生物标志化合物参数对比图

1. Pr/Ph；2-$T_m/(T_s+T_m)$；3. 22S/(22R+22S)-C_{31}Hop；4. γ 蜡烷/C_{30}Hop；5. $C_{29}\alpha\alpha\alpha$20S/(20S+20R)；6. $C_{29}\alpha\beta\beta/(\alpha\beta\beta+\alpha\alpha\alpha)$；
7. 5α-C_{27}/(5α-C_{27}+5α-C_{28}+5α-C_{28})；8. 5α-C_{28}/(5α-C_{27}+5α-C_{28}+5α-C_{28})；9. 5α-C_{29}/(5α-C_{27}+5α-C_{28}+5α-C_{28})

前人也曾对安多 114 道班索瓦组油苗、西长梁索瓦组含油灰岩油苗做过研究，通过碳同位素、单体烃同位素、生物标志化合物、沥青"A"族组成、饱和烃、荧光光谱、三芳甾类烃和有机质成熟度等方法的对比,结果表明安多114道班索瓦组油苗来自本地区上侏罗统索瓦组灰岩,西长梁索瓦组油苗来源于索瓦组灰岩（赵政璋等,2001b）,这些都说明了羌塘盆地索瓦组油苗具有自生自储的特征。

二、包裹体特征

对采自羌塘盆地地质调查井中侏罗系和三叠系包裹体进行了研究,探讨了油气成藏期次与成藏时间的科学问题。

1. 侏罗系包裹体

对羌塘盆地羌科 1 井侏罗系布曲组地层裂缝充填包裹体进行了岩相、温度和成分研究。包裹体样品为构造裂缝中充填的脉体,主要包括方解石脉和石英脉（表5-23）。

表 5-23　羌塘盆地布曲组包裹体测温数据

样品编号	地层	深度/m	类型	冰点温度/℃	均一温度/℃	气液比	气相成分	液相成分
Sbg09	J_2b	−209	G	−6	0	7	N_2	H_2O-N_2
Sbg10	J_2b	−235	G-L	−8.9	189	8	CH_4-H_2-H_2S-N_2	H_2O-CH_4-H_2S
Sbg11	J_2b	−235	G-L	−2.6	128	7	CO_2-CH_4-H_2S-H_2-N_2	H_2O-CO_2-CH_4
Sbg12	J_2b	−251	G-L	−4.2	171	6	H_2S-N_2-H_2	H_2O-H_2S
Sbg13	J_2b	−271	G-L	−2.0	122	11	CH_4-H_2S-H_2	H_2O-CH_4-H_2S
Sbg15	J_2b	−331	G	−3.8	21	8	CO_2	H_2O-CO_2
Sbg16	J_2b	−394	G-L	−10.2	241	9	CO_2-CH_4	H_2O-CH_4-CO_2
Sbg17	J_2b	−437	G-L	−10.6	225	10	CO_2-H_2S-CH_4-H_2-N_2	H_2O-CO_2-H_2S CH_4
Sbg18	J_2b	−445	G-L	−11.3	306	7	CH_4-H_2S-N_2-H_2	H_2O-H_2S
Sbg19	J_2b	−520	G-L	−8.8	135	6	H_2S-CO_2-CH_4	H_2O-CH_4-CO_2-H_2S
Sbg20	J_2b	−546	G-L	−10.3	351	7	CH_4-H_2S-H_2	H_2O-CH_4-H_2S
Sbg21	J_2b	−593	G-L	−12.3	254	8	CH_4-H_2S-H_2	H_2O-CH_4-H_2S
Sbg22	J_2b	−597	G	−2.7	82	11	CH_4-H_2-N_2-H_2S	H_2O-CH_4-H_2S
Sbg22	J_2b	−597	G-L	−2.6	124	7	CH_4-H_2-N_2-H_2S	H_2O-CH_4-H_2S
Sbg23	J_2b	−598	G-L	−13.8	255	9	CH_4-H_2S-H_2	H_2O-CH_4-H_2S
Sbg24	J_2b	−680	G-L	−4.5	208	8	CO_2-CH_4-H_2S-H_2	H_2O-CO_2-H_2S-CH_4
Sbg24	J_2b	−680	G-L	−5.5	241	6	CO_2-CH_4-H_2S-H_2	H_2O-CO_2-H_2S-CH_4
Sbg25	J_2b	−679	G-L	−7.1	270	9	CH_4-N_2-H_2S-H_2	H_2O-H_2S-CH_4
Sbg25	J_2b	−679	G-L	−3.8	252	7	CH_4-N_2-H_2S-H_2	H_2O-H_2S-CH_4
Sbg27	J_2b	−727	G-L	−4.1	187	5	CH_4-CO_2-H_2S-H_2-N_2	H_2O-CO_2-H_2S-CH_4
Sbg28	J_2b	−728	G-L	−7.6	323	12	CO_2-CH_4-H_2	H_2O-CO_2-H_2S
Sbg29	J_2b	−778	G-L	−3.4	222	9	CH_4-H_2S-H_2	H_2O-CH_4-H_2S
Sbg30	J_2b	−826	G-L	−12.1	22	7	CO_2	H_2O-CO_2

注：G-L 为气液相包裹体；G 为气相包裹体

1）显微荧光特征

羌塘盆地流体包裹体多具有荧光特征，且主要为淡黄色荧光包裹体和淡蓝白色荧光包裹体两类。图 5-64 中同时发育两类包裹体群，根据脉体微观穿插关系可以判断早期包裹体群具淡黄色荧光，后期包裹体显示淡蓝白色荧光。根据油气包裹体分类方案，羌塘盆地包裹体大部分具有淡黄色—蓝白色荧光，判定羌塘盆地主要为轻质油包裹体，属于成熟—高成熟热演化阶段。

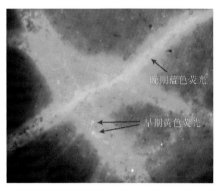

图 5-64 羌塘盆地布曲组中两期荧光特征

2）温度参数

研究样品的流体包裹体的冰点温度为 –2.0～14.2℃，变化幅度较大。均一温度为 –1.1～367℃。冰点温度直方图 [图 5-65（a）] 显示出三个比较明显的温度区间，但均一温度的直方图 [图 5-65（b）] 中很难区别出几个温度区间，分析其原因为数据中包含大量羌科 1 井的数据，而岩心中样品可能具有连续的温度特征，从而在直方图中难以区别。为此，通过分析羌科 1 井均一温度和深度的关系，发现样品的深度与包裹体的均一温度之间具有负相关关系 [图 5-65（c）]，即随着深度增加，均一温度增加。

羌塘盆地内包裹体的冰点温度均大于 –12℃，主体为 –3～–7℃，据曹青等（2013）的观点，推算其盐度也应小于 15%。另外，将均一温度和冰点温度之间进行相关分析发现，两者较强的正相关关系 [图 5-65（d）]，即均一温度越高，冰点温度越小。

根据本书包裹体样品均一温度分布直方图 [图 5-65（b）]，至少存在六期主要的流体活动事件，分别为：0～22℃、76～85℃、122～128℃、172～189℃、220～255℃ 和 300～370℃。其中，0～22℃ 可能对应于超晚期构造抬升之后的流体活动，不含烃类物，与油气运移成藏无关。另外 5 期包裹体均含有烃类物质，可能与油气运移有关。

3）成分特征

井下部分样品中仍然检测到了明显的甲烷拉曼峰（图 5-66），其中 Sbg10 和 Sbg13 的拉曼峰相对于背景而言稍弱些，最明显的是样品 Sbg25，它具有比较宽的有机气体峰，所含气体成分主要为 CH_4，还有一定的 H_2S、N_2 和 H_2，甲烷气体所占比例最高，为 55.7%。

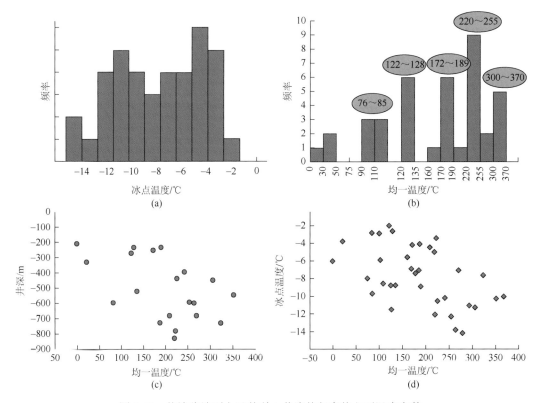

图 5-65　羌塘盆地面上及羌科 1 井流体包裹体主要温度参数

4）油气成藏期次

通过有机包裹体分析，本书中与油气运移成藏的包裹体有五期：第一期为 76～85℃，可能为烃源岩刚开始进入生油窗时的流体活动，主要出现于隆鄂尼地区的含油白云岩中。根据羌塘盆地的埋藏史，此次流体活动应该对应于中侏罗世晚期，生成的油气优先被优质储层白云岩储存下来。

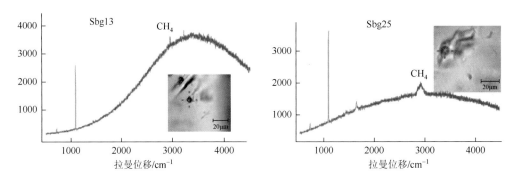

图 5-66　羌塘中生代盆地流体包裹体特征激光拉曼谱图

第二期为 122～128℃，可能为油气大量生产过程中的流体活动，此次流体活动在羌塘盆地内普遍存在。此次流体活动于晚侏罗—早白垩世，对应于羌塘盆地最高的海相沉积时期。

第三期和第四期分别为172～189℃和220～255℃，是本书中包裹体数量最多的期次，可能对应于干气生成阶段，这也与羌塘盆地内热演化程度普遍较高的特征相符，暗示羌塘盆地内可能存在天然气藏。该期对应于羌塘盆地内的第二次生烃高峰，时间为新近纪中—晚期，大约为18Ma，是羌塘盆地接受新生代大量陆相沉积的结果。

第五期为300～370℃，该期流体活动在羌塘盆地内鲜有报道，仅南征兵等（2010）在羌塘盆地东部的火山岩石英脉中发现有如此高温的含烃类流体活动，该期流体活动可能与岩浆或其他热液活动有关。

2. 三叠系包裹体

羌资6井井深549.65m，本书研究主要对羌资6井样品进行有机包裹体荧光观察和荧光光谱分析，在此基础上，开展包裹体显微测温、测盐等系统分析。

1）包裹体荧光特征

通过单偏光显微镜观察和显微荧光分析，羌参-6井包裹体种类包括盐水溶液包裹体、含烃盐水包裹体、纯气相包裹体、油包裹体、气液两相包裹体、固态发棕红色荧光沥青包裹体等（图5-67）。

其中，盐水包裹体在荧光下无色透明，以单相和气水两相存在，主要分布于石英颗粒内裂纹、穿石英颗粒裂纹及石英颗粒次生加大边中，大小多集中在 3～5μm，平均值为3.5μm，气液比值主要为3%～7%，平均值为4.9%。纯气相包裹体、油包裹体和含烃盐水包裹体，主要分布于石英颗粒内裂纹、石英颗粒次生加大边中，个体较小，多集中在2～5μm，平均值为3.6μm，气液比值多集中在8%～10%，平均值为8.1%。

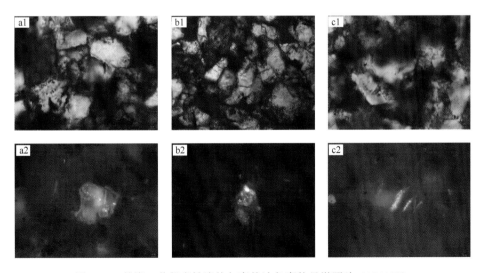

图5-67　羌资6井代表性流体包裹体油包裹体显微照片（10×20）

a1、a2样品编号：13B-233，岩屑石英细砂岩；穿石英颗粒裂纹中见大量发蓝白色荧光油包裹体；有机包裹体丰度为5.1%（a1为透射光，a2为荧光，后同）。b1、b2样品编号：13B-293，岩屑石英细砂岩；穿石英颗粒裂纹见大量发深黄色、蓝白色、黄绿色荧光油包裹体；有机包裹体丰度为4.8%。c1、c2样品编号：13B-244，岩屑石英细砂岩；穿石英颗粒裂纹中见大量发浅黄色、深黄色荧光油包裹体；有机包裹体丰度为4.0%

　　2）流体包裹体显微测温

　　鄂纵错地区上三叠统砂岩储集层中流体包裹体发育广泛，其形态、赋存状态、荧光特征、相组分、均一温度等方面存在着明显的差异。本次对流体包裹体形态、赋存状态、荧光特征、均一温度等进行综合研究后表明，羌塘盆地鄂纵错地区上三叠统土门格拉组储集层至少发生过5期热流体活动［图5-68（a）］和4期油气充注活动［图5-68（b）］。

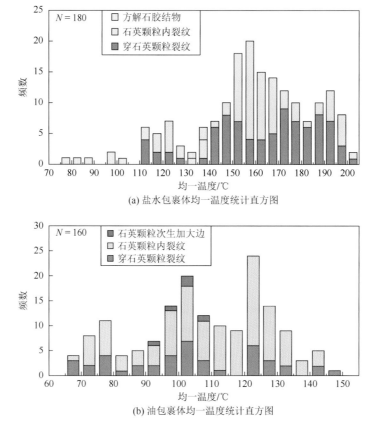

(a) 盐水包裹体均一温度统计直方图

(b) 油包裹体均一温度统计直方图

图5-68　鄂纵错地区土门格拉组储集层中流体包裹体均一温度统计

　　5期热流体活动均一温度依次为：第1期为70～100℃，这一期盐水包裹体数量较少；第2期为100～130℃，主峰为110～120℃；第3期为130～160℃，主峰为150～160℃；第4期为160～175℃，主峰为160～170℃；第5期为175～200℃，主峰为185～195℃。从成岩矿物中捕获的盐水包裹体发育规模来看，第3期、第4期热流体活动为鄂纵错地区最主要的热流体活动。

　　4期油气充注活动均一温度依次为：第1期为60～75℃，主峰为70～75℃；第2期为75～105℃，主峰为95～105℃；第3期为105～130℃，主峰为120～130℃；第4期为135～145℃，主峰为130～140℃。其中，第1期、第2期、第3期以油充注为主，与其共生的为第1期、第2期、第3期热流体活动，第4期以天然气充注为主，与其共生的为第4期热流体活动。

3）油气成藏时间

将各期有机包裹体共生的盐水包裹体均一温度"投影"到该地区的热演化埋藏史并参考前人研究成果，将鄂纵错地区上三叠统储集层中的主要成藏期划分为4期。

第1期成藏时间为168.1～162.5Ma，即中侏罗世中期，这个时期随着班公湖-怒江洋盆的进一步扩张，羌塘盆地发生了整体性大规模下沉（拗陷），发生了一次侏罗纪最大规模的海侵，鄂纵错地区被海水覆盖，开始大规模接受沉积，埋藏深度逐渐加大，烃源岩达到生烃门限开始产出少量的低成熟油向土门格拉组储集层运移并保存。

第2期成藏时间为162.5～145.3Ma，即中侏罗世中期到晚侏罗世晚期，这个时期羌塘盆地发生了侏罗纪以来的第二次大规模海侵，土门格拉组烃源岩埋藏深度进一步加大，大量高成熟油以及部分裂解气开始充注到土门格拉组储集层中。

第3期成藏时间为145.3～139.6Ma，即晚侏罗世晚期到早白垩世早期，随着班公湖-怒江洋盆关闭，羌塘盆地南部迅速抬升，海水逐步向西北部退缩，形成一个向西北开口的海湾-潟湖环境，鄂纵错地区烃源岩埋藏深度继续加深，与第2期成藏过程一起是该地区最主要的轻质油充注期，由于在这个时期的后期鄂纵错地区进入了构造活动强烈的陆内改造期，对本地区油气运聚形成规模油气藏产生了较大的影响。

第4期成藏时间为16.3～9.6Ma，即中新世中期，随着陆内拉张形成以康托组（N_1k）为代表的陆内断陷沉积，同时大规模火山活动造成该地区古地温高异常，大规模天然气生成并运移到土门格拉组储集层中，并伴有少量的高成熟油充注。

三、成藏条件分析

1. 烃源岩发育，油气显示丰富

学者对羌塘盆地主力烃源岩一直有不同的认识。赵政璋、王剑等认为羌塘盆地主力烃源岩主要有4套，分别是肖茶卡组（T_3x）、布曲组（J_2b）、夏里组（J_2x）和索瓦组（J_3s）。而秦建中、丁文龙等认为羌塘盆地主要烃源岩包括索瓦组（J_3s）、布曲组（J_2b）和肖茶卡组（T_3x）。王成善等认为下侏罗统曲色组（J_1q）油页岩为盆地主力烃源岩。羌塘盆地目前已经发现200多处油气显示，井下二叠系、三叠系、侏罗系等地层中也都发现了发现大量油气显示，羌资16井采集的沥青的油源对比也显示，沥青单体碳同位素值、饱和烃生物标志物参数等和巴贡组泥岩的对应参数值都有较好对应关系，说明沥青油源主要为上三叠统烃源岩。

羌塘盆地井下钻遇展金组、上三叠统、中侏罗统色哇组、布曲组（J_2b）、夏里组和索瓦组等多套烃源层，通过研究对比发现，上三叠统是最为重要的一套烃源岩，主要受沉积环境的控制，产出烃源岩的沉积环境主要为一套三角洲-浅海陆棚相。该套烃源岩在区域上分布广泛，目前已经实施的地质调查井中，共有羌资6井、羌资7井、羌资8井、羌资13井、羌资15井和羌资16井钻遇了上三叠统地层，烃源岩的厚度也较大，其厚度范围为35.15～167m，有机碳含量较高，处在高成熟—过成熟阶段，具有较好生烃潜力。

2. 储集层发育，白云岩储集物性较好

井下和地表的物性资料表明，羌塘盆地虽然发育了不同厚度的多套储集岩层，但是储集层物性条件较差，多数为特低孔低渗储层，物性条件较好的则主要为白云岩和礁灰岩储集层。白云岩储集层主要发育在布曲组，在二叠系龙格组及上侏罗统索瓦组中也有发育。布曲组白云岩在区域上主要分布于隆鄂尼—鄂斯玛一带的潮坪相中，龙格组白云岩主要分布在中央隆起带角木茶卡一带。在羌资 5 井中钻遇到了二叠系龙格组白云岩储层，其厚度在羌资 2 井、羌资 11 井和羌资 12 井中均钻遇到了白云岩布曲组白云岩储层，它们孔渗条件较好，并且在白云岩中都发现了油气显示，是羌塘盆地较为有利的勘探目标层位。

3. 膏岩发育，盖层条件良好

羌塘盆地发育上三叠统泥岩-泥质粉砂岩、雀莫错组膏岩-泥岩及夏里组泥岩-膏岩 3 套区域性盖层组合，另外还有发育其他多套局部盖层，盖层条件良好。

从羌塘盆地井下研究来看，羌资 16 井及羌科 1 井雀莫错组中膏岩层厚度达 300m 以上，羌科 1 井及羌地 17 井夏里组膏岩-泥岩厚度也超过 200m，上三叠统盖层主要发育于北羌塘玛曲地区的羌资 7 井、羌资 8 井、羌资 16 井及南羌塘隆鄂尼—鄂斯玛地区羌资 6 井、羌资 13 井和羌资 15 井，主要为泥岩和致密的泥质粉砂岩，盖层厚度人，封盖性能良好。

4. 生储盖组合匹配良好

从烃源岩、储集层、盖层及油源对比来看，羌塘盆地发育多套生储盖组合，其中最为重要的是组合Ⅱ和组合Ⅲ。

组合Ⅰ：上二叠统生储盖组合，上二叠统展金组泥岩为烃源岩，下部上二叠龙格组颗粒灰岩组和白云岩为储集层，上二叠统展金组泥岩为盖层。

组合Ⅱ：上三叠统生储盖组合，上三叠统泥岩为烃源岩，巴贡组碎屑岩和波里拉组裂缝性碳酸盐岩为储集层，上部巴贡组泥岩和雀莫错组膏盐及泥岩为盖层。

组合Ⅲ：曲色组-布曲组-夏里组生储盖组合，下侏罗统曲色组泥页岩和中侏罗统布曲组泥岩为烃源岩，中侏罗统布曲组白云岩及颗粒灰岩为储集层，夏里组膏岩-泥岩为盖层。

5. 构造圈闭发育，与油气运移期次匹配

羌塘盆地经历了多期构造运动的改造，包括印支、燕山和喜马拉雅运动，特别是新生代大陆碰撞和高原隆升过程中盆地受到强烈改造，导致油气散失，地表出现大量油气显示。但是羌塘盆地具有相对稳定的构造环境，虽然在南北缝合带和西部隆起带构造变形强烈，但是在南北拗陷中构造变形较弱，因此大型圈闭构造十分发育。据不完全统计，构造面积大于 $30km^2$ 的背斜构造有 71 个，多为开阔短轴背斜。其中，面积大于 $100km^2$ 的背斜构造有 15 个。羌塘盆地最新地震资料表明，半岛湖地区分布 9 个圈闭，最大圈闭面积为 $144km^2$；托纳木地区有 6 个，最大圈闭面积达 $55km^2$。羌塘盆地中生代烃源岩主要在晚三叠—中侏罗世进入生油期，而盆地中强烈的构造运动主要发生在侏罗纪—白垩纪初，构造定型时间与生烃时期相匹配，背斜构造为良好的构造圈闭。

第六章 羌塘盆地重点区块评价

在对区域构造背景、基础地质与油气地质特征、二维地震试验与处理解释、地质调查井揭示等进行分析的基础上，本书认为羌塘盆地具备形成大中型油气田的基本地质条件，有很好的勘探前景。其主要目的层为上三叠统肖茶卡组碎屑岩层段和中侏罗统布曲组颗粒灰岩层段。

根据盆地基础地质特征、油气地质特征及油气成藏条件等综合分析结果，结合近年二维地震测量及地质调查井揭示等成果，本书确定半岛湖区块、托纳木区块、隆鄂尼-昂达尔错区块、鄂斯玛区块为盆地近期勘探的主要区块，其他如光明湖区块、胜利河区块、玛曲区块为勘探的次要区块（图 6-1）。

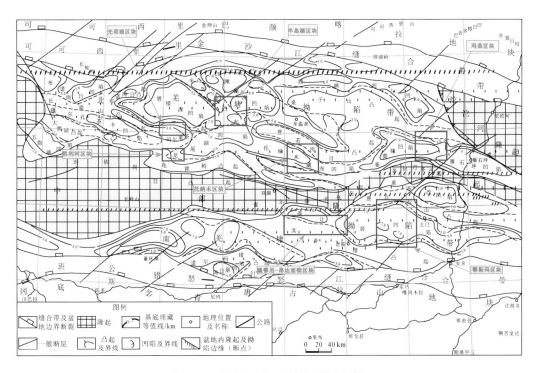

图 6-1 羌塘盆地主要有利区块位置图

第一节 半岛湖区块

赵政璋等（2001a）在对羌塘盆地油气资源进行远景评价时将包含半岛湖区块在内的金星湖—东湖—托纳木区块优选为有利含油气远景区之一。王剑等在"青藏高原重点沉积盆地油气资源潜力分析"项目（2000～2004）和"青藏高原油气资源战略选区调查与评价"项目（2004～2008）中均将半岛湖区块优选为有利区块之一，本书中的羌科 1 井也位于半岛湖区块之内。

一、概述

半岛湖区块位于西藏自治区那曲地区双湖县北约 150km 的半岛湖区块，地理坐标为 34°05′～34°20′N，88°05′E～88°25′E。面积约为 1600km²。构造位置上位于北羌塘拗陷中部的吐波错深凹陷、龙尾湖凹陷和白滩湖深凹陷之间交汇的凸起地区（图 6-1），为油气勘探的有利地区。

在地质矿产部 1986 年和国土资源部 2006 年完成的 1∶100 万和 1∶25 万区域地质填图及中石油（1994～1998）组织完成的青藏油气调查基础上。中国地质调查局成都地质调查中心于 2001～2014 年承担了系列"青藏油气地质调查"项目，并在本区开展了 1∶5 万石油地质填图、地震及油气微生物化探、地质浅钻及路线地质调查等工作，并从沉积、油气、构造及保存条件等方面进行研究，将该区块划为羌塘盆地有利油气远景区之一。

在前期工作基础上，于 2015 年在半岛湖区块开展了 9 条测线共计 260km 的二维地震试验及测量，2016～2017 年结合前期地震资料（中国地质调查局成都地质调查中心于 2011～2012 年完成 12 条测线 420km 的二维地震测量；中石化于 2015 年完成 4 条测线 680km 的二维地震测线）进行了连片处理解释；同时于 2015～2017 年开展了路线地质调查与重点剖面实测；实施了 1 口地质调查井（羌资 17 井），并在布曲组发现了气测异常层；通过综合研究落实了羌科 1 井井位并实施了油气勘探工程。基于此，本节对半岛湖区块进行了综合评价和目标优选，确定该区块的第一目的层为中侏罗统布曲组碳酸盐岩；第二目的层为上三叠统肖茶卡组（或藏夏河组）碎屑岩和中下侏罗统雀莫错组砂砾岩；目标构造主要为半岛湖 6 号构造和 1 号构造。

二、基础地质

1. 地层及沉积相特征

区块地表出露地层以上侏罗统索瓦组、下白垩统白龙冰河组和新生界为主，少量出露中侏罗统夏里组和布曲组，其下埋藏有中下侏罗统雀莫错组、三叠系及古生代地层。从油气勘探目的层角度，预测钻井钻遇地层自下而上的地层沉积特征如下。

（1）上三叠统肖茶卡组。羌塘盆地处于古特提斯洋（二叠纪—三叠纪）关闭末期，北羌塘拗陷主要表现为前陆盆地性质，半岛湖区块则为前陆斜坡到前渊位置，沉积了一套深水暗色泥页岩（生油岩）与密度流砂岩（储集岩）和缓坡相碳酸盐岩组合的沉积体，其顶部可能发育有盆地关闭时的三角洲相含煤碎屑岩及炭质页岩等生油岩和砂岩储层。底部可能为含砾砂岩、砂岩、粉砂岩及粉砂质泥岩，与下伏中三叠统康南组平行不整合接触，厚 1063～1184m。

（2）上三叠统那底岗日组。在侏罗纪羌塘盆地打开初期，半岛湖区块位于盆地开启的裂隙槽一带，沉积了一套河流-湖泊相砂砾岩、泥页岩及火山岩组合。其中，砂砾岩为较好的储集岩，火山岩也可作为储集岩。与下伏上三叠统肖茶卡组呈平行不整合接触，厚217～1571m。

（3）中下侏罗统雀莫错组。羌塘盆地为侏罗纪被动大陆边缘盆地沉陷初期的填平补齐阶段，半岛湖区块位于北羌塘拗陷区域，沉积了一套潮坪至陆缘近海湖泊相砂砾岩、泥页岩夹膏岩组合。其中，砂砾岩可作为储集岩，膏岩及泥页岩可作为盖层。与下伏那底岗日组呈整合或假整合接触，或角度不整合于上三叠统肖茶卡组之上，厚499～931m。

（4）中侏罗统布曲组。羌塘盆地演化为台地相碳酸盐岩沉积期，半岛湖区块处于北拗陷台盆至潮坪-潟湖相带，沉积了一套泥晶灰岩、生物碎屑灰岩夹鲕粒灰岩、礁灰岩和泥页岩组合。其中，泥晶灰岩、泥页岩可作为生油岩，颗粒灰岩可作为储集岩。与下伏雀莫错组呈整合接触，厚度约为1104m。

（5）中侏罗统夏里组。羌塘盆地发生了一次海退过程，沉积了一套以碎屑岩为主夹灰岩的组合，半岛湖区块位于北羌塘拗陷的潮坪-潟湖相区，沉积了一套泥页岩、砂岩夹泥晶灰岩及膏岩的组合。该套沉积体主要作为盖层，局部砂体可作为储集层。与下伏布曲组整合接触，厚220～600m。

（6）上侏罗统索瓦组。羌塘盆地再次发生海侵，沉积了一套以碳酸盐岩为主的台地相组合，半岛湖区块位于北羌塘拗陷的台内浅滩-潮坪相区，沉积了一套泥晶灰岩、生物碎屑灰岩、鲕粒灰岩夹泥灰岩、泥页岩组合，局部见珊瑚礁灰岩。其中，颗粒灰岩、礁灰岩可作为储集岩，泥晶灰岩、泥灰岩可作为生油岩。与下伏夏里组整合接触，厚度为450～600m。

（7）下白垩统白龙冰河组。羌塘盆地逐渐消亡，海水逐渐从北拗陷西北方向退出，半岛湖区块为北拗陷的海湾相带，沉积了一套泥晶灰岩、钙质泥页岩夹粉砂岩、膏岩组合。该套沉积体主要作为油气盖层，与下伏索瓦组整合接触，厚455～1160m。

（8）新生界。羌塘地区已隆升为陆地，局部地区有大陆河湖相碎屑岩夹膏岩沉积。与下伏各组地层呈角度不整合接触，厚度变化较大，为0～500m。

2. 构造特征

1）褶皱构造特征

区块内地表从北东到西南主要由万安湖南背斜、小牧马山背斜、圆顶山背斜、五节梁背斜和虹霞梁背斜等5大背斜组成背斜群；背斜核部主要由夏里组和索瓦组组成，翼部由索瓦组、白龙冰河组组成。

通过地震解释，区块地腹构造发育，半岛湖区块可见到局部地腹构造共计9个，以断块、断鼻、断背斜和背斜构造为主（图6-2）。

2）断层构造特征

区块地表断层主要分布于区块的东北和西南角一带，断裂方向有NW、SE两组；断层性质以逆断层为主，少量为正断层和平移断层；断层规模除区块西南角和东北角较大，其余断层均较小。

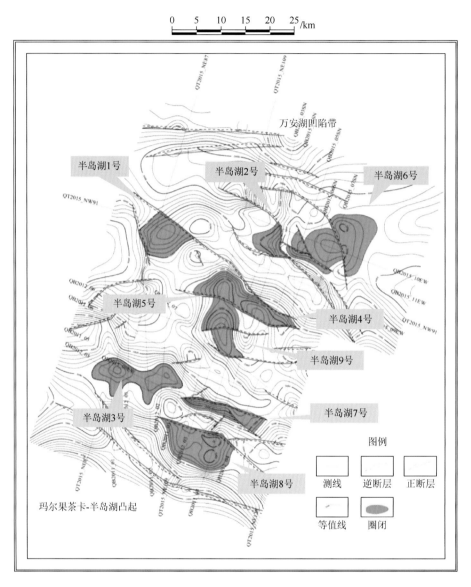

图 6-2　羌塘盆地半岛湖区块圈闭构造分布图（三叠系顶界等 t_0 图）

通过地震解释，半岛湖区块拟发育 NNW、NW 向逆断层和少量 NE 向正断层两大类。其中解释出的 30 条逆断层中（图 6-3），以 Fr8、Fr26、Fr22 三条北西向断层的规模较大，平面延伸距离为 40km 左右，总体上控制半岛湖区块展现出北西向展布的隆拗相间格局。

3）构造单元划分

以地震资料处理解释结果为主要依据，在结合重磁电震资料的基础上，本章分别以中侏罗统布曲组底界埋深和上三叠统肖茶卡组底界埋深划分了半岛湖区块的构造单元。

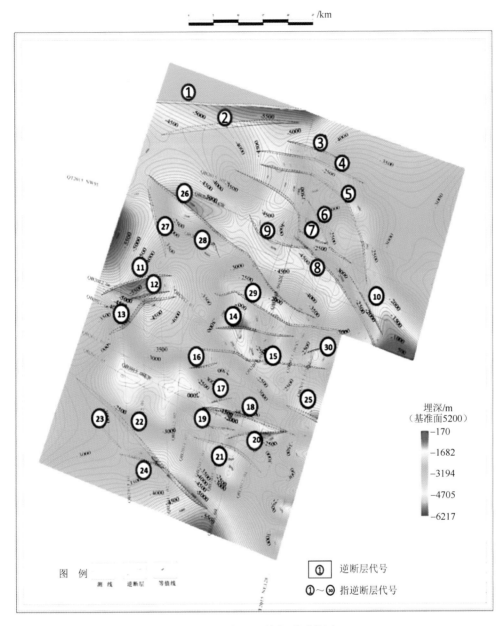

图 6-3　半岛湖区块断裂系统图

（1）中侏罗统布曲组底界构造单元。以中侏罗统布曲组底界埋深等值线（1000ms）作为划分构造单元的主要参数约束，分析构造组合特征，划分了 5 个构造单元（图 6-4），羌塘盆地半岛湖区块由北往南整体呈现"三凸两凹"的构造格局：桌子山凸起、万安湖凹陷、半岛湖凸起、龙尾湖凹陷和那底岗日凸起。半岛湖区块内的 5 个构造单元中，万安湖凹陷的面积最大，其次为半岛湖凸起构造；而万安湖凹陷可进一步分为 3 个次一级的构造单元，由北往南依次为白滩湖洼陷带、映天湖背斜带和琵琶湖洼陷带（图 6-5）。

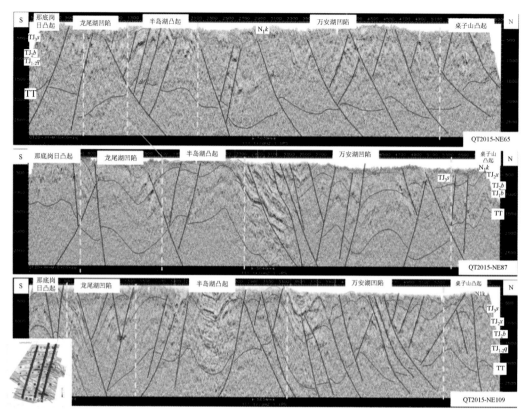

图 6-4　半岛湖区块布曲组底界构造单元划分剖面示意图

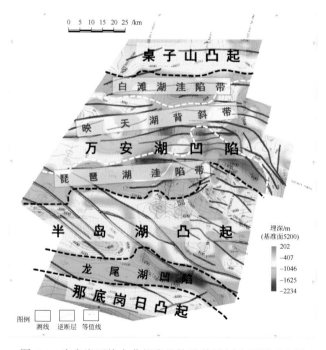

图 6-5　半岛湖区块布曲组底界构造单元划分平面示意图

（2）上三叠统肖茶卡组底界构造单元。以上三叠统肖茶卡组（T_3x）底界构造图作为划分构造单元的依据，参考构造组合特征，划分了5个构造单元，由北往南分别为桌子山凸起、万安湖凹陷、半岛湖凸起、龙尾湖-托纳木凹陷和达尔沃玛湖凸起（图6-6、图6-7）。

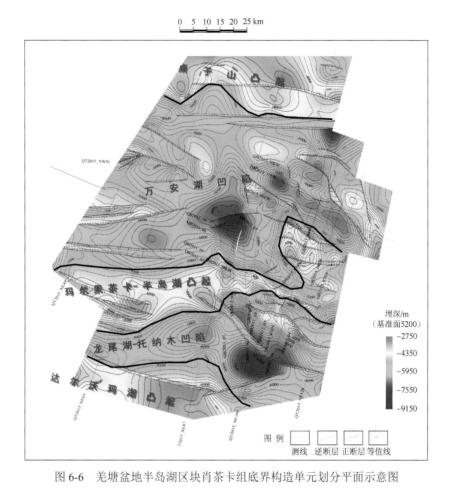

图6-6 羌塘盆地半岛湖区块肖茶卡组底界构造单元划分平面示意图

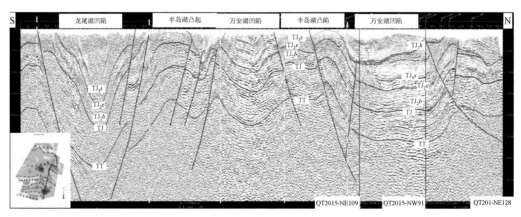

图6-7 半岛湖区块构造单元划分剖面图

3. 岩浆活动与岩浆岩

区块内岩浆岩不发育,仅在半岛湖北东方向的蚌壳坡一带见少量新生代鱼鳞山组火山岩分布。岩性为深灰—灰黑色块状安粗岩,有少量气孔分布,斑状结构。岩浆活动形式主要表现为超浅层次火山活动,安粗岩-正长斑岩体外侧围岩中多处见到烘烤变质现象,表现为岩浆使周围的侏罗系灰岩发生重结晶作用,但重结晶作用微小,对围岩的热蚀变作用微弱,对区内油气藏基本无影响。

三、油气地质

1. 烃源岩特征

根据野外调查和有机地化样品分析,结合前人工作成果,半岛湖区块内中生代发育有上三叠统肖茶卡组(藏夏河组)、中侏罗统布曲组、夏里组和上侏罗统索瓦组四套烃源岩,但由于中侏罗统夏里组和上侏罗统索瓦组多暴露于地表,仅局部地区埋藏于地下,因此区内主要烃源岩为中侏罗统布曲组和上三叠统肖茶卡组。

1)中侏罗统布曲组

中侏罗统布曲组主要分布于布曲组上、下段(布曲组可划分为上、中、下段),为台盆相暗色泥灰岩、泥晶灰岩,累计厚度可达 303.81m。地表样品的有机碳含量为 0.06%~0.37%,平均值 0.18%,大部分达到碳酸盐岩烃源岩指标(地表样品,采用碳酸盐岩有机碳含量未恢复前标准,图6-8),其中,中等—好烃源岩占比约为48%;氯仿沥青 "A" 为 38×10^{-6}~76×10^{-6},平均值为 53×10^{-6};总烃为 19×10^{-6}~50×10^{-6},平均值为 30×10^{-6};生烃潜量为 0.019~0.310mg/g,平均值为 0.114mg/g。有机质类型属 II_1 和 II_2 型;热演化程度 R_o 为 1.56%~1.61%,平均值为1.59%,属于高成熟阶段;有机质最高热解峰温 T_{max} 均值为 317~577℃,平均值为 494℃,属未成熟—高成熟阶段,以高成熟为主。

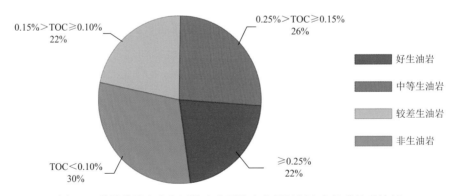

图 6-8　羌塘盆地半岛湖区块中侏罗统布曲组烃源岩有机碳品质特征

2)上三叠统肖茶卡组烃源岩

上三叠统肖茶卡组烃源岩出露于区块北部的藏夏河、多色梁子和西南部的沃若山一带,岩性为暗色泥页岩夹煤线,该套烃源岩厚度大、有机质丰度高,主要为盆地萎缩期的过渡相产物。在沃若山东剖面泥页岩烃源岩的厚度大于 570m，多色梁子剖面泥质烃源岩厚度大于 116m，藏夏河剖面泥质烃源岩厚度大于 304m。半岛湖处于北羌塘拗陷的腹地，无三叠系地层出露，但从盆地演化过程来看，半岛湖区块同样经历了盆地萎缩期的过渡相沉积，因此推测该区块存在上三叠统烃源岩。

地表样品分析显示：沃若山东剖面有机碳含量为 0.41%～2.32%，平均含量为 1.03%；岩石热解生烃潜力 S_1+S_2 为 0.1～0.22mg/g，平均值为 0.15mg/g。藏夏河、多色梁子地区泥质烃源岩有机碳含量为 0.30%～2.17%，平均有机碳含量为 0.90%，岩石热解生烃潜力 S_1+S_2 为 0.15～0.81mg/g，平均值为 0.34mg/g；氯仿沥青 "A" 为 62×10^{-6}～157×10^{-6}，平均值为 93×10^{-6}。有机碳数据表明，该区源岩达标率为 90%（TOC≥0.4%，地表样品，采用泥岩有机碳未恢复标准），如在多色梁子剖面中，烃源岩测试样品中仅有两件有机碳含量小于 0.4%，烃源岩达标率达 94%（TOC≥0.4%），好烃源岩达 22%（TOC≥1.0%）（图 6-9），泥质烃源岩有机碳含量高达 2.37%，显示了较好的生烃能力。结合该组泥质烃源岩有机碳与生烃潜量及有机碳与氯仿沥青 "A" 的关系综合研究认为，该组泥质烃源岩以中等—好烃源岩为主，少数为较差烃源岩（图 6-9）。

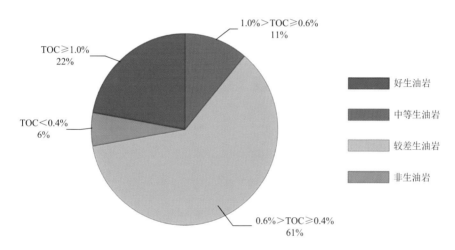

图 6-9　羌塘盆地半岛湖区块三叠系烃源岩有机碳品质特征

根据干酪根镜鉴，该套烃源岩的有机质类型以 II_2 为主，III 型也占一定的比例。有机质镜质体反射率 R_o 为 1.15%～1.40%，平均值为 1.32%，处于成熟—高成熟阶段；最高热解峰温 T_{max} 为 519～534℃，平均值为 527℃，反映了高成熟度特征。

综上分析认为，半岛湖区块烃源岩条件较好，包括泥质烃源岩和碳酸盐岩两大类。上三叠统肖茶卡组泥质烃源岩生烃潜力大，是该区块最有利烃源岩层；中侏罗统布曲组烃源岩具有厚度大、有机质丰度高的特点，是该区块重要烃源岩层。

2. 储集层特征

半岛湖区块储层层位有上三叠统肖茶卡组、中下侏罗统雀莫错组、中侏罗统布曲组及夏里组、上侏罗统索瓦组。储层岩石类型有碎屑岩和碳酸盐岩两大类，其中碎屑岩储层主要分布于上三叠统肖茶卡组、中下侏罗统雀莫错组、中侏罗统夏里组地层中；碳酸盐类储层主要分布于索瓦组、夏里组和布曲组地层中。

由于上侏罗统索瓦组、中侏罗统夏里组多暴露于地表，仅局部地区埋藏于地下，而中侏罗统布曲组、中下侏罗统雀莫错组和上三叠统肖茶卡组多埋藏于地下，因此该区块主要储层层位为中侏罗统布曲组颗粒灰岩、中下侏罗统雀莫错组砂砾岩和上三叠统肖茶卡组砂岩。

1）中侏罗统布曲组

该组出露于研究区内半岛湖、黄山和长水河等地，为一套高能环境下台内浅滩相沉积，累计厚 373.95m，储层岩性为介屑（壳）灰岩、砂屑灰岩、核形石灰岩、鲕粒灰岩、白云质灰岩，局部见礁灰岩。

根据 48 件样品分析，储层孔隙度为 0.44%～16.91%，平均孔隙度为 3.46%；渗透率为 $0.01 \times 10^{-3} \sim 4.56 \times 10^{-3} \mu m^2$，平均渗透率为 $0.3955 \times 10^{-3} \mu m^2$。朱同兴等（2010b）在那底岗日一带测得孔隙度为 1.18%～10.3%，平均孔隙度为 3.05%；渗透率为 $0.01 \times 10^{-3} \sim 4.56 \times 10^{-3} \mu m^2$，平均值为 $0.48 \times 10^{-3} \mu m^2$，其中渗透率大于 $0.2 \times 10^{-3} \mu m^2$ 的样品占 41.1%。以上表明布曲组储集岩主要为低孔低渗型储层。孔隙组合类型为粒内溶孔+晶洞内晶间晶内孔+裂缝，孔喉组合特征为小孔微喉或中孔细喉型。

2）中下侏罗统雀莫错组

该组出露于区块北部雪环湖—牛角梁向西外延到区块西侧石水河等地。以石水河剖面为例，储集岩累计厚 1478.2m，类型包括碎屑岩和碳酸盐岩。其中，碎屑岩储集岩的岩性为砾岩、细-粗粒岩屑砂岩和粉砂岩，属河流-三角洲相沉积，累计厚 1363.1m。碳酸盐岩储集岩的岩性主要为泥晶灰岩和粒屑泥晶灰岩，属台地相沉积，累计厚 115.1m。

石水河剖面测得 10 件碎屑岩物性为：孔隙度为 0.36%～8.41%，平均孔隙度为 3.54%；渗透率为 $0.0023 \times 10^{-3} \sim 7.9900 \times 10^{-3} \mu m^2$，平均渗透率为 $1.3537 \times 10^{-3} \mu m^2$（内部资料）在那底岗日剖面上测得孔隙度为 0.6%～9.03%，平均孔隙度为 4.14%；渗透率为 $0.01 \times 10^{-3} \sim 69.20 \times 10^{-3} \mu m^2$，平均渗透率为 $2.02 \times 10^{-3} \mu m^2$。数据表明，雀莫错组储集岩主要为低孔低渗型储层，但局部有物性较好的层段。孔隙组合类型为裂缝+次生粒间粒内溶孔，孔喉组合主要为微孔微喉型。

3）上三叠统肖茶卡组

该组出露于区块北部多色梁—藏夏河一带。以多色梁剖面为代表，储集岩类型为碎屑岩，累计厚大于 505.32m，岩性为细—粗粒长石岩屑砂岩、岩屑长石砂岩和粉砂岩。

该套碎屑岩储集层在多色梁一带孔隙度为 1.51%～5.56%，平均孔隙度为 3.60%；渗透率为 $0.0110 \times 10^{-3} \sim 17.700 \times 10^{-3} \mu m^2$，平均渗透率为 $5.9346 \times 10^{-3} \mu m^2$。在藏夏河一带孔隙度为 0.56%～2.50%，平均孔隙度为 1.65%；渗透率为 $0.00009 \times 10^{-3} \sim 0.0016 \times 10^{-3} \mu m^2$，平均渗透率为 $0.0004 \times 10^{-3} \mu m^2$。物性参数表明，上三叠统储集岩类为低孔低渗型-致密型储层。孔隙组合类型主要为裂缝+次生粒间孔，孔喉组合主要为中孔微喉型。

3. 盖层特征

区块内盖层分布层位多，从上三叠统肖茶卡组至下白垩统白龙冰河组均有分布，盖层岩性主要为泥页岩、泥晶灰岩、膏岩。区内各组盖层条件均较好，特别是白龙冰河组盖层厚达880m，而其在区内中生代油气目的层内产出位置最高，十分有利于封盖。

　　1）下白垩统白龙冰河组

　　白龙冰河组是研究区内分布较广的地层，主要是一套水体较为局限半封闭条件下潮坪-潟湖相灰岩及细碎屑岩。能做盖层的是泥晶灰岩、细碎屑岩。根据实测剖面，该套地层厚1160m，盖层厚880m，其中泥晶灰岩厚388m，占地层总厚的33%；泥灰岩厚465m，占地层总厚的40%；泥页岩厚27m，占地层总厚的2%。由于该套盖层位于区块油气目的层的最高层位，对下伏油气勘探目的层的封盖十分有利。

　　2）上侏罗统索瓦组

　　该区索瓦组主要是一套局限台地相灰岩夹膏岩沉积，盖层岩性为泥晶灰岩、泥灰岩夹膏岩。根据实测剖面，地层总厚536～638m，盖层厚308～623m，其中泥晶灰岩厚300～459m，占地层总厚的56%～72%；泥灰岩厚8～164m，占地层总厚的1.5%～26%。具备形成盖层的条件。

　　3）中侏罗统夏里组

　　该区夏里组主要为潮坪-潟湖相粉砂岩、泥页岩夹灰岩及膏岩沉积，盖层岩性为泥页岩、泥晶灰岩及泥灰岩、膏岩。根据实测剖面，地层总厚大于367m，盖层厚280m，从地震解释分析（图6-10），该套盖层层位稳定，具备形成盖层的条件。

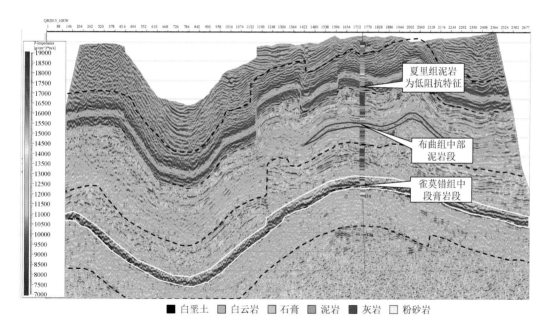

图6-10　羌塘半岛湖区块夏里组、布曲组、雀莫错组膏岩盖层分布示意图

　　4）中侏罗统布曲组

　　该区布曲组盖层以碳酸盐岩为主，盖层岩性为泥灰岩和致密泥晶灰岩，厚度为297～415m，局部夹石膏层，但厚度一般较小，最大厚度仅12m，且展布极不稳定。该套盖层为一套局限台地相碳酸盐岩沉积，厚度大，总体延伸稳定，具一定区域性封盖意义。

5）中下侏罗统雀莫错组

雀莫错组在研究区旋风梁以及那底岗日一带出露。以那底岗日剖面为例，盖层主要分布在该组的上部层位，累计厚410m，封盖层以陆棚-三角洲相泥质岩和潟湖相石膏层为主。其中，泥质岩厚272m，石膏层累计厚84m，其余为泥灰岩或致密灰岩和泥质粉砂岩。石膏层在那底岗日地区发育，且分布面积大，已发现石膏点或含膏灰岩点41处，其中较大规模的有20处，厚度一般为20～80m，最厚可达110m。地震解释及钻井验证，在半岛湖区块的膏岩盖层发育，层位稳定，厚度较大（图6-10）。该组的泥页岩和石膏盖层是一套良好的区域性封盖层。

6）上三叠统肖茶卡组

该套地层中封盖层以泥质岩为主，岩性主要为灰—灰黑色泥质岩、炭质泥页岩与砂岩呈互层状产出，层层封闭，具有较好的封盖能力，封盖层累计厚度为121～664m，最大单层厚度为46m。属陆棚-三角洲相，厚度大，横向延伸稳定，属于半岛湖区块一套良好的直接盖层。

4. 生储盖组合

通过对半岛湖及邻区剖面的研究，认为该区块中生代地层可以划分出六套完整的生储盖组合，即中三叠统康南组-上三叠统肖茶卡组组合（Ⅰ）、上三叠统肖茶卡组-中下侏罗统雀莫错组组合（Ⅱ）、中侏罗统布曲组自生自储式组合（Ⅲ）、中侏罗统布曲组-夏里组组合（Ⅳ）、上侏罗统索瓦组自生自储式组合（Ⅴ）、上侏罗统索瓦组-新近系唢呐湖组组合（Ⅵ）。由于区块大面积出露新近系唢呐湖组地层和上侏罗统索瓦组、下白垩统白龙冰河组，同时中三叠统康南组埋深较大，因此从整体分析结果来看，应以Ⅱ、Ⅲ、Ⅳ套组合为主要勘探目标（图6-11）。

（1）上三叠统肖茶卡组-中下侏罗统雀莫错组组合（Ⅱ）。该生储盖组合的主要生油岩为上三叠统肖茶卡组暗色碳质泥岩、页岩、含煤泥页岩，主要储层为上三叠统肖茶卡组岩屑石英砂岩、三叠系与中下侏罗统雀莫错组之间的古风化壳、雀莫错组底部的砂砾岩和砂岩；主要盖层为雀莫错组上部的泥晶灰岩、泥岩和膏岩。该组合烃源岩厚度大，有机质丰度高；储盖层发育良好，是区块内最好的生储盖组合之一。

（2）中侏罗统布曲组自生自储式组合（Ⅲ）。该生储盖组合的主要生油岩为中侏罗统布曲组暗色泥晶灰岩、泥灰岩；主要储层为布曲组介屑（壳）灰岩、砂屑灰岩、核形石灰岩、鲕粒灰岩、白云质灰岩；主要盖层为布曲组致密泥晶灰岩。该组合烃源岩具有较大的厚度和较好的生烃能力；储集岩主要为低孔低渗型储层；盖层具有厚度大、分布广的特征，具备较好的油气封盖性。

（3）中侏罗统布曲组-夏里组组合（Ⅳ）。该生储盖组合以中侏罗统布曲组的暗色泥灰岩和夏里组的暗色泥岩为主要烃源岩；布曲组的颗粒灰岩和夏里组滨岸-三角洲相的砂体为主要储层；夏里组泥岩和泥晶灰岩为主要盖层。该组合烃源岩厚度大，有机质丰度相对较低，具有一定的生烃能力；颗粒灰岩储层和三角洲砂岩储层厚度较大，物性相对较好；盖层区域分布广泛，具有较好的封闭能力。

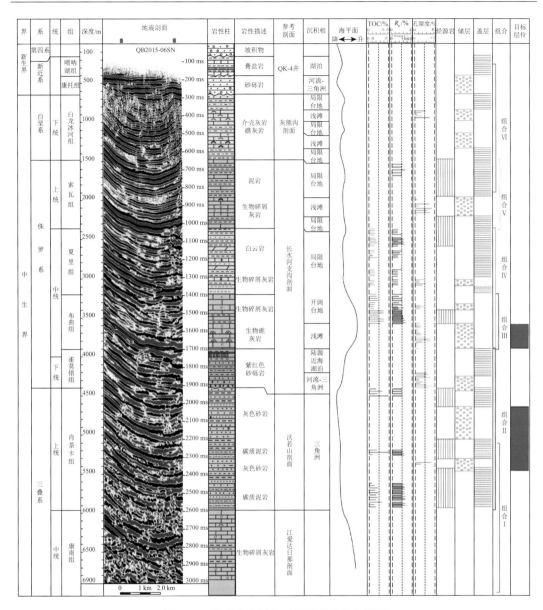

图 6-11 羌塘半湖区块石油地质综合柱状图

四、地球化学及二维地震特征

1. 地球化学

1）油气微生物调查

通过区块油气微生物取样分析和烃氧化菌丰度（MV）分布编图，得到其平面分布图（图 6-12），总体上，异常值带与背景值带刻画非常明显，表明研究区存在油气富集区和非富集区。异常带主要集中分布于测网的东南部、中部和西北部。MV 具有南高北低、东高西低的特点，区块中西部地区存在稳定可靠的背景区。MV 异常带分布与区域构造特征具有

较好的一致性，具有很好的地质意义。在半岛湖区块识别了 4 个具有一定面积、连续稳定的
异常区带，分别为：Ⅰ圆顶山背斜异常带、Ⅱ中部异常带、Ⅲ北部异常带、Ⅳ南部异常带。

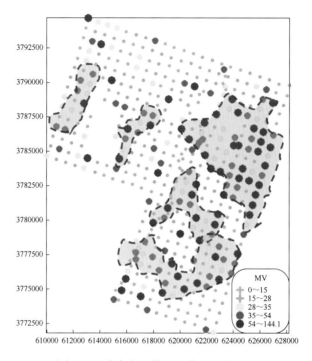

图 6-12   半岛湖区块 MV 值平面分布图

2）油气化探

2010 年，天然气水合物项目在半岛湖区块完成了 800km² 的地球化学调查，其异常特
征如图 6-13 所示。从图 6-13 可看出，羌塘盆地半岛湖区块圈出了两处油气远景区，研究表
明，半岛湖区块环状异常和顶部异常配置关系非常好，显示了良好的油气远景。

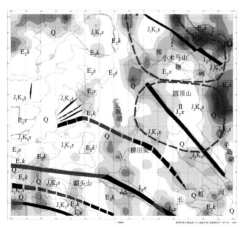

(a) 顶空气甲烷异常图

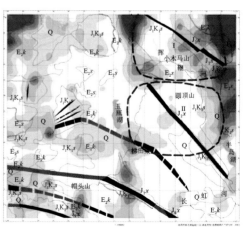

(b) 顶空气乙烷异常图

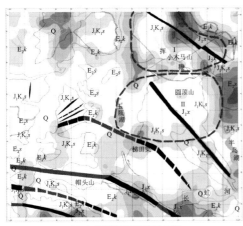 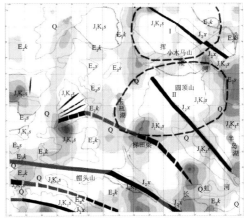

(c) 土壤酸解烃甲烷异常图　　　　　　(d) 土壤酸解烃重烃异常图

图 6-13　半岛湖区块地球化学特征异常图

2. 二维地震

通过二维地震精细构造解释及构造图编制，在区块范围内可见到局部构造共计 9 个，以断块、断鼻、断背斜和背斜构造为主，面积为 532.49km²（表 6-1）。

表 6-1　半岛湖区块构造圈闭要素简表

构造单元	圈闭名称	层位		构造形态	最低圈闭线/m	构造高点/m	闭合幅度/m	圈闭面积/km²
		地震	地质					
万安湖凹陷	半岛湖 6 号	TJ	三叠系顶界	断块	−2800	−1700	1100	101.95
	半岛湖 1 号	TJ	三叠系顶界	断块	−3000	−2200	800	62.87
	半岛湖 2 号	TJ	三叠系顶界	断块	−4400	−3300	1100	36.49
玛尔果茶卡-半岛湖凸起	半岛湖 4 号	TJ	三叠系顶界	断鼻	−3000	−1500	1500	85.60
	半岛湖 5 号	TJ	三叠系顶界	断块	−2000	−800	1200	16.89
	半岛湖 3 号	TJ	三叠系顶界	背斜	−2100	−1600	500	107.96
	半岛湖 7 号	TJ	三叠系顶界	断鼻	−2900	−1100	1800	43.69
	半岛湖 8 号	TJ	三叠系顶界	断背斜	−2900	−1900	1000	69.28
	半岛湖 9 号	TJ	三叠系顶界	断块	−1700	−1500	200	7.76

1）半岛湖 6 号构造

半岛湖 6 号构造为多个北西走向断层分隔的圈闭，圈闭轮廓基本上被−2800m 等值线所包围，内部被次一级断层进一步复杂化，南边缘为陡变的等值线梯度带，总体看背斜内部平缓变化，面积为 101.95km²（表 6-2），闭合幅度为 1100m。东西方向上，QB2015-10EW 线背斜形态较为完整，内部被断层复杂化。南北方向上，QB2015-05SN 线总体表现为断层转折褶皱形成的背斜构造，背斜内部被断层切割复杂化（图 6-14）。地层埋藏较浅，地表出露康托组、索瓦组；地震资料品质较好，测线控制程度高，断块构造落实，圈闭面积较大。

表 6-2　半岛湖区块 6 号构造圈闭要素简表

圈闭名称	层位		构造形态	最低圈闭线/m	构造高点/m	闭合幅度/m	圈闭面积/km²
	地震	地质					
半岛湖 6-1 号	TJ	三叠系顶界	断块	−2800	−1700	1100	29.13
半岛湖 6-2 号	TJ	三叠系顶界	断块	−2800	−2300	450	45.15
半岛湖 6-3 号	TJ	三叠系顶界	断块	−2800	−2100	700	13.98
半岛湖 6-4 号	TJ	三叠系顶界	断鼻	−2800	−2200	600	13.69

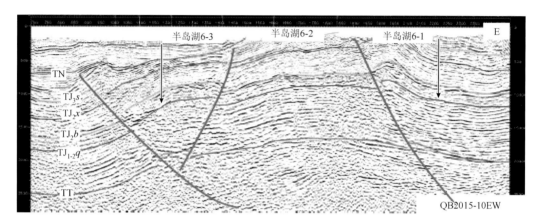

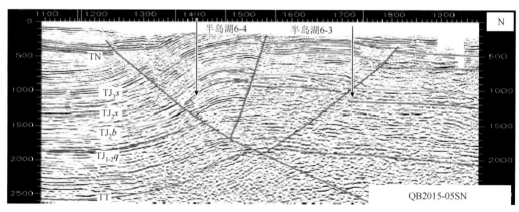

图 6-14　半岛湖 6 号构造剖面特征

2）半岛湖 1 号构造

半岛湖 1 号构造，总体上为两条断层夹持的背斜构造，圈闭面积为 62.87km²，闭合幅度为 800m，构造高点为–2200m。东西方向上，QT2015-NW91 线背斜形态完整，东西两侧被断层夹持。南北方向上，QT2015-NE87 线亦表现为完整的背斜构造，只是背斜构造幅度较东西方向宽缓（图 6-15）。地层埋藏适中，地表出露索瓦组和康托组；背斜构造相对落实，地震资料反射较好，圈闭面积较大。

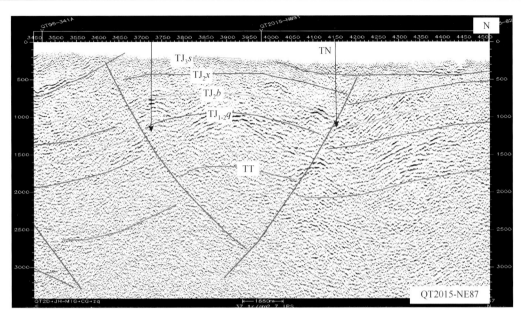

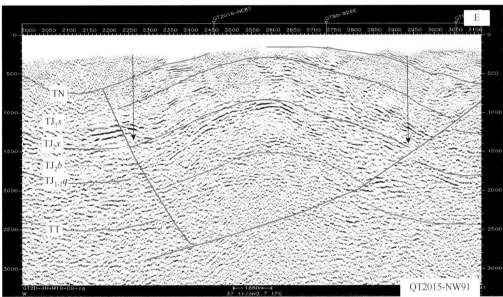

图 6-15 过半岛湖 1 号构造剖面特征

3) 半岛湖 2 号构造

半岛湖 2 号构造，总体上为两条断层夹持的断鼻构造，圈闭面积为 36.49km^2，闭合幅度为 1100m，构造高点为 3300m。东西方向上，QB2015-11EW 线表现为向东抬升的单斜构造，构造高点被断层遮挡。南北方向上，QT2015-NE87 线亦表现为两条断层夹持的背斜构造（图 6-16）。地层埋藏较浅，地表出露康托组、索瓦组；地震资料品质较好，测线控制程度高，断块构造落实，圈闭面积较大。

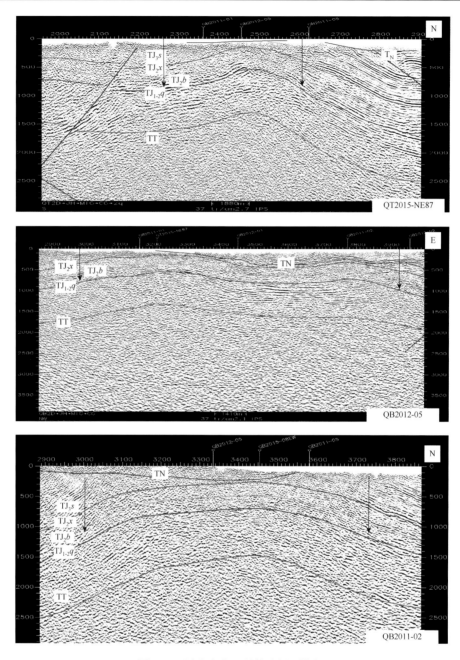

图 6-16　过半岛湖 2 号构造剖面特征

4）半岛湖 3 号构造

半岛湖 3 号构造，为一完整的背斜构造，圈闭面积为 107.96km²，闭合幅度为 500m，构造高点为-1600m。东西方向和南北方向上均表现为复背斜的形态，其中东西方向存在两个构造高点（图 6-17）。地层埋藏较浅，地表出露康托组、索瓦组、索瓦组；地震资料品质较好，测线控制程度高，背斜构造基本落实；圈闭面积较大。

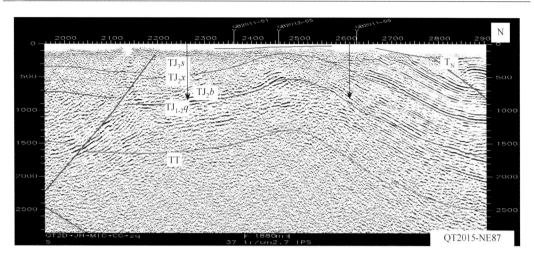

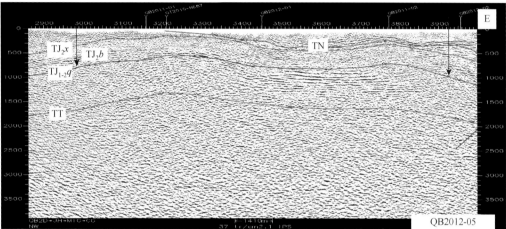

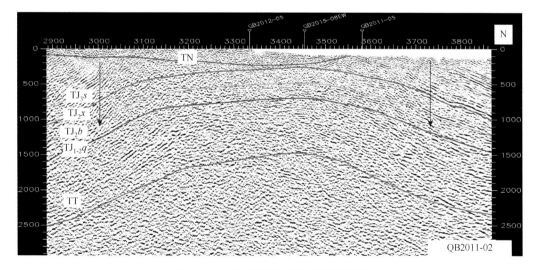

图 6-17　过半岛湖 3 号构造剖面特征

五、油气成藏与保存

1. 成藏条件

区块的圈闭主要为背斜构造。地表地质调查显示，区块内存在万安湖南背斜、小牧马山背斜、圆顶山背斜、五节梁背斜和虹霞梁背斜等 5 个较大背斜组成背斜群，这些背斜的核部地层主要由夏里组、索瓦组组成，两翼由白龙冰河组地层组成；地震解释显示，区块存在 9 个规模较大的地覆背斜构造。通过对地层接触关系及构造特征等进行研究，发现这些背斜构造主要定型于燕山中晚期。

根据王剑等（2004）对埋藏史、热史等的研究，通过对北羌塘拗陷中部的烃源岩有机质演化过程进行分析认为：

（1）肖茶卡组在早—中侏罗世初期（$J_{1-2}q$ 早期，约 175Ma）开始生油，在中侏罗世巴通期晚期（J_2b 末期，约 164Ma）进入生油高峰，晚侏罗世中期（J_3s 末期，约 157Ma）进入湿气期，在 148Ma 进入干气期，此后一直处于干气阶段。

（2）雀莫错组在中侏罗世中期（J_2b 晚期，约 166Ma）开始生油，并于晚侏罗世中期（J_3s 末期，约 148Ma）达到生油高峰期，144Ma 开始进入湿气期，此后一直为生油高峰—湿气阶段，在 20Ma 进入干气期，此后处于湿气—干气阶段。

（3）布曲组在中侏罗世末期（J_3s 早期，148Ma）开始生油，并于早白垩世（约 143Ma左右）达到生油的高峰期，此后一直处于生油低熟—生油高峰阶段，到了新近系，在 15Ma前后，布曲组烃源岩结束生油高峰时期，进入湿气阶段，并在 7Ma 进入干气阶段，1.81Ma后由于喜马拉雅运动构造抬升生气停滞。

（4）夏里组于早白垩世（约 145Ma）开始生油，到 142.9Ma 仍为低熟阶段，此后构造抬升进入停滞阶段，到了新近系早期，由于康托组的沉积在 17Ma 进入生油高峰，此后构造抬升进入停滞阶段。

（5）索瓦组在晚白垩世（约 140Ma）时沉积埋藏深度未到门限深度而未进入生油门限，新近系早期（约 23.83Ma），由于构造抬升作用，索瓦组一直未成熟，到了新近系中新统中期，由于康托组的沉积在 13Ma 进入生油阶段，6Ma 进入生油高峰期，由于唢呐湖组的沉积使埋深加大，在 1.81Ma 埋深达到最大，这个时期索瓦组一直处于低熟—生油高峰期，1.81Ma 后由于喜马拉雅运动构造抬升生油停滞。

可以看出，本区各组烃源岩的生烃高峰期在燕山期或之后，与背斜圈闭的形成时限配套良好，利于油气成藏。

此外，区块内可能存在岩性圈闭、地层不整合遮挡圈闭和生物礁圈闭等，这些岩性圈闭、生物礁圈闭发生于生烃之前，对油气成藏极为有利。

2. 保存条件

羌塘盆地在沉积了中生代海相地层后受板块碰撞影响而发生反转，并使盆地遭受挤压褶皱和隆升剥蚀。本次强烈的碰撞作用不仅形成一系列规模不等的褶皱和断裂构造，还使沉积充填体普遍遭受不同程度的抬升-剥蚀作用，这对油气藏保存产生了很大的影响。新生代时期，随着喜马拉雅运动的多次叠加，使早期断裂复活和形成新的断裂，并伴随火山活动和岩浆侵入，使中生代油气藏再次遭受不同程度的改造。但是，上述各期构造运动于不同地区在变形强度、剥蚀程度、断裂发育状况、侵入活动、火山作用等方面存在一定差异，因而油气保存条件差异较大。

从区块出露地层来看，本区广泛出露上侏罗统索瓦组和下白垩统白龙冰河组地层，少量出露中侏罗统夏里组地层，表明该区剥蚀程度较小。从区块内断层、岩浆分布和区域断层、岩浆活动来看，本区断层规模很小，多为次级断层，切穿地层深度较小；本区岩浆活动较弱，仅在区块东部见少量新生代火山岩分布。因此，断裂、岩浆活动对油气藏破坏较小。从地表泉水和油气显示点分布来看，本区泉水和油气显示点少，且泉水都为来自地下浅部的冷泉，说明区内的破坏较弱。盆地构造改造强度显示该区处于盆地改造最弱地区。综上看出，该区块的油气保存较好，是寻找大中型油气藏的有利地区。

六、综合评价与近期勘探目标

1. 含油气综合评价

（1）半岛湖区块烃源岩条件较好，为油气成藏奠定了有利的物质基础。区内发育上侏罗统索瓦组、中侏罗统夏里组和中侏罗统布曲组暗色泥晶灰岩、泥灰岩及泥页岩烃源岩，可能分布有上三叠统肖茶卡组（或藏夏河组）暗色泥页岩夹含煤岩系烃源岩。烃源岩厚度大，有机质丰度高，具有形成大中型气田的能力。这些生油岩均可与相应的储集岩构成下生上储或自生自储组合。

（2）储集条件较有利，储层厚度大。依据区域石油地质剖面及沉积相带分析，该区发育有上侏罗统索瓦组、中侏罗统夏里组、中侏罗统布曲组颗粒灰岩、白云质灰岩、礁灰岩等储层。此外，可能还存在中下侏罗统雀莫错组砂砾岩、上三叠统肖茶卡组砂岩及古风化壳等储层。

（3）盖层条件较好，有较厚的直接盖层。中侏罗统布曲组颗粒灰岩及以下地层的储层之上均有较厚的直接盖层，且夏里组、索瓦组中可能还发育有膏岩层盖层。此外，出露于该区中部大面积的新近系康托组的砂砾岩，由于其厚度大，具有一定的封盖能力。

（4）圈闭构造发育。根据地球物理特征测量，半岛湖区块内存在多个地覆构造，多为北东方向、北西方向和南西方向三个方向挤压作用形成的背斜构造。背斜型构造圈闭面积及闭合幅度较大，且主要勘探层位——侏罗系、三叠系地层发育齐全，生储盖配置良好，有利于油气聚集成藏。

此外，区块内可能存在生物礁圈闭，这些生物礁圈闭发生于生烃之前，对油气成藏极为有利。区块及周围见地下隐伏断裂，这些断裂可能成为油气运移通道，有利于油气成藏。

（5）地球化学异常，与构造特征具有一致性。区块油气微生物值异常带分布与区域构造特征和地震勘探初步确定的圈闭构造具有较好的一致性。油气化探环状异常和顶部异常配置关系良好，显示了良好的油气远景。

（6）成藏条件优越，油气保存条件较好。区内背斜构造主要定型于燕山中晚期，而各组合生油岩的生油高峰期多在燕山期或之后，油气生成与背斜圈闭的形成时限配套良好，利于油气成藏。

区内断层规模小，火山岩不发育，泉水和油气显示点少，且泉水都为来自地下浅部的冷泉，说明区内的破坏较弱。盆地改造强度显示该区处于盆地改造最弱区块。因此该区块的油气保存较好。此外，区块及周围见地下隐伏断裂，这些断裂可能成为油气运移通道，有利于油气成藏。

综上所述，半岛湖区块生储盖地质特征良好，圈闭构造发育，微生物地球化学分析显示为有利油气聚集区带，成藏条件优越，后期构造、岩浆等破坏作用较弱，因此认为该区块为盆地最有利油气资源勘探远景区块。

2. 近期勘探目标

在同一个区块范围内，其地层，沉积相，油气生储地质条件相差不大，油气的圈闭条件是目标优选的主要因素。通过地腹构造落实程度及圈闭可靠程度评价、圈闭综合排队等，本书确定半岛湖区块的主要目标构造。

1）圈闭可靠程度评价

影响构造成果可靠性的因素很多，如测网控制程度及密度、地震资料品质、层位标定以及速度模型的合理性等。下面将从以上几方面对构造成果的可靠性进行分析和阐述。

（1）测网控制程度及密度。半岛湖 6 号构造控制测线控制为"井"字形，测线控制密度为 2km×3km；半岛湖 1 号构造控制测线控制为"十"字形；半岛湖 2 号构造控制测线控制为"井"字形，测线控制密度为 2km×2km；半岛湖 4 号构造控制测线控制为八条平行线；半岛湖 5 号构造控制测线控制为 3 条平行线；半岛湖 3 号构造控制测线控制为"井"字形，测线控制密度为 2.5km×5km；半岛湖 7 号构造控制测线控制为"井"字形，测线控制密度为 1.5km×5km；半岛湖 8 号构造控制测线控制为 6 条平行线；半岛湖 9 号构造控制测线控制为 3 条平行线。

（2）地震资料品质。半岛湖 6 号构造地震资料品质以一、二类为主；半岛湖 1 号构造地震资料品质以一、三类为主；半岛湖 2 号构造地震资料品质以一类为主；半岛湖 4 号构造地震资料品质以二、三类为主；半岛湖 5 号构造地震资料品质以二、三类为主；半岛湖 3 号构造地震资料品质以一、二类为主；半岛湖 7 号构造地震资料品质以一、三类为主；半岛湖 8 号构造地震资料品质以二、三类为主；半岛湖 9 号构造地震资料品质以一、三类为主。

（3）层位标定。本书研究中层位标定是在地表标定、地震相标定和速度反演等多种方法应用的基础上进行的，保证了在现有资料的情况下层位标定的最大准确性。

（4）速度模型的合理性。通过对盆地内实钻井井上层速度统计以及各条测线叠加速度的分析，结合层位解释成果，制作了合理的时深转换速度模型。通过对比偏移剖面与深度剖面，无论构造平缓区还是断层发育部分均无畸变，证明本次时深转换的层速度模型符合研究区的地质构造实际情况，证明本次所使用的时深转换层速度模型是合理的，地质成果可靠性较高。

按照圈闭地震资料品质、测网控制程度进行圈闭可靠程度评价，半岛湖区块 9 个构造圈闭中，1 个为可靠圈闭，3 个为较可靠圈闭（表 6-3）。

表6-3 半岛湖区块圈闭可靠程度评价表

构造名称	圈闭名称	构造形态	闭合幅度/m	圈闭面积/km²	可靠程度评价			
					测网控制程度	测网密度/（km×km）	地震品质	可靠程度
万安湖凹陷	半岛湖6号	断块	1100	101.95	"井"字形	2×3	一类、二类	可靠
	半岛湖1号	断块	800	62.87	"十"字形	—	一类、三类	较可靠
	半岛湖2号	断块	1100	36.49	"井"字形	2×2	一类	较可靠
半岛湖凸起	半岛湖4号	断鼻	1500	85.6	8条平行线	—	二类、三类	不可靠
	半岛湖5号	断块	1200	16.89	3条平行线	—	二类、三类	不可靠
	半岛湖3号	背斜	500	107.96	"井"字形	2.5×5	一类、二类	较可靠
	半岛湖7号	断鼻	1800	43.69	"井"字形	1.5×5	一类、三类	不可靠
	半岛湖8号	断背斜	1000	69.28	6条平行线	—	二类、三类	不可靠
	半岛湖9号	断块	200	7.76	3条平行线	—	一类、三类	不可靠

2）目标优选排序

圈闭评价主要按照地震资料和保存情况分为一、二、三类，其中一类指落实的有利圈闭，II类指落实或较落实的较有利圈闭，三类指不落实或较落实的不利圈闭。

根据构造形态、圈闭面积、闭合幅度、可靠程度评价等，综合评价排序为半岛湖6号为第一，半岛湖1号、2号、3构造为第二（表6-4）。再结合凹陷区生油条件相对较好，因此优选出半岛湖6号和半岛湖1号为主要目标构造。

表6-4 半岛湖区块圈闭综合排队表

构造名称	圈闭名称	构造形态	闭合幅度/m	圈闭面积/km²	可靠程度评价	圈闭地质条件			资料品质	综合排队
						生	储	保存		
万安湖凹陷	半岛湖6号	断块	1100	101.95	可靠	上三叠统肖茶卡组厚层泥页岩有利烃源岩，布曲组碳酸盐岩次要烃源岩	发育上三叠统肖茶卡组、雀莫错组三角洲相碎屑岩储层和布曲组礁滩相碳酸盐岩	夏里组出露	二类	I
	半岛湖1号	断块	800	62.87	较可靠			夏里组出露	二类	II
	半岛湖2号	断块	1100	36.49	较可靠			高点索瓦组出露	一类、二类	II
半岛湖凸起	半岛湖3号	背斜	500	107.96	较可靠			高点夏里组出露	二类、三类	II

综上特征，通过区块基础地质特征、生储盖地质特征、油气成藏及保存条件等分析，结合地覆构造的落实，认为半岛湖区块第一目的层为中侏罗统布曲组颗粒灰岩及礁灰岩层，第二目的层为中下侏罗统雀莫错组砂砾岩层和上三叠统肖茶卡组砂岩层；半岛湖6号和半岛湖1号为主要目标构造。

第二节 托纳木区块调查与评价

赵政璋等（2001b）、王剑等（2004，2009）、刘家铎等（2007）通过综合评价，均提出北羌塘拗陷的托纳木区块为羌塘盆地油气远景区之一。

一、概述

托纳木区块位于西藏自治区那曲地区双湖县北东约 90km 的托纳木藏布一带，地理坐标为 88°59′N～89°39′N，32°52′E～33°46′E；面积约为 2500km²；大地构造上位于中央潜伏隆起带北侧的北羌塘拗陷中南部。

1996 年原地质矿产部及 2001 年中国地质调查局先后组织完成的 1∶100 万和 1∶25 万地质填图覆盖了本区，从而获得了本区地层系统。中石油（1994～1997 年）组织开展的羌塘盆地油气地质综合调查覆盖了本区，并对羌塘盆地油气资源远景进行了综合评价。

近年来，中国地质调查局成都地质调查中心承担的系列"青藏地区油气地质调查"项目（2001～2014 年）在该区块完成了 1∶5 万石油地质填图 2500km²、低密度油气化探 623km²、音频大地电磁（magnetoelluric, MT）测量 100km、复电阻率（complex resistivity, CR 法）测量 130km、二维地震测量 18 条线共计 542km、地质浅钻 1 口进尺 885m 等工作，并将该区块优选为羌塘盆地油气勘探有利区块之一。

在上述工作基础上，本书于 2015 年对区块有利构造加密了 12 条测线共计 420km 的二维地震测量、1 口地质浅钻进尺 600m（羌资 15 井）和路线地质调查。基于此，本书对托纳木区块进行了综合研究与目标优选，并提出第一目的层为中侏罗统布曲组颗粒灰岩，第二目的层为上三叠统土门格拉组砂岩目的层。目标构造为托纳木 2 号构造和 4 号构造。

二、基础地质特征

1. 地层及沉积相特征

托纳木区块出露的主要地层有中-下二叠统鲁谷组、上三叠统肖茶卡组、中侏罗统布曲组及夏里组、上侏罗统索瓦组、下白垩统白龙冰河组（雪山组）及新生界康托组和鱼鳞山组等。从地震解释和沉积演化角度推测，区块覆盖区应有雀莫错组地层。其各组地层沉积特征如下。

（1）中-下二叠统鲁谷组（$P_{1-2}l$）：呈断块状出露于区块南部，属中央隆起带向东的断续延伸，为龙木错-双湖构造带产物，岩性分为上下两段：下段为浅变质的蓝灰、灰绿色变质砂岩、千枚岩、气孔杏仁状变质玄武岩、硅质岩、硅化灰岩的沉积组合；上段为灰、黄灰色泥晶生物碎屑灰岩、生物碎屑泥晶灰岩、泥灰岩夹浅灰—浅灰白色石英岩屑砂岩，岩石普遍硅化。未见顶底，地层出露厚度大于 1201m。

（2）上三叠统肖茶卡组（T_3x）：出露于区块南部，呈东西向展布。区块位于羌塘前陆盆地的前陆隆起北缘，水体具有从南到北变深的特点，沉积体从南到北为滨岸-三角洲相砂岩、粉砂岩、泥页岩及含煤泥页岩过渡到陆棚相深灰色泥岩、粉砂岩夹泥晶灰岩；沉积岩横向上从南到北粒度变细，从下到上粒度变粗。该套深色泥页岩及含煤碎屑岩可作为生油岩，砂岩可作为储集岩。未见顶底，厚度大于 792m。

（3）中-下侏罗统雀莫错组（$J_{1-2}q$）：在该区块内未见出露，但从地震解释和沉积演化角度推测，该区应有雀莫错组地层。该期为侏罗纪羌塘被动大陆边缘盆地打开初期，北羌塘拗陷为陆源近海湖填平补齐沉积阶段。区块位于河流-湖泊相带，沉积了一套砂砾岩、泥页岩夹膏岩、泥灰岩组合，从下到上碎屑岩粒度变细、灰岩含量增加，并发育膏岩沉积。其中下部的砂砾岩、砂岩可作为储层，中上部泥灰岩、膏岩可作为盖层。与下伏二叠系、三叠系地层呈角度不整合接触，厚度大于 700m。

（4）中侏罗统布曲组（J_2b）：少量出露于区块南部。该期羌塘盆地处于碳酸盐岩台地沉积期，区块位于礁滩相后的开阔台地相带，沉积了一套开阔台地相灰色、深灰色泥晶灰岩、核形石灰岩、生物灰岩及台内浅滩介屑鲕粒灰岩、生物碎屑灰岩等。其中，深灰色泥晶灰岩可作为生油岩，颗粒灰岩可作为储层。未见底，厚度大于 1245m。

（5）中侏罗统夏里组（J_2x）：零星出露于测区中南部，呈东西向展布。该期盆地发生了一次海退过程，沉积了一套以碎屑岩为主的岩石组合。区块位于滨岸-三角洲到潮坪-潟湖相环境，沉积了一套滨岸-三角洲相的岩屑长石砂岩、长石石英砂岩、石英砂岩夹泥页岩与潮坪潟湖相泥页岩、粉砂岩、膏岩夹泥晶灰岩、泥灰岩组合，发育交错层理、平行层理、波痕、砂纹层理等沉积构造。其中，砂岩可作为储层，泥页岩、膏岩可作为盖层。与下伏布曲组整合接触，根据地震解释推测厚度为 800～1000m。

（6）上侏罗统索瓦组（J_3s）：主要出露于区块北部。该期羌塘盆地再次发生海侵，沉积了一套以碳酸盐岩为主的台地相组合。区块主要位于局限潮坪-潟湖相带，沉积了一套深灰色生物碎屑微晶灰岩、泥灰岩夹泥页岩及浅灰色生物碎屑灰岩、砂屑灰岩、鲕粒灰岩等组合。其中，深灰色微泥晶灰岩可作为生油层，颗粒灰岩可作为储集层。与下伏夏里组整合接触，厚度为 600～1170m。

（7）下白垩统白龙冰河组（K_1b）（包含雪山组）：主要出露于测区北部。该期羌塘盆地逐渐消亡，海水逐渐从北拗陷西北方向退出，区块位于河流-三角洲至潮坪相带，从下到上沉积了由下部（白龙冰河组）灰色、深灰色薄层粉砂岩、粉砂质泥岩、泥晶灰岩、泥灰岩过渡到上部（雪山组）紫红色、紫灰色中—薄层状中—细粒岩屑石英砂岩、长石岩屑砂岩夹紫红色中层状粗砂岩、含砾粗砂岩及细砾岩的沉积组合，发育交错层理、正粒序层理、水平层理、底冲刷构造等。其中，河流-三角洲相粗碎屑岩可作为储层，潮坪相细碎屑岩可作为盖层。与下伏索瓦组整合接触，地层厚度为 750～1000m。

（8）新生界：羌塘地区已隆升为陆，区块局部地区有大陆河湖相碎屑岩夹膏岩沉积，在区块东侧见鱼鳞山组火山岩。

2. 构造特征

托纳木区块位于羌塘盆地中部，跨中央潜伏隆起带及北部拗陷内褶皱冲断带，区内构造复杂，褶皱、断裂较多。

1）褶皱构造特征

根据地表不完全统计，区块内褶皱共计 76 个，其中背斜 38 个，向斜 38 个。在区块南部，褶皱核部地层多为上三叠统肖茶卡组或中侏罗统夏里组构成，区块北部的褶皱核部地层多为上侏罗统索瓦组或下白垩统白龙冰河构成；区块南部褶皱轴线多呈东西向展布，区块北部受南北逆冲推覆、走滑旋转等断裂构造作用而形成一些复式褶皱和穹窿构造，典型的有托纳木复式褶皱和托纳木勒玛穹窿构造。

根据地震解释，托纳木区块整体上由两个局部凸起（南部凸起、北部凸起）和一个局部凹陷（中央凹陷）组成凸凹相间的构造格局（图6-18）。托拉木区块共发现了6个圈闭构造（图6-19），这些局部构造圈闭分别发育于托纳木区块的北部凸起带与南部凸起带之上。

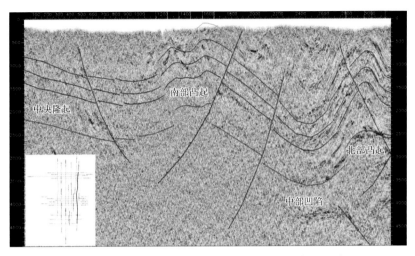

图6-18 托纳木区块的南北向测线 TS2009-02 剖面测线

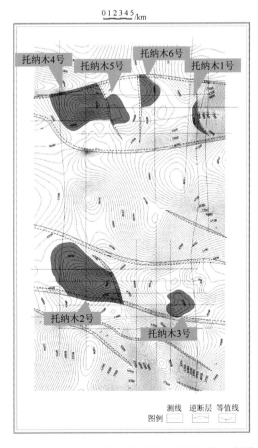

图6-19 托纳木区块三叠系顶界圈闭分布示意图

3. 断层构造特征

区块断裂构造发育，据不完全统计，共计有 56 条断层，其中逆断层 26 条，走滑断层 22 条，正断层 1 条，其他断层 7 条。这些断裂中规模较大的为 F2、F23，从西向东贯穿于整个区块，结合大地电磁和二维地震解释，F23 断裂为深大断裂，已断至基底，可以该断裂为界分为托纳木构造单元和笙根构造单元（图 6-20）。

通过地震解释，本次共解释断裂 60 余条，其中主要解释 12 条（图 6-19）。区块断裂均为逆断层，延伸方向主要为北西向、北西西向、近东西向及南北向。断层断距普遍不大，断层平面延伸距离以北西西及东西向较长，区块内平面延伸 20km 以上，为区域性断裂，控制了区块"两隆夹一凹"形态和局部构造；近南北向断层平面延伸较短，多数为层间断层，断层断距普遍较小，为 350～600m，剖面上断开白垩系至二叠系层位，表明断裂形成时期较晚。

4. 岩浆活动与岩浆岩

区块岩浆岩不发育，仅在二叠系鲁谷组和新近系鱼鳞山组地层中见少量火山岩，未见侵入岩。鲁谷组火山岩仅分布于区块南部，呈线性出露，岩性主要为气孔状、杏仁状玄武岩，该期火山活动早于羌塘盆地油气勘探目的层（中生代油气层），对区块油气评价无影响。鱼鳞山组火山岩仅分布于区块东北角，分布面积小于 $10km^2$，岩性为玄武岩和安山岩类，该期火山岩对区块油气层有一定的影响，但由于该期火山活动主要位于区块东部，距离主要背斜构造较远，对区块油气评价应该影响不大。

三、石油地质特征

1. 烃源岩特征

区块烃源岩层位包括上侏罗统索瓦组（J_3s）、上三叠统肖茶卡组（T_3x）、中侏罗统布曲组（J_2b），其中肖茶卡组以泥质岩烃源岩为主，布曲组和索瓦组以碳酸盐岩烃源岩为主。

1）上侏罗统索瓦组

该组烃源岩广泛出露于区块中北部，岩石类型包括泥质岩和碳酸盐岩两种烃源岩类型，以碳酸盐岩为主。碳酸盐岩厚度为 99.9～439m，岩石类型主要以灰色—深灰色泥晶灰岩、含生物碎屑泥晶灰岩、泥灰岩为主。泥质烃源岩仅分布于局部地区，岩性主要为碳质页岩、泥岩和煤层。

对 39 件碳酸盐岩样品进行分析，有机碳含量为 0.10%～1.15%，平均值为 0.23%，生烃潜力 S_1+S_2 为 0.036～2.22mg/g，平均值为 1.14mg/g。有机碳含量为 0.1%～0.15%的较差烃源岩样品数为 11 件，占 28%；有机碳含量为 0.15%～0.25%的中等烃源岩样品数为 20 件，占 51%；有机碳含量大于 0.25%的好烃源岩样品数为 8 件，占 21%。因此，从总体上看，上侏罗统索瓦组的烃源岩属于以中等烃源岩为主，也存在一定厚度的好烃源岩。有机质类型主要以 II_1 型和 II_2 为主，T_{max} 为 439～589℃，各剖面镜质体反射率 R_o 平均值为 2.55%～2.94%，处于过成熟阶段。

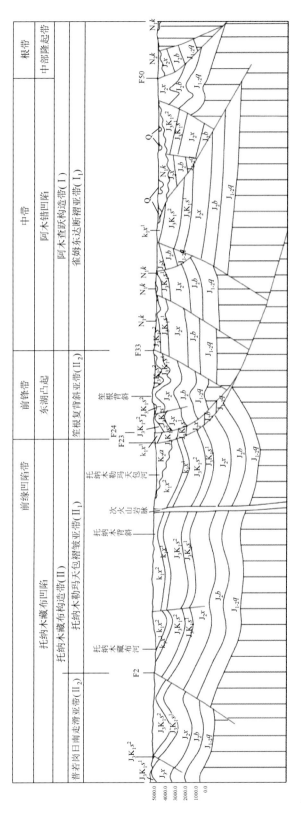

图 6-20　区块南北向构造剖面图

2）中侏罗统布曲组

布曲组在本区地表露头较少，且未见烃源岩厚度及有机地化分析数据，但从沉积相展布与区域地层分布来看，本区块内应有布曲组烃源岩分布。从处于同一相带（开阔台地相）的区块西部那底岗日剖面来看，烃源岩厚度约为230m，岩石类型为深灰色薄中层状泥晶灰岩、核形石灰岩、泥灰岩；有机碳含量为 0～0.29%，平均值为 0.10%，布曲组总体属于差烃源岩类。生烃潜量 S_1+S_2 为 0～50.02mg/g，平均值为 0.003mg/g；有机质类型主要为Ⅰ-Ⅱ$_1$型，以Ⅱ$_1$型为主；烃源岩镜质体反射率 R_o 为 1.01%～2.52%，平均值 1.83%，T_{max} 为 277～593℃，平均值为 416℃，表明布曲组烃源岩处于成熟—过成熟阶段。

3）上三叠统肖茶卡组

肖茶卡组出露于区块南部，呈东西向展布。沉积体为滨岸-三角洲相砂岩、粉砂岩、泥页岩过渡到陆棚相深灰色泥岩。烃源岩主要为暗色泥页岩，根据剖面与浅钻的不完全统计，地层中泥岩累计厚度为 345.7～500.7m，单层泥岩累计最大厚度约为 58m。

通过对区块、外围地表及井下样品有机质丰度、有机质类型及热演化程度等的研究，结果显示，烃源岩有机碳含量为 0.3%～3.56%，其中大于 0.5%的样品占 88%，大于 1%的样品占 32%，说明研究区烃源岩品质较好，56%的样品为中等烃源岩，32%的样品为较好烃源岩。烃源岩有机质类型大部分为Ⅱ$_2$型，只在研究区东部外围（QZ-7 井、QZ-8 井）见到Ⅲ型，有机质类型较好，R_o 和 T_{max} 的结果表明，烃源岩均已成熟，为高一过成熟。

通过对索瓦组、布曲组和肖茶卡组烃源岩综合对比分析认为，研究区最有效的烃源岩为上三叠统肖茶卡组的泥岩，为中等—好烃源岩，其次为索瓦组的灰岩，为中等烃源岩，布曲组为差的烃源岩。

2. 储集层特征

区块储层主要发育层位有：上三叠统肖茶卡组、中-下侏罗统雀莫错组、中侏罗统布曲组和夏里组以及上侏罗统索瓦组；储层岩性包括碎屑岩和碳酸盐岩。其中，碎屑岩储层主要发育在肖茶卡组、雀莫错组和夏里组地层中，碳酸盐岩储层主要发育在布曲组和索瓦组地层中。

1）上侏罗统索瓦组

该组储层岩性为潮坪相生物碎屑灰岩、鲕粒灰岩等，厚度变化较大，一般为 104～463m。储层孔隙度为 1.03%～1.97%，平均孔隙度为 1.49%；渗透率为 0.0066×10^{-3}～7.3480×10^{-3}μm^2，平均渗透率为 1.443×10^{-3}μm^2，整体来说储层致密，物性较差。通过铸体薄片鉴定，索瓦组碳酸岩储层储集空间包括溶蚀孔隙、微裂隙。综上，该组储层物性总体较差，但局部颗粒灰岩中受溶蚀改造作用，其储集性能大为提高。

2）中侏罗统夏里组

该组储集岩性为中一细粒石英砂岩、长石石英砂岩、岩屑石英砂岩。由于该区块内露头较少，没有剖面控制，从区域推测区块夏里组砂岩储层厚度大于100m。露头砂岩样品（仅 1 件）的孔隙度和渗透率分别为 5.61%和 48.7567×10^{-3}μm^2，物性相对较好，可作为优质储层。分析认为，一方面该储层砂岩为滨岸沉积，滨岸高能带能够形成分选好、磨圆度高、杂基含量低、成分成熟度和结构成熟度都较高的砂体，能够很好地抵抗上覆地层的压实，从而保存更多的连通性好的孔隙系统；另一方面，经过埋藏-隆升过程中多期次成岩流体改造，在半封闭-封闭的埋藏环境中，砂体中各种矿物在水-岩反应过程中发生溶蚀-沉淀，造成孔隙的再分配，形成异常高孔渗带。

3）中侏罗统布曲组

该组储层岩性为鲕粒灰岩、砂屑灰岩、生物碎屑灰岩；由于区块内没有剖面厚度控制，从区块附近的阿木岗剖面推测其储层厚度大于 100m。通过区块样品分析，颗粒灰岩的孔隙度为 0.40%～8.46%，平均孔隙度为 1.97%；渗透率为 0.0051×10^{-3}～$0.8557\times10^{-3}\mu m^2$，平均渗透率为 $0.207\times10^{-3}\mu m^2$，整体来说储层致密，物性较差。样品铸体薄片鉴定表明，储集空间包括溶蚀孔隙及微裂隙。

4）中-下侏罗统雀莫错组

由于区块内没有雀莫错组地层出露，从区块附近的同一相带的阿木岗剖面推测，储层岩性主要为岩屑砂岩、长石岩屑砂岩，厚度大于 200m；孔隙度为 0.80%～5.63%，平均孔隙度为 2.32%；渗透率为 0.0007×10^{-3}～$17.2223\times10^{-3}\mu m^2$，平均渗透率为 $1.223\times10^{-3}\mu m^2$，整体来说储层致密，物性较差。

铸体薄片鉴定表明，雀莫错组碎屑岩储层储集空间以次生溶蚀孔隙为主，残余原生粒间孔隙较少；此外，发育少量微裂隙；溶蚀孔隙多为长石粒内溶孔、岩屑粒内溶孔，偶见粒间溶孔，孔隙连通性差；微裂隙缝宽一般为 0.01～0.25mm，未充填。面孔率普遍较低，为长石岩屑砂岩面孔率的 2%左右，岩屑砂岩面孔率一般小于 2%，局部层段溶蚀强烈部位面孔率可达 6%。

5）上三叠统肖茶卡组

区块储层主要出露于南部，岩石类型主要为中—细粒长石石英砂岩、石英砂岩、岩屑长石砂岩等，厚度大于 100m，如扎那陇巴剖面肖茶卡组地层总厚大于 426.4m，储集层厚约 118.03m，占地层总厚的 27.68%。其中细粒砂岩厚约 59.64m，占地层总厚的 13.99%；中粒砂岩厚约 52.09m，占地层总厚的 12.22%；粗砂岩厚约 6.3m，占地层总厚的 1.48%。储层孔隙度为 0.23%～2.34%，平均孔隙度为 1.09%；渗透率为 0.0007×10^{-3}～$0.1044\times10^{-3}\mu m^2$，平均渗透率为 $0.098\times10^{-3}\mu m^2$，整体致密，物性较差。

铸体薄片鉴定表明，研究区储集空间残余原生粒间孔隙较少，以次生溶蚀孔隙为主，发育少量微裂隙。溶蚀孔隙多为长石粒内溶孔、岩屑粒内溶孔，偶见粒间溶孔，溶蚀强烈的可以形成铸模孔，但铸模孔极为少见，部分层段发育有微裂隙，微裂隙被铁泥质或白云石充填，也有未充填的微裂隙保存，可成为油气运移的良好通道。受沉积及成岩作用共同控制，研究区野外剖面上三叠统碎屑岩储层中储集空间极不发育，面孔率极低，多小于 2%。

通过上述肖茶卡组、雀莫错组、夏里组三套碎屑岩储层对比分析，雀莫错组储层物性要优于肖茶卡组储层。夏里组由于样品较少，难以判定。布曲组和索瓦组两套碳酸盐储层中，布曲组好于索瓦组。

3. 盖层发育特征

区块内盖层分布层位多，从上三叠统肖茶卡组至下白垩统白龙冰河组（包括雪山组）

均有分布，盖层岩性主要为泥页岩、泥晶灰岩、膏岩。多个层位盖层条件较好，特别是白龙冰河组（雪山组）的盖层在区块北部（主要背斜构造带）大面积分布，对区内中生代油气目的层的封盖十分有利。

1）下白垩统白龙冰河组（雪山组）

该组出露于区块北部的托纳木复式构造一带，盖层岩性为粉砂岩、粉砂质泥岩、泥晶灰岩、泥灰岩等。该组盖层较厚，如托纳木北东下白垩统剖面雪山组地层厚 1838.54m，盖层厚 1071m，占地层总厚的 58.25%。由于该套盖层位于区块油气目的层的最高层位，对下伏油气勘探目的层的封盖十分有利。

2）上侏罗统索瓦组

该组主要出露于区块北部，岩性由潮坪-潟湖相微泥晶灰岩、泥灰岩夹泥页岩、膏岩组成，厚度为 600～840m，如托纳木北剖面所测索瓦组地层厚 2245.81m，盖层累计厚 601m（其中，灰岩盖层厚 402m，泥岩盖层厚 199m），占地层总厚的 26.76%；托纳木西剖面索瓦组地层厚 1785.42m，盖层累计厚 742m（其中，灰岩盖层厚 447m，泥页岩盖层厚 295m），占地层总厚的 41.56%；托纳木南剖面索瓦组地层厚 858m，盖层累计厚 843m（其中，灰岩盖层厚 476m，膏岩盖层厚 367m），占地层总厚的 98.25%。该层位位于区块油气勘探目的层之上，具备形成良好封盖的条件。

3）中侏罗统夏里组

该组零星出露于区块中部，盖层岩性为细碎屑岩、泥晶灰岩、膏岩，根据地震解释推测其地层厚度为 800～1000m。根据剖面与浅钻的不完全统计，地层中深灰色泥页岩盖层累计厚度为 113～174m，连续泥页岩最大厚度为 68m。具备形成盖层的条件。

4）中侏罗统布曲组

该组少量出露于区块南部，盖层岩性为微泥晶灰岩、泥灰岩，由于出露剖面较少，根据地震解释及少量剖面推测其地层厚度为 800～1200m，其中盖层厚度为 700～1100m，具备形成盖层的条件。

5）中-下侏罗统雀莫错组

该组在区块内未见出露，从沉积演化及地震解释推测，该区应有雀莫错组地层。该期区块雀莫错组由河流-湖泊相碎屑岩、灰岩夹膏岩组成，其中细碎屑岩、微泥晶灰岩、泥灰岩、膏岩可作为盖层，从地震及区域地层推测，该组地层厚度大于 700m，其盖层厚度大于 400m，具备形成盖层的条件。

6）上三叠统肖茶卡组

该组出露于区块南部，盖层岩性为泥页岩、泥晶灰岩等，根据露头剖面、地质浅钻及地震解释推测，雀莫错组地层厚度为 792～2000m，其盖层厚 345～500m，泥岩单层厚度为 58m。

综上所述，研究区内盖层发育，纵向上各个层位均互相叠置，横向上广泛分布，具有较强的微观油气封闭能力。特别是索瓦组和白龙冰河组盖层的厚度大，突破压力高，属好的区域盖层。此外，区块内盐丘的出现，表明在研究区内存在一套良好的优质盖层，但是我们目前没有获得有效的厚度数据，但是膏岩的封闭性能良好，可以为油气的保存提供良好的条件。

4. 生储盖组合

通过对研究区及邻区剖面的研究，区块中生界可以划分为三套完整的生储盖组合，即上三叠统肖茶卡组-下中侏罗统雀莫错组组合（Ⅰ）、中侏罗统布曲组-中侏罗统夏里组组合（Ⅱ）、上侏罗统索瓦组-雪山组组合（Ⅲ）。研究区大面积出露下白垩统雪山组，局部出露上侏罗统索瓦组，因此，从整体分析结果来看，应以Ⅰ、Ⅱ套组合为主要勘探目标（图6-21）。

（1）上三叠统肖茶卡组-中下侏罗统雀莫错组组合（Ⅰ）。该生储盖组合以上三叠统肖茶卡组的暗色泥岩和煤岩等为主要生油岩，上伏的上三叠统肖茶卡组岩屑石英砂岩及其与下中侏罗统雀莫错之间的古风化壳，雀莫错组的砂砾岩和砂岩为主要储集层，雀莫错组上部的膏岩和泥岩为盖层，构成生储盖组合。其中，烃源岩以测区东部的羌资7井、羌资8井以及区内南部羌资15井和扎那陇巴剖面测试的样品为代表，95%的泥岩有机碳TOC大于0.5%，为烃源岩，其中73%的为中等—好的烃源岩，厚度在85～500m分布不等，说明该套烃源岩具有较大的厚度和较好的生烃能力。储集层有肖茶卡组上部砂岩及雀莫错组下部的砂砾岩层，虽然该套储集层具有低孔低渗的特点，但古风化壳的存在可有效增加其储集空间。雀莫错上部的膏岩和泥岩为盖层，该套盖层发育的泥岩和膏岩具有较好的封闭能力，并且从区域上具有普遍分布特征。

（2）中侏罗统布曲组-中侏罗统夏里组组合（Ⅱ）。该生储盖组合以中侏罗统布曲组的泥晶灰岩和局部夏里组的泥岩为主，但经过前面的综合评定，其主要为差—中等的烃源岩，但是其优势是厚度大（布曲组在局部，泥晶灰岩占地层总厚度的50%以上）；而布曲组的颗粒灰岩和夏里组滨岸-三角洲相的砂体则为主要的储集空间；夏里组的泥岩和布曲组局部发育的膏岩则组成了重要的盖层。总体来看该组合烃源岩厚度大、储集层和盖层物性条件相对较好，尽管生油岩有机碳含量相对较低，但该组合生储层配置较好，是较为有利的生储盖组合。

四、地球化学

2004年，中国地质调查中心成都地质调查中心承担的"青藏高原油气资源战略选区调查"项目在托纳木区块北部部署了623km^{2}的低密度地球化学调查，通过调查取样分析，显示该地区具有油气勘探前景。

1. 油气化探异常特征

1）甲烷异常特征

区域异常主要大面积分布于托纳木背斜带和第四系覆盖区［图6-22（a）］；局部异常主要呈顶部异常模式分布于托纳木背斜的中西部两个圈闭构造上方，且出现面积大、强度高的特征。上述甲烷地球化学异常空间分布特征和制约因素揭示托纳木区块可能存在油气运移和聚集。

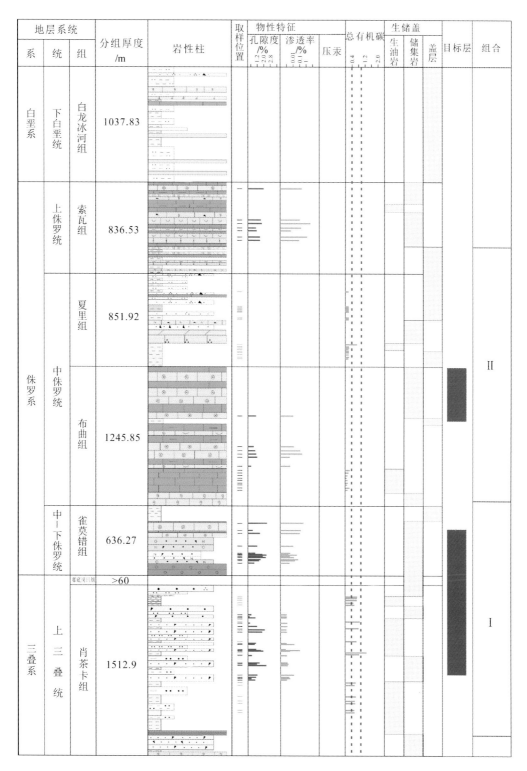

图 6-21　托纳木区块生储盖组合划分图

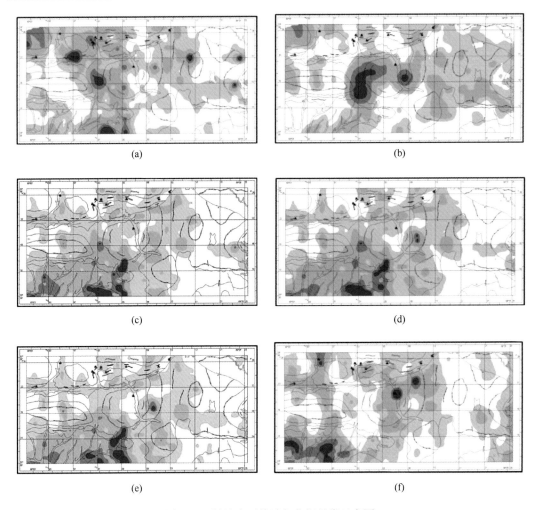

图 6-22　托纳木区块油气化探异常示意图

2）相态汞异常特征

托纳木区块土壤中汞的存在形式主要是硫化汞（300～400℃）和氯化汞（200～300℃）。硫化汞的区域异常［图 6-22（b）］受到油苗点、托纳木背斜和区域逆冲断层的约束，而且托纳木背斜上的区域异常连续性和趋势性非常明显；局部异常主要约束因素是油苗点和背斜圈闭，具有强度大、分片集中的特征。氯化汞异常与硫化汞异常比较相似，表现在区域异常和局部异常的分布方面，所不同的是异常面积的差别。上述汞的区域异常和局部异常与甲烷相似，说明二者都与油气运移和聚集有关。

3）乙烷、丙烷和重烃异常特征

乙烷、丙烷和重烃具有非常高的相关性。乙烷、丙烷地球化学异常图与甲烷不同，乙烷区域异常面积非常大［图 6-22（c）］，主要呈现大面积片状和长条状分布于中西部，片状异常区主要位于第四系覆盖区和托纳木区块中部背斜圈闭上，长条状区域异常主要沿托纳木背斜西北部逆冲断层分布；乙烷局部异常主要位于第四系覆盖区，浓集程度较高，托纳木背斜带和断层上分布有强度低的零星异常。丙烷地球化学异常分布特征与乙烷类似，都呈现大面积的区域异常特征和局部异常的集中分布特征。重烃的区域异常［图 6-22（d）］由于重烃中乙烷和丙烷所占的比例较大，因而重烃异常与它们具有非常明显的相似性。重烃异常揭示出托纳木背斜带上的油气可能源于第四系覆盖区深部的烃源岩，也就是说，油气是由第四系覆盖区深部向托纳木背斜运移。

4）异丁烷和戊烷异常特征

异丁烷的区域异常分布很有特点：第四系覆盖区，油气圈闭保存条件较好，异丁烷的区域异常呈大面积片状分布［图 6-22（e）］；托纳木背斜油气圈闭保存条件较好的是托纳木背斜中部，其异丁烷区域异常指示背斜翼部保存条件良好；托纳木背斜西部构造由于构造抬升，处于剥蚀强烈区，异丁烷异常几乎没有；托纳木背斜西北部的逆冲断层是一个油气运移的区域构造，化探指标异常仅出现区域性的异常强度，局部异常不发育，说明该逆冲断层具有很强的遮挡作用，与异丁烷异常的指示意义相符。异丁烷的局部异常主要出现在第四系覆盖区，也呈现大面积的片状异常，说明该区油气运移强度较大。异戊烷的地球化学异常特征与异丁烷类似，也可以反映油气圈闭保存条件。

5）芳烃异常特征

芳烃的区域异常［图 6-22（f）］主要分布于区块中、西部的背斜区域和西南部第四系覆盖区域；局部异常主要集中于区块西南角和中部背斜高点的东南翼。芳烃异常与甲烷等异常的分布特征不同，可能揭示区块油气在运移、聚集过程中存在空间分异。总之，托纳木区块区域异常一般成片分布，主要受背斜带和区域断层的控制，局部异常位于区域异常之上，受局部圈闭的控制，这种异常谱系反映了油气运移和聚集特征。

2. 油气资源潜力多元信息预测

上述各种异常特征表明托纳木区块发生过油气运移和聚集过程，且局部异常反映圈闭构造的含油气特征。为了进一步预测油气聚集的有利部位，在对油气运移聚集地球化学效应研究的基础上，结合石油地质和遥感信息，采用油气资源潜力多元信息综合预测，结果显示托纳木中部背斜构造和托纳木背斜西南部的第四系覆盖区为区块内较好的油气远景区（图 6-23）：①托纳木背斜西南部的第四系覆盖区是该区最有前景的靶区，其格化面金属量（normalized areal productivity，NAP）高达 107.28（NAP 为靶区的平均衬值与靶区面积之积），属有利区；②托纳木背斜中部构造也是较好的油气远景区，该背斜圈闭保存条件较好，NAP 仅次于托纳木背斜西南部靶区，属于较有利区；③托纳木背斜西北部构造保存条件相对较差，而且 NAP 较小，属于较差区。但第四系覆盖区临近托纳木与笙根之间的断裂带，其异常可能受断裂作用影响，因此托纳木区块中部背斜构造可能为较好油气聚集区。

化探结果显示的综合有利区，与我们基础石油地质调查在地表发现的托纳木背斜发育的位置完全一致，因此可以推测，在此区域发生过油气运聚，并且此背斜是良好的储存和封闭空间。

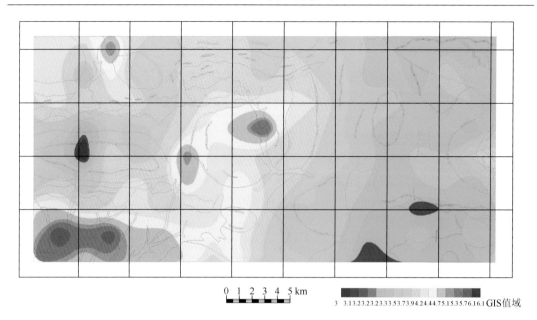

0 1 2 3 4 5 km

3 3.13.23.23.23.33.53.73.94.24.44.75.15.35.76.16.1 GIS值域

图 6-23　托纳木区块油气资源潜力多元信息预测示意图

五、地球物理

近年来，中国地质调查局成都地质调查中心在本区块部署了大地电磁测量、复电阻率测量和二维地震测量，通过这些地球物理解释，获得了区块的深部构造信息。

1. 大地电磁综合解释

根据大地电磁测量所得剖面综合解释，托纳木区块的断裂多为逆断裂，但这些断层多集中于区块南部的中央隆起带附近区域，在区块中北部地区并不发育，表明研究区的重点勘探区的保存条件相对较好。

区块内部可划出南部凹陷区（龙尾湖凹陷东延部分）、中部局部凸起区和北部托纳木藏布凹陷三个次级构造单元。

南部凹陷区：总体低阻盖层较发育，推测三叠系埋深从南往北有变深趋势，呈低阻。其下的相对低阻可能为二叠系鲁谷组火山岩，电性界限不明显。

中部局部凸起区：中浅层电阻率均高于南部凹陷区。地表出露地层为新生代，根据钻孔和物性资料分析，该区浅部一套较厚的中低阻地层应为侏罗系索瓦组与夏里组地层。

北部托纳木藏布凹陷：在一维连续介质反演剖面上处于电阻高值区域，纵向上电性值经过了相对低—高—相对低—高的变化过程，表层低阻推测为新生代地层，中浅层高阻推测为侏罗系高阻层，其下可能发育有一套夏里组较薄的低阻层系，厚度约为 0.5km。

综合解释结果整体上显示从中央隆起向北，水体逐渐加深。在羌中隆起向北依次划分为浅水区（隆起北坡）、深水区（羌北拗陷），中间由于局部凸起的存在，部分沉积物相对较薄，与沉积相分布较吻合。并且研究区的北部地表较好的背斜圈闭及化探勘探的有利区都位于北部凹陷范围内。

地震解释确定的5个圈闭分布在北羌塘拗陷，其中5号圈闭构造位于南部凹陷区北缘，1~4号圈闭背斜位于北部托纳木藏布凹陷的南缘。

2. 复电阻率综合解释

通过对扎仁区块试验剖面已知油气显示与复电阻率（complex resistivity，CR）法各参数对比，表明 m_c 异常与油气的关系密切，电阻率低值异常范围较大，异常界线明显。综合考虑各种参数，在区块的复电阻率剖面上解释出7个有利油气异常，其中I类异常2个（V号、IV号构造）（图6-24），

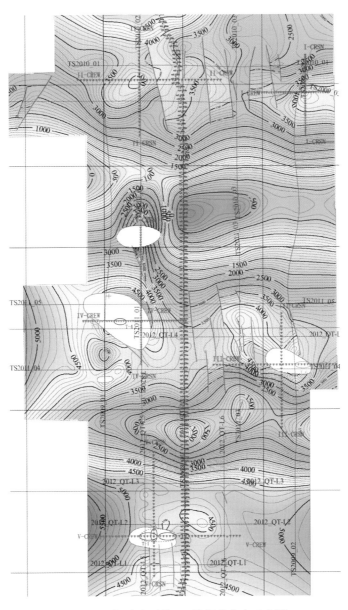

图6-24　托纳木区块CR法异常分布示意图

为好油气聚集区，可获得低产以上级油气；Ⅱ类异常 5 个，为较好油气聚集区，可获较好显示级油气。

根据复电阻率测量异常的各参数响应，以及已总结的矿区复电阻率测量异常组合模式，参考钻井资料对划分的 7 个异常进行评价（表 6-5）。

表 6-5 托纳木区块复电阻率测量异常综合评价表

异常编号	测线编号	异常位置	异常深度/m	$\rho_\omega/(\Omega\cdot m)$	$m_s/\%$	τ_s/s	C_s	异常评价	备注
T-1	V-CRSN	218～234	−1000～−1900	<25	>4	1.9～2.5	0.5～0.6	Ⅰ类异常	m_s、局部>6%
	V-CREW	250～272							
	V-CREW	274～296							
T-2	Ⅳ-CRSN	210～222	−1100～−1400	<12.5	>4	1.3～1.9	0.4～0.55	Ⅱ类异常	—
T-3	Ⅳ-CREW	198～210	−600～−1500	15～75	>4	1.5～2.0	0.5～0.6	Ⅱ类异常	—
T-4	Ⅳ-CREW	228～243	−1300～−2200	<15	>5	1.5～2.3	0.5～0.7	Ⅰ类异常	m_s、局部>6%
T-5	Ⅲ-CRSN	210～220	−1300～−2000	<22.5	>3.5	1.7～2.1	0.45～0.55	Ⅱ类异常	m_s、局部>4%
T-6	Ⅲ-CREW	368～386	−1100～−2000	<25	>3.5	1.7～2.3	0.5～0.65	Ⅱ类异常	m_s、局部>4%
T-7	Ⅲ-CREW	398～410	−2500～−3000	<25	>3.5	1.5～2.1	0.5～0.65	Ⅱ类异常	m_s、局部>4%

1）T-1

T-1 异常位于 V-CRSN 线的 218～234 号点及 V-CREW 线 250～272、274～296 号点，为两条测线控制的异常。在 m_s 断面上存在 $m_s>4\%$、局部>6%的异常，其上部有一小部分异常，是该异常向上逸散的反映。

在 ρ_ω 等电阻率断面上，其处于低阻区；在 C_s 参数断面上，对应 m_s 异常，$C_s=0.5～0.6$；$\tau_s=1.9～2.5s$。

复电阻率测量组合异常特征为：ρ_ω 较低、m_s 中等（4%）以上、τ_s 中等（1～3s）、C_s 中等（0.5 左右）的"一低、三中"综合特征。推断其为Ⅰ类异常，异常埋深为−1000～−1900m。

2）T-2

T-2 异常位于Ⅳ-CRSN 线的 210～222 号点。m_s 断面上存在 $m_s>4\%$ 的异常。

在 ρ_ω 等电阻率断面上，对应 m_s 异常处有低阻异常；在 C_s 参数断面上，与 m_s 异常对应处，$C_s=0.4～0.55$；$\tau_s=1.3～1.9s$。

复电阻率测量组合异常特征为：ρ_ω 较低、m_s 中等（4%）以上、τ_s 中等（1～3s）、C_s 中等（0.5 左右）的"一低、三中"综合特征。推断其为Ⅱ类异常，异常埋深为−1100～−1400m。

3）T-3

T-3 异常位于Ⅳ-CREW 线的 198～210 号点间。在 m_s 断面上存在 $m_s>4\%$ 的异常。

在 ρ_ω 等电阻率断面上，m_s 异常处在低阻到高阻的过渡区；在 C_s 参数断面上，与 m_s 异常对应处，$C_s=0.5～0.6$；$\tau_s=1.5～2.0s$。

复电阻率测量组合异常特征为：ρ_ω 较低、m_s 中等（4%）以上、τ_s 中等（1～3s）、C_s 中等（0.5 左右）。推断其为Ⅱ类异常，异常埋深为−600～−1500m。

4）T-4

T-4 异常位于Ⅳ-CREW 线的 228～243 号点。在 m_s 断面存在 m_s＞4%、局部＞6%的异常。

在 ρ_ω 等电阻率断面上，对应 m_s 异常处有低阻异常；在 C_s 参数断面上，与 m_s 异常对应处，C_s=0.5～0.7；τ_s=1.5～2.3s。

复电阻率测量组合异常特征为：ρ_ω 较低、m_s 较高（＞6%）、τ_s 中等（1～3s）、C_s 中等（0.5 左右）。推断其为Ⅰ类异常，异常埋深为−1300～−2200m。

5）T-5

T-5 异常位于Ⅲ-CRSN 线的 210～220 号点。在 m_s 断面上存在 m_s＞3.5%、局部＞4%的异常。

在 ρ_ω 等电阻率断面上，对应 m_s 异常处有低阻异常；C_s 参数断面上，与 m_s 异常对应处，C_s=0.45～0.55；τ_s=1.7～2.1s。

复电阻率测量组合异常特征为：ρ_ω 较低、m_s 中等（4%）以上、τ_s 中等（1～3s）、C_s 中等（0.5 左右）的"一低、三中"综合特征。推断其为Ⅱ类异常，异常埋深为−1300～−2000m。

6）T-6

T-6 异常位于Ⅲ-CREW 线的 368～386 号点。m_s 断面上存在 m_s＞3.5%、局部＞4%的异常。

在 ρ_ω 等电阻率断面上，对应 m_s 异常处有低阻异常；在 C_s 参数断面上，与 m_s 异常对应处，C_s=0.5～0.65；τ_s=1.7～2.3s。

复电阻率测量组合异常特征为：ρ_ω 较低、m_s 中等（4%）以上、τ_s 中等（1～3s）、C_s 中等（0.5 左右）的"一低、三中"综合特征。推断其为Ⅱ类异常，异常埋深为−1100～−2000m。

7）T-7

T-7 异常位于Ⅲ-CREW 线的 398～410 号点。在 m_s 断面上存在 m_s＞3.5%、局部＞4%的异常。

在 ρ_ω 等电阻率断面上，对应 m_s 异常处有低阻异常；在 C_s 参数断面上，与 m_s 异常对应处，C_s=0.5～0.65；τ_s=1.5～2.1s。

复电阻率测量组合异常特征为：ρ_ω 较低、m_s 中等（4%）以上、τ_s 中等（1～3s）、C_s 中等（0.5 左右）的"一低、三中"综合特征。推断其为Ⅱ类异常，异常埋深为−2500～−3000m。

综上所述，在复电阻率测量勘探深度范围内，区块的油气分布及含量不均匀；发现的 7 个复电阻率测量异常中，Ⅰ类异常为 2 个，为好油气聚集区，可获低产以上级油气；Ⅱ类异常为 5 个，为较好油气聚集区，可获较好显示级油气，其他未提及区为无油气显示区。

3. 二维地震特征

根据区块地震资料的连片处理与解释，在托拉木区块共发现了 6 个圈闭构造（表 6-6）

（图 6-19），这些局部构造圈闭分别发育于托纳木区块的北部凸起带与南部凸起带之上。其中规模较大、落实程度相对较高的为 2 号和 4 号构造（表 6-6）。

表 6-6　圈闭要素统计表

构造名称	构造形态	最低圈闭线/m	构造高点/m	闭合幅度/m	圈闭面积/km²	落实程度
托纳木 1 号	断鼻	−4600	−3880	720	4.85	较可靠
托纳木 2 号	断背斜	−4300	−3000	1300	80.40	可靠
托纳木 3 号	背斜	−3200	−2880	320	16.56	较可靠
托纳木 4 号	断背斜	−4200	−3100	1100	54.39	可靠
托纳木 5 号	断鼻	−3900	−3730	170	14.31	不可靠
托纳木 6 号	断鼻	−4590	−4000	590	14.01	较可靠

　　1）托纳木 2 号构造

　　托纳木 2 号构造，为两条近东西向断层挤压形成的断背斜，圈闭面积为 80.40km²，闭合幅度为 1300m，构造高点为−3000m。东西方向和南北方向剖面上均表现为较为完整的背斜构造（图 6-25）。地震资料品质以二、三级为主，测线控制程度高，断块构造落实。

　　2）托纳木 4 号

　　托纳木 4 号构造，总体上为由多条逆断层控制的逆冲背斜，圈闭面积为 54.39km²，闭合幅度为 1100m，构造高点为−3100m。东西方向上，TS2009-03 线和 TS2010-01 线表现为两条断层夹持的背斜构造；南北方向上，TS2010-02 线亦表现为断背斜构造（图 6-26）。地震资料品质较好，测线控制程度高，断块构造落实。

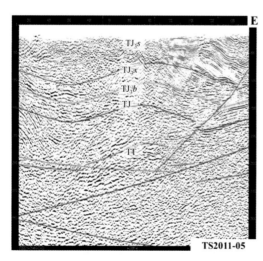
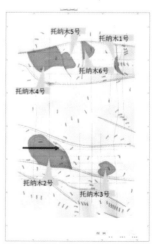

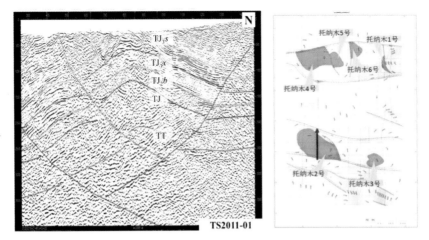

图 6-25 托纳木 2 号构造剖面特征

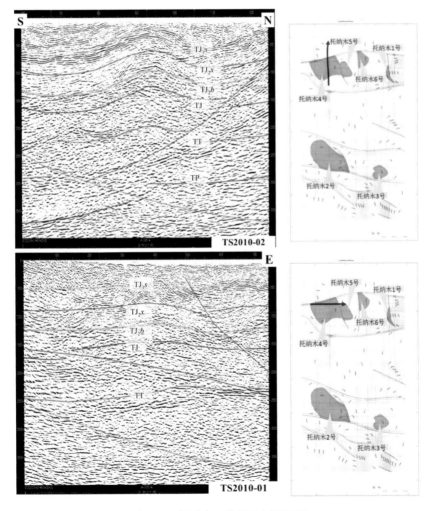

图 6-26 托纳木 4 号构造剖面特征

六、油气成藏与保存

1. 成藏条件

1）油气的圈闭

区块的圈闭主要为背斜构造。地表地质调查显示，区块内存在 38 个背斜构造，典型构造是托纳木复式褶皱和托纳木勒玛穹窿构造，其背斜的核部地层主要由索瓦组组成，两翼由白龙冰河组及雪山组地层组成。地震解释显示，区块存在 6 个规模较大的地腹背斜构造，这些局部构造圈闭分别发育于托纳木区块的北部凸起带与南部凸起带之上，其中以 2 号构造、4 号构造的规模较大；区块北部的 4、5、6 号构造与地表调查的托纳木复式褶皱分布一致。通过对地层接触关系及构造特征等进行研究发现，这些背斜构造主要定型于燕山中晚期。喜马拉雅期对其进行了一定的改造。

此外，区块内还存在岩性圈闭、地层不整合圈闭，这些圈闭的形成时代与地层时代一致，为中生代。

2）油气的生烃史

由北羌塘拗陷各组烃源岩的生烃史可知，上三叠统肖茶卡组烃源岩在中侏罗世进入生油高峰期，晚侏罗世末期进入湿气阶段，早白垩世进入干气阶段。中侏罗统布曲组烃源岩在早白垩世达到生油高峰期，在新近纪进入生气阶段。中侏罗统夏里组烃源岩在早白垩世开始生油，到新近纪早期进入生油高峰，此后构造抬升进入停滞阶段。上侏罗统索瓦组烃源岩在新近纪进入生油高峰期，此后由于喜马拉雅运动构造抬升导致生油停滞。

3）圈闭与生烃成藏的时间匹配

综上，区块的构造圈闭主要定型于燕山中晚期，而该时期除肖茶卡组烃源岩处于生气阶段和布曲组烃源岩处于生油高峰期，夏里组和索瓦组烃源岩处于低成熟或未成熟阶段。因此，区块各组烃源岩的生烃成藏期与构造定型为同一时期或晚于主构造定型期，有利于油气的成藏。区块的岩性圈闭和地层不整合圈闭发生于生烃之前，对油气成藏也极为有利。

2. 保存条件

在晚侏罗世末至早白垩世，羌塘盆地受拉萨地块与羌塘地块碰撞作用而遭受了强烈的变形。本次碰撞作用不仅形成一系列规模不等的褶皱和断裂构造，还使沉积充填体普遍遭受不同程度的抬升-剥蚀，这对油气藏保存产生了很大的影响。新生代时期，随着喜马拉雅运动的多次叠加，使早期断裂复活，形成新的断裂，并伴随火山活动和岩浆侵入，同时导致中生代油气藏遭受不同程度的改造。但是，上述各期构造运动于不同地区在变形强度、剥蚀程度、断裂发育状况、侵入活动、火山作用等方面存在一定差异，因而油气保存条件差异较大。

从区块出露地层来看，本区中、北部广泛出露上侏罗统索瓦组、下白垩统白龙冰河组（雪山组）和新生代地层，少量出露中侏罗统夏里组地层，表明该区剥蚀程度较小；区块南部大面积出露上三叠统肖茶卡组地层，说明其剥蚀程度较强。

　　从区块内断层、岩浆分布来看，本区断层较多，但是除少数次级构造单元边界断裂规模较大，其他多为次级断层，切穿地层深度较小，并且多为逆冲断层，而本区块落实的地腹构造多为断背斜，断层对背斜的破坏作用较小；本区岩浆活动较弱，仅在区块东部见少量新生代火山岩分布。因此断裂、岩浆活动对油气藏破坏不大。

　　从盆地构造改造强度上看，该区北部处于盆地弱改造区内，南部处于中等改造区内，而区块的主要背斜构造位于北部，因此油气藏相对保存较好。

　　综上看出，该区块的油气保存较好，特别是区块北部地区保存较佳，是寻找大中型油气藏的有利地区。

七、综合评价与目标优选

1. 含油气地质综合评价

　　（1）烃源岩条件较好，为油气成藏奠定了有利的物质基础。区内发育上侏罗统索瓦组、中侏罗统夏里组、中侏罗统布曲组和上三叠统肖茶卡组等多套烃源层，烃源岩累计厚度大，泥页岩的有机质丰度较高，具有形成大中型气田的能力。

　　（2）储集条件较有利，储层厚度大。研究区发育有上侏罗统索瓦组和中侏罗统布曲组颗粒灰岩储层及中侏罗统夏里组、中下侏罗统雀莫错和上三叠统肖茶卡组砂岩储层，还发育有古风化壳储层，储层累计厚度大，具备大中型油气田的储集空间。

　　（3）盖层条件较好，有较厚的直接盖层。主要目的层（上三叠统肖茶卡组、中侏罗统布曲组）之上均有较厚的直接盖层，且夏里组、索瓦组中还发育有膏岩层盖层。此外，研究区内大面积分布有新生界，由于其厚度大，具有一定的封盖能力。

　　（4）圈闭构造发育。根据地表调查与地球物理综合解释，区块内存在多个地腹构造，背斜型构造圈闭面积及闭合幅度较大，且主要勘探层位——侏罗系、三叠系地层发育齐全，生储盖配置良好，有利于油气聚集成藏。

　　（5）成藏条件优越，油气保存条件相对较好。区内背斜构造主要定型于燕山中晚期，而各组合生油岩的生油高峰期多在燕山期或之后，油气生成与背斜圈闭的形成时限配套良好，利于油气成藏。

　　区内断层规模小，火山岩不发育，构造改造较弱。因此该区块的油气保存相对较好。

　　综上所述，区块生储盖地质特征良好，圈闭构造发育，成藏条件优越，后期构造、岩浆等破坏作用较弱，因此认为该区块为盆地最有利油气资源勘探远景区块。

2. 目标优选

　　通过对区块基础地质特征、生储盖地质特征、油气成藏及保存条件等进行分析，结合地覆构造的落实，认为区块第一目的层为中侏罗统布曲组颗粒灰岩层，第二目的层为中下侏罗统雀莫错组砂砾岩层和上三叠统肖茶卡组砂岩层；通过地腹构造落实程度及圈闭可靠程度评价、圈闭综合排队等，确定第一目标构造为托纳木 4 号构造，第二目标构造为托纳木 2 号构造。

1）圈闭可靠程度评价

按照圈闭地震资料品质、测网控制程度进行圈闭可靠程度评价，托纳木区块 6 个构造圈闭中，2 个为较可靠圈闭（表 6-7）。

表 6-7　侏罗系布曲组底界局部构造可靠程度评价表

构造名称	构造形态	最低圈闭线/m	构造高点/m	圈闭面积/km²	可靠程度评价			
					测网控制程度	测网密度	地震资料品质	可靠程度
托纳木 1 号	断鼻	−4600	−3880	4.85	"十"字形测线	—	二级	不可靠
托纳木 2 号	断背斜	−4300	−3000	80.40	"井"字形测线	2×3	二级	较可靠
托纳木 3 号	背斜	−3200	−2880	16.56	"十"字形测线	—	二级/三级	不可靠
托纳木 4 号	断背斜	−4200	−3100	54.39	"井"字形测线	2×3	二级	较可靠
托纳木 5 号	断鼻	−3900	−3730	14.31	两条平行线	—	二级/三级	不可靠
托纳木 6 号	断鼻	−4590	−4000	14.01	"十"字形测线	—	二级/三级	不可靠

2）目标优选排序

按照圈闭的可靠程度、圈闭面积和可提供风险钻探的情况分为 I、II、III 类，I 类为落实的有利圈闭，II 类为落实或较落实的较有利圈闭，III 类为不落实或较落实的不利圈闭（表 6-8、图 6-27）。

表 6-8　托纳木研究区圈闭综合排队表

构造名称	圈闭名称	构造形态	闭合幅度/m	圈闭面积/km²	可靠程度评价	圈闭地质条件			资料品质	综合排队
						生	储	保存		
托纳木凹陷	托纳木 2 号	断背斜	1300	80.40	较可靠	肖茶卡组厚层泥页岩有利烃源岩和布曲组碳酸盐岩次要烃源岩	发育肖茶卡组、雀莫错组三角洲相碎屑岩储层和布曲组礁滩相碳酸盐岩	断背斜，资料复杂 索瓦组出露	二类	III
	托纳木 4 号	断背斜	1100	54.39	较可靠			断弯背斜、资料复杂	二类	II

3）科探井位部署建议

通过地震资料精细解译和圈闭综合评价，以优选的构造圈闭为对象，建议在 4 号构造上部署 1 口科探井。

（1）部署的目的。①建立中央隆起带北缘托纳木区块地层岩性（岩相）、电性、物性、地层压力及含油气性剖面；②探索中央隆起带北缘中生界油气地质条件，取得羌塘盆地中生界的烃源岩发育情况及其生烃潜力、储盖条件及其组合特征资料，为羌塘盆地油气勘探提供依据；③获取地球物理相关参数，准确标定地震层位，验证地球物理资料的准确性、地腹构造的可靠性；④力争取得重大油气发现，实现羌塘盆地油气勘探的历史性突破。

0 1 2 3 4 5/km

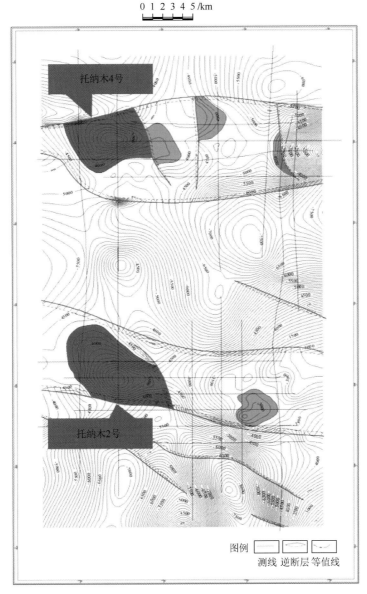

图例　〰〰〰　⌒⌒　⌒⌒⌒

　　　　测线　逆断层　等值线

图 6-27　托纳木区块布曲组底界圈闭排队图

　（2）部署依据。①处于龙尾湖深凹东延线有利区带，地层埋藏适中，肖茶卡组底界埋深 5000m；②索瓦组保存完整，具有一定的封盖能力；③背斜构造完整，地震资料反射较好，测网具有一定控制能力。

　（3）科探井井位简介如下。

　井名：4 号构造托笙 1 井。

　井位位置：托纳木北部凸起的 4 号构造上，坐标为（15704595，3720200）。

　地震测线：二维 TS2010-02（CDP：927）（图 6-28、图 6-29）。

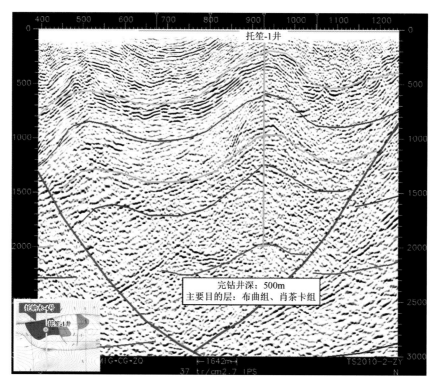

图 6-28　过托笙 1 井南北向地震剖面

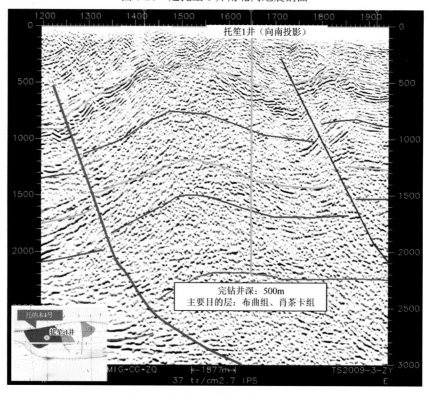

图 6-29　过托笙 1 井东西向地震剖面

目的层：布曲组、肖茶卡组。

完钻井深：5000m（表6-9）。

表6-9　托笙1井预测钻遇地层位置参数表

层位	底界时间/ms	底界深度/m
J₃s	220	660
J₂x	600	1380
J₂b	980	2580
TJ	1250	3200
TT	1972	5000

第三节　隆鄂尼-昂达尔错区块

隆鄂尼-昂达尔错区块是羌塘盆地迄今发现的规模最大的古油藏带。虽然该油藏带已出露地表，但现今该油藏带仍有浓烈的油味，是否预示着地下深部还有油气供给呢？该出露油藏带附近的其他覆盖区是否还残留有油气资源呢？有学者（赵政璋等，2001b；王成善等，2001；王剑等，2004，2009；刘家铎等，2007）在开展羌塘盆地油气资源调查研究时，优选出该区带为有利含油气远景区。

一、概述

隆鄂尼-昂达尔错区块位于西藏自治区双湖县东南毕洛错至昂达尔错一带，地理坐标为北纬32°25′～33°00′、东经88°30′～90°10′，其东西长约140km，南北宽近50km，面积约为7000km²。大地构造上位于羌塘盆地中央潜伏隆起带南侧的南羌塘拗陷内。

在1996年地质矿产部和2006年国土资源部完成的1∶100万和1∶25万区域地质填图及中石油（1994～1998）组织完成的青藏油气调查的基础上，中国地质调查局成都地质调查中心于2001～2014年承担的系列"青藏油气地质调查"项目在本区开展了1∶5万石油地质填图、重磁电震及地质大剖面调查、地质浅钻及路线地质调查等工作，并从沉积、油气、构造及保存条件等方面进行了研究，将该区块划为羌塘盆地有利油气远景区之一。

在前人工作基础上，"羌塘盆地金星湖-隆鄂尼区块油气资源战略调查"项目于2015～2016年在该区完成了5条测线共计133km的二维地震测量、1口地质浅钻工程及路线地质调查研究。基于此，对隆鄂尼-昂达尔错区块进行了综合研究与目标优选，并提出第一油气勘探层为中侏罗统布曲组含油白云岩，第二油气勘探层为中侏罗统沙巧木组石英砂岩层，此外，可能还存在上三叠统土门格拉组砂岩油气勘探层。有利地区为区块北部的逆冲断层下盘和玛日巴晓萨低凸起地区。

二、基础地质

1. 地层及沉积相特征

隆鄂尼-昂达尔错区块地层总体呈近东西向延伸，局部受构造变形而改变方向，出露地层以侏罗系和上三叠统为主，见少量点状分布的上白垩统阿布山组和新生界。其中，侏罗系（下侏罗统曲色组、中侏罗统色哇组及沙巧木组、中侏罗统布曲组、中侏罗统夏里组、上侏罗统索瓦组）和上三叠统（土门格拉组和索布查组）地层为海相沉积，上白垩统阿布山组和新生界为陆相沉积。由于本区块的油气评价为海相地层，因此下面简要介绍上三叠统和侏罗系沉积特征。

（1）上三叠统土门格拉组（索布查组）。羌塘盆地处于班公湖-怒江洋盆打开早期，海水从南向北逐渐超覆，南羌塘从南到北形成了由陆棚-盆地到滨岸（局部为沼泽）的沉积环境。区块位于滨岸-陆棚相带，沉积体南部索布查组为陆棚相微泥晶灰岩、含生物碎屑灰岩、泥页岩及北部土门格拉组为滨岸-三角洲相砂岩、含煤碎屑岩组合。该套泥页岩及含煤碎屑岩可作为生油岩，砂岩可作为储集岩。未见底，厚度大于461m。

（2）中-下侏罗世曲色-色哇组（沙巧木组）。班公湖-怒江洋盆进一步拉开，南羌塘位于班公湖-怒江洋与中央隆起带过渡的地区，沉积环境为陆棚-盆地到滨岸相环境，局部为潟湖相环境（毕洛错地区）。区块位于陆棚至滨岸相带，沉积体主要为曲色-色哇组陆棚相暗色泥页岩夹薄层灰岩和沙巧木组滨岸相石英砂岩夹暗色泥页岩，毕洛错地区沉积了曲色组潟湖相油页岩、粉砂质泥页岩及石膏组合。该套泥页岩颜色深、厚度大，为本区的主要生油岩之一，石英砂岩可作为储集岩。与下伏索布查组整合接触，厚度大于2691m。

（3）中侏罗统布曲组。羌塘盆地演化为碳酸盐岩台地沉积期，整个盆地以碳酸盐岩沉积为主，区块则位于台地边缘礁滩相沉积环境，沉积体主要为浅滩亚相、滩间潮坪-潟湖亚相砂屑灰岩（白云岩）、鲕粒灰岩（白云岩）、藻纹层灰岩（白云岩）、白云质灰岩、生物碎屑灰岩（白云岩）、礁灰岩（白云岩）、微泥晶灰岩（白云岩）等，同时见滩下角砾状灰岩（白云岩）、微晶灰岩等，发育藻纹层构造、鸟眼构造、溶蚀孔洞等。该套白云岩规模大，储集孔、渗性好，是该区块的主要储集层之一，同时布曲组深灰色微晶灰岩可作为生油岩。与下伏色哇组整合接触，厚度约为928m。

（4）中侏罗统夏里组。盆地发生了一次海退过程，沉积了一套以碎屑岩为主的组合，本区块位于南羌塘潟湖相及障壁滩下陆棚区，沉积了一套深色泥页岩夹砂岩组合，局部见石膏沉积。该组泥页岩及膏岩可作为油气盖层。与下伏布曲组整合接触，厚度约为386m。

（5）上侏罗世索瓦期组。羌塘盆地再次发生海侵，沉积了一套以碳酸盐岩为主的台地相组合，区块位于南羌塘开阔台地及台地边缘地区，沉积了一套颗粒灰岩及微泥晶灰岩组合。该套灰岩可作为区块的油气盖层。与下伏夏里组整合接触，未见顶，厚度大于860m。

2. 构造特征

隆鄂尼-昂达尔错区块构造作用强烈，褶皱和断裂发育，地层多被断层肢解。

1）褶皱构造特征

通过遥感解译和地质走廊域野外调查，落实地表背斜构造 12 个，具体为：①多帕查角背斜；②隆鄂尼背斜；③格鲁关那背斜；④苏鄂多雄曲背斜；⑤毕洛错东背斜；⑥加塞扫莎背斜；⑦董布拉背斜；⑧日尕尔保背斜；⑨卜路邦玛尔背斜；⑩鄂纵错背斜；⑪扎辖罗马背斜；⑫巴尔根背斜。

通过地震解释，在隆鄂尼-昂达尔错区块共发现 17 个地腹构造，其中地震 TJ 反射层构造图上（图 6-30），发现圈闭 14 个，圈闭类型以断背斜、断鼻为主，圈闭总面积为 299.69km²；地震 TT₃ 反射层构造图上（图 6-31），发现圈闭 14 个，圈闭总面积为 327.13km²。

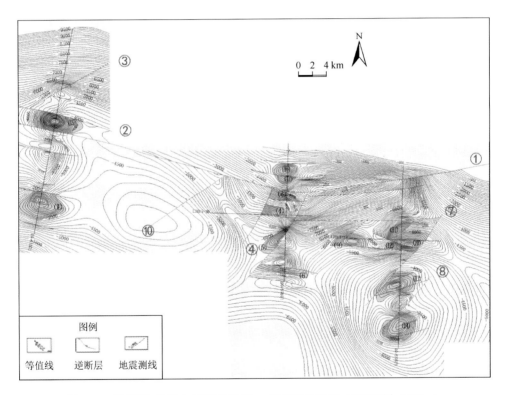

图 6-30　隆鄂尼-昂达尔错区块地震 TJ 反射层构造图（基准面为 5400m）

2）断层构造特征

地表地质调查显示，区块内发育三组断裂，北西西向、北东向为早期构造，南北向断裂为高原隆升晚期构造，主要断裂如下。

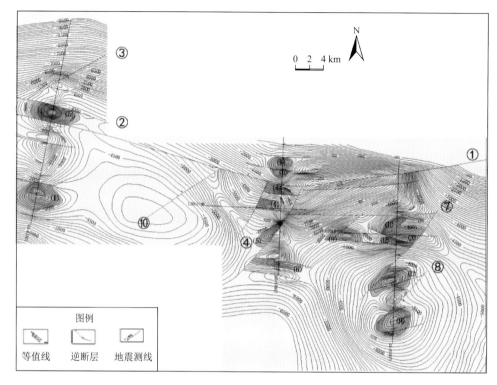

图 6-31　隆鄂尼-昂大而错区块地震 TT_3 反射层构造图（基准面为 5400m）

（1）鄂雅错-鄂纵错逆冲断裂。该断裂为南羌塘中生代被动大陆边缘的北界，断裂以北为朋彦错-雅根错晚三叠世断隆，位于区块北部边缘，呈东西向展布，横贯全区。主断裂面北倾，倾角一般为 35°～40°，宽度为几十米至百余米。断裂上盘为晚三叠世土门格拉组灰色砂岩夹泥岩，下盘为中侏罗世布曲组及夏里组地层组成，断层性质为逆冲断裂，切割的最新岩层为白垩系阿布山组及古近—新近系康托组，说明该断裂新近系以后仍在活动，具有长期活动的性质，早期伸展拉张，晚期逆冲推覆。

（2）玛瓦陇塔-吉给普错逆冲断裂。该断裂为毕洛错-昂达尔错凹陷南部边界断裂。自玛瓦陇塔向南东东经 5216 高山北，至吉给普错延伸出图幅，长近 56km，总体呈北西西—南东东向展布，走向为 110°～290°，主断裂面北西倾，产状为 20°～30°∠60°～80°，走向上呈舒缓波状，分枝复合。

（3）晓嘎晓那逆冲断裂。该断裂为毕洛错-昂达尔错凹陷内部断裂，从毕陇错南东向东经由晓嘎晓那南，可能被昂达尔错北东向断裂切错，长近 30km。

（4）以昂达尔错为代表的北东向断裂组。区块共发育以昂达尔错为代表的北东向断裂组 6 条。遥感解译表明其错断了北西西向线形纹形，这种纹形是侏罗纪地层的岩性，其性质为左行平移，地面地质观测为地貌负地形，并发育断层角砾岩。

地震解释显示，区块范围内共解释出 36 条断层，其中区块北部断层（即图 6-30、图 6-31 中①号断层）规模较大，在多条南北向地震测线上均有显示。它控制了中央隆起带的分布，也是中央隆起带与南羌塘拗陷的分隔断层。这条断层断至基底，出露至地表，断层上盘出露地层为三叠系（T_3），而下盘则为较新的中侏罗统布曲组（J_2b）。断层性质为逆断层，最大断距达 3km，断层走向 NWW，倾向 NE，延伸长度为 92.7km。

3. 岩浆活动与岩浆岩

岩浆岩分布面积较小，在区块内零星出露，主要发育于上白垩统阿布山组（面积约为 5km²）和古近系纳丁错组（面积约为 1.5km²）中。阿布山组岩石类型主要有含角砾黑云母英安岩、角闪黑云母杏仁状英安岩、英安岩和杏仁状玄武岩，为陆相中性裂隙式喷发，与下伏中侏罗世色哇组、布曲组、夏里组地层呈角度不整合接触，与上覆新近纪康托组地层呈角度不整合接触。纳丁错组岩石类型为灰色安粗岩、深灰色安粗岩，二者交替出现，为陆相中心式喷发，北部与下伏中侏罗世布曲组地层呈角度不整合接触，南部与新近纪康托组呈角度不整合接触。

总体来说，区块岩浆活动较弱，是整个青藏高原区域性隆升背景下的局部陆内熔融的产物。此外，区块内变质作用亦非常微弱，只是沿区块以南嘎尔傲包断裂见局部的低级动力变质，对盆地油气破坏作用甚微。

三、油气地质

1. 烃源岩

隆鄂尼-昂达尔错区块烃源岩有泥质岩和碳酸盐岩两大类，泥质烃源岩主要分布于上三叠统土门格拉组、下侏罗统曲色组、色哇组地层中；碳酸盐岩烃源岩主要分布于中侏罗统布曲组地层中，中下侏罗统曲色—色哇组和上三叠统索布查组地层中有少量分布。此外，区块的中侏罗统夏里组和上侏罗统索瓦组也分布有烃源岩，但由于暴露严重，本书仅将其作为盖层处理。

1）中侏罗统布曲组烃源岩

该组烃源岩岩石类型主要以泥灰岩、含泥灰岩、泥晶灰岩等碳酸盐岩烃源岩为主，沉积环境以潟湖及滩下陆棚相为主，烃源岩厚度为 281.36～739.80m。

灰岩烃源岩有机碳含量为 0.10%～0.26%，平均值为 0.14%，属于较差烃源岩；生烃潜量为 0.01～0.21mg/g，平均值为 0.08mg/g；氯仿沥青"A"为 $3×10^{-6}～57×10^{-6}$，平均值 $26.6×10^{-6}$。有机质类型以 II_1、II_2 型为主，R_o 为 1.54%，属于高成熟。

2）中侏罗统色哇组烃源岩

该组烃源岩岩石类型以暗色泥页岩为主，夹少量深灰色泥灰岩、泥晶灰岩。沉积环境为潟湖及陆棚相。烃源岩厚度为 49.3～1012.6m，一般为 240～300m。

泥质烃源岩有机碳含量为 0.407%～0.8%，平均值为 0.54%，属于差烃源岩；生烃潜量为 0.02～0.18mg/g，平均值为 0.198mg/g；氯仿沥青"A"为 $36×10^{-6}～110×10^{-6}$，平均值为 $80.15×10^{-6}$。有机质类型以 II 型为主，少量 III 型。R_o 为 1.46%，属于高成熟。

3）下侏罗统曲色组烃源岩

岩石类型为黑色泥页岩、粉砂质泥岩，局部夹少量深灰色微泥晶灰岩、泥灰岩，沉积环境为潟湖和陆棚相。

泥质烃源岩厚度为 35～625m，如毕洛错剖面有厚达 171.89m 的泥页岩烃源岩，其中含有 35.3m 的灰黑色薄层状含油气味页岩，一般称之为"毕洛错油页岩"，同时，该剖面的灰黑色、深灰色碳酸盐岩烃源岩厚度为 26.83m；木苟日王—扎加藏布地区，泥质烃源岩厚 549.34m，碳酸盐岩烃源岩厚度为 50～150m。可见该区泥质烃源岩的厚度较大。

曲色组烃源岩有机质含量变化大。毕洛错剖面泥页岩 20 件达标样品的有机碳含量为 0.64%～26.12%，平均值为 7.67%；生烃潜量为 1.787～91.446mg/g，平均值为 30.47mg/g；氯仿沥青"A"含量为 608×10^{-6}～18707×10^{-6}，均值为 6614×10^{-6}；总烃 311×10^{-6}～5272×10^{-6}，均值为 2280×10^{-6}；属典型的好烃源岩；该剖面灰黑色、深灰色碳酸盐岩烃源岩有机碳均值为 0.35%，生烃潜量为 0.122～0.195mg/g，平均值为 0.158mg/g。木苟日王—扎加藏布地区泥页岩有机碳为 0.44%～0.88%，属较差烃源岩。松可尔剖面黑色泥页岩 32 件达标样品的有机碳为 0.4%～7.44%，平均值为 0.71%；生烃潜量为 0.02～0.07mg/g，平均值为 0.04mg/g；氯仿沥青"A"含量为 6.4×10^{-6}～39.8×10^{-6}，均值为 14.5×10^{-6}；但是该剖面以差烃源岩为主，极少数为中到好烃源岩，且较好烃源岩主要分布于曲色组顶部。曲色组有机质类型以 II_2 为主，少量为 II_1、III型。R_o 分别为 2.91% 和 2.33%，均处于过成熟阶段，显示该组的烃源岩成熟度高。

4）上三叠统土门格拉组烃源岩

该组烃源岩的岩石类型主要以暗色泥页岩及含煤泥页岩等为主，沉积环境为滨岸沼泽相。烃源岩厚度为 38.70～446.70m。
该组烃源岩有机碳含量较低，各剖面均值为 0.18%～0.69%，大部分属于中等—较差烃源岩。例如，扎那拢巴剖面有机碳含量最高，为 0.65%～0.73%，平均值为 0.69%；生烃潜量为 0.25～0.32mg/g，平均值为 0.285mg/g；氯仿沥青"A"为 67×10^{-6}～79×10^{-6}，藏平均值为 73×10^{-6}；有机质类型以 II_1、II_2 型为主。索布查剖面泥岩有机碳含量为 0.41%～0.48%，平均值为 0.45%；生烃潜量为 0.03～0.07mg/g，平均值为 0.04mg/g；氯仿沥青"A"为 12×10^{-6}～16×10^{-6}，平均值为 13.9×10^{-6}，R_o 为 3.05%，属于过成熟；有机质类型以 II_2 型为主。索布查剖面灰岩有机碳含量为 0.1%～0.31%，平均值为 0.18%。才多茶卡剖面有机碳含量为 0.59%，氯仿沥青"A"为 71×10^{-6}，R_o 为 0.94%，属于成熟，有机质类型以III型为主。

综上各层位烃源岩厚度及地化特征，下侏罗统曲色组烃源岩为区块较好烃源岩层，上三叠统土门格拉组次之，布曲组和色哇组烃源岩为较差烃源层。

2. 储集层特征

区块储层层位有上三叠统土门格拉组、中侏罗统沙巧木组、中侏罗统布曲组、中侏罗统夏里组和上侏罗统索瓦组，但中侏罗统夏里组和上侏罗统索瓦组储层多暴露于地表，仅少量地区还埋藏于地下，因此这两套储层多为无效储层。中侏罗统布曲组和沙巧木组储层在主背斜高点多暴露于地表，但在向斜拗陷处多埋藏于地下，因此布曲组和沙巧木组储层在向斜覆盖区为有效储层。土门格拉组储层在区块北部逆冲断层以北多暴露地表，逆冲断层以南未见出露。鉴于上述情况，区块主要储层为中侏罗统沙巧木组、中侏罗统布曲组，可能存在上三叠统土门格拉组储层。上述储层中，以中侏罗统布曲组白云岩为主要储层。

1) 中侏罗统布曲组

布曲组储层岩性为颗粒灰岩和白云岩，但主要储层岩性为砂糖状白云岩。白云岩储层厚度为 20～270m。例如扎仁剖面未见顶底，地层厚度为 338.32m，白云岩储层厚度为 112.75m；巴格底加日剖面未见顶底，地层厚度为 701.39m，储层厚度为 74.24m。

通过 11 条剖面的 74 件碳酸盐岩样品物性分析，区块储层孔隙度为 0.6%～15.1%，平均值为 6.34%，渗透率为 $0.01 \times 10^{-3} \sim 271 \times 10^{-3} \mu m^2$，平均值为 $18.21 \times 10^{-3} \mu m^2$，按照碳酸盐岩储层评价标准，主要属于 II 类储层标准，其中典型剖面分析结果表明砂糖状白云岩储层物性明显优于灰岩储层。

井下钻孔样品显示，隆鄂尼小区 229 件样品储层孔隙度为 0.72%～38.3%，平均值为 16.9%，大部分样品孔隙度值大于 12%。昂达尔错小区 116 件样品储层孔隙度为 0.92%～17.48%，平均值为 5.25%，集中分布在 2%～6%，占分析样品总数的 61%，其次分布在 6%～12%，占分析样品总数的 28%，以中、低等孔隙度为主；渗透率为 $0.002 \times 10^{-3} \sim 1.77 \times 10^{-3} \mu m^2$，平均值为 $0.243 \times 10^{-3} \mu m^2$，主要分布在 $0.002 \times 10^{-3} \sim 0.25 \times 10^{-3} \mu m^2$，约占分析样品总数的 76%，其次分布在 $0.25 \times 10^{-3} \sim 1.00 \times 10^{-3} \mu m^2$，约占分析样品总数的 11%，大于 $1.00 \times 10^{-3} \mu m^2$ 的约占分析样品总数的 11%，以低—特低渗透性为主。

该区白云岩均表现为晶粒结构，孔隙类型主要为晶间孔、晶间溶孔（包括溶蚀扩大孔）、晶内溶孔及裂缝等。孔隙结构类型以中孔中喉或细孔中喉型为主，其次为中孔粗喉或细孔粗喉型，属于低孔低渗、低孔中渗类储层，属于 II 类—I 类储层标准。

2) 中侏罗统沙巧木组

沙巧木组储层主要为石英砂岩，在区块改拉剖面、扎仁羌资 2 井、沙巧木山等地均可见一套石英砂岩，储层厚度为 20～285m。例如，改拉剖面储层厚 77m，买马乡雅斗搭坎储层厚 285m。沙巧木组砂岩储层的物性分析数据较少，仅见买马乡雅斗搭坎剖面的孔隙度为 1.6%～7.6%，平均值为 4.6%；渗透率为 $0.024 \times 10^{-3} \sim 111 \times 10^{-3} \mu m^2$，平均值为 $6.45 \times 10^{-3} \mu m^2$。

3) 上三叠统土门格拉组储集层

土门格拉组储层岩性为中—细粒岩屑石英砂岩及粉砂岩等。例如，扎那陇巴剖面未见顶底，厚度为 465.1m，储层厚度为 171.8m，储层占地层厚的 36.9%。储集岩孔隙度为 3.15%～4.83%，渗透率为 $0.0004 \times 10^{-3} \sim 0.32 \times 10^{-3} \mu m^2$，孔隙类型为粒间、粒内溶孔和裂隙，排驱压力为 1.8045～7.3914MPa，中值压力为 19.364～103.0653MPa，属于裂缝-孔隙型储层。

综合上述特征，区块储层以布曲组白云岩最好，布曲组颗粒灰岩、沙巧木组砂岩、上三叠统土门格拉组砂岩孔渗性较差，为致密储层。

3. 盖层特征

从层位上看，区块盖层主要有上三叠统土门格拉组、下侏罗统曲色组、中侏罗统色哇组、布曲组、夏里组和上侏罗统索瓦组地层；从岩性上看，有泥质岩、页岩、硅质岩、膏岩、致密灰岩、致密砂岩等。

1）上三叠统土门格拉组

该组分布于南羌塘拗陷的大部分地区，盖层岩性为泥质岩、致密灰岩。盖层厚度一般大于400m，最厚可达600m以上，如索布查地区累积盖层厚度大于683m，最大单层厚度达103m。

2）下侏罗统曲色组

该层位盖层在区块内广泛分布，地层多被覆盖。岩性有泥质岩、页岩、泥灰岩、泥晶灰岩等，在毕洛错地区见膏岩。盖层厚度多在500m以上，且从北向南，盖层厚度增加，如色哇松可尔、改拉地区的累计盖层厚度大于900m，最大单层厚度为133.8m；木苟日王地区累计盖层厚度达1683m，最大单层厚度达94m。

3）中侏罗统色哇组

该期盖层分布广泛，在背斜地区多出露地表。岩性有泥页岩、微泥晶灰岩、泥灰岩等。盖层厚度一般大于200m，最厚达658m（扎目纳剖面），盖层厚度分布具两个中心区：①毕洛错—昂达尔错一带，盖层厚度在400m以上，最大单层厚度达14m；②果根错—卓普一带，厚度大于600m。

4）中侏罗统布曲组

该组分布于毕洛错—昂达尔错和果根错—其香错一带，盖层岩性在北部以致密灰岩为主，中、南部为泥页岩和致密灰岩。盖层厚度在北部的毕洛错—昂达尔错一带大于200m，最厚可达905m（曲瑞恰乃剖面）；在中南部厚度多大于400m，如懂杯桑地区的泥质岩盖层和灰岩盖层累计厚度大于427m，最大泥岩单层厚度达76.3m，最大灰岩单层厚度达45.7m。

5）中侏罗统夏里组

南羌塘拗陷由于后期隆升而大部分地区被剥蚀，仅南部的果根错—其香错—兹格塘错一带尚被保存。盖层岩性以泥页岩为主，其次为膏岩和致密灰岩。南羌塘地区夏里组多呈残块分布，盖层厚度变化亦大，且无剖面厚度控制。膏岩盖层单层厚度为0.02～6m，累计厚度一般为10～20m，局部厚度增加，如毕洛错膏岩层厚175m（王剑等，2009）。

6）上侏罗统索瓦组

南羌塘拗陷盖层分布于果根错、其香错一带，盖层岩性以泥页岩和致密灰岩为主；盖层厚度多大于500m，局部大于1000m，如鲁雄错盖层厚度大于1431m。

综上所述，南羌塘拗陷仅有上三叠统和下侏罗统曲色组盖层广泛分布，其他层位分布局限。优质膏岩盖层在毕洛错一带大面积分布，且多个层位出现，显示该区封盖条件良好。

4. 生储盖组合

根据区块生储盖配置，可划分出三个生储盖组合，即上三叠统土门格拉组-下侏罗统曲色组组合、下侏罗统曲色组-中侏罗统沙巧木组-中侏罗统布曲组组合、中侏罗统色哇组—中侏罗统、布曲组-中侏罗统夏里组组合，其中上三叠统土门格拉组-下侏罗统曲色组组合可能在区块存在。

1）上三叠统土门格拉组-下侏罗统曲色组组合

该生储盖组合以土门格拉组碳质泥岩、泥岩夹煤线为主要生油岩，土门格拉组上部中粒砂岩、细粒砂岩为主要储集层，下侏罗统曲色组泥岩、页岩为盖层，构成连续的生储盖组合方式。

2）下侏罗统曲色组-中侏罗统沙巧木组-中侏罗统布曲组组合

下侏罗统曲色组泥页岩、油页岩和中侏罗统沙巧木组（色哇组）泥岩为主要生油岩，中侏罗统沙巧木组石英砂岩为主要储集层，盖层则是中侏罗统沙巧木组（色哇组）上部泥页岩、中侏罗统布曲组灰岩构成下生上储或自生自储组合。

3）中侏罗统色哇组-中侏罗统布曲组-中侏罗统夏里组组合

该套组合的生油岩为中侏罗统色哇组（沙巧木组）泥页岩、中侏罗统布曲组泥灰岩、泥质灰岩、泥晶灰岩，储集层为中侏罗统布曲组粒屑灰岩、白云质灰岩和白云岩，盖层为中侏罗统布曲组上部泥灰岩、泥质灰岩、泥晶灰岩和中侏罗统夏里组的泥岩。

5. 古油藏解剖及成藏模式

1）古油藏分布

隆鄂尼-昂达尔错古油藏带在平面上沿隆鄂尼—扎仁—昂达尔错—塞仁一线呈东西向展布，长度大于100km，宽度大于20km，面积大于2000km^2。含油白云岩带在东西向可划分为隆鄂尼、昂达尔错、塞仁三个小区（图6-32）；南北向可以细分为北、中、南三个带，呈大致平行的东西向延伸。纵向上含油白云岩主要呈多个夹层式夹于布曲组灰岩中，一般有2个或3个夹层，多则4个或5个夹层；单个层段厚度变化较大，为1.19～212m不等，各剖面累计厚度为20～276m。例如巴格底加日剖面白云岩可见两层，厚度分别为18.37m和61.11m；隆鄂尼剖面可见4层，厚度分别为15.24m、29.27m、7.07m、9.78m。在不同地段的剖面中，其白云岩夹层出现的部位有所变化，总体来看，从南东到北西，白云岩夹层的层位逐渐增高，即在东南部的昂罢存咚—塞仁一带位于布曲组的下部层位，在中部的巴格底加日剖面、扎仁剖面、日尕尔保一带位于布曲组的中部层位，在北西部的隆鄂尼一带则位于布曲组的上部层位。

2）含油白云岩的结构构造及沉积环境

白云岩风化后多呈砂糖状，具有晶粒结构，晶粒大小不等，从粉晶到粗晶均有，以中到细晶为主。镜下显示多为自形-半自形粒状，常具有雾心亮边结构、环带状和世代生长结构，局部可见具有波状消光的鞍状白云石。

白云岩中见较多残余结构，主要有残余粒屑结构（包括鲕粒、砂屑、砾屑、生物碎屑等）、藻纹层构造、叠层构造、生物礁构造等。白云岩中发育溶蚀孔洞、鸟眼、窗孔等构造。

根据沉积结构构造及岩石组合特征，结合白云岩的碳氧同位素、包裹体特征等成果，确定其沉积环境为浅滩及滩间潮坪-潟湖环境，并存在暴露溶蚀。

3）白云岩成因

刘建清等（2008、2010）对白云岩石成分及含量、结构、构造、沉积环境、岩石共生组合以及X衍射分析、镜下结构和阴极发光、稀土元素特征等进行综合分析，认为隆鄂尼-昂达尔错古油藏白云岩为低温混合水白云岩化。

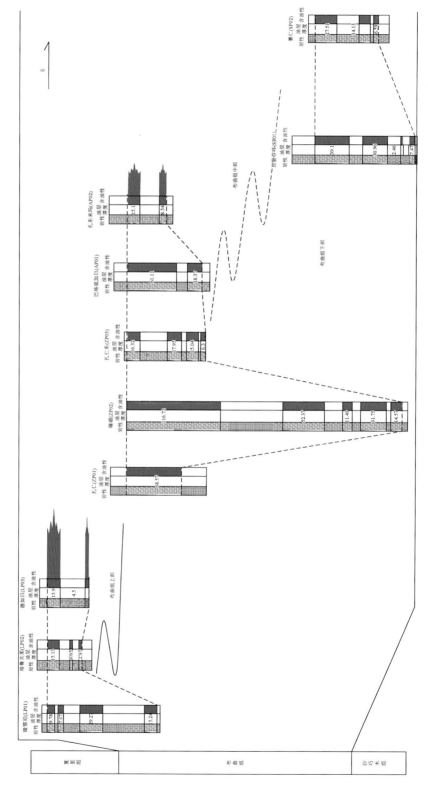

图 6-32　隆鄂尼-昂达尔错古油藏带含油白云岩的平面分布（单位：m）

陈浩等（2016）通过大量野外调查和对白云岩包裹体及碳氧同位素测试分析后，再结合前人资料分析，认为该带白云岩成因复杂，至少有三期成因的复合，即早期低温准同生白云石化、中期高温埋藏白云石化、晚期燕山和喜马拉雅期构造白云石化。

早期，研究区白云石具有自形—半自形结构、残余鲕粒结构及藻纹层构造等，并出现大量鸟眼、窗孔等暴露标志，同时在达卓玛地区伴生有膏岩及膏溶角砾岩，说明白云岩化与潮间潮上暴露有关，这为低温准同生白云岩化提供了形成环境。白云岩 $\delta^{18}O_{PDB}$ 变化范围大，其投影图显示存在高温与低温重叠的白云岩。因此认为早期为低温准同生白云石化，形成一些泥晶白云石晶核。从包裹体盐度高于正常海水，同时在达卓玛地区见膏岩和膏溶角砾岩，说明存在咸水白云石化的条件，但不排除局部地区由于暴露和淡水的注入形成混合水白云石化的可能。

中期，流体包裹体分析显示，白云石次生加大边中均一温度、盐度均较高，存在高温埋藏白云石化作用的特征；白云岩 $\delta^{18}O_{PDB}$ 均小于零且变化范围较大，并向较高负值偏移，投影图显示存在高温区白云岩。据伊海生等（2014）分别对雾心亮边白云石采用激光同位素微区取样技术分析，白云石单矿物的 $\delta^{18}O_{PDB}$ 明显偏负（为–11.29‰～–14.59‰），且白云石亮边与暗色核心相比 $\delta^{18}O_{PDB}$ 明显亏损，二者相差最大可达 2.11‰，最小为 0.42‰，说明亮边白云石较暗色核心白云石形成的温度更高。鉴于此，认为该区白云石环带形成于高温埋藏期，即白云石围绕早期泥晶白云石晶核沉淀，形成较为粗大的粒状、叶片状晶体。

晚期，白云岩裂缝中方解石包裹体具有高温（240～250℃）低盐度特点，与白云石包裹体的温度、盐度有差异，为不同地质作用形成。结合该区存在少量波状消光的马鞍状白云石、少量白云石晶体解理面发生弯曲等，说明白云岩主体形成之后受到了应力的挤压作用，从而形成少量构造白云岩。

上述三期白云岩成因中，以早期和中期白云岩化为主，即白云岩主要在沉积成岩过程中形成，而晚期的构造白云石化很少。

4）油-源对比

（1）生物标志化合物特征对比。通过甾烷、萜烷有关参数对比，羌塘盆地中侏罗统布曲组砂糖状白云岩储层含油样品中甾烷、萜烷分布与曲色组含油页岩地层极其相似，体现出两者具有亲缘关系。

（2）单烃碳同位素特征对比。通过单烃碳同位素特征分析，南羌塘盆地中侏罗统布曲组含油白云岩原油与下侏罗统曲色组含油页岩地层具有类似特征，而与侏罗纪其他地层烃源岩差异性较大。因此，初步认为布曲组砂糖状白云岩储层中原油可能来自曲色组含油页岩地层。

5）油气成藏模式

（1）生储盖组合的时空格架。在侏罗纪沉积时期，羌塘盆地的构造运动以稳定沉降为主，沉积了巨厚的海相地层，且存在两个沉积体系（图 6-33），北侧临近中央隆起带为以中上侏罗统地层为代表的碳酸盐台地相区，南侧毗连班公湖-怒江大洋，为深水碎屑岩相区。由北向南，水体逐渐加深，碎屑岩粒度逐渐变细，浅水相颗粒灰岩相逐渐过渡为深水相泥晶灰岩，大致在色哇—兹格塘错—安多一线，沉积一套灰黑色、泥质岩、泥灰岩深水沉积，代表一个狭窄急剧变陡的大陆斜坡相-深水盆地沉积环境，在毕洛错地区发育富含海洋超微化石的黑色岩系，超微浮游生物的高生产率和局部富集出现了油页岩（陈兰等，2003；伊海生等，2005）。目前发现的地表油藏带的含油层均赋存于北侧碳酸盐台地相礁滩相区，含油层顶底板或夹层常见介壳灰岩、核形石灰岩、生物碎屑灰岩、藻灰岩和角砾状灰岩，这些岩相类型反映典型的台地边缘礁滩相和边缘斜坡相沉积环境。

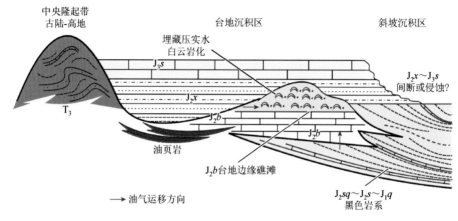

图 6-33 南羌塘盆地生储盖层的时空格架

根据野外调查及前人资料分析，南羌塘拗陷南部边缘广泛分布一套中-下侏罗统曲色组、色哇组含菊石化石的深水黑色岩系，西至帕度错，中部过巴林乡，东至安多唐嘎乡，东西绵延 230 余公里。同时在毕洛错南东方向发育一套厚度达近 200m 的海相含油页岩地层。据此推断，南羌塘盆地中侏罗统布曲组之下应该存在一套黑色生油岩系，羌塘盆地南部的隆鄂尼-昂达尔错区块，是目前地质调查工作中发现白云岩最发育的地区，根据地面调查和遥感解译，这一白云岩带东西长约 100km，南北宽约 20km，总面积为 2000km²，内部可见 32 个露头体，东西向可划分为 3 个古小区，南北向可划分 3 个油藏带。从该套白云岩的规模、岩石组成、沉积环境和储层物性特征来看，该区布曲组白云岩带应为主要勘探目的层。

（2）油藏勘探模式。燕山晚期构造运动使中生界及以下地层发生褶皱和断裂变动，形成了油气的各种类型圈闭。隆鄂尼、昂达尔错等背斜圈闭就是这次构造运动的产物。喜马拉雅期青藏高原的全面隆升，对在燕山晚期形成的侏罗系圈闭进行不同程度改造及破坏，它造成部分油气藏隆升至地表而发生暴露，在南羌塘盆地地表形成广泛分布的油砂层，原始油藏遭到破坏。因此南羌塘盆地油气勘探应该以寻找残存的油气藏为主要研究方向。

综合最近几年来的野外调查、钻探工程和地球物理勘查的成果，南羌塘盆地存在两类勘查模式。

第一类为剥蚀暴露型。如图 6-34 所示，这一类成藏模式可能是南羌塘盆地普遍存在的一类油藏类型。在这里，布曲组白云岩是主要储油层，但布曲组背斜油气藏的顶界面高度有所不同；在盆地总体隆升的背景下，高幅背斜的油气藏暴露地表，但在夏里组、索瓦组以及白垩系—第四系覆盖区，同一个背斜系列中的低幅背斜油气藏仍然得以保存。

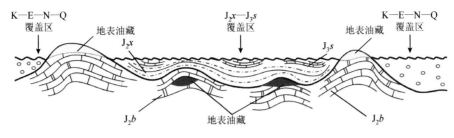

图 6-34　抬升暴露型成藏模式

第二类为逆冲推覆型。据最近几年吴珍汉等（2016）对南羌塘盆地构造的研究，发现了一大批逆冲推覆构造，其中最明显的标志是侏罗系自北向南逆冲推覆于古近纪地层之上，形成了鼓膜大小不等的构造岩片。根据双湖一色扎加藏布一线的地质填图，至少识别出了10 条逆冲断层。另外，钻探工作也发现，毕洛错油页岩分布区南缘之下存在一套康托组红色砂砾岩。这些地质事实说明，南羌塘盆地的构造活动对油气保存有重要影响。参考国内油气田对盆地边缘逆冲推覆带与油气藏成藏关系的研究成果，一般逆冲断层上盘油气藏大多暴露，地表见古油藏，但在断裂下盘往往是油气保存区。其成藏模式如图 6-35 所示。

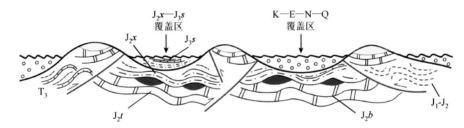

图 6-35　逆冲推覆型成藏模式

综上所述，无论是剥蚀暴露型或是逆冲推覆型古油藏，南羌塘盆地找油的目标应该围绕如下原则展开：①在地表油气藏出露地带，根据夏里组、索瓦组分布圈定油气保存区；②在夏里组、索瓦组分布区，根据地表填图和物化探方法圈定背斜构造，部署钻井进行验证。③南羌塘拗陷有大面积古近系和第四系分布区，特别是这里的第四系展布沿南北向地堑和北东向地堑展布。根据大庆油田在南北向毕洛错地堑钻探的羌地 1 井资料，第四系厚度达180m。这些古近系和新近系覆盖区能否作为油气保存区应是今后研究工作的一个重点。

四、地球化学及地球物理

1. 地球化学

通过对隆鄂尼-昂达尔错区块东部的昂达尔错地区油气微生物取样分析和烃氧化菌丰度分布编图，识别了 8 个较为稳定的微生物异常带（表 6-10）。从图 6-36 可以看出，区内Ⅰ、Ⅱ号微生物异常带的面积大，带内异常点个数多；而Ⅳ、Ⅴ号异常带分布稳定，连续性好，异常比例高。因此总体来说，结合有利异常面积及可靠性、稳定性的分析，优选出Ⅰ、Ⅱ、Ⅴ为最优势异常带，是下一步优先选择的勘探方向。

表 6-10 羌塘昂达尔错地区微生物异常带统计表

异常带编号	异常带面积/km²	异常点数量/个	异常比例/%	微生物均值
I	135	60	77	50
II	27	12	92	50.8
III	22.5	10	80	48.1
IV	13.5	10	100	54.3
V	15.75	9	100	53.7
VI	22.5	6	80	41
VII	20.25	10	90	45
VIII	22.5	7	90	37

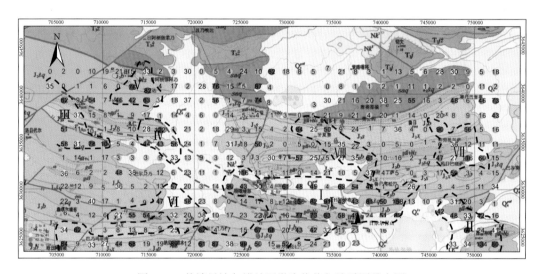

图 6-36 羌塘昂达尔错地区微生物值与地质图叠合图

从微生物值与地质图的叠合图（图 6-36）区域可见，Ⅰ、Ⅲ、Ⅳ号异常整体上处于古油藏带的上方，其中Ⅰ号异常带于日尕尔保—扎辖罗马区域分布连续，覆盖了古油藏带的出露位置，同时该微生物异常带范围面积又远大于古油藏范围；而Ⅲ、Ⅳ号异常则零星散布于古油藏带的延展范围上。

布曲组古油藏在遭受破坏的过程中，生物降解起到了主导作用，该层的轻烃微渗漏作用早已自然消失，因此Ⅰ号微生物异常带虽然整体覆盖了古油藏区域及其周边区域，但与出露的古油藏并无直接联系，而是指示古油藏带及其临区下伏深层仍存在巨大的原生油气藏。因此，通过以上分析，Ⅰ、Ⅲ、Ⅳ号异常整体位于古油藏带的延展范围上，且微生物异常范围远大于古油藏出露的范围，并且指示了该古油藏带下伏地层可能仍有较好的油气富集特征。在昂达尔错东部昂罢存咚地区的Ⅱ号微生物异常带微生物值整体较高，因此推测油藏范围延伸到了昂达尔错以东的地区；非油藏带地区识别多个异常，表明除现已发现的古油藏带以外，该地区其他位置（Ⅴ～Ⅷ号异常）也有较好的含油气潜力。

2. 复电阻率特征

根据 17 条复电阻率测量及处理解释显示，在油藏带北部逆冲断层下盘和油藏带内部存在地-电异常，即烃类物质（油气）聚集区。运用复电阻率测量异常的各参数响应，参考油藏带钻井资料，划分出 4 个异常区（M1～M4）（图 6-37）。

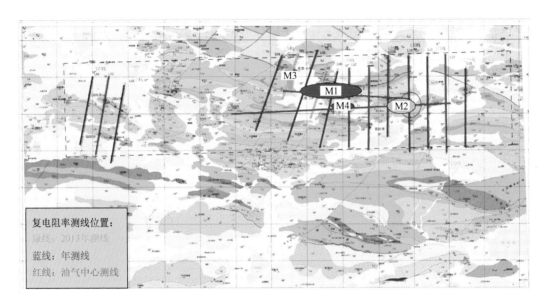

图 6-37　隆鄂尼-昂达尔错油藏带复电阻率测线分布及异常区示意图

1）异常区 M1

M1 异常区由 4 条线复电阻率测线交叉控制。在 m_S 断面上，该区域有 $m_S>4\%$ 的异常；在异常区的上部有小部分异常，推测是油气向上逸散的反映，表明该异常应是油气引起的异常。在 ρ_ω 电阻率断面上，对应 m_S 异常区处的电阻率为中等或偏低，反映其含水较多。从断面图上综合推断 M1 异常级别为较好显示或低产级油气，异常埋深为 $-1100\sim-2600\mathrm{m}$。

2）异常区 M2

M2 异常区由 2 条线交叉控制。在 m_S 断面上，该区域有 $m_S>4\%$ 的异常。对应 m_S 异常区的电阻率 ρ_ω 中等。综合推断 M2 异常为显示级别，异常埋深为 $-700\sim-1700\mathrm{m}$。

3）异常区 M3

M3 异常区位于 1 条测线上。在 m_S 断面上，异常区有 $m_S>4\%$ 的异常。在 ρ_ω 等电阻率断面上，对应 m_S 异常区处有中等偏低的低阻异常；综合推断 M3 异常级别为较好显示或低产级油气，异常埋深为 $-900\sim-2200\mathrm{m}$。

4）异常区 M4

M4 异常区由 2 条线交叉控制。在 m_S 断面上，异常区有 $m_S>4\%$ 的异常；对应 m_S 异常处也有低阻异常。综合推断 M4 异常为显示级别，异常埋深为 $-900\sim-2200\mathrm{m}$。

综上所述，本区块东西段油气发育不均匀，发现的 4 个复电阻率测量异常均在东段区块，其中 M1 和 M3 异常，为较好油气聚集区，有可能获低产级油气；其他未提及区为无油气显示区。

3. 二维地震

通过二维地震解释及构造图编制，在区块范围内可见到局部构造共计 17 个圈闭构造（表 6-11），其中地震 TJ 反射层构造图上（图 6-30），发现圈闭 14 个，圈闭类型以断背斜、断鼻为主，圈闭总面积为 299.69km²；地震 TT_3 反射层构造图上（图 6-31），发现圈闭 14 个，圈闭总面积为 327.13km²。

表 6-11　隆鄂尼区块圈闭要素表（基准面 5400m）

序号	圈闭名称	地震层位	圈闭类型	面积/km²	高点埋深/m	幅度/m	主要测线	圈闭排序	落实程度
1	隆鄂尼1号	TJ	背斜	33.74	−600	600	L1503	4	较落实
		高点坐标 X: 15663938			Y: 3634082				
		TT_3	背斜	53.37	−2800	1200			
		高点坐标 X: 15664227			Y: 3635409				
2	隆鄂尼2号	TJ	断背斜	10.36	−600	700	L1509	7	较落实
		高点坐标 X: 15707569			Y: 3634302				
3	隆鄂尼3号	TJ	断鼻	22.39	−3400	1900	L1505	14	较落实
		高点坐标 X: 15718896			Y: 3636270				
		TT_3	断鼻	13.18	−7900	1100			
		高点坐标 X: 15718311			Y: 3638749				
4	隆鄂尼4号	TJ	断背斜	4.98	−3100	400	L1509	12	较落实
		高点坐标 X: 15720656			Y: 3634616				
		TT_3	断鼻	12.66	−6500	1000			
		高点坐标 X: 15716986			Y: 3634817				
5	隆鄂尼5号	TJ	断背斜	15.4	−1700	600	L1509	13	显示
		高点坐标 X: 15722005			Y: 3629519				
		TT_3	断鼻	14.42	−5000	900			
		高点坐标 X: 15721274			Y: 3629289				
6	隆鄂尼6号	TJ	断鼻	17.23	−2000	500	L1505	9	较落实
		高点坐标 X: 15721917			Y: 3623479				
		TT_3	断鼻	18.4	−4800	600			
		高点坐标 X: 15722189			Y: 3622956				
7	隆鄂尼7号	TJ	断背斜	7.68	−4100	500	L1507	10	较落实
		高点坐标 X: 15749609			Y: 3641792				
8	隆鄂尼8号	TJ	断鼻	14.98	−1700	1100	L1507	11	较落实
		高点坐标 X: 15749915			Y: 3634492				
9	隆鄂尼9号	TJ	断背斜	20.12	−1900	800	L1510	5	显示
		高点坐标 X: 15738220			Y: 3629777				
		TT_3	断背斜	20.85	−5200	600			
		高点坐标 X: 15738343			Y: 3629790				

序号	圈闭名称	地震层位	圈闭类型	面积/km²	高点埋深/m	幅度/m	主要测线	圈闭排序	落实程度
10	隆鄂尼10	TJ	断鼻	34.64	−600	1900	L1507、L1510	1	落实
		高点坐标 X: 15751717			Y: 3629374				
		TT₃	断鼻	26.22	−2900	1200			
		高点坐标 X: 15751814			Y: 3629634				
11	隆鄂尼11	TJ	断鼻	9.84	−1200	800	L1507	6	较落实
		高点坐标 X: 15748760			Y: 3630729				
		TT₃	断鼻	11.88	−3700	1000			
		高点坐标 X: 15749208			Y: 3632015				
12	隆鄂尼12	TJ	断鼻	14.92	−800	2200	L1510	8	显示
		高点坐标 X: 15751554			Y: 3628934				
		TT₃	断鼻	10.16	−3900	1800			
		高点坐标 X: 15750225			Y: 3629544				
13	隆鄂尼13	TJ	断背斜	46.79	−700	800	L1507	2	较落实
		高点坐标 X: 15750168			Y: 3621075				
		TT₃	断鼻	46	−2800	900			
		高点坐标 X: 15749097			Y: 3620301				
14	隆鄂尼14	TJ	断背斜	46.62	−600	700	L1507	3	较落实
		高点坐标 X: 15750919			Y: 3611118				
		TT₃	断背斜	42.56	−2200	900			
		高点坐标 X: 15750588			Y: 3611264				
15	隆鄂尼15	TT₃	背斜	35.9	−1400	2200	L1503	15	较落实
		高点坐标 X: 15666578			Y: 3653837				
16	隆鄂尼16	TT₃	背斜	15.27	−1000	600	L1505	16	较落实
		高点坐标 X: 15721898			Y: 3645295				
17	隆鄂尼17	TT₃	断鼻	6.26	−1500	600	L1505	17	显示
		高点坐标 X: 15721676			Y: 3643792				
	总面积	TJ		299.69					
	总面积	TT₃		327.13					

主要圈闭描述如下。

3 号构造：位于工区中北部，L1505 测线中段及①断裂的下盘，为一断鼻构造，在 TJ 构造层圈闭面积为 22.39km²，在 TT₃ 构造层圈闭面积为 13.18km²。

7 号构造：位于工区东北部，L1507 测线北段楔状体部位，被中央隆起带逆掩，地震 TJ 反射层圈闭面积为 7.68km²，但其上的 TJ₂b 反射层表现为明显的背斜形态，圈闭面积、闭合幅度较大。

10 号构造：位于工区东部，有 L1507、L1510 测线通过，在 L1510 线上（图 6-38），表现为大型宽缓的背斜形态，而 L1507 为逆冲断层下的小背斜，受断层控制，构造落实程度较高。

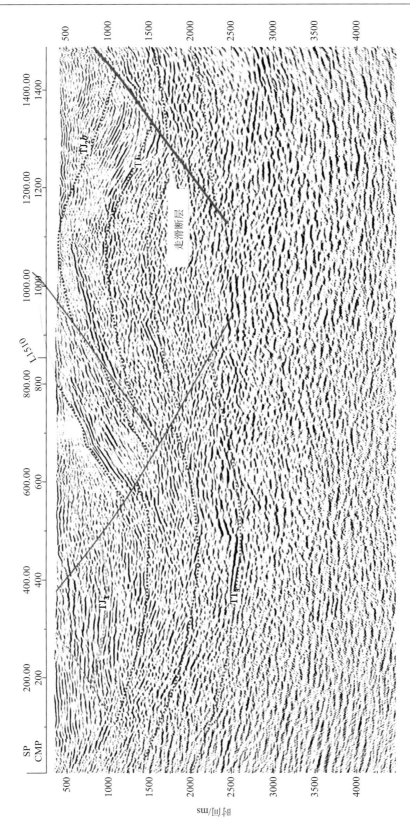

图 6-38 隆鄂尼区块 L1510 地震剖面

14 号构造：位于工区东南部，L1507 测线南端，构造走向 NE，整体表现为断背斜形态，受控于隆 8 号断层，又被一组北倾逆断层复杂化。

五、油气成藏分析

1. 成藏条件分析

1）生烃史

据王剑等（2004）的研究，南羌塘拗陷上三叠统土门格拉组生油岩在中侏罗世中期（$J_{1-2}q$ 末期）进入生油门限，之后，经历了压实作用-压溶作用和早期胶结作用，在中侏罗世巴通期晚期（J_2b 末期）进入生油高峰，油气充填于残余孔隙中，晚侏罗世中期—末期（J_3s 末期—J_3x 末期）进入湿气—干气阶段，现今处于湿气—干气阶段。曲色组—色哇组在中侏罗世中期（J_2b 晚期）进入生油门限，经历压实作用—压溶作用—第一世代胶结作用，在晚侏罗世中期（J_3s 末期）进入生油高峰，油气充填于残余孔隙中，在白垩纪早期，开始进入湿气期，此后一直为生油高峰—湿气阶段，在新近纪早期，埋深再次增大，开始进入湿气—干气阶段，现今主要处于湿气—干气阶段。夏里组和布曲组地层具有两次生烃过程，在中侏罗晚期（约 152Ma）进入生油门限，经历压实作用—压溶作用—第一世代胶结作用，晚侏罗早期（约 144Ma）进入生油高峰，到晚侏罗晚期进入生油末期。

2）油气圈闭与成藏

区块的油气圈闭主要有岩性圈闭和构造圈闭。岩性圈闭主要为砂岩圈闭、白云岩圈闭，与烃源岩多为同沉积期产物。构造圈闭主要为背斜圈闭，区块背斜较发育，落实地表背斜构造 11 个，背斜定型期主要为燕山晚期。鉴于此，本区圈闭形成期与主要排烃期同期或圈闭形成在前，两者构成了良好的时间配置，有利于油气聚集。

2. 油气保存条件

从构造角度上看，区块断裂构造发育，且呈多组断裂交叉分布，并将区块主要生储盖层肢解成若干小块，因此区块断裂对油气藏破坏较强。区块褶皱多为紧密褶皱，也显示挤压较为强烈。据王剑等（2004）编制的构造改造强度图，区块处于中强改造区，表明区块构造改造较强烈。

从地层剥蚀程度上看，区块北部已出露上三叠统地层，区块南部已出露下侏罗统曲色组到上侏罗统索瓦组地层，并且主要背斜高点上已将布曲组油气藏（含油白云岩层）剥蚀露出地表，因此区块剥蚀程度较强。但区块向斜拗陷区和北部逆冲断层下盘出露地层主要为上侏罗统索瓦组或中侏罗统夏里组，可能还保存有布曲组含油白云岩层。

从岩浆活动上看，区块岩浆岩分布很少，仅在巴格底加日西北见有约 $1.5km^2$ 的纳丁错组岩浆岩和昂达尔错西见有面积约为 $5km^2$ 的上白垩统阿布山组岩浆岩。因此区块岩浆活动对油气藏破坏较弱。

综上所述，区块构造破坏较强，地层剥蚀程度较高，保存条件较差。但在区块向斜拗陷区和北部逆冲断层下盘保存相对较好。

六、综合评价与近期勘探目标

1. 含油气综合评价

（1）烃源岩条件好，油气资源丰富，为油气成藏奠定了有利的物质基础。区内发育中-下侏罗统曲色组、色哇组、沙巧木组黑色泥页岩烃源岩以及布曲组碳酸盐岩烃源岩，并见油页岩出露，这些烃源岩厚度大、有机质丰度高。此外可能分布有上三叠统土门格拉组含煤碎屑岩及炭质页岩等烃源岩。因此具有形成大中型气田的能力。

（2）储集条件较有利，发育砂糖状白云岩、白云质灰岩、砂岩储集层，厚度大。依据区域石油地质剖面及沉积相带分析，布曲组砂糖状白云岩、颗粒灰岩、白云质灰岩储层地层厚度大，白云岩孔渗性较好，该层为区块的主要储集层。区块中侏罗统沙巧木组石英砂岩也可作为储集层。此外上三叠统土门格拉组砂岩储层可能在区块中存在。

（3）油气保存条件中等。中侏罗统布曲组含油白云岩在主背斜高点多被破坏而暴露，但在向斜拗陷区和北部逆冲断层下盘尚有保存；中侏罗统沙巧木组和上三叠统地层在区块内多埋藏于地下，保存相对较好。地表未见大规模岩浆活动，区块周围见高温泉水分布，表明该区构造破坏较强。构造改造强度分析为中强改造区；保存条件分析为中等。

（4）成藏条件优越。区内背斜构造主要定型于燕山晚期，而各组合生油岩的生油高峰期多在燕山期或之后，因此油气生成与背斜圈闭的形成时限配套良好，利于油气成藏。

2. 近期勘探目标

1）有利圈闭构造优选

由于地震测线较稀，断层多，构造比较破碎，虽然圈闭显示较多，但落实程度较低，经过对比筛选，认为本区最为有利的是隆鄂尼 10 号构造，该构造在 L1507、L1510 测线上有构造显示。在过该构造的 L1507 测线上，地层向东西倾没比较清楚；在过该构造的 L1510 测线上，地层向南、北两个方向倾没，回倾明显，构造形态可靠，层位、断层解释比较合理，圈闭较落实。该构造侏罗系残余厚度较大，地表出露上侏罗统索瓦组和中侏罗统夏里组；本区断层复杂，断裂发育，有利于油气运移。此外，隆鄂尼 3 号构造有一定的潜力，该构造位于北部推覆构造下盘，地表见古油藏出露，推覆构造以下是否还保存有油气藏，有待钻井验证。

2）综合优选

通过对区块内生储盖地质特征、油气成藏及保存条件等进行分析，结合地球物理调查，认为隆鄂尼-昂达尔错区块的北部逆冲断层下盘和拗陷内的玛日巴晓萨低凸起地区为下一步勘探的主要目标区。目标层位为中侏罗统布曲组含油白云岩层、中侏罗统沙巧木组石英砂岩，此外，上三叠统土门格拉组上部砂岩层可能也是区块目的层。第一目的层（中侏罗统布曲组碳酸盐岩）埋深大致为 1000～2174m；第二目的层（中侏罗统沙巧木组石英砂岩）埋深大致为 3200m；第三目的层（上三叠统土门格拉组）埋深大致为 4500m。

（1）油藏带北侧逆冲断层下盘有利目标区。

在隆鄂尼-昂达尔错油藏带与中央潜伏隆起带之间存在中央潜伏隆起带三叠系向南逆冲到油藏带侏罗系之上的逆冲构造，该逆冲构造下盘存在隐伏构造（图6-39），这些隐伏构造是寻找油气勘探的有利目标。

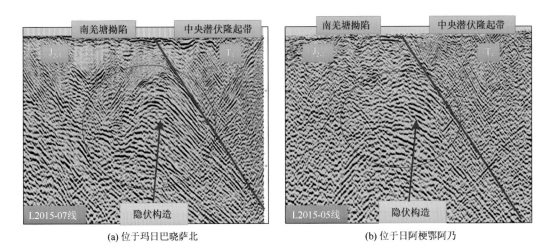

(a) 位于玛日巴晓萨北   (b) 位于日阿梗鄂阿乃

图 6-39 北部逆冲断层下盘隐伏构造

2013 年在隆鄂尼-昂达尔错油藏带开展了二条复电阻率测量（CR），结果显示在日阿梗鄂阿乃逆冲断层下盘存在低阻，中、高极化异常特征，即烃类物质（油气）聚集区。这个异常区是否为逆冲断层下盘的残留油气藏呢？鉴于上述分析，初步认为油藏带逆冲断层下盘可能存在油气勘探目标区。目标层位有中侏罗统沙巧木组石英砂岩和布曲组白云岩，可能存在上三叠统砂岩目的层。

（2）拗陷区玛日巴晓萨低凸起地区。通过调查发现，区内含油白云岩具有残余颗粒结构（砂屑、鲕粒、藻屑、角砾、生物碎屑等）、藻纹层构造、藻黏结构造，白云岩风化后呈砂糖状，常见鸟眼、窗孔等暴露标志。显示其沉积环境为浅滩到滩间潮坪沉积。含油白云岩顶底岩性多由微泥晶灰岩、介壳灰岩及颗粒灰岩组成，但很少见鸟眼、窗孔等暴露标志。结合前人资料分析，认为该带白云岩的成因主要为早期的低温混合水白云石化和中期的高温埋藏白云石化。从而推测该带白云岩及含油白云岩应在该区广泛分布，即该带的覆盖区应有分布。

该带为复式褶皱带，主背斜高点多被剥蚀，从而使油藏暴露，但向斜内的一些小褶皱高点剥蚀较弱，油藏尚未暴露。例如玛日巴晓萨南东高点（图 6-40），出露地层为上侏罗统索瓦组灰岩和夏里组泥页岩，而布曲组白云岩埋藏于地下；地表地质显示该点为拗陷区内的凸起构造；地震调查显示存在地覆构造，在三叠系和侏罗系构造层均有显示（图 6-30、图 6-31），并解释出 10 号、11 号和 12 号三个圈闭构造，构造落实程度较高；复电阻率和油气微生物调查显示该区存在异常特征。这些未暴露油藏可能存在油气勘探目标区。第一目标层位为中侏罗统布曲组含油白云岩，第二目标层位为中侏罗统沙巧木砂岩目的层，此外，可能存在第三目的层——上三叠统土门格拉组砂岩目的层。

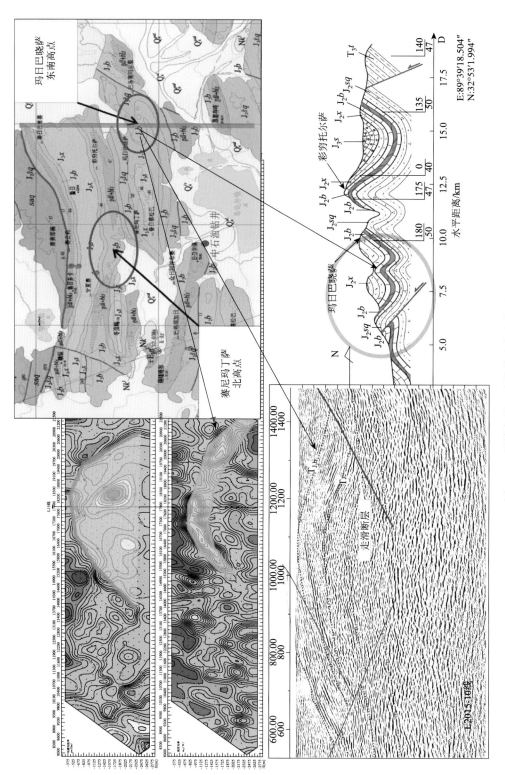

图 6-40 昂达尔错凹陷带构造高点位置图

第四节　鄂斯玛区块调查与评价

赵政璋等（2001b）通过石油地质条件、物化探资料、盆地后期改造等综合评价，预测包含鄂斯玛区块在内的比洛错—土门地区为有利含油气远景区之一；王剑等（2004）通过基础地质、油气地质、油气成藏及保存等多方面综合评价，优选出包含鄂斯玛在内的达卓玛—土门地区为有利远景区带之一。

一、概述

鄂斯玛区块位于西藏自治区那曲地区安多县西北部达卓玛至鄂斯玛一带，地理坐标范围为北纬 32°25′～33°00′、东经 90°10′～91°10′，其东西长约 80km，南北宽近 60km，面积约为 4800km²，大地构造上位于羌塘盆地中央潜伏隆起带南侧的南羌塘拗陷内。

1996 年地质矿产部和 2006 年国土资源部组织完成的 1∶100 万和 1∶25 万区域地质填图覆盖了本区，并系统地建立了地层分区、地层层序、构造单元划分和构造格架等。中石油（1994～1997 年）开展的石油地质调查在区块进行了 1∶10 万石油地质填图、路线地质调查与 16 条二维地震测线。中国地质调查局成都地质调查中心（2001～2014 年）承担的系列"青藏油气地质调查"项目在本区开展了面积为 550km² 的石油地质填图及综合研究，并认为吐错—土门地区为有利油气远景区。

在上述工作基础上，于 2015 年在该地区开展了构造-热年代学填图、7 条测线共计 240km 的二维地震测量、一口石油地质浅钻工程及路线地质调查，在该地区发现了若干个含油白云岩露点，对该区石油地质条件进行了初步评价。基于此，本书对鄂斯玛区块进行了综合研究与目标优选，并提出第一目的层为中侏罗统布曲组含油白云岩，第二目的层为上三叠统砂岩。有利地区为鄂斯玛 6 号构造、鄂斯玛 7 号构造、鄂斯玛 8 号构造。

二、基础地质

1. 地层及沉积相特征

区块出露的地层有上三叠统波里拉组（T₃b）、阿堵拉组（T₃a）、夺盖拉组（T₃d），中-下侏罗统雀莫错组（J₁₋₂q），中侏罗统色哇组（J₂s）、中侏罗统布曲组（J₂b）、中侏罗统夏里组（J₂x），上侏罗统索瓦组（J₃s），上白垩统阿布山组（K₂a）及第四系。上三叠统和侏罗统各组之间为整合接触，中-下侏罗统雀莫错组与上三叠统夺盖拉组、上白垩统阿布山组与上侏罗统索瓦组之间为角度不整合接触。

在对区块进行调查研究时，在唐日江木东—托木日阿玛一带布曲组地层中首次发现多个含油白云岩点，说明南羌塘拗陷隆鄂尼-昂达尔错古油藏带可以东延至鄂斯玛区块。在扎曲乡江曲剖面色哇组地层中采集到菊石化石，经鉴定计有 *Emileites callomoni*、*Phylloceras* sp.、*Euhoploceras* sp.、*Emileites callomoni*、*Euhoploceras* sp.、*Emileites callomoni Euhoploceras* sp.，时代归属于巴柔期（Bajocian）。鄂斯玛区块地层总体呈近东西向延伸，局部受构造变形而改变方向，出露地层以侏罗系和上三叠统为主，区块内各组地层沉积特征如下。

晚三叠世诺利晚期—瑞替期（波里拉组、阿都拉组、夺盖拉组沉积期），受班公湖-怒江洋打开的影响，海水从南向北逐渐超覆，南羌塘从南到北形成了由陆棚-盆地到滨岸（局部为沼泽）的沉积环境。区块位于滨岸-陆棚相带，沉积了波里拉组陆棚相微泥晶灰岩及生物碎屑灰岩、阿堵拉组和夺盖拉组滨岸-沼泽相泥页岩、粉砂岩、细砂岩及含煤泥页岩，形成多个煤层或煤线，如尕尔曲、土门等地。其中，暗色泥页岩、煤岩可作为生油岩，砂岩可作为储集岩。未见底，厚度大于 1800m。

早-中侏罗世巴柔期（雀莫错-色哇组沉积期），班公湖-怒江洋盆进一步拉开，南羌塘拗陷位于班公湖-怒江洋与中央隆起带过渡的地区，为陆棚-盆地到滨岸相沉积环境。鄂斯玛区块位于陆棚-滨岸环境，其北部沉积了雀莫错组滨岸浅色含砾砂岩、石英砂岩、长石石英砂岩及粉砂岩组合，具有从下到上变细的海进序列；区块南部沉积了色哇组陆棚相暗色泥质岩、粉砂质泥岩夹灰岩、介壳灰岩、砂岩组合。其中，暗色泥质岩可作为生油岩，砂砾岩、砂岩可作为储集岩。雀莫错组与下伏上三叠统夺盖拉组呈角度不整合接触，厚度大于 600m。

中侏罗世巴通期（布曲组沉积期），羌塘盆地演化为碳酸盐岩台地沉积期，整个盆地以碳酸盐岩沉积为主。区块则位于台地边缘礁滩相及滩下陆棚沉积环境，沉积体在区块南部主要为陆棚相深灰—浅灰色微晶灰岩夹薄层泥岩、钙质泥岩、泥灰岩；区块北部为礁滩相及滩间潮坪-潟湖相的生物碎屑微晶灰岩、藻灰岩、鲕粒灰岩、核形石灰岩、白云岩、膏岩及泥灰岩组合。其中，深色微泥晶灰岩、泥灰岩可作为生油岩，颗粒灰岩及白云岩可作为储集岩，膏岩可作为盖层。与上下地层为整合接触，厚度一般为数百米至 1000m。

中侏罗世卡洛期（夏里组沉积期），盆地发生了一次海退过程，沉积了一套以碎屑岩为主的组合，本区块位于南羌塘拗陷三角洲至潟湖相区，沉积了一套前三角洲-三角洲前缘中远砂坝的细砂岩、粉砂岩、泥页岩夹灰岩和潟湖相膏岩组合。该组泥页岩及膏岩可作为油气盖层。该组整合于布曲组之上，厚度一般为 200～1000m。

上侏罗统牛津期—基末里期（索瓦组沉积期），羌塘盆地再次发生海侵，沉积了一套以碳酸盐岩为主的台地相组合，区块位于南羌塘开阔台地及台地边缘地区，沉积了一套颗粒灰岩及微泥晶灰岩组合。该套颗粒灰岩可作为储集岩，微泥晶灰岩可作为区块的油气盖层。该组底部与中侏罗统夏里组整合接触，未见顶。沉积厚度小于 1000m。

阿布山期地层为盆地关闭隆升之后的陆相沉积，区块内表现为河湖相及冲积扇相紫红色砾岩、砂岩组合。该组未见顶，底部不整合在侏罗系或三叠系之上；厚度为 200～1635m，变化较大。

2. 构造特征

区块构造作用强烈，褶皱和断裂发育，地层多被断层肢解。

1）褶皱构造特征

从地表露头资料显示，褶皱构造主要分布于测区中部，这些褶皱轴面倾角较大，一般为 70°～80°，轴面倾向为 NNW、NNE 和 SSE、SSW，枢纽倾伏角为 10°～20°。但是在区块的不同位置，褶皱的形态相对有变化，具体表现为：在北部由于逆冲断层的强烈作用，褶皱相对较紧闭；在测区中部褶皱相对开阔，而且褶皱保存相对较完整。从地表露头观察所得，向斜褶皱两翼地层主要为中侏罗统夏里组和布曲组，核部地层主要为中侏罗统索瓦组（J$_3$s），多处为上白垩统阿布山组（K$_2$a）不整合覆盖。背斜褶皱两翼地层则主要为夏里组（J$_2$x），局部可见索瓦组（J$_3$s），核部地层为布曲组（J$_2$b），局部为阿布山组（K$_2$a）不整合覆盖，或被第四系覆盖（Q）。区块褶皱构造主要有达卓玛复背斜构造和茶曲强玛复背斜。

通过地震解释，鄂斯玛区块地腹构造以断背斜、断鼻为主，地震 TJ 反射层构造图上（图6-41），发现圈闭 12 个；地震 TT$_3$ 反射层构造图上（图6-42），发现圈闭 14 个。

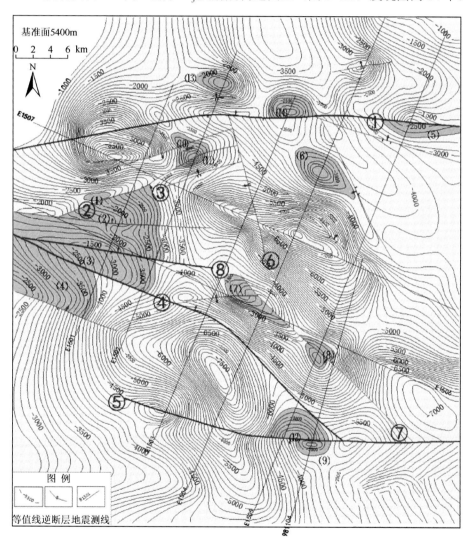

图6-41 鄂斯玛区块地震 TJ 反射层构造图（基准面为5400m）

2）断层构造特征

从地表露头情况看，区内断层以逆冲断层为主，形成逆冲推覆构造，测区最主要的两条逆冲断层位于测区北部，分别为吉开结成玛-达卓玛逆冲断层和赛包玛逆冲断层。

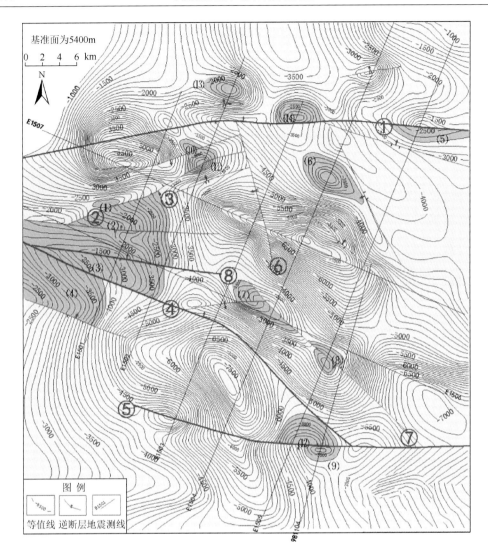

图 6-42　鄂斯玛区块地震 TT₃ 反射层构造图（基准面为 5400m）

通过地震解释，区块范围内解释断层 18 条（图 6-41、图 6-42），这些断层走向大致可分为三组：近 EW 向、NW 向、NE 向。几条延伸较长的断层起到明显的控制作用，北部近 EW 向断层控制侏罗系分布，其上盘侏罗已全部剥蚀，出露地层为三叠系（T）；南部近 EW 走向断层控制其上盘近 EW 走向的构造带。延伸较短的断层有些只在一条地震测线上有所显现，仅对局部构造起到分割作用。

主要断层描述如下。

鄂 1 号：位于工区北部，主测线北段均通过该断层，在 E1501、E1502、E1504 测线上，具有明显的断面波。该断层为区域上较大的分界断层，最大断距大于 4500ms，断层上盘出露地层为上三叠统（T₃），下盘地层为中侏罗统布曲组（J₂b）。

鄂 4 号：位于工区西南，主测线均存在该断层。其上盘表现为走向 NW 的背斜构造带，下盘为走向 NW 的向斜构造带。在鄂 4 号主断裂之上，发育一些次级断裂，分隔了几个局部圈闭。

鄂 5 号：位于工区南部，经过 E1504 及 E1505 测线，其南部上盘为背斜带，图件范围内由于测线较稀疏，仅在 E1505 南段形成一个断背斜形态的局部圈闭。

鄂 7 号：位于工区东南部，经过测线为 E1505、E1506，与鄂 4 号一同控制鄂斯玛 8 号断背斜。

3. 岩浆活动与岩浆岩

岩浆岩分布面积较小，在区块内零星出露，主要发育于上白垩统阿布山组中，分布在区块马登、破曲、达卓玛等地。该套火山岩被夹于正常沉积磨拉石建造的一套粗碎屑岩中，在马登一带发育良好，被命名为马登火山岩层，火山岩呈紫红色、灰白色，厚度从数米至数十米不等，分布于阿布山组底部，与砂砾岩呈互层状。

总体来说，工区岩浆活动较弱，是整个青藏高原区域性隆升背景下的局部陆内熔融的产物，晚白垩世火山作用发生于主生烃、排烃期后，对油气保存条件有一定的破坏作用，但由于该火山作用具有水上喷发、溢流的特点，向下基本无影响。此外，强大的岩浆上侵力及巨大热能，打破了原先的油气平衡系统，使油气再次运移、聚集，形成次生油气藏。

三、石油地质特征

（一）烃源岩特征

区块地表出露的烃源岩层位主要为上三叠统、中侏罗统色哇组、布曲组、夏里组和上侏罗统索瓦组。岩石类型包括泥质岩和碳酸盐岩两大类，其中泥质岩类烃源岩主要分布于上三叠统、中侏罗统色哇组和夏里组地层中；碳酸盐岩类烃源岩主要分布于中侏罗统布曲组和上侏罗统索瓦组地层中。由于夏里组和索瓦组多暴露于地表，成为无效烃源层，因此本书仅阐述上三叠统、中侏罗统色哇组和布曲组烃源层。

1）中侏罗统布曲组烃源岩

布曲组烃源岩主要为碳酸盐岩，其次为泥岩，厚度为 90.11～631.6m。碳酸盐岩类烃源岩的有机碳含量整体较高，各剖面中碳酸盐岩有机碳含量为 0.07%～0.254%，大部分属于中等烃源岩，少部分为非—较差烃源岩（表 6-12）。其中，曲巴地贡玛剖面有机碳平均含量在布曲组中最高，平均值达到 0.254%。各剖面生烃潜量平均值为 0.042～0.08mg/g，氯仿沥青 "A" 为 13.55×10^{-6}～50.67×10^{-6}，总体呈偏低的趋势。泥质岩类烃源岩的有机碳含量整体不高，各剖面中泥岩有机碳含量均值为 0.345%～0.795%，除了破岁抗巴剖面属于中等烃源岩，大部分划为较差烃源岩（表 6-13）。各剖面生烃潜量平均值为 0.052～0.3mg/g，氯仿沥青 "A" 含量为 7.225×10^{-6}～142.67×10^{-6}，总体呈偏低的趋势。有机质类型为 II_1 型和 II_2 型。镜质体反射率 R_o 为 1.17%～2.48%，均值为 2.04%，主要处于高成熟—过成熟阶段；T_{max} 为 428～535℃，平均值为 481.6℃（表 6-14），主要处于凝析油、湿气高成熟阶段。

表 6-12　鄂斯玛区块布曲组烃源岩厚度及有机质丰度数据统计表

剖面名称	岩性	厚度/m	实测有机碳/%	生烃潜量(S_1+S_2)/(mg/g)	氯仿沥青"A"/($\times10^{-6}$)	资料来源
曲巴地贡玛	灰岩	—	0.08～0.77 0.254（32）	—	6.7～40.3 13.55（14）	本书研究
	泥岩		0.37～0.57 0.464（5）	—	4.1～10 7.225（4）	
破岁抗巴	灰岩	631.6	0.14～0.27 0.215（6）	0.025～0.075 0.0445（6）	25～107 50.67（6）	
	泥岩	291.1	0.25～2.57 0.795（6）	0.066～1.071 0.3（6）	33～569 142.67（6）	
卢玛甸多	灰岩	307.6	0.01～0.37 0.07（20）	0.05～0.20 0.08（20）	17.5～68 33.6（20）	
阿索娃玛	泥岩	494.8	0.01～0.68 0.345（2）	0.07～0.22 0.145（2）	42～44 43（2）	
达卓玛	灰岩	365.1	0.05～0.34 0.199（17）	0.009～0.06 0.042（17）	31～33 32（2）	吉开结成玛幅（1996）
改拉曲	泥岩	90.11	0.44～0.78 0.598（10）	0.044～0.064 0.052（10）	20～47 36.5（10）	查郎拉一气相错幅（1996）

表 6-13　鄂斯玛区块烃源岩干酪根类型参数一览表

剖面	层位	岩性	干酪根显微组分/%				类型指数 TI	干酪根元素		干酪根 $\delta^{13}C$（PDB/‰）	有机质类型（样品数）
			腐泥组	壳质组	镜质组	惰质组		H/C	O/C		
达卓玛	J_2b	灰岩	70～82 76（2）	0	3～5 4（2）	15～25 20（2）	41.25～64.75 53（2）	—	—	—	II₁（2）
曲巴地贡玛	J_2b	灰岩	84～89 86（14）	0	1～10 3.93（14）	4～14 9.86（14）	68.8～79.2 73.04（14）				II₁（14）
		泥岩	84～87 85（4）	0	2～4 3（4）	11～14 12.25（4）	68～73.8 70.7（4）				II₁（4）
卢玛甸多	J_2b	灰岩	55～71 64.94（18）	0	2～10 4.94（18）	24～42 30.11（18）	10.75～42.75 31.13（18）	0.1～0.31 0.19（11）	0.13～0.23 0.18（11）	—	II₁（4） II₂（14）
改拉	J_2s	泥岩	67～76 71.5（4）	—	2～5 3.25（4）	20～28 25.25（4）	35.25～53 43.81（4）	—	—	-24.1～-22.9 -23.7（4）	II₁（3） II₂（1）
江曲	J_2s	泥岩	70～78 73.83（6）	—	0～3 1.5（6）	22～28 24.67（6）	40.5～56 48.04（6）	0.43～0.5 0.47（4）	0.06～0.09 0.07（4）	-25.2～-24.0 -24.7（6）	II₁
达玛尔	J_2s	泥岩	74～75 74.5（2）	—	2～3 2.5（2）	22～24 23（2）	48.5～50.75 49.63（2）	0.38	0.08（2）	-23.2（2）	II₁
鄂修布	J_2s	泥岩	64～76 68.46（13）	—	2～8 5.23（13）	20～32 26.31（13）	29.5～53 38.23（13）	0.38～0.53 0.44（6）	0.05～0.08 0.06（6）	-24.6～-22.7 -23.5（13）	II₁（5） II₂（8）
麦多	T_3t	泥岩	65～78 71.67（3）	—	—	22～35 28.33（3）	30～56 43.33（3）	0.31～0.33 0.32（3）	0.03～0.04 0.03（3）	-26.5～-26.1 -26.3（3）	II₁（2） II₂（1）
尕尔曲	T_3t	泥岩	40～45 43（4）	—	35～40 37.5（4）	15～25 19.5（4）	-11.25～0 -4.63（4）	0.32～0.41 0.38（4）	0.06～0.08 0.07（4）	-24.5～-24.1 -24.3（4）	III

表 6-14　鄂斯玛区块烃源岩有机质成熟度参数一览表

剖面	层位	岩性	镜质体反射率 R_o/%	热解峰温 T_{max}/℃	干酪根元素 H/C	腐泥组颜色（所占比例）
达卓玛	J_2b	灰岩	$\dfrac{1.17\sim1.86}{1.515\,(2)}$	$\dfrac{472\sim484}{478\,(2)}$	—	—
卢玛甸多	J_2b	灰岩	$\dfrac{1.58\sim2.48}{2.386\,(18)}$	$\dfrac{428\sim535}{485.2\,(18)}$	$\dfrac{0.1\sim0.31}{0.19\,(11)}$	—
曲巴地贡玛	J_2b	灰岩	$\dfrac{1.68\sim1.93}{1.79\,(14)}$	—	—	—
		泥岩	$\dfrac{1.66\sim1.77}{1.705\,(4)}$	—	—	—
改拉	J_2s	—	$\dfrac{2.21\sim2.29}{2.26\,(4)}$	$\dfrac{444\sim587}{542.09\,(11)}$	—	棕色
江曲	J_2s	—	$\dfrac{2.12\sim2.53}{2.30\,(6)}$	$\dfrac{478\sim506}{497\,(11)}$	$\dfrac{0.43\sim0.5}{0.47\,(4)}$	棕褐
达玛尔	J_2s	—	$\dfrac{2.40\sim2.44}{2.42\,(2)}$	$\dfrac{503\sim526}{516.75\,(4)}$	$0.38\,(2)$	棕色
鄂修布	J_2s	—	$\dfrac{1.10\sim1.78}{1.6\,(13)}$	$\dfrac{475\sim570}{521.09\,(11)}$	$\dfrac{0.38\sim0.53}{0.44\,(6)}$	棕色 棕黄（2）
麦多	T_3t	—	$\dfrac{2.25\sim2.38}{2.30\,(3)}$	$\dfrac{403\sim569}{481.17\,(6)}$	$\dfrac{0.31\sim0.33}{0.32\,(3)}$	棕褐
尕尔曲	T_3t	—	$\dfrac{2.31\sim2.51}{2.41\,(4)}$	$\dfrac{525\sim587}{534.56\,(9)}$	$\dfrac{0.32\sim0.41}{0.38\,(4)}$	棕黄

2）中侏罗统色哇组

该组烃源岩岩石类型以暗色泥页岩为主，夹少量深灰色泥灰岩、泥晶灰岩，厚度为
47.9～1043.85m，主要分布在区块南部扎加藏布沿岸。以卓普和扎目纳剖面为例（表 6-15），
灰岩类烃源岩有机碳含量为 0.17%～0.47%，生烃潜量为 0.056～0.088mg/g，氯仿沥青
"A"含量为 $101\times10^{-6}\sim120\times10^{-6}$，大部分属于中等—好烃源岩。泥质岩类烃源岩有机
质丰度差异较大，以往研究中，卓普和扎目纳剖面数据显示有机碳含量均超过 0.6%，达
到了中等生油岩的标准，而本次研究的 3 条剖面有机碳含量仅在 0.3%左右，未达到泥质
岩生油下限值。各剖面泥质岩类烃源岩生烃潜量均值为 0.05～0.1mg/g，生烃潜量和氯仿
沥青"A"含量均较低。

有机质类型为 II_1 型和 II_2 型（表 6-13）。R_o 为 1.10%～1.78%，平均值为 1.6%，处于成
熟—过成熟阶段；岩石热解峰温 T_{max} 为 470～540℃，处于生凝析油和湿气的高成熟阶段。

表 6-15　鄂斯玛区块色哇组烃源岩厚度及有机质丰度数据统计表

剖面名称	岩性	厚度/m	实测有机碳/%	生烃潜量(S_1+S_2)/(mg/g)	氯仿沥青"A"/($\times10^{-6}$)	资料来源
卓普	灰岩	2.88	$\dfrac{0.33\sim0.47}{0.4\,(2)}$	$\dfrac{0.056\sim0.088}{0.072\,(2)}$	—	羌塘盆地石油天然气路线地质调查报告（1995）
	泥岩	49.33	$\dfrac{0.47\sim0.8}{0.64\,(2)}$	$\dfrac{0.047\sim0.06}{0.054\,(2)}$	$36\,(1)$	

续表

剖面名称	岩性	厚度/m	实测有机碳/%	生烃潜量(S_1+S_2)/(mg/g)	氯仿沥青"A"/($\times 10^{-6}$)	资料来源
扎目纳	灰岩	31.25	$\frac{0.17\sim0.23}{0.2(2)}$	$\frac{0.057\sim0.064}{0.061(2)}$	$\frac{101\sim120}{110.5(2)}$	羌塘盆地石油天然气路线地质调查报告（1995）
	泥岩	1012.6	$\frac{0.47\sim0.77}{0.62(7)}$	$\frac{0.047\sim0.06}{0.054(7)}$	—	
江曲	泥岩	618.3	$\frac{0.17\sim0.43}{0.27(11)}$	$\frac{0.02\sim0.13}{0.05(11)}$	—	本书研究
达玛尔	泥岩	47.9	$\frac{0.14\sim0.42}{0.297(4)}$	$\frac{0.04\sim0.13}{0.07(4)}$		
鄂修布	泥岩	893.4	$\frac{0.17\sim0.58}{0.31(11)}$	$\frac{0.04\sim0.23}{0.10(11)}$		

3）上三叠统

上三叠统烃源岩主要为暗色泥页岩及含煤泥页岩，厚度为206～408.6m，该组烃源岩有机碳含量整体较高，各剖面均值为0.446%～1.03%，大部分属于中等烃源岩，少部分属于好烃源岩和较差烃源岩，还有极少数样品有机碳含量未达到生油下限值（表6-16）。查郎拉路线和尕尔曲剖面上的样品有机碳含量最高，均值分别为1.03%和0.87%，其中尕尔曲剖面有机碳含量为0.52%～2.09%，24件样品全部超过生油岩下限值。但值得注意的是，从区块及其外围的地表样品来看，上三叠统烃源岩普遍具有极低的生烃潜量和氯仿沥青"A"含量，各剖面生烃潜量均值为0.03～0.18mg/g，氯仿沥青"A"含量均值为37.4～54$\times 10^{-6}$。

表6-16　鄂斯玛区块上三叠统烃源岩厚度及有机质丰度数据统计表

剖面名称	岩性	厚度/m	实测有机碳/%	生烃潜量(S_1+S_2)/(mg/g)	氯仿沥青"A"/($\times 10^{-6}$)	资料来源
尕尔曲	泥岩	408.6	$\frac{0.52\sim2.09}{0.87(24)}$	$\frac{0.02\sim0.14}{0.05(13)}$	$\frac{13\sim57}{37.4(8)}$	土门煤矿—查曲幅（内部资料）
查郎拉路线	泥岩	206	$\frac{0.18\sim2.66}{1.03(8)}$	$\frac{0.031\sim0.808}{0.18(8)}$	$\frac{7\sim191}{54(8)}$	查郎拉—气相错幅（内部资料）
麦多	泥岩	273.7	$\frac{0.34\sim0.52}{0.469(6)}$	$\frac{0.02\sim0.07}{0.03(6)}$		本书研究
多卓额包	泥岩	355.9	$\frac{0.33\sim0.57}{0.446(9)}$	$\frac{0.03\sim0.06}{0.04(9)}$		
热日	泥岩		$\frac{0.36\sim0.81}{0.525(3)}$	$\frac{0.04\sim0.05}{0.04(3)}$		
托纠	泥岩	237.2	$\frac{0.48\sim0.84}{0.688(4)}$	$\frac{0.02\sim0.05}{0.03(4)}$		

有机质类型为II_1型和II_2型（表6-13）。区块内R_o为2.25%～2.51%，平均值为2.355%，以生干气为主的过成熟阶段（表6-14）；而区块外围西侧多普勒乃剖面R_o为0.65%～0.91%，

平均值为 0.72%，表明烃源岩处于生油高峰期的成熟阶段；搭木错日阿柔一带 R_o 为 1.7%，属高成熟阶段，总体而言，鄂斯玛区块上三叠统泥质烃源岩处于过成熟阶段；T_{max} 为 403～587℃，平均值为 507.87%（表 6-14），处于以生凝析油和湿气为主的高成熟阶段。

综合区块各组烃源岩分布及厚度、有机质丰度、有机质类型、热演化程度等，认为上三叠统为工区最有利生烃层位，中侏罗统布曲组和色哇组为中等生烃层位。

（二）储集层特征

鄂斯玛区块储层主要分布于上三叠统，中-下侏罗统雀莫错组，中侏罗统色哇组、布曲组、夏里组以及上侏罗统索瓦组。岩石类型包括颗粒灰岩（白云岩）和碎屑岩，其中灰岩储层主要分布于索瓦组、布曲组地层中，白云岩储层主要分布于布曲组，碎屑岩储层主要分布于上三叠统、色哇组、雀莫错组、夏里组。由于中侏罗统夏里组和上侏罗统索瓦组多暴露地表，为无效储层，而中-下侏罗统雀莫错组缺少数据资料，因此本书仅对上三叠统和中侏罗统色哇组、布曲组储层进行阐述。

1）中侏罗统布曲组储集层

布曲组储层岩性为颗粒灰岩和白云岩，但主要储层岩性为砂糖状白云岩。在日阿索娃玛剖面的白云岩厚度为 84.7m，占整个布曲组地层的 31% 左右。日阿索娃玛东剖面的颗粒灰岩储层厚度为 126.36m 左右，占整个布曲组地层的 29.9%。

布曲组 11 件储层样品中，白云岩储层为 6 件，灰岩储层为 5 件。白云岩储层有效孔隙度为 2.3%～6.3%，均值为 4.73%；渗透率为 0.04×10^{-3}～8.16×10^{-3} μm^2，均值为 2.987×10^{-3} μm。灰岩储层有效孔隙度为 0.1%～0.7%，均值为 0.38%；渗透率为 0.04×10^{-3}～0.1×10^{-3} μm^2，均值为 0.052×10^{-3} μm。从图 6-43 可以看出，无论是渗透率还是有效孔隙度，白云岩储层比灰岩储层都好很多。

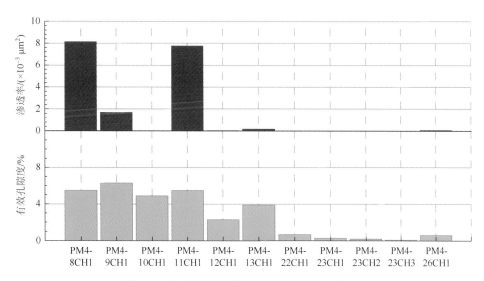

图 6-43　布曲组储层样品孔隙度及渗透率直方图

根据储层扫描电镜观测结果，灰岩储层较为致密，以泥粉晶结构、微晶结构为主，少量粒屑，晶间微孔隙仅有几微米，少见 10μm 以上的大孔隙；灰岩中粒内溶孔不太发育，孔径一般小于 0.1mm，连通性差。布曲组的白云岩储层多为粒屑结构，局部孔隙发育，屑间孔隙发育不均一，多为 10～50μm，少量为 50～90μm；白云岩中屑间孔隙发育，多为 20～90μm，少量小于 20μm 和大于 100μm，连通性较好。

2）中侏罗统色哇组

中侏罗统色哇组储层见于洒道加地层剖面，储层厚度为 64.64m，占整个色哇组的 15.7%，岩性上属于细粒岩屑石英砂岩夹粗粒岩屑砂岩，此条剖面未见顶底，该剖面露头一般，总体基岩出露率达 50%～60%。

色哇组储层样品共 5 件，全部为碎屑岩储层（图 6-44），有效孔隙度为 5.2%～10%，均值为 7.78，渗透率为 0.09×10^{-3}～19.2×10^{-3} μm^2，均值为 4.044×10^{-3} μm^2。色哇组 5 件样品中 1003 样品渗透率为 19.2×10^{-3} μm^2，比其他 4 件样品渗透率大很多。1003 样品同样属于砂岩储层，在渗透率上出现异常的原因有待进一步研究。

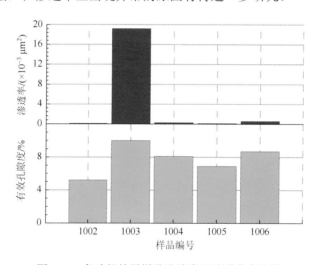

图 6-44　色哇组储层样品孔隙度及渗透率直方图

3）上三叠统储集层

上三叠统主要储集层有砾岩、细砂岩、粉砂岩。其中砾岩层厚 14.10m，占本组储层的 0.91%；细砂岩厚 706.20m，占本组储层的 45.58%；粉砂岩厚 829m，占本组储层的 53.51%。全组储层总厚 1549.30m，占地层总厚的 59.46%。

通过收集区块内及外围资料，上三叠统碎屑岩储层样品孔隙度为 3.04%～11.97%，平均值为 5.77%，其中孔隙度为 3.00%～5.00% 的样品占样品总数的 56%，5.00%～8.00% 和 8.00%～12.00% 的各占 22%（表 6-17、图 6-45）；渗透率为 0.0317×10^{-3}～$0.9247 \times 10^{-3} \mu m^2$，平均值为 $0.2180 \times 10^{-3} \mu m^2$，其中渗透率 0.01×10^{-3}～$0.05 \times 10^{-3} \mu m^2$ 和 0.05×10^{-3}～$0.50 \times 10^{-3} \mu m^2$ 的样品各占样品总数的 0.44%，0.50×10^{-3}～$1.00 \times 10^{-3} \mu m^2$ 的占 0.11%。同时，孔隙度和渗透率呈良好的正相关性，相关系数为 0.95。数据表明，按中石油原青藏石油勘探项目经理部的分类评价标准，上三叠统碎屑岩储层以致密层为主，其次是很致密层，

还有少部分储层属于近致密层。

综合上述特征，区块储层以布曲组白云岩最好，布曲组颗粒灰岩、沙巧木组砂岩、上三叠统砂岩孔渗性较差，为致密储层。

表 6-17 鄂斯玛及邻区上三叠统碎屑岩储层物性特征参数表

序号	样品编号	岩性	层位	孔隙度/%	渗透率/($\times 10^{-3}\mu m^2$)	备注
1	TL03-005CH1	含砾粗砂岩	土门格拉组	4.63	0.0402	—
2	TL03-001CH1	中—粗砂岩	土门格拉组	3.04	0.0389	—
3	ZLP-05CH1	细—中砂岩	土门格拉组	6.37	0.1001	—
4	多普乃勒-1	中砂岩	土门格拉组	5.76	0.2576	—
5	多普乃勒-2	中砂岩	土门格拉组	7.29	—	样品易碎
6	多普乃勒-3	中砂岩	土门格拉组	3.57	0.0317	—
7	多普乃勒-4	中砂岩	土门格拉组	4.5	1.8694	样品易碎
8	扎仁东-1	细砂岩	土门格拉组	3.26	0.0379	—
9	扎仁东-2	细砂岩	土门格拉组	4.49	0.0924	—
10	赛公药-1	中—粗砂岩	土门格拉组	12.53	3.0751	样品易碎
11	赛公药-2	细—中砂岩	土门格拉组	11.97	0.9247	—
12	赛公药-3	中砂岩	土门格拉组	12.88	2.6764	样品易碎
13	鄂纵错	中砂岩	土门格拉组	8.87	0.4389	—

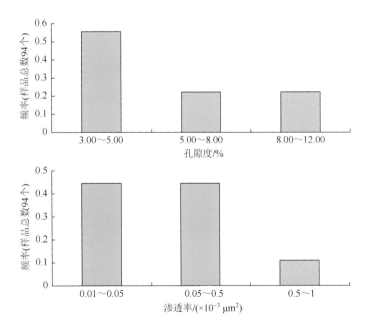

图 6-45 鄂斯玛及邻区上三叠统碎屑岩储层孔隙度和渗透率分布频率直方图

（三）盖层条件分析

工区内盖层分布层位多，从色哇组至索瓦组均有分布，盖层岩性主要为泥页岩、泥晶灰岩和膏岩，工区各组盖层厚度如表 6-18 所示。由表 6-18 可知，工区内各地层盖层条件均较好，特别是索瓦组盖层厚达 2303.42m，而其在区内中生代油气目的层内产出位置最高，十分有利于封盖。

表 6-18 鄂斯玛区块盖层厚度统计表

层位	岩类/m			盖层总厚度/m	剖面代号
	泥页岩	泥晶灰岩	膏岩		
J_3s	808.60	1366.89	127.93	2303.42	地质路线
J_2b	173.53	—	39.78	213.31	达卓玛剖面
J_2x	214.34	74.69	—	289.04	地质路线
J_2s	80.44	164.82	—	245.26	洒道加剖面、地质路线

1. 盖层分布及厚度特征

1）索瓦组

索瓦组于区块内广泛分布，一段主要是一套碳酸盐台地相的灰岩沉积，二段主要是一套海湾相的灰岩及碎屑岩沉积。能做盖层的有泥页岩、泥晶灰岩、膏岩，种类较为齐全。通过本次工作，可见该地层盖层厚 1819.22～2303.42m，约占地层厚度的 60%～64%，其中泥页岩厚 808.60m，泥晶灰岩厚 882.69～1366.89m，膏岩系厚 127.93m，具备形成盖层的条件，其内的膏岩系是区内最好的盖层。

2）夏里组

夏里组主要是一套三角洲相的碎屑岩及灰岩沉积，能做盖层的有泥页岩、泥晶灰岩。通过本次工作，可见该地层盖层厚 289.04m，约占地层厚度的 17%，其中泥页岩厚 214.34m，泥晶灰岩厚 74.69m，具备形成盖层的条件。

3）布曲组

布曲组下段是一套以灰岩为主的地层，在本段底部夹有白色厚层块状石膏，石膏质地细密，厚度较大，是一套良好的油气盖层。在整个布曲组中，泥岩总厚 173.53m，占地层总厚的 13.24%，石膏层总厚 39.78m，占地层总厚的 3.03%，本组的泥岩层不仅提供了盖层条件，而且可能具有生油潜力。

4）色哇组

色哇组于区块内未见底，主要是一套三角洲相的碎屑岩及灰岩沉积，能做盖层的有泥页岩、泥晶灰岩。通过本次工作，可见该地层盖层厚 245.26m，约占地层厚度的 60%，其中泥页岩厚 80.44m，泥晶灰岩厚 164.82m，具备形成盖层的条件。

5）上三叠统

上三叠统土门格拉组仅分布在区块北缘，该层中段以泥晶灰岩为主，夹有砾岩、细砂岩等，未发现泥、页岩类；上段以细砂岩、粉砂岩为主，夹有煤线和煤层，局部夹有石膏透镜体，缺乏形成区域性盖层的地层条件。

2. 盖层岩石类型

根据野外调查，工区内盖层岩石类型主要为泥页岩、泥晶灰岩和膏岩。

1）泥页岩类盖层特征

泥页岩类盖层包括泥岩、页岩、粉砂质泥岩，这类岩石主要发育于工区索瓦组二段地层内。沉积环境常属水体较为局限的半封闭条件下的海湾相沉积，这些相带分布面积较广，横向延伸稳定，常形成较优质的盖层。

2）泥晶灰岩类盖层特征

泥晶灰岩类岩石在工作区中生代地层中广泛发育，属碳酸盐台地相沉积，分布面积广，横向延伸稳定，但此类盖层的致命弱点就是脆性，其内裂隙发育，对封盖条件有一定的影响。

3）膏岩盖层

膏岩盖层主体是石膏岩及其相伴的泥晶灰岩及紫红色黏土岩，发育于工区夏里组和布曲组地层中，岩系厚度为127.93m，沉积环境属蒸发潟湖沉积，是工区内最好的盖层。受沉积相位控制，只分布于区内北侧，因此对其总体封盖条件有一定的影响。

3. 盖层评价

结合本区块的生储盖评价结果，以及前述的盖层论述可知，鄂斯玛区块的主力区域性盖层为泥页岩类，其分布广，厚度大且集中，宏观和微观封闭能力均较强，故为工区最好的盖层；尽管泥晶灰岩类分布广，厚度也较大，但其受后期构造改造较强，裂隙发育，因此其封盖能力差，仅能作为区块内主要的辅助盖层；膏岩盖层虽然封盖性能优质，但受分布面积影响，不能作为区块内区域性盖层，其在本区块内封盖能力显得较为局限，也仅为区块内主要的辅助盖层。

（四）生储盖组合

根据鄂斯玛区块各层系的烃源岩、储集岩和盖层岩类的发育状况和时空配置关系，从下到上划分出3个有效生储盖组合，即上三叠统—中-下侏罗统组合（Ⅰ）、中侏罗统色哇组-布曲组组合（Ⅱ）、中侏罗统布曲组-夏里组组合（Ⅲ）。

上三叠统—中-下侏罗统组合（Ⅰ）：上三叠统阿堵拉组暗色泥页岩及煤岩为生油层，夺盖拉组长石石英砂岩作为储层，中-下侏罗统雀莫错组或中侏罗统色哇组作为盖层，构成下生上储组合。区块阿堵拉组的暗色泥页岩及含煤泥页岩厚度为206～408.6m，该组烃源岩有机碳含量整体较高，各剖面均值为0.446%～1.03%，大部分属于中等烃源岩。

储集条件也相对较好，孔隙度为 3.00%～5.00% 的样品占样品总数的 56%，5.00%～8.00% 和 8.00%～12.00% 的样品各占 22%；渗透率为 0.0317×10^{-3}～$0.9247\times10^{-3}\mu m^2$，平均值为 $0.2180\times10^{-3}\mu m^2$，孔隙度和渗透率呈良好的正相关性。

中侏罗统色哇组-布曲组组合（Ⅱ）：色哇组暗色泥页岩、泥晶灰岩作为生油层，色哇组或雀莫错组砂岩作为储层，布曲组微泥晶灰岩作为盖层，构成自生自储组合。区块南部的卓普和扎目纳剖面，灰岩类烃源岩有机碳含量为 0.17%～0.47%，大部分属于中等—好烃源岩；泥质岩类烃源岩有机碳含量均超过 0.6%，达到了中等生油岩的标准。储集岩孔隙度为有效孔隙度，为 5.2%～10%，均值为 7.78%，渗透率为 0.09×10^{-3}～$19.2\times10^{-3}\mu m^2$，均值为 $4.044\times10^{-3}\mu m^2$。孔隙类型为粒间、粒内溶孔和裂隙，属于孔隙型储层。储集层厚度为 64.64m，占地层厚度的 15.7%，具有一定的储集能力。

中侏罗统布曲组-夏里组组合（Ⅲ）：该组合烃源岩为布曲组泥晶灰岩，布曲组颗粒灰岩、白云岩为储层，夏里组泥页岩为盖层，构成自生自储组合。布曲泥岩、泥晶灰岩生油层厚度较大，有机质丰度较高。布曲组储集层孔隙度为 2.3%～6.3%，平均值为 4.73%，渗透率为 0.035×10^{-3}～$8.16\times10^{-3}\mu m^2$，孔隙度与渗透率相关性比较好，多为粒屑结构，局部孔隙发育，屑间孔隙发育不均一，多为 10～50μm，少量为 50～90μm；白云岩中粒间孔隙发育，多为 20～90μm，少量小于 20μm 和大于 100μm；排驱压力为 0.24～3.67MPa，中值压力为 0～1.62MPa，孔喉直径均值为 0.09～2.01μm，属于裂缝-孔隙型储层，总体属于Ⅱ类储层。

四、二维地震特征

通过地震解释，鄂斯玛区块圈闭类型以断背斜、断鼻为主，地震 TJ 反射层构造图上（图 6-41），发现圈闭 12 个（表 6-19），圈闭总面积为 370.3km²；地震 TT₃ 反射层构造图上（图 6-42），发现圈闭 14 个，圈闭总面积为 230.71km²。

表 6-19 鄂斯玛区块圈闭要素表（基准面 5400m）

序号	圈闭名称	地震层位	圈闭类型	面积/km²	高点埋深/ms	幅度/ms	主要测线	圈闭排序	落实程度
1	鄂斯玛1号	TJ	背斜	20.73	−300	500	E1501	4	较落实
		高点坐标 X: 16278571			Y: 3632563				
		TT₃	背斜	1.72	−2300	100			
		高点坐标 X: 16262749			Y: 3641876				
2	鄂斯玛2号	TJ₂b	断鼻	88	−100	1300	E1501、E1502、E1506	6	显示
		高点坐标 X: 16262446			Y: 3636792				
		TJ	断鼻	96.94	−600	1300			
		高点坐标 X: 16277506			Y: 3626959				
		TT₃	断鼻	66.22	−1400	1500			
		高点坐标 X: 16262387			Y: 3637018				

序号	圈闭名称	地震层位	圈闭类型	面积/km²	高点埋深/ms	幅度/ms	主要测线	圈闭排序	落实程度
3	鄂斯玛3号	TJ_2b	断鼻	32.8	−300	1400	E1501、E1502	7	显示
		高点坐标 X：16259176			Y：3635432				
		TJ	断鼻	34.55	−900	1500			
		高点坐标 X：16273202			Y：3626074				
		TT_3	断鼻	27.79	−2000	1700			
		高点坐标 X：16256996			Y：3637049				
4	鄂斯玛4号	T_{J_2x}	断鼻	25	200	900	E1501	8	显示
		高点坐标 X：16255938			Y：3632234				
		TJ_2b	断鼻	41.78	0	1200			
		高点坐标 X：16255036			Y：3632412				
		TJ	断鼻	40.84	−600	1200			
		高点坐标 X：16269979			Y：3622863				
		TT_3	断鼻	43.72	−2300	1500			
		高点坐标 X：16254834			Y：3632644				
5	鄂斯玛5号	TJ_2b	断鼻	10.15	−400	600	E1504、E1505	9	较落实
		高点坐标 X：16288776			Y：3649282				
		TJ	断鼻	12.73	−1000	600			
		高点坐标 X：16303437			Y：3639551				
		TT_3	断鼻	9.19	−2500	200			
		高点坐标 X：16294599			Y：3649328				
6	鄂斯玛6号	TJ_2b	背斜	66.7	−700	600	E1504、E1505	3	较落实
		高点坐标 X：16286796			Y：3640762				
		TJ	背斜	66.64	−1300	600			
		高点坐标 X：16301679			Y：3630571				
		TT_3	背斜	17.26	−3200	500			
		高点坐标 X：16285588			Y：3644500				
7	鄂斯玛7号	TJ_2b	断背斜	11.7	−1100	400	E1503、E1504、E1506	2	落实
		高点坐标 X：16277926			Y：3631452				
		TJ	断背斜	10.92	−1700	400			
		高点坐标 X：16292741			Y：3621397				
		TT_3	断鼻	12.95	−2400	600			
		高点坐标 X：16278146			Y：3631869				
8	鄂斯玛8号	TJ_2b	断背斜	41.66	−700	800	E1505、E1506	1	落实
		高点坐标 X：16286116			Y：3625602				
		TJ	断背斜	40.78	−1300	800			
		高点坐标 X：16300987			Y：3615391				
		TT_3	断背斜	6.54	−3200	500			
		高点坐标 X：16285377			Y：3625764				

序号	圈闭名称	地震层位	圈闭类型	面积/km²	高点埋深/ms	幅度/ms	主要测线	圈闭排序	落实程度
9	鄂斯玛9号	TJ$_2$x	断背斜	33.36	−700	1000	E1505、981104	5	显示
		高点坐标 X: 16283368			Y: 3618034				
		TJ$_2$b	断背斜	31.58	−1200	1000			
		高点坐标 X: 16283356			Y: 3618322				
		TJ	断背斜	27.65	−1800	1000			
		高点坐标 X: 16297874			Y: 3608016				
		TT$_3$	断背斜	4.65	−3300	300			
		高点坐标 X: 16284985			Y: 3617005				
10	鄂斯玛10	TJ$_2$x	断背斜	4.3	−200	500	E1502	11	显示
		高点坐标 X: 16271938			Y: 3646914				
		TJ$_2$b	断鼻	4.6	−700	500			
		高点坐标 X: 16271896			Y: 3647002				
		TJ	断鼻	5.34	−1300	500			
		高点坐标 X: 16286735			Y: 3636921				
		TT$_3$	断鼻	7.13	−2700	600			
		高点坐标 X: 16272644			Y: 3646130				
11	鄂斯玛11	TJ$_2$b	断背斜	4.53	−400	400	E1502	12	较落实
		高点坐标 X: 16272756			Y: 3646342				
		TJ	断背斜	3.43	−1000	400			
		高点坐标 X: 16287427			Y: 3636382				
		TT$_3$	断鼻	2.15	−2400	500			
		高点坐标 X: 16272816			Y: 3645808				
12	鄂斯玛12	TJ$_2$x	断鼻	4.8	−1700	600	E1505	10	较落实
		高点坐标 X: 16282858			Y: 3619154				
		TJ$_2$b	断鼻	6.4	−2300	400			
		高点坐标 X: 16283556			Y: 3619062				
12	鄂斯玛12	TJ	断鼻	9.75	−2600	600	E1505	10	较落实
		高点坐标 X: 16298165			Y: 3608653				
			断鼻	14.38	−5100	600			
		高点坐标 X: 16283245			Y: 3618000				
13	鄂斯玛13	TT$_3$	背斜	7.25	−1700	300	E1502	14	显示
		高点坐标 X: 16275451			Y: 3653361				
14	鄂斯玛14	TT$_3$	断背斜	9.76	−2200	600	E1503	13	较落实
		高点坐标 X: 16282611			Y: 3650494				
	总面积	TJ$_2$x		67.46					
	总面积	TJ$_2$b		298.24					
	总面积	TJ		370.3					
	总面积	TT$_3$		230.71					

主要圈闭描述如下。

鄂斯玛 6 号：位于工区东北部，有 E1504、E1505 测线通过，总体表现为 NE 走向的背斜形态（图 6-46），在构造翼部，可能存在小断层切割该构造。

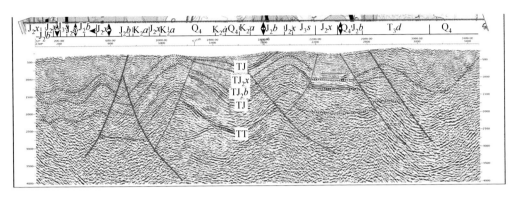

图 6-46　鄂斯玛区块 E1505 地震剖面

鄂斯玛 7 号：即以往地震解释发现的达卓玛构造西高点，位于工区中部，有 E1503、E1506 测线通过，为 NWW 走向的背斜，构造高部位存在一条 NEE 走向的逆断层，该构造在 E1504 测线也有显示，构造落实程度较高。

鄂斯玛 8 号：即以往地震解释发现的达卓玛构造东高点（图 6-47），位于工区东南部，通过的测线有 E1505、E1506、981104 测线。构造依附于鄂 4 号断层上盘，呈 NW 走向，与鄂斯玛 7 号以鞍部接触，在其北翼，有一条 NW 走向的逆断层，构造落实程度较高。

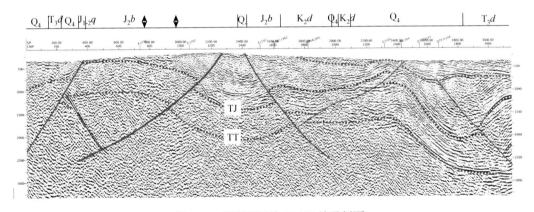

图 6-47　鄂斯玛区块 E1506 地震剖面

五、油气成藏与保存条件

1. 成藏条件分析

1）生烃史

前文已阐述了南羌塘拗陷生油层的生烃史，本区块的生烃史与之相似，即上三叠统生油岩在中侏罗世中期（$J_{1-2}q$ 末期）进入生油门限，在中侏罗世巴通期晚期（J_2b 末期）进入生油高峰，晚侏罗世中期—末期（J_3s 末期）进入湿气-干气阶段，现今处于湿气—干气阶段；色哇组烃源岩在中侏罗世中期（J_2b 晚期）进入生油门限，在晚侏罗世中期（J_3s 末期）进入生油高峰，在白垩纪早期，开始进入湿气期，此后一直为生油高峰—湿气阶段，在新近纪早期，埋深再次增大，开始进入湿气—干气阶段，现今主要处于湿气—干气阶段；布曲组烃源岩在中侏罗晚期（约 152Ma）进入生油门限，晚侏罗早期（约 144Ma）进入生油高峰，到晚侏罗晚期进入生油末期。

　　2）油气圈闭与成藏

　　区块的油气圈闭主要有岩性圈闭和构造圈闭。岩性圈闭主要为砂岩圈闭、白云岩圈闭，与烃源岩多为同沉积期产物。构造圈闭主要为背斜圈闭，区块背斜较发育，落实地表背斜构造 14 个，背斜定型期主要为燕山晚期。鉴于此，本区圈闭形成期与主要排烃期同期或圈闭形成在前，两者构成了良好的时间配置，有利于油气聚集。

　　2. 油气保存条件

　　从构造角度上看，区块断裂构造发育，但主要集中在区块北部和西部，中南部相对较少，且以逆冲断层为主，这些断层虽然对油气有一定的破坏作用，但地震解释的圈闭构造主要为断背斜、断鼻构造，与断裂作用有密切关系，因此这些圈闭构造仍有可能形成油气藏。

　　从地层剥蚀程度上看，区块北部已出露上三叠统地层，区块南部已出露中侏罗统色哇组到上侏罗统索瓦组地层，并且一些背斜高点上已将布曲组油气藏（含油白云岩层）剥蚀露出地表。因此区块剥蚀程度较强。但区块向内部拗陷区出露地层主要为上侏罗统索瓦组或中侏罗统夏里组，可能还保存有布曲组含油白云岩层。

　　从岩浆活动上看，区块岩浆岩分布很少，仅在上白垩统阿布山组见岩浆岩。因此区块岩浆活动对油气藏破坏较弱。

　　综上所述，区块构造破坏较强，地层剥蚀程度较高，保存条件较差。但在区块内部拗陷区保存相对较好。

六、综合评价与目标优选

　　1. 含油气地质综合评价

　　（1）烃源岩条件好，油气资源丰富，为油气成藏奠定了有利的物质基础。区内发育有上三叠统暗色泥页岩和煤岩烃源岩、中侏罗统色哇组黑色泥页岩烃源岩以及布曲组碳酸盐岩烃源岩，这些烃源岩厚度大，具有形成大中型油气田的能力。

　　（2）储集条件较有利，发育砂糖状白云岩、白云质灰岩、砂岩储集层，厚度大。区块发育上三叠统夺盖拉组和中侏罗统色哇组或雀莫错组砂岩储层及中侏罗统布曲组砂糖状白云岩、颗粒灰岩储层，这些储层厚度大，特别是白云岩孔渗性较好，具备储集大型油气田的空间。

（3）油气保存条件中等。中侏罗统布曲组含油白云岩在主背斜高点多被破坏而暴露，但在拗陷区尚有保存；中侏罗统色哇组和上三叠统地层多埋藏于地下，保存相对较好。区块未见大规模岩浆活动，岩浆活动对油气破坏较弱。区块断裂构造发育，但以逆冲断层为主，断层下盘的断背斜、断鼻构造等保存相对较好。

（4）成藏条件优越。区内背斜构造主要定型于燕山晚期，而各组合生油岩的生油高峰期多在燕山期或之后，因此油气生成与背斜圈闭的形成时限配套良好，利于油气成藏。

2. 目标优选

1）区带划分及评价

根据地震解释，结合地表地质特征，鄂斯玛区块中侏罗统残余厚度具有东厚西薄的特点，工区北部及东部缺失中侏罗统。工区范围内最大残余厚度为3600m（图6-48），位于E1503线南端。残余厚度大于1600m的有3个区域，东北区面积为190km^2，西南区面积为355km^2。

鄂斯玛区块上三叠统残余厚度图（图6-49）显示：厚度总体西薄东厚，工区范围内最厚为3800m，位于E1507线东部（E1504交点与E1505交点之间），其余厚度较大的分别位于E1505测线北段、E1506测线东端，厚度达到3000m，且厚度有向东南方向加厚的趋势。残余厚度大于1600m的区域，北区面积为430km^2，东南区面积为190km^2。

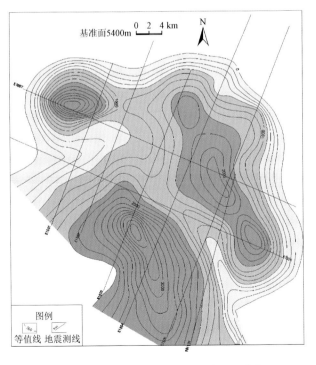

图6-48　鄂斯玛区块中侏罗统残余厚度图（单位：m）

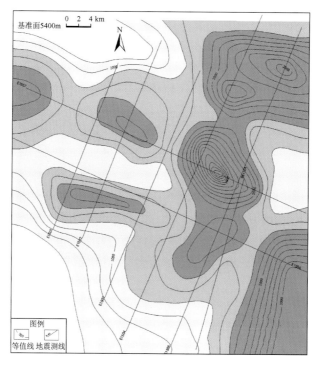

图 6-49　鄂斯玛区块上三叠统肖茶卡组残余厚度图（单位：m）

　　根据鄂斯玛区块中侏罗统残余厚度分布，可以将该区划分为三个区带（图 6-50），分别是南部拗陷带、中央凸起带、北部拗陷带。

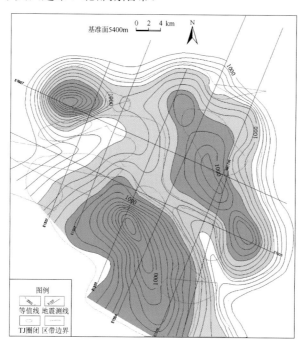

图 6-50　鄂斯玛区块综合评价图（单位：m）

（1）南部拗陷带位于工区南部，NNE 走向，区带面积为 475km²，其中，中侏罗统厚度大于 1600m 的面积为 355km²，分布在南部拗陷带的圈闭有鄂斯玛 9 号。

（2）中央凸起带位于工区中部，NW 走向，区带较窄，中侏罗统厚度一般小于 1000m，面积为 220km²，分布在中央凸起带的圈闭有鄂斯玛 7 号、鄂斯玛 8 号、鄂斯玛 2 号、鄂斯玛 3 号、鄂斯玛 4 号。

（3）北部拗陷带位于工区东北部，NW 走向，区带面积为 490km²，其中，中侏罗统厚度大于 1600m 的面积为 238km²，分布于北部拗陷带的圈闭有鄂斯玛 5 号、鄂斯玛 6 号、鄂斯玛 1 号。

根据地层厚度分布、断裂展布、圈闭类型等，结合上三叠统残余厚度图，总体评价北部拗陷带、中央凸起带、南部拗陷带均为一类有利区带。

2）目标优选

鄂斯玛区块地震测线相对较多，且相交成测网，圈闭落实程度较高，构造相对完整，构造类型为断背斜；尤其是处于工区中部的鄂斯玛 6 号、鄂斯玛 7 号、鄂斯玛 8 号，建议在这三个构造上部署三口预探井，了解本区地层发育情况及主要目的层含油气性，同时验证地震资料解释成果，为下一步勘探评价羌塘盆地油气资源提供科学依据（图 6-51～图 6-53、表 6-20）。

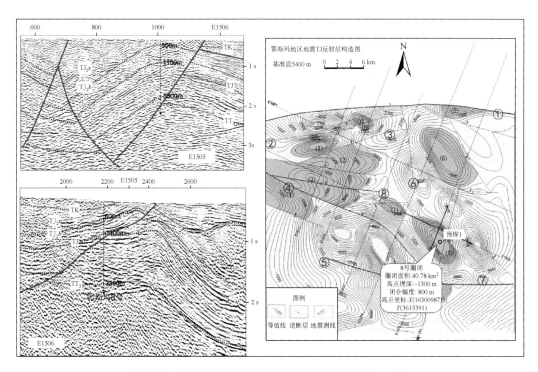

图 6-51 鄂斯玛区块预探 1 井部署示意图（单位：m）

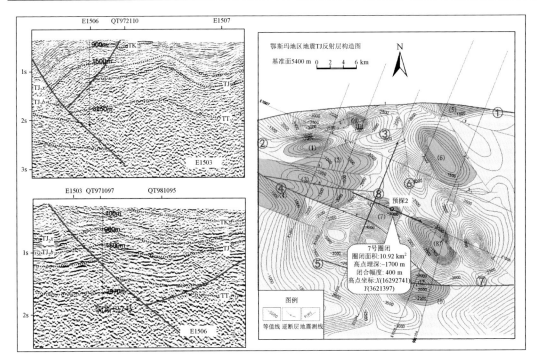

图 6-52 鄂斯玛区块预探 2 井部署示意图（单位：m）

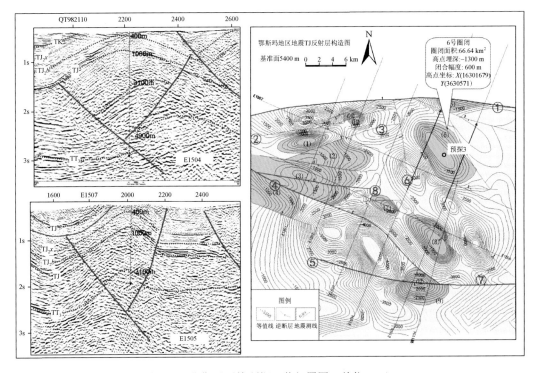

图 6-53 鄂斯玛区块预探 3 井部署图（单位：m）

表 6-20 鄂斯玛区块井位设计简表

井名	预探 1	预探 2	预探 3
所属地区	鄂斯玛	鄂斯玛	鄂斯玛
所在圈闭	鄂斯玛 8 号	鄂斯玛 7 号	鄂斯玛 6 号
圈闭落实程度	落实	落实	较落实
部署依据	地震资料品质较好，圈闭面积大，圈闭落实，地层埋深较浅	地震资料品质较好，圈闭落实，地层埋深较浅	地震资料品质好，圈闭面积大，圈闭较落实，地层埋深较浅
地表高程	5020m	4980m	5050m
TJ_2b 圈闭面积	41.66	11.7	66.7
TJ_2b 圈闭高点坐标	X: 16286116	X: 16277926	X: 16286796
	Y: 3625602	Y: 3631452	Y: 3640762
TJ 圈闭面积	40.78	10.92	66.64
TJ 圈闭高点坐标	X: 16300987	X: 16292741	X: 16301679
	Y: 3615391	Y: 3621397	Y: 3630571
TT_3 圈闭面积	6.54	12.95	17.26
TT_3 圈闭高点坐标	X: 16285377	X: 16278146	X: 16285588
	Y: 3625764	Y: 3631869	Y: 3644500
目的层	中侏罗统布曲组、上三叠统肖茶卡组	中侏罗统布曲组、上三叠统肖茶卡组	中侏罗统布曲组、上三叠统肖茶卡组
经过测线	E1505、E1506、991104	E1506、E1503	E1504、E1505
设计井深/m	3500	3400	3200
TJ 层深度（预测）/m	1100	1500	900
TT_3 层深度（预测）/m	3300	3250	3100

第五节 其他区块调查与评价

赵政璋等（2001b）、王剑等（2004）、刘家铎等（2007）在对羌塘盆地油气综合评价时将包含光明湖区块、胜利河区块、玛曲区块在内的"金星湖—东湖—托纳木地区、布若错—那底岗日地区、雀莫错地区等"优选为盆地有利含油气远景区。本书由于总体工作量较少或者油气保存条件相对较差，仅在玛曲区块、光明湖区快、胜利河区块安排了少量工作，基于此，本书将这些区块列为其他区块简要阐述。

一、玛曲区块油气地质调查与评价

（一）概述

玛曲区块在地理上位于西藏自治区安多县玛曲乡南西约 35km 的雀莫错地区，地理坐标：N33°37′～33°48′，E91°04′～91°24′；在构造上位于北羌塘拗陷东部地区，区块面积约为 600km²。

1986 年地质矿产部和 2004 年国土资源部组织完成的 1：100 万、1：25 万区域地质填图覆盖了本地区，并确定该区地表分布地层主要有上三叠统、侏罗系和新生界。王剑等

（2004）在"青藏高原重点沉积盆地油气资源潜力分析"项目中，通过对沉积、油气、构造及保存条件等分析之后，将包含该区块的雀莫错地区评价为有利远景区。

在前人研究成果的基础上，于 2015 年在该区块部署了 4 条测线共计 102km 的二维地震测线，2016 年实施了 600km^2 的 1：10 万石油地质调查和 1 口地质调查井。基于此，本节对该区块进行综合油气评价，确定区块的目标构造为波尔藏陇巴背斜，目的层为上三叠统波里拉组和巴贡组。

（二）基础地质特征

1. 地层与沉积特征

区块内大面积出露三叠系（包括上三叠统波里拉组、巴贡组、鄂尔陇巴组）、侏罗系（包括中-下侏罗统雀莫错组、中侏罗统布曲组及夏里组、上侏罗统索瓦组）、下白垩统雪山组和第四系，总体呈北西—南东向延伸。现将各组地层与沉积特征简述如下。

上三叠统波里拉组（T$_3$b）：主要出露于区块的中部，分布于波尔藏陇巴背斜核部（图 6-54）。该期北羌塘拗陷主要表现为前陆盆地关闭晚期，玛曲区块主要表现为台盆相

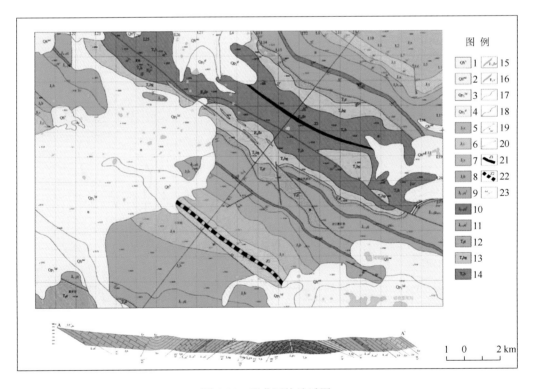

图 6-54　玛曲区块地质图

1. 第四系全新统沼泽沉积；2. 第四系全新统洪冲积物；3. 第四系上更新统冰碛物；4. 第四系中更新统冰碛物；5. 上侏罗统雪山组；6. 上侏罗统索瓦组；7. 中侏罗统夏里组；8. 中侏罗统布曲组；9. 中-下侏罗统雀莫错组三段；10. 中-下侏罗统雀莫错组二段；11. 中-下侏罗统雀莫错组一段；12. 上三叠统鄂尔陇巴组；13. 上三叠统巴贡组；14. 上三叠统波里拉组；15. 辉绿岩脉；16. 辉长岩脉；17. 地质界线；18. 角度不整合界线；19. 逆断层；20. 平移断层；21. 背斜；22. 向斜；23. 产状

特征，沉积了一套深水低能的暗色泥晶灰岩、泥质泥晶灰岩、泥灰岩夹水下扇砂砾岩透镜体；其中深灰色泥晶灰岩、泥灰岩可作为生油岩，砂砾岩可作为储层。未见底，与上覆巴贡组呈整合接触，厚度大于209.65m。

上三叠统巴贡组（T_3bg）：出要出露于区块中部。该期北羌塘拗陷主要表现为前陆盆地关闭末期，玛曲区块位于盆地拗陷位置，沉积了一套深水低能的暗色泥岩、钙质泥岩、粉砂质泥岩夹扇三角洲砂岩、粉砂岩透镜体；砂岩底部见冲刷充填构造（泥砾片、槽模等），砂岩中见粒序层理、平行层理、交错层理等；该套砂岩可作为储层，暗色泥岩可作为生油岩。与下伏波里拉组整合接触，地层厚度为630.16m。

上三叠统鄂尔陇巴组（T_3e）（那底岗日组？）：分布于区块中部，波尔藏陇巴背斜的两翼。该期为羌塘盆地侏罗纪打开初期，玛曲区块位于盆地开启的裂隙槽一带，堆积了一套基性、酸性火山岩及凝灰岩组合；玄武岩发育气孔、杏仁、块状构造。与下伏巴贡组整合接触，地层厚度为22.6～79.33m。

中-下侏罗统雀莫错组（$J_{1-2}q$）：区块内大面积分布。该期羌塘盆地为侏罗纪被动大陆边缘盆地沉陷初期，玛曲地区位于北羌塘拗陷区域，沉积了一套河流至陆缘近海湖泊相填平补齐阶段的碎屑岩、灰岩及膏岩组合。其岩石组合特征如下：底部为暗红色厚层状复成分角砾岩、含砾粗砂岩；下部为紫红色、灰白色、灰绿色薄—中层状中—细粒岩屑石英砂岩、长石石英砂岩、粉砂岩、粉砂质泥岩；中部为灰黑色、灰色中层状含生物碎屑泥晶灰岩、亮晶生物碎屑灰岩及厚层膏岩（羌资16井膏岩厚382m）；上部为紫红色、灰色薄层状中粒岩屑石英砂岩、中—粗粒石英砂岩、粉砂岩、粉砂质泥岩、泥岩。其中，砂砾岩可作为储集岩，膏岩及泥页岩可作为盖层。与下伏鄂尔陇巴组呈平行不整合接触，厚850～1385m。

中侏罗统布曲组（J_2b）：羌塘盆地演化为台地相碳酸盐岩沉积期，玛曲区块处于北拗陷潮坪相区域，沉积了一套亮晶鲕粒灰岩、砂屑灰岩、生物碎屑灰岩、泥晶灰岩和泥页岩夹细粒长石石英砂岩组合。其中，泥晶灰岩、泥页岩可作为生油岩，颗粒灰岩可作为储集岩。与下伏雀莫错组整合接触，地层厚度为476.60m。

中侏罗统夏里组（J_2x）：羌塘盆地发生了一次海退过程，沉积了一套以碎屑岩为主的组合，玛曲区块位于北羌塘拗陷的潮坪-潟湖相区，沉积了一套暗红、灰绿色泥页岩、粉砂质泥岩夹岩屑石英细砂岩、石英粉砂岩组合。该套沉积体主要作为盖层，局部砂体可作为储集层。与下伏布曲组整合接触，地层厚度大于341.75m。

上侏罗统索瓦组（J_3s）：羌塘盆地再次发生海侵，沉积了一套以碳酸盐岩为主的台地相组合，玛曲区块位于北羌塘拗陷的潟湖相区，沉积了一套灰色泥晶灰岩、含生物泥晶灰岩夹粉砂岩、细砂岩组合。该套沉积体主要作为盖层。与下伏夏里组整合接触，地层厚度为318.63m。

下白垩统雪山组（J_3x）：羌塘盆地逐渐消亡，海水逐渐从北拗陷西北方向退出，玛曲区块位于北拗陷北缘的潮坪-三角洲相带，沉积了一套灰绿、暗红色薄层状粉砂质泥岩夹灰色中—厚层状石英岩屑细砂岩组合。该套沉积体主要作为油气盖层。与下伏索瓦组整合接触，未见顶，地层厚度大于1018m。

第四系：羌塘地区已隆升为陆，工区局部地区有冲洪积、沼泽环境的砂砾岩、粉砂岩、泥岩等沉积。

2. 构造特征

1) 褶皱构造特征

区块内褶皱发育，在平面上多呈短轴形，褶皱轴迹展布与断层基本一致，以近北西向为主，反映其与近北西向断层的活动关系密切。区内褶皱以波尔藏陇巴背斜规模最大（图6-53），该背斜呈北西—南东向延伸，背斜核部主要为上三叠统波里拉组构成，两翼为上三叠统巴贡组及侏罗系构成，它是在印支运动过程中形成，燕山运动对其进行了叠加改造。同时，燕山期构造运动还在两翼侏罗系中形成了规模较小的褶皱构造。

2) 断裂构造特征

区块断裂构造发育，断层以近北西向为主，近南北向、北东向为辅。近北西向断层规模较大，大部分贯穿全区。据不完全统计，区块内主要发育7条断层，这些断层具有早期为压性、晚期为张性的特点（表6-21）。

表 6-21　玛曲区块地表断层统计表

断层编号	断层名称	断层长度/km	断层宽度/m	产状/(°)			野外观察及卫片影像特征	断层性质
				走向	倾向	倾角		
F1	波尔藏陇巴断层	>20	20～30	300	210	65～75	断层带内岩层近直立，以方解石脉穿插和褶皱变形为特征，地层重复，NW向线性影像清晰	早期为压性，晚期为张性
F2	夏里断层	>25	20～25	300			断层两盘地层不连续，岩层产状不一致。NW盘发育NNW向牵引褶皱及网脉状方解石脉。NW向线性影像清晰，地貌上呈明显的负地形	早期为压性，晚期为张性
F3	索日依多尔西断层	3	2～4	173			两侧地层不连续，断层带内岩石破碎，方解石脉发育，呈明显的负地形特征。断层性质为张性	张性
F4	麦绕丁拉断层	2	5～10	60			两盘地层不连续，断层带内岩石破碎，节理发育，节理多被后期方解石脉充填。遥感影像NW向线性影像清晰	张性
F5	阻江陇巴-石块地断层	>20	10～15	313	223	63	破碎带由构造透镜体和碎裂岩组成，碎裂岩中发育有方解石脉，并穿插透镜体与碎裂岩。NW向线性影像清晰	早期为压性，晚期为张性
F6	错登强玛断层	3	3～5	290	200	41	断层两盘地层岩层产状不一致。地层产状紊乱，岩石破碎，断层带见构造角砾岩，碎裂岩中见擦痕，局部见铁质浸染现象。NW向线性影像清晰	早期为压性，晚期为张性
F7	仁艾麦曲断层	2	1～2	355			断层两盘地层不连续、产状不一致，地层产状紊乱，岩石破碎，断层带内见构造角砾岩，碎裂岩中见擦痕，地形上呈负地形。遥感影像呈明显的SN向线性影像清晰	不明

3. 岩浆活动与岩浆岩

地表调查结合遥感解译显示，区块内侵入岩分布面积较小，主要是辉绿岩、辉长岩脉沿夏里断层、波尔藏陇巴断层断续分布；火山活动见于上三叠统鄂尔陇巴组地层中，分布面积较小。总体来看，岩浆活动对区内油气藏影响不大。

（三）石油地质特征

1. 烃源岩特征

区块烃源岩层位有上三叠统波里拉组及巴贡组、中侏罗统布曲组和上侏罗统索瓦组；岩性有泥质岩和碳酸盐岩两大类，其中泥质岩烃源岩主要分布于巴贡组地层中，碳酸盐岩烃源岩分布于波里拉组、布曲组和索瓦组地层中。由于布曲组和索瓦组大面积出露，难以形成具有一定覆盖面积的生储盖组合，因此本书仅对上三叠统波里拉组和巴贡组烃源层进行阐述。

1）上三叠统波里拉组

区块内波里拉组为一套台盆相碳酸盐岩沉积组合，其烃源岩为台盆相暗色泥晶灰岩、泥质泥晶灰岩、泥灰岩，厚度为18.12m，占地层厚度的9%（地层厚度为209.65m）。

波里拉组灰岩的10件样品中，有机碳含量为0.06%～0.66%，平均值为0.281%，按照碳酸盐岩烃源岩评价标准，有2件为非烃源岩，6件达到中—好生油岩；生烃潜量(S_1+S_2)为0.02～0.50mg/g，平均值为0.29mg/g，其中6件为好烃源岩，2件为中等烃源岩，2件为非烃源岩；氯仿沥青"A"含量为$45×10^{-6}$～$434×10^{-6}$，平均值为$175×10^{-6}$；有机质类型为II_1-II_2型；R_o为1.529%～1.598%，平均值为1.57%，处于高成熟阶段；岩石热解T_{max}为470～508℃，平均值为489℃，处于高成熟阶段。

2）上三叠统巴贡组

区块巴贡组为一套深水低能的暗色泥页岩、钙质泥岩、粉砂质泥岩夹扇三角洲砂岩、粉砂岩透镜体沉积组合，其中暗色泥页岩可作为生油岩，烃源岩厚度为338.91m，占地层厚度的54%（地层厚度为630.16m）。

巴贡组钙质页岩的11件样品，有机碳含量为0.53%～1.66%，平均为1.03%，按照泥质岩评价标准，有5件达到好烃源岩，5件为中等烃源岩，1件为较差烃源岩；生烃潜量分布范围为0.66～1.93mg/g，平均值为1.02mg/g；氯仿沥青"A"含量为$229×10^{-6}$～$734×10^{-6}$，平均值为$432×10^{-6}$；11件样品的有机质类型全部为II_2型；成熟度R_o为1.304%～1.462%，平均值为1.397%，烃源岩亦处于高成熟阶段，岩石热解T_{max}为464～475℃，平均值为470℃，处于成熟—高成熟阶段。

综上看出，区块巴贡组的烃源岩厚度大、有机质丰度、区域分布广，并且该组是羌塘盆地主要生油岩之一，因此综合评价巴贡组烃源岩是本区的主要生油岩层。

2. 储集层分析

1）储集层特征

区块储层层位有上三叠统波里拉组及巴贡组、中-下侏罗统雀莫错组、中侏罗统布曲组及夏里组、上侏罗统索瓦组和下白垩统雪山组；储层岩性有粗碎屑岩和颗粒灰岩。其中碎屑岩储层分布于波里拉组、巴贡组、雀莫错组、夏里组和雪山组地层中；碳酸盐岩储层分布于波里拉组、布曲组、索瓦组地层中。由于布曲组、夏里组、索瓦组、雪山组地层大面积出露，难以形成有效生储盖组合，因此本书仅阐述波里拉组、巴贡组、雀莫错组的储层特征。

（1）波里拉组。该组岩性为中层状泥晶灰岩、薄层状泥晶灰岩夹钙质泥岩，偶见含砾粗砂岩、粗砂岩、细砂岩等砂岩层。按照岩性特征来看，该组碳酸盐岩不应作为储层，但是露头剖面薄层状泥晶灰岩的断面具有浓烈的油气味，且岩石比较破碎，因此本书暂定其为储集岩。由于将泥晶灰岩等在此定为储层，因此其地层厚即为储层厚度，大于 209.65m。

根据羌资 7 井（QZ-7）、羌资 8 井（QZ-8）11 件井下样品分析，孔隙度为 2.58%～2.69%，平均值为 2.63%；渗透率为 $0.00007×10^{-3}$～$0.77643×10^{-3}\mu m^2$，平均值为 $0.14617×10^{-3}\mu m^2$。按照碳酸盐岩储层评价标准，达到III类储层。

（2）巴贡组。巴贡组储集岩为岩屑石英砂岩、石英砂岩，储层厚度为 291.25m，占地层总厚度的 46%（地层厚 630.16m）。

区块巴贡组总计分析有 16 件样品，其中 3 件为井下样品，13 件为地表样品。孔隙度为 0.29%～5.87%，平均值为 1.67%；渗透率为 $0.00011×10^{-3}$～$0.0046432×10^{-3}\mu m^2$，平均值为 $0.001432×10^{-3}\mu m^2$。按照碎屑岩储层评价标准，为超致密裂缝型储层。

（3）雀莫错组。雀莫错组储集岩为岩屑长石砂岩、岩屑石英砂岩、长石石英砂岩、石英砂岩。在雀莫错组第一段、第三段浅灰色长石石英砂岩、石英砂岩中，局部见有少量沥青脉，呈星点状、脉状，表明在该组砂岩中曾有油气运移。

该组共取得 28 个雀莫错组井下物性测试数据。物性测试显示，雀莫错组孔隙度为 0.58%～9.4% 平均值为 2.90%，样品孔隙度多数大于 2%；渗透率为 $0.0009869×10^{-3}$～$0.157841×10^{-3}\mu m^2$，平均值为 $0.024366216×10^{-3}\mu m^2$，所有样品渗透率均未达到 $2.5×10^{-3}\mu m^2$。按照碎屑岩储层评价标准，属于很致密-超致密储层。

2）孔喉结构特征

（1）雀莫错组。根据雀莫错组 11 件样品的高压压汞测试结果，其储层排驱压力为 0.02～3.28MPa，均值为 0.70MPa；中值压力为 2.32～140.29MPa，均值为 38.12MPa；中值半径为 0.0052～0.3166μm，均值为 0.10μm。分选系数为 1.75～3.56，均值为 2.31；歪度为 0.04～4.08，均值为 1.35；变异系数为 0.13～3.78，均值为 0.51。最大进汞饱和度（S_{Hg}）为 6.23%～96.34%，均值为 82.68%；退汞效率为 0%～89.50%，均值为 37.55%。

雀莫错组储层的孔喉参数总体表现为孔喉分布不集中、孔喉半径小（0.22～21.88μm）、分选较差的特点。其进汞饱和度参数整体较高，除 1 个样品，其余进汞饱和度均超过 80%；但退汞效率较低。进汞饱和度较高的结果说明了雀莫错组砂岩中存在着较多数量的孔隙；而退汞效率低则说明了孔隙主要为细小喉道联通的墨水瓶状，孔隙间的连通有效性差，流体不易运移，所以在压力降低时，已压入孔隙的汞难以通过细小喉道退出。

（2）巴贡组。巴贡组有 4 个储层压汞样品。其储层排驱压力为 0.024～0.32MPa，均值为 0.12MPa；中值压力为 69.94～143.76MPa，均值为 106.72MPa。最大孔喉半径为 2.3174～29.6042μm，均值为 14.25μm；中值半径为 0.0051～0.0105μm，均值为 0.0078μm。分选系数为 2.39～6.35，均值为 3.83；歪度为 0.86～2.28，均值为 1.73；变异系数为 0.15～1.80，均值为 0.86。最大进汞饱和度（S_{Hg}）为 19.93%～98.71%，均值为 58.98%；退汞效率为 0%～15.09%。从上看出，巴贡组其孔喉结构非常差，难以作为有效储层。

3）孔隙类型

砂岩铸体薄片鉴定表明，孔隙类型主要以粒间溶孔及粒内溶孔为主，发生溶蚀的组分主要是岩屑。

灰岩铸体薄片鉴定表明，主要是晶间孔隙和少量溶蚀孔，薄片中均未见大量发育的裂缝。

3. 盖层条件分析

工作区盖层分布层位较广，有上三叠统巴贡组泥岩、波里拉组泥晶灰岩、中-下侏罗统雀莫错组泥晶灰岩，中侏罗统布曲组泥晶灰岩、夏里组泥岩、上侏罗统索瓦组泥晶灰岩。

调查表明，区块内各地层均有盖层分布，其中巴贡组发育的盖层厚338.91m，约占地层厚度的54%，岩性为泥岩、粉砂质泥岩。波里拉组发育的盖层厚187.95m，占地层厚度的89%，岩性为泥晶灰岩。雀莫错组发育的盖层为中部的泥晶灰岩、膏岩，厚度大于497m，其中泥晶灰岩厚114.90m，占地层厚度的8%，羌资16井膏岩厚382m。布曲组发育的盖层厚284.00m，占地层厚度的59%，岩性为泥晶灰岩。夏里组发育的盖层厚86.51m，占地层厚度的27%，岩性为泥岩；索瓦组发育的盖层厚200.42m，约占地层厚度的63%，岩性为泥岩、泥晶灰岩。

4. 生储盖组合

根据生储盖层发育特征，区块内从下到上可划分出上三叠统波里拉组-上三叠统巴贡组组合、上三叠统巴贡组-中-下侏罗统雀莫错组组合、中侏罗统布曲组-夏里组组合、上侏罗统索瓦组-下白垩统雪山组组合等四个组合。由于中侏罗统布曲组-夏里组组合、上侏罗统索瓦组-下白垩统雪山组组合多暴露于地表，为无效组合，因此本区仅有上三叠统波里拉组-上三叠统巴贡组组合、上三叠统巴贡组-中-下侏罗统雀莫错组组合为有效组合。

上三叠统波里拉组-上三叠统巴贡组组合：该组合的生油层由波里拉组暗色泥晶灰岩、泥灰岩及巴贡组暗色泥页岩组成；储层为波里拉组泥晶灰岩；盖层宙巴贡组上部泥页岩组成。该组合构成自生自储或上生下储特点。

上三叠统巴贡组-中-下侏罗统雀莫错组组合：该组合的生油层由巴贡组暗色泥页岩、碳质泥岩组成；储层由巴贡组上部砂岩、雀莫错组下部砂砾岩组成；盖层由雀莫错组中部泥页岩、泥晶灰岩、膏岩组成。该组合构成下生上储特点。

（四）地球物理特征

通过地震解释，本书获得以下信息。

1. 识别出三叠系与二叠系之间的角度不整合接触界线

本书认为区内存在一个 T/Pz 不整合。地震 M1504 测线西部（图 6-55），浅层的三叠系（T）底界为较弱反射，地层产状较平缓，深层的二叠系（P）反射波组振幅较强，产状从缓至陡，地层削蚀现象明显，与上覆地层存在明显角度不整合接触关系。

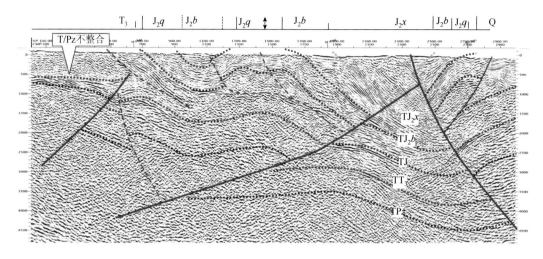

图 6-55 玛曲区块 M1504 地震剖面反射特征

2. 断裂构造特征

工区范围内解释断层 16 条（图 6-56），断层走向以 NWW 为主，工区北部存在一条 NE 走向的断层，这条断层基本为 NE 向构造带的东南边界。其主要断层特征如表 6-22 所示。

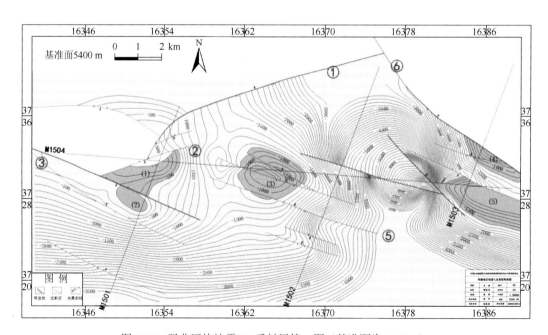

图 6-56 玛曲区块地震 TJ 反射层等 t_0 图（基准面为 5400m）

表 6-22　玛曲区块断裂要素表

断层名称	断层性质	断开层位	最大断距/ms	走向	倾向	延伸长度/km	主要测线
玛 1 号	逆断层	基底-J	200	NE	NW	24.9	M1501
玛 2 号	逆断层	基底-J	150	NE	SE	9.3	M1501
玛 3 号	逆断层	基底-地表	300	NWW	SW	18	M1501
玛 4 号	逆断层	基底-J_2b	600	NWW	SW	14.9	M1502、M1504
玛 5 号	逆断层	基底-J_2b	250	NWW	NE	17.6	M1502
玛 6 号	逆断层	基底-地表	200	NW	NE	16.6	M1503
玛 7 号	逆断层	P-T	300	NW	NE	11.1	M1503、M1504

3. 圈闭构造

通过解释，玛曲区块地震 TJ 反射层构造图上（图 6-56），发现圈闭 5 个（表 6-23），圈闭类型为断背斜、断鼻，圈闭总面积为 74.25km^2；地震 TT$_3$ 反射层构造图上（图 6-57），发现圈闭 6 个，圈闭总面积为 77.42km^2。

表 6-23　玛曲区块圈闭要素表（基准面为 5400m）

序号	圈闭名称	地震层位	圈闭类型	面积/km^2	高点埋深/m	幅度/m	主要测线	圈闭排序	落实程度
1	玛曲 1 号	TJ	断鼻	14.88	−200	300	M1501、M1504	3	落实
		高点坐标 X：16264968			Y：3635743				
		TT$_3$	断鼻	17.79	−2900	600			
		高点坐标 X：16351676			Y：3730889				
2	玛曲 2 号	TJ	断背斜	4.65	−200	100	M1501	4	较落实
		高点坐标 X：16262450			Y：3629814				
		TT$_3$	断背斜	3.12	−2900	100			
		高点坐标 X：16350770			Y：3727455				
3	玛曲 3 号	TJ	断背斜	23.86	−700	400	M1504	1	较落实
		高点坐标 X：16288831			Y：3634977				
		TT$_3$	断背斜	14.45	−4800	200			
		高点坐标 X：16364270			Y：3730247				
4	玛曲 4 号	TJ	断鼻	8.49	−600	600	M1503	5	显示
		高点坐标 X：16333366			Y：3638827				
		TT$_3$	断鼻	5.66	−2900	1100			
		高点坐标 X：16386854			Y：3732917				

续表

序号	圈闭名称	地震层位	圈闭类型	面积/km²	高点埋深/m	幅度/m	主要测线	圈闭排序	落实程度
5	玛曲5号	TJ	断鼻	22.37	−1100	500	M1503、M1504	2	较落实
		高点坐标X：16334789			Y：3629759				
		TT₃	断鼻	16.4	−4100	800			
		高点坐标X：16386185			Y：3727455				
6	玛曲6号	TT₃	背斜	20	−1000	700	M1503	6	显示
		高点坐标X：16388618			Y：3737372				
	总面积	TJ		74.25					
	总面积	TT₃		77.42					

主要圈闭描述如下。

玛曲 3 号：位于工区中部，M1504 测线经过，在 M1502 测线上有明显的背斜形态，构造走向 NWW，构造高部位可能存在断层。

玛曲 5 号：位于工区东部，M1503、M1504 测线经过，总体表现为断鼻形态，向东南方向抬升。

由于玛曲区块只有一条联络测线，且主测线间相距较远，致使圈闭落实程度较低，发现的 5 个圈闭中，较落实的为玛曲 3 号、玛曲 5 号。玛曲区块上三叠统肖茶卡组（T₃x）残余厚度图显示，玛曲 3 号所处位置，上三叠统肖茶卡组（T₃x）残余厚度达到 2200m；玛曲区块中侏罗统雀莫错组（J₂q）残余厚度显示，玛曲 3 号东南方向 M1502 测线中段中-下侏罗统雀莫错组（J₁₋₂q）残余厚度达 2400m。玛曲 5 号在 M1503、M1504 测线上均有构造显示，玛曲 5 号所处位置上三叠统肖茶卡组残余厚度为 2400m。

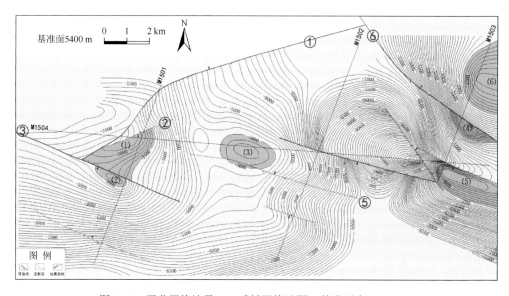

图 6-57　玛曲区块地震 TT₃ 反射层构造图（基准面为 5400m）

（五）综合评价与目标优选

1. 油气综合评价

1）烃源岩条件发育

区块发育多套烃源岩，尤以上三叠统巴贡组暗色泥质烃源岩最优，其厚度大，有机质丰度高，具备形成大中型油气田的物质基础。

2）储层较差

虽然区块内发育有多套储层，但其物性较差，多为致密、超致密储层。

3）盖层较优

区块发育多套盖层，尤以雀莫错组巨厚膏岩盖层最优，同时还有多套泥页岩盖层、泥晶灰岩盖层。

4）圈闭构造发育

区块地表见波尔藏陇巴背斜，该背斜规模较大；地震解释在 T_J 反射层构造图上有 5 个圈闭构造，圈闭总面积为 74.25km²；在地震 T_{T_3} 反射层构造图上发现圈闭 6 个，圈闭总面积为 77.42km²。

5）保存较差

区块断裂发育，地表见多条断裂，地震解释 16 条断裂，这些断层多断至地表，并且规模较大，对油气破坏作用较强；从构造改造强度上看，该区处于中强改造区。因此该区保存条件较差。

2. 目标优选

区块地震解释有 6 个圈闭构造，但只有一条联络测线，且主测线间相距较远，致使圈闭落实程度较低。地表见波尔藏陇巴背斜规模较大，路线地质调查显示波里拉组黑色薄层状泥晶灰岩见多处油气显示（具浓烈的油气味），因此不排除在深部存在有效圈闭的可能。同时，该圈闭所在位置也与地震解释成果较为接近。

综合以上因素，波尔藏陇巴背斜上三叠统波里拉组、巴贡组地层分布区域为区块油气成藏条件相对较好的区域。

二、光明湖区块油气地质调查与评价

（一）概述

光明湖区块位于西藏自治区双湖县西北部的光明湖一带，地理坐标为 N34°00′～34°13′，E87°00′～87°30′，面积约为 1100km²。大地构造上位于北羌塘拗陷西南部的玛尔果茶卡凸起之上，为油气聚集的有利地区。

中国地质调查局成都地质调查中心承担的"青藏高原重点沉积盆地油气资源潜力分析"项目（2001～2004 年）、"青藏高原油气资源战略选区调查与评价"项目（2004～2008

年）通过对羌塘盆地地层沉积、油气地质、构造及保存条件等多方面的研究，优选出光明湖区块为羌塘盆地具有油气资源潜力的有利区块之一。2012 年，中国地质调查局成都地质调查中心承担的"青藏地区油气调查评价"项目在该区块开展了 600km² 的 1∶5 万石油地质填图，并认为该区块油气地质条件优越，具有油气资源潜力。

　　由于工作量较少等原因，本书没有在区块内安排实物工作量，仅根据前期资料对其进行分析和评价，并初步确定主要勘探目的层为中侏罗统布曲组，次要目的层为中-下侏罗统雀莫错组和上三叠统藏夏河组。

（二）基础地质特征玛曲区块

1. 地层与沉积特征

　　区块地表出露有上侏罗统索瓦组和下白垩统白龙冰河组海相地层及新生界陆相地层（图 6-58），但从区域上推测其下埋藏有中侏罗统夏里组和布曲组、中-下侏罗统雀莫错组、上三叠统藏夏河组（或肖茶卡组）等地层，其中上三叠统与中-下侏罗统雀莫错组之间可能为角度不整合或平行不整合接触，侏罗系至下白垩统白龙冰河之间各组均为整合接触，新生界与下伏各组为角度不整合接触。从上到下各组地层沉积特征如下。

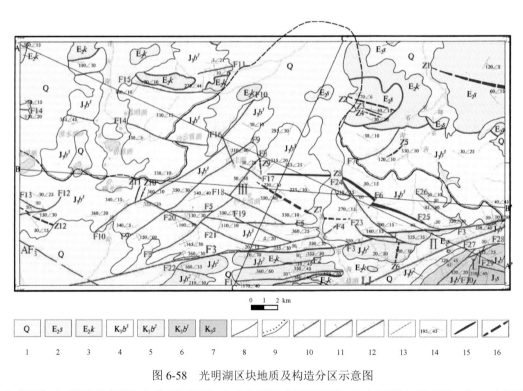

图 6-58　光明湖区块地质及构造分区示意图

1. 第四系；2. 始新统唢呐湖组；3. 始新统康托组；4. 上侏罗统白龙冰河组三段；5. 上侏罗统白龙冰河组二段；6. 上侏罗统白龙冰河组一段；7. 上侏罗统索瓦组；8. 地质界线；9. 不整合界线；10. 正断层；11. 逆断层；12. 走滑断层；13. 推测及遥感解译断层；14. 地层产状；15. 背斜；16. 向斜；Ⅰ. 东南侧北东向构造带；Ⅱ. 三鼎湖断夹块带；Ⅲ. 沙土湾湖鼻状构造带

上三叠统藏夏河组（肖茶卡组）：该期北羌塘拗陷为前陆盆地演化晚期，区块位于前陆盆地斜坡至前缘相区，推测沉积了一套缓坡相泥晶灰岩、泥灰岩和浊积砂岩及深水泥页岩组合。其中，泥晶灰岩、深色泥页岩可作为生油岩，砂岩可作为储集岩。厚度大于1069m。

中-下侏罗统雀莫错组：区块主要位于北羌塘拗陷裂陷早期的河流-三角洲相带，推测沉积了一套河流-三角洲相紫红色、灰色粗—中—细砾岩、岩屑砂岩、含砾砂岩、细砂岩、粉砂岩、泥质岩局部夹膏岩；沉积序列上具有下粗上细的特点。其砂砾岩可作为储集岩，粉砂岩、泥岩可作为盖层。厚度大于1735m。

中侏罗统布曲组：区块位于碳酸盐台地的开阔台地相带，沉积了一套开阔台地相微泥晶灰岩、介壳灰岩及台内浅滩相生物碎屑灰岩、鲕粒灰岩等。其深色微泥晶灰岩可作为生油岩，颗粒灰岩可作为储集岩。厚度大于669m。

中侏罗统夏里组：区块主要位于北羌塘拗陷三角洲至潮坪潟湖相带，沉积了三角洲-潮坪相砂岩、粉砂岩、泥页岩及潟湖相泥晶灰岩、泥灰岩夹泥页岩、膏岩。其中，深色泥晶灰岩、泥岩可作为生油岩，砂岩可作为储集岩。厚度大于502m。

上侏罗统索瓦组：区块主要位于北羌塘拗陷开阔台地相-台盆相带，沉积了台内浅滩相颗粒灰岩、滩下泥晶灰岩夹泥灰岩沉积。其中，深色泥晶灰岩可作为生油岩，颗粒灰岩可作为储集岩。厚度大于960m。

下白垩统白龙冰河组：区块位于北羌塘拗陷的海湾潮坪相带，沉积了潮坪相鲕粒灰岩、泥晶灰岩、泥灰岩夹泥页岩组合，可能有膏岩夹层。其深色泥晶灰岩、泥页岩可作为生油岩，鲕粒灰岩可作为储集岩，膏岩和泥页岩可作为盖层。厚度大于865m。

新生界：包括古近系康托组、唢呐湖组和第四系。古近系康托组为一套河湖相灰褐、褐红色砂砾岩、砂岩、粉砂岩、泥岩、膏岩等沉积。唢呐湖组为一套湖泊相灰白色薄—中层状含膏藻灰岩夹内碎屑灰岩，底部发育复成分砾岩，上部发育膏灰岩，产介形虫。第四系为冲洪积、残坡积、湖积等成因的砂砾岩、泥岩等沉积。

2. 构造特征

1）褶皱构造

光明湖区块内共有13个褶皱（图6-58），其中有两个背斜长度大于10km。按其展布方向，可划分为北西西向、北北东向、北北西向、北东向四组方向。分布于侏罗系构造层中的褶皱在四组方向上均有分布，而新生界构造层中只见有北西西向一组褶皱，且新生界构造层中的褶皱翼间角明显舒缓。按其生成序列，划分出了四期褶皱作用，其中侏罗系构造层中的北西西向褶皱形成时间最早，北北东向褶皱规模最大，并叠加和改造了侏罗系构造层中的北西西向褶皱，控制了区块总体构造形态，北西向褶皱形成时间最晚。

2）断裂构造

通过野外填图并结合卫片解译，在区块内共计有32条断层，其中长度大于3km的断层有20条，大于10km的断层就有5条。区内的断层可划分为三个级别的断层：一级断层造就了区块内总体构造格局和构造样式；二级断层是区块于不同阶段的应力场的具体表现；三级断层反映了局部应力特征。

根据区块构造形态的差异，以南侧边界隐伏断层（LJ）、北东东向 F3 断层为界，将区块由南向北划分为东南侧北东向构造带（Ⅰ）、三鼎湖断夹块带（Ⅱ）、沙土湾湖鼻状构造带（Ⅲ）。总体看来，光明湖区块总体构造格局呈北西西向，同时区块内发育有一个大型鼻状构造——沙土湾湖鼻状背斜，该背斜控制面积达 328km^2，占区块总面积的 52%，并控制了光明湖区块的总体构造形态。

同时，通过对区块内构造解析及应力场分析，本书分析了区块构造演化史。区块先后经历过近南北向的引张→北北东向挤压→近东西向右行走滑→近南北向的引张→北北东向挤压→南西向左行走滑，这与区块所位于的羌塘中生代盆地的形成及发展→闭合造山→后造山侧向挤压→造山期后引张→喜马拉雅期高原隆升紧密相关。

（三）石油地质特征

1. 烃源岩特征

光明湖区块在地表仅出露有下白垩统白龙冰河组（K$_1$b）烃源岩，推测地下埋藏有中侏罗统布曲组及上三叠统藏夏河组（肖茶卡组）烃源岩。烃源岩类型主要为碳酸盐岩和泥质岩两类。但白龙冰河组地层大面积出露地表，成为无效烃源层。因此本书仅简要阐述布曲组和上三叠统烃源岩。

1）布曲组烃源岩

由于区块内没有露头，但同处于开阔台地相带的向阳湖南、那底岗日一带有露头分布，据王剑等研究，向阳湖南剖面布曲组灰岩烃源岩厚度为 328m，有机碳含量为 0.10%～0.18%，平均值为 0.126%；那底岗日剖面布曲组灰岩烃源岩厚度为 296m，有机碳含量为 0.10%～0.25%，平均值为 0.14%。据此结合该区块沉积相位置、同一区块的上覆白龙冰河组烃源岩较好等特点推测，该组烃源岩主要为深灰色泥晶灰岩烃源岩，烃源岩厚度在 300m 左右，有机质丰度为 0.1%～0.2%，R$_o$ 为 1.5～2.0，有机质类型为 Ⅰ 型、Ⅱ$_1$ 型。大致属于较差—中等烃源岩。

2）上三叠统肖茶卡组（藏夏河组）烃源岩

上三叠统肖茶卡组（藏夏河组）覆盖于地下，且附近未见出露，但该区块南部的沃若山地区和北部的藏夏河、多色梁子地区的该层位烃源岩发育，据王剑等的研究，沃若山剖面泥质烃源岩厚度为 576m，有机碳含量为 0.64%～3.29%，平均值为 1.61%；藏夏河剖面泥质烃源岩厚大于 304m，有机碳含量为 0.42%～1.85%，平均值为 0.7%，多色梁子剖面泥质烃源岩厚大于 116m，有机碳含量为 1.52%～2.43%，平均值为 1.84%。由于该区块处于三叠纪前陆盆地萎缩期的拗陷中部，应有较好的泥质烃源岩分布，因此推测，烃源岩主要为暗色泥页岩，厚度大于 100m，有机质丰度为 0.4%～2.0%，R$_o$ 为 1.5～2.0，属于中—好烃源岩。

2. 储层特征

根据露头剖面样品测试及区域剖面推测，光明湖区块中生代储层有下白垩统白龙冰河组、中侏罗统布曲组、中-下侏罗统雀莫错组、上三叠统藏夏河组。岩石类型有颗粒灰岩和砂砾岩。但白龙冰河组已出露地表，成为无效储层。

1）中侏罗统布曲组储层

根据附近露头剖面及同一区块上覆白龙冰河组储层较差等特点推测，布曲组储层主要为碳酸盐岩，厚度为100~200m，孔隙度为1%~2%，渗透率为0.1×10^{-3}~$1.0\times10^{-3}\mu m^2$。属于III类、IV储层。

2）中-下侏罗统雀莫错组储层

中-下侏罗统雀莫错主要为碎屑岩储层，从附近露头剖面推测，储层厚度为300~400m，孔隙度为3%~5%，渗透率为0.04×10^{-3}~$1.0\times10^{-3}\mu m^2$。属于很致密储层。

3）上三叠统藏夏河组储层

上三叠统藏夏河组主要为碎屑岩储层，从附近露头剖面推测，储层厚度为100m左右，孔隙度为3%~5%，渗透率为0.04×10^{-3}~$1.0\times10^{-3}\mu m^2$。属于很致密储层。

总体看来，区块储层均为低孔低渗—特低孔低渗储层，储层物性较差。但也有可能受后期构造作用导致裂缝发育，储层物性在局部会变好。

3. 盖层特征与评价

光明湖区块盖层层位多、分布广、厚度大。从上到下有下白垩统白龙冰河组、上侏罗统索瓦组、中侏罗统夏里组及布曲组、中-下侏罗统雀莫错组等，岩性有泥页岩、泥晶灰岩、泥灰岩等。

下白垩统白龙冰河组：为北羌塘拗陷海湾潮坪相沉积体，在区块内广泛分布，盖层岩性为泥灰岩、泥晶灰岩、泥质岩，可能还有膏岩，厚度为2988m。该套盖层厚度大，岩性组合较优，是区内优质盖层。

上侏罗统索瓦组：为开阔台地相至台盆相碳酸盐岩沉积体，盖层岩性为泥灰岩、泥晶灰岩，厚度为495m，从岩石组合上看具有一定的封盖能力。

中侏罗统夏里组：为三角洲至潮坪潟湖相碎屑岩与灰岩沉积体，虽在本区未见露头，但从区域推测，盖层岩性包括泥质岩盖层、泥灰岩和致密灰岩、石膏，厚度为297~723m。总体上讲，该套地层的盖层厚度大，平面展布稳定，也是一套良好的区域性封盖层。

中侏罗统布曲组：为开阔台地相碳酸盐岩沉积体，从区域推测其盖层岩性为泥晶灰岩、泥灰岩等，厚度大于300m。

中-下侏罗统雀莫错组：为三角洲至潮坪相碎屑岩夹碳酸盐岩沉积体，推测其盖层岩性为粉砂质泥岩、泥晶灰岩、泥灰岩夹膏岩，厚度大于500m。

从上看出，光明湖区块的沉积相分布、盖层岩石组合及厚度、盖层分布等均反映良好，能够对地下油气藏起到保护作用。

4. 生储盖组合

根据生储盖发育情况，光明湖区块从下到上可划分出上三叠统藏夏河组-中-下侏罗统雀莫错组组合、中侏罗统布曲组-夏里组组合、下白垩统白龙冰河组-新生界组合等三套生储盖组合。由于区块内的白龙冰河组和新生界大面积暴露于地表，因此下白垩统白龙冰河组-新生界组合生储盖组合为无效组合。

上三叠统藏夏河组-中-下侏罗统雀莫错组组合：该组合的生油岩为藏夏河组泥质岩，储层为雀莫错组下部的砂砾岩，盖层为雀莫错组上部的泥页岩、泥晶灰岩夹膏岩，构成下生上储组合。

中侏罗统布曲组-夏里组组合：该组合生油岩为布曲组泥晶灰岩、泥质灰岩，储层为布曲组颗粒灰岩，盖层为夏里组泥岩、泥灰岩夹膏岩，构成自生自储组合。

（四）圈闭条件与油气保存

1. 油气圈闭

光明湖区块内存在有一个大型鼻状背斜—沙土湾湖鼻状背斜，背斜控制面积为 328km^2，占区块总面积的 52%。构造解析认为，该鼻状背斜形成于燕山晚期，与区块内中生代油气地层生油期配套较好；该鼻状背斜总体呈北北东 16°方向展布，并向北北东方向倾伏；沙土湾湖鼻状背斜形成于 F3 断层之后（或基本同时），其成因与 F3 断层左行走滑有关。地表未见油苗显示，盖层应当良好。由此说明，区块内沙土湾湖鼻状背斜控制范围是区内有利的、未被破坏的构造圈闭。另外，在沙土湾湖鼻状背斜内有一个较明显的背斜高点—Z8 背斜，构造解析认为，该背斜形成于沙土湾湖鼻状背斜之前，并受到了沙土湾湖鼻状背斜的叠加并改造。因此，在两背斜的叠加位置，构成了区内明显的构造高地，十分有利于油气的储集。

2. 油气保存

从区块出露地层来看，光明湖区块广泛出露下白垩统白龙冰河组地层，少量出露上侏罗统索瓦组地层，表明该区剥蚀程度较小。从区块内断层分布来看，本区断层规模很小，且多为逆冲断层；本区未见岩浆岩分布。因此，断裂、岩浆活动对油气藏破坏较小。从地表油气显示点分布来看，本区未发现沥青脉、油苗等油气显示，说明区内的破坏较弱。从盆地构造改造强度显示该区处于盆地中强—弱改造地区。综上看出，该区块的油气保存较好，是寻找大中型油气藏的有利地区。

（五）综合评价与目标优选

1. 油气综合评价

1）烃源岩条件发育

光明湖区块发育多套烃源岩，以上三叠统暗色泥质烃源岩最优，其厚度大、有机质丰度高，具备形成大中型油气田的物质基础。

2）储层较差

虽然区块内发育有多套储层，但其物性较差，多为致密、超致密储层。

3）盖层较优

区块发育多套盖层，盖层厚度大、分布广、岩性组合优良。

4）圈闭构造发育

区块地表见沙土湾湖鼻状背斜，背斜控制面积为 $328km^2$。

5）保存良好

区块剥蚀程度低，断层规模小，构造改造弱。因此该区保存条件较好。

2. 有利勘探目标选择

综合本次研究的成果，光明湖区块主要勘探目的层是中侏罗统布曲组，次要目的层为中-下侏罗统雀莫错组和上三叠统藏夏河组。有利区有两个（图6-59）。

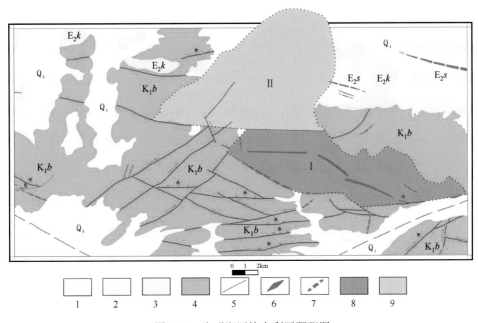

图6-59　光明湖区块有利区预测图

1. 第四系；2. 始新统唢呐湖组；3. 始新统康托组；4. 上侏罗统白龙冰河组；5. 断层；6. 背斜；7. 向斜；8. 有利区Ⅰ；9. 有利区Ⅱ

1）有利区Ⅰ

有利区Ⅰ位于区块的东南部，地表出露的沙土湾湖鼻状背斜内，是一个形态较好的背斜。构造解析认为，该背斜形成于沙土湾湖鼻状背斜之前，并受到了沙土湾湖鼻状背斜的叠加并改造。因此，在两背斜的叠加位叠，构成了区内明显的构造高地，十分有利于油气的储集。在背斜地表露头未见有油气显示，说明油气保存的效果非常良好，是一个有利的油气构造保存位置。

2）有利区Ⅱ

有利区Ⅱ位于区块的北部，是大型鼻状背斜——沙土湾湖鼻状背斜的主要区域，在地表呈现明显的鼻状构造。根据构造解析成果，该鼻状背斜形成于燕山晚期，与区块内中生代油气地层生油期配套较好；该鼻状背斜总体呈北北东16°方向展布，并向北北东方向倾伏，倾伏方向指向吐波错次级拗陷中心，因此也可以说其倾伏方向指向中生代油气地层生油中心区，十分有利于中心区的油气向南侧玛尔果茶卡凸起区运移时的聚集。同时，根据音频大地电磁法解释成果，该区地下可能发育有一套较为连续的石膏层，使得该区的油气保存条件得到提升。

三、胜利河区块油页岩调查与评价

（一）概述

胜利河区块位于西藏双湖县西北的胜利河地区，地理坐标为 N33°38′～N33°47′、E87°00′～87°23.5′，面积约为740km^2，在大地构造上位于中央隆起带北侧与北羌塘拗陷过渡地区。

中国地质调查局成都地质调查中心承担的"青藏高原重点沉积盆地油气资源潜力分析"项目（2001～2004年）和"青藏高原油气资源战略选区调查与评价"项目（2004～2008年）在该区块进行野外调查时发现了油页岩，并进行了1∶5万油页岩填图，确定了地表油页岩矿的时代、产出状况、规模及品位，估算了其远景资源量。中国地质调查局成都地质调查中心承担的"青藏地区油气调查评价"项目（2010～2014）在该区块开展了150km的大地电磁测量，并阐述了油页岩的地下分布。

近年，本书再次对该区进行了野外调查和综合研究，基于此，本书以前人资料成果，结合地表地质特征，预测油页岩在区域内的分布。

（二）基础地质特征

1. 地层与沉积特征

胜利河区块地表出露地层（图 6-60）由老到新为上侏罗统索瓦组（J$_3$s）、下白垩统白龙冰河组（K$_1$b）、古近系康托组（E$_2$k）、古近系唢呐湖组（E$_2$s）。各组地层沉积特征如下。

索瓦组（J$_3$s）：北羌塘拗陷主要为台地相碳酸盐岩沉积，而胜利河区块处于开阔台地到台盆的过渡地区。沉积了一套深灰色厚层泥晶灰岩、生物碎屑灰岩与灰绿、深灰色钙质粉砂岩、泥质粉砂岩组成的地层体。未见底，厚375～941m。

白龙冰河组（K$_1$b）：北羌塘拗陷主要为河流三角洲相到海湾相碎屑岩夹灰岩沉积，胜利河区块则处于三角洲到海湾相过渡地区。区块的油页岩就是在早白垩世时羌塘盆地发生大规模海退在残留的海湾、潟湖环境中沉积形成。据岩性组合特征，该组划分为下、中、上三段，各段均为整合接触。

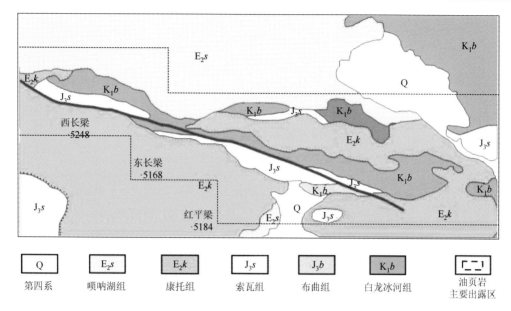

图 6-60　胜利河区块地层分布图

下段：区块油页岩的赋存层位。主要岩性为深灰—灰色中厚层泥晶灰岩、生物碎屑泥晶灰岩夹灰黑—黑色中厚层油页岩。其顶底均为一套灰黑—黑色油页岩。以灰黑色—黑色厚层油页岩的出现与下伏索瓦组灰色中厚层生物碎屑泥晶灰岩、泥晶灰岩为界，两者呈整合接触。地层厚 22.01～72.05m。

中段：岩性为浅灰色薄—中层状膏岩、泥岩。下部夹灰色中厚层生物碎屑泥晶灰岩，上部夹少量的碳质泥岩、灰黄及黄红色粉砂岩及泥岩。以浅灰色膏岩、灰色膏灰岩的出现与下段灰黑—黑色油页岩分界，两者呈整合接触。地层厚度大于 348.68m。

上段：岩性为浅灰—灰色薄—中厚层状泥质泥晶灰岩、泥晶灰岩、生物碎屑泥晶灰岩。以灰色中层泥质泥晶灰岩的出现与下伏第二段灰色膏泥岩分界，两者呈整合接触。地层厚度大于 74.29m。

新生界：羌塘盆地隆升过程中的陆相沉积。其中：古近系康托组（E_2k）为冲洪积相紫红色砾岩夹砂岩、含砾砂岩、粉砂岩及少量泥岩，角度不整合于下伏侏罗系、三叠系等不同层位之上，厚 850～3150m。唢呐湖组（E_3s）以湖泊相灰色、杂色、紫红色泥岩、泥灰岩、粉砂岩为主夹膏岩，底见砂砾岩。第四系主要为冲积、洪冲积、湖积、残坡积、风积等，其中以洪冲积最为发育。厚度大于 10m。

2. 构造特征

胜利河区块经受燕山、喜马拉雅构造运动后，构造形迹呈北西西—南东东向展布。野外露头调查发现，区块内地表褶皱、断裂构造均不发育，仅在其中南部见一条北西西向延伸且规模较大的断裂构造，该断裂构造作用及抬升剥蚀作用致使区块油页岩露出地表。

（三）油页岩特征

1. 油页岩分布

北羌塘盆地胜利河油页岩最早发现于 2006 年，截至目前，在胜利河区块已发现了横向延伸大于 50km、出露宽度大于 30km 的较大规模的油页岩成矿带。油页岩横向上总体呈东西向展布；纵向上具有多层式分布，其中最底部一层油页岩较为稳定，延伸长度大于 10km；而上部油页岩单层厚度横向变化较大；东部地区较西部地区油页岩单层厚度大。

通过 12 条探槽工程揭露，油页岩层系累计厚度为 21.58～72.05m，其从西向东具体特征如下：

（1）西部油页岩为 5～7 层，西部的西段有 6 层，西部中段有 7 层，西部的东段有 5 层，最厚为 1.07m，薄者为 0.44m，一般为 0.59～0.93m。油页岩顶底板为泥晶灰岩、生物碎屑泥晶灰岩，最上一层顶板为膏灰岩及膏岩；

（2）中部油页岩有 3～5 层，最厚为 0.98m，薄者为 0.13m，一般为 0.40～0.90m，油页岩顶底板为泥晶灰岩、生物碎屑泥晶岩；

（3）东部油页岩为 3 层，一般为 0.60～1.20m，最厚为 3.27m，薄者为 0.20m。油页岩顶底板为泥晶灰岩、生物碎屑泥晶灰岩。

2. 油页岩特征

胜利河区块油页岩新鲜面为深灰、灰黑色、灰褐色、褐黑色等，风化后略显灰色，弱油脂光泽，岩石较为疏松，能用指甲划出光滑的条痕，油页岩呈薄的叶片状或薄片状，可用小刀剥离出毫米级页片，油页岩易碎，破碎后断口呈贝壳状。

油页岩的表面，见有许多的生物化石，主要为双壳类，这些双壳呈层状分布于油页岩的表面，由于受后期构造（挤压）的影响，双壳化石多呈扁平状，化石个体较小，大多为 1.0cm。油页岩之下的泥晶灰岩中，也见有较多化石，这些化石以腕足、双壳类为主，化石个体较小。油页岩层之上的灰岩裂隙中常含沥青。

将油页岩放入水中，水面上漂浮一层油花，油页岩可燃，油页岩燃烧时火焰长 1～2cm，烟浓黑，并发出浓烈的焦油臭味。

3. 油页岩等级划分

参照《2004 年油页岩资源评价实施方案》及探槽工程对比图，主要选取含油率（ω）作为油页岩等级划分的标准，即把油页岩的含油率边界品位定位 3.5%，按含油率的高低划分为 $\omega>10\%$、ω 为 5%～10%、ω 为 3.5%～5%三个等级。在 2012 年的调查研究中，为了与毕洛错及伦坡拉盆地油页岩进行对比研究，还参考了含硫率以及灰分（表 6-24）。按照表 6-24 的标准，区块中部分区域油页岩达到了工业开采品质。

表 6-24 油页岩品质评价表（刘招君等，2009；赵隆业，1991） （%）

标准品质	含油率		含硫率		灰分	
油页岩	非矿	<3.5	富含硫	2.5~4	高灰分	66~83
	低级	3.5~5	中含硫	1.5~2.5		
	中级	5~10	低含硫	1~1.5	低灰分	40~65
	高级	>10	特低硫	<1		

4. 油页岩资源量计算

胜利河区块是低勘探区，资源量计算参照《2004 年油页岩资源评价实施方案》，采用体积丰度法计算，计算公式为 $Q=S \times H \times D$。式中，Q 为油页岩地质资源量，单位为 T；S 为油页岩面积，单位为 m^2；H 为油页岩厚度，单位为 m；D 为页岩体重，单位为 t/m^3。

油页岩的深度按探槽控制长度的 1/4 计算。

按上述的三个等级，结合探槽工程柱状对比，对区块油页岩进行资源量计算，计算结果为：0% 的资源量：0.04 亿 t，占总资源量的 0.90%；ω 为 5%~10% 的资源量：0.15 亿 t，占总资源量的 3.34%；ω 为 3.5%~5% 的资源量：4.30 亿 t，占总资源量的 95.77%；总资源量：4.49 亿吨。

从 56 件油页岩样品测试的结果上看，其灰分为 46.00%~89.33%，均值为 63.05%；体重为 1.68~2.44t/m^3，均值为 2.08t/m^3；56 件样品中有 39 件能测出发热量，发热量值为 0.9~13.91MJ/kg，均值为 3.81MJ/kg。从测试分析结果上可大致看出，含油率高的油页岩其灰分、体重相对较低，而含油率低的油页岩其灰分、体重相对较高。

5. 油页岩有机地球化学特征

油页岩是一种重要的油气烃源岩。对 6 条探槽中约 30 件油页岩样品进行烃源岩测试分析，并参照羌塘盆地泥质岩类烃源岩标准对其进行评价。

1）油页岩有机质丰度

胜利河区块油页岩有机地球化学基本数据如表 6-25 所示。

从分析数据可看出，工区内油页岩有机碳丰度为 4.07%~21.37%，均值为 8.40%；氯仿沥青"A"含量为 1200×10^{-6}~21375×10^{-6}，均值为 6682×10^{-6}；生烃潜力(S_1+S_2)为 5.66~111.1mg/g，均值为 37.20mg/g。产油指数$[S_1/(S_1+S_2)]$为 0.017%~0.063%，均值为 0.032%。区块油页岩有机碳丰度远高于羌塘盆地泥质岩好生油岩有机质丰度，与国内各油页岩对比，各项参数也非常接近。

表 6-25 胜利河区块油页岩有机地球化学分析数据

样品编号	S_1/(mg/g)	S_2/(mg/g)	(S_1+S_2)/(mg/g)	$S_1/(S_1+S_2)$	有机碳/%	氯仿碳青"A"含量/ (10^{-6})	T_{max}/℃
TC1-5-1H	4.65	103.27	107.92	0.043	16.89	14665	449
TC1-5-2H	1.49	41.18	42.67	0.035	5.96	6848	455

样品编号	S_1/(mg/g)	S_2/(mg/g)	(S_1+S_2)/(mg/g)	$S_1/(S_1+S_2)$	有机碳/%	氯仿碳青"A"含量/（10^{-6}）	T_{max}/℃
TC1-5-3H	1.72	49.94	51.66	0.033	7.30	5227	452
TC1-5-10H	0.33	18.72	19.05	0.017	4.55	2964	435
TC1-5-12H	0.82	29.39	30.21	0.028	6.60	5645	438
TC1-7-1H	0.31	15.87	16.18	0.019	4.07	3370	433
TC1-7-3H	0.39	18.85	19.24	0.020	4.31	3929	433
TC1-7-9H	6.14	104.96	111.1	0.055	21.37	21357	451
TC2-6-1H	1.42	40.34	41.76	0.034	6.46	8420	444
TC2-6-3H	0.95	41.69	42.64	0.023	7.13	10721	432
TC2-6-5H	2.17	55.71	57.88	0.037	8.28	8709	436
TC2-6-9H	0.78	28.57	29.35	0.027	9.30	9467	433
TC2-6-13H	0.89	43.34	44.26	0.020	5.61	7678	432
TC2-6-15H	1.05	27.80	28.85	0.036	8.14	8104	432
TC2-6-17H	1.11	27.89	29.00	0.038	5.81	8397	434
TC2-10-1H	2.50	52.03	54.53	0.046	8.89	9806	459
TC2-10-3H	3.58	63.54	67.12	0.053	10.06	13963	454
TC2-10-5H	2.65	52.60	55.25	0.048	10.94	8036	460
TC2-10-9H	4.02	59.79	63.81	0.063	8.58	10658	452
TC2-10-11H	1.82	42.14	43.96	0.041	5.80	6531	434
TC3-3-1H	0.71	22.00	22.71	0.031	11.99	3816	441
TC3-3-2H	0.66	22.37	23.03	0.029	9.32	3515	442
TC3-3-3H	0.43	17.43	17.86	0.024	8.49	3074	444
TC3-3-4H	0.31	15.69	16.00	0.019	8.34	2959	443
TC3-3-5H	0.44	19.89	20.33	0.022	8.69	3170	443
TC3-3-6H	0.32	12.19	12.51	0.026	6.54	2605	439
TC5-1-1H	0.14	5.52	5.66	0.025	5.74	1200	447
TC5-1-3H1	0.23	10.41	10.64	0.022	8.12	1613	443
TC5-1-3H2	0.34	14.10	14.44	0.024	10.34	1722	445
TC5-1-5H	0.64	15.80	16.44	0.039	8.40	2296	444

2）有机质类型

（1）干酪根显微组分。根据区块内三件油页岩样品分析结果，区块油页岩干酪根包括 4 种显微组分，即腐泥组、壳质组、镜质组和惰质组，以腐泥组（64%～70%，均值为67%），占绝对优势，次为镜质组（16%～18%，均值为17%）、惰质组（10%～18%，均值为14.3%），壳质组（1%～2%），有机质类型为Ⅱ$_1$、Ⅱ$_2$。

（2）氯仿沥青"A"含量及族组分特征。工区油页岩饱和烃含量为8.46%～34.69%，均值为18.59%，芳烃含量为13.08%～29.37%，均值为20.96%，饱/芳含量为0.53%～1.57%，均值为0.90%，饱和烃+芳烃含量为21.87%～56.78%，均值为39.60%，非烃+沥青质含量为32.98%～67.67%，均值为52.4%。其结果表明，饱和烃、芳烃含量接近，饱/芳较小，反映出油页岩具有较好有机质类型的特点及以腐泥-腐殖质型为主。

（3）有机质成熟度（T_{max}）。从表6-25可见，区块30件油页岩岩石热解分析，油页岩T_{max}最大值为460℃，最小值为432℃，均值为433℃，也表明区块油页岩热演化程度处于低成熟阶段。同时，三件油页岩的R_o均值为0.63，说明区块油页岩烃源岩为低成熟阶段。从孢粉颜色上判断，区块在上侏罗统—下白垩统地层共采集8件孢粉样品，全部检测出孢粉化石。孢粉呈黄棕色，也大体上反映出区块上侏罗统—下白垩统地层处于低成熟阶段。

综合以上分析，从区块油页岩的有机质丰度、有机质类型及有机质成熟度方面进行综合评价，油页岩为很好的烃源岩。

6. 油页岩对比评价

对青藏地区胜利河、毕洛错及伦坡拉盆地油页岩进行工业分析，结果显示：胜利河区块油页岩含油率较高，最高值达10.4%，平均含量为4.42%，53%的油页岩样品含油率大于或等于3.5%；毕洛错地区油页岩含油率一般为2.7%～5.8%，平均值为4.06%，70.6%的油页岩样品含油率大于3.5%；伦坡拉盆地油页岩含油率最高，为5%～10.3%，平均值为7.19%，其中含油率最高者达10.3%，该地区油页岩样品含油率均大于3.5%。以上分析表明，胜利河、毕洛错及伦坡拉三个地区油页岩的含油率都达到了油页岩矿的标准，伦坡拉盆地的含油率最高，其次为胜利河和毕洛错地区。以前述油页岩品质评价表来看，伦坡拉盆地油页岩品质为中级油页岩，具有最大的勘探开发潜力。

灰分也是衡量油页岩品质的重要参数。胜利河区块油页岩灰分分布范围为53.16%～57.76%，平均值为56.15%，为低灰分油页岩；毕洛错地区油页岩灰分范围为60.21%～88.25%，平均值为69.8%，为高灰分油页岩；伦坡拉盆地油页岩灰分分布范围为74.97%～84.74%，平均值为80.8%，为高灰分油页岩。以上结果表明，胜利河区块油页岩灰分较低，另两个地区油页岩灰分都较高，灰分均值由低到高的顺序为胜利河区块、毕洛错地区及伦坡拉盆地。从灰分与含油率的相关性图可知（图6-61），胜利河与伦坡拉地区灰分与含油率呈一定的负相关性，而毕洛错地区灰分与含油率的负相关性较为明显（R^2=0.47）。一般而言，灰分与含油率呈反比，该参数越低，油页岩的品质可能越好。从油页岩品质评价表的灰分来看，胜利河区块油页岩品质较好，为低灰分油页岩。

全硫含量是评价油页岩利用时的潜在环境污染程度的重要指标。含硫量越高，油页岩利用时的潜在环境污染程度越大。含硫量小于1%为特低硫油页岩，1%～1.5%为低含硫油页岩，1.5%～2.5%为中含硫油页岩，2.5%～4.0%为富含硫油页岩。青藏地区油页岩工业分析表明，胜利河区块含硫量为0.12%～0.6%，平均值为0.26%；毕洛错地区油页岩含硫量分布范围为 0.12%～0.62%，平均值为 0.28%；伦坡拉盆地油页岩含硫量分布范围为 0.19%～1.03%，平均值为 0.45%。三个地区油页岩含硫率都较低，为特低硫型油页岩，油页岩开发利用时，对环境的污染程度轻。从含油率与全硫比值的相关性图（图 6-62）可以看出，在胜利河与毕洛错地区，含油率越高，全硫含量也高，呈一定的正相关性，而伦坡拉盆地的含油率与含硫量不具有相关性，伦坡拉油页岩在开发利用时，并不因高含油率而对环境造成污染，为优质油页岩。

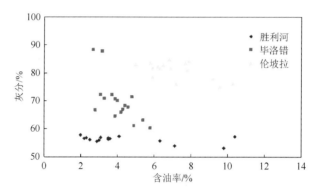

图 6-61　青藏地区含油率与灰分对比图

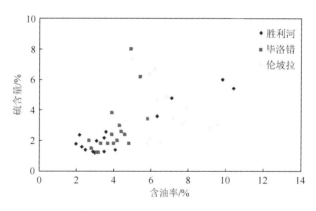

图 6-62　含油率与含硫量对比图

综上，胜利河区块油页岩含油率较高，灰分最低，是低灰分特低硫型油页岩。同时，胜利河油页岩发现早，前人研究多，积累资料丰富，是可能取得油页岩突破的有利区域。

（四）音频大地电磁特征

通过音频大地电磁测量、物性样品检测，结合前人资料分析，认为区块油页岩及膏岩层系是低阻电层（表 6-26）。

表 6-26　地层 AMT 电性分层表

地层	主要岩性	相对电阻率/Ω·m	电性分层
Q	冲积物、黏土	中阻（30～50）	第一电性层
E	紫红色砂砾岩、泥岩夹石膏		
K_1b^3	泥岩、粉砂岩夹石膏		
K_1b^2	以灰岩为主		
K_1b^1	以油页岩、膏岩、泥页岩为主	低阻（<10）	第二电性层
J_3s	以灰岩为主	高阻（>100）	第三电性层
J_2x	以泥页岩为主	低阻（40～60）	第四电性层
J_2b	以灰岩为主	高阻（>150）	第五电性层
$J_{1-2}q$	紫红色砂砾岩、泥岩夹石膏		
T_3n	中基性火山岩		
T_3x	含煤地层	低阻（<10）	第六电性层
T_2	以灰岩为主	高阻（>100）	第七电性层

在完成各电性分层之后，本书通过对剖面资料和地表露头对应的定性、定量解释，确定了剖面电性结构、地质结构特征，从而推断解释了各剖面的构造特征及断裂分布情况，并对各电性地质构造层的空间展布进行相应描述。

通过 4 条测线（图 6-63）的反演解释，得到以下结论。

（1）Ⅰ测线物性特征和反演剖面反映，露头油页岩和膏岩层为低阻层，剖面南端在埋深较浅（300～400m）的位置发育有一套相对低阻层，其上覆和下伏地层电阻率相对较高，此层厚度约为 300m。初步推测其为油页岩和膏岩层的综合反映。

（2）Ⅱ测线剖面和结合地表地质推测，剖面南段（龙尾湖拗陷西段）呈现为近地表相对高阻（Q-K_1b^2），埋深 300～500m 以下发育一套厚约 500m 的低阻层，推测为油页岩及膏岩层系（K_1b^1）。

（3）Ⅲ测线反演剖面看，近地表为相对高阻层，虽然 152～160 号点一带有 K_1b^1 地层出露，只是表现电阻率略低，推测此剖面位置油页岩及膏岩层反映的低阻层不发育。

（4）Ⅳ测线剖面看，推测中东段为油页岩及膏岩层反映的低阻层均近于出露且比较发育，在剖面西段虽地表出露同样为 K_1b^2，但这种低阻层不发育，即油页岩及膏岩层相对不发育。

（5）根据断裂判断原则及结合重磁资料、地质资料，剖面上共确定 7 条主要断裂。其中最重要的断裂是 F1-1 断裂。综合各剖面解释成果，油页岩及膏岩层系所反映的低阻层，主要分布在 F1-1 断裂南侧龙尾湖拗陷中，F1-1 是一条对油页岩及膏岩层系展布起较大控制作用的断裂。F1-1 断裂向南逆冲，在断裂 F1-1 上盘形成一近东西向展布的油页岩及膏岩层系出露。由此，在龙尾湖拗陷中，推测为油页岩及膏岩层反映的低阻电性层，埋深一

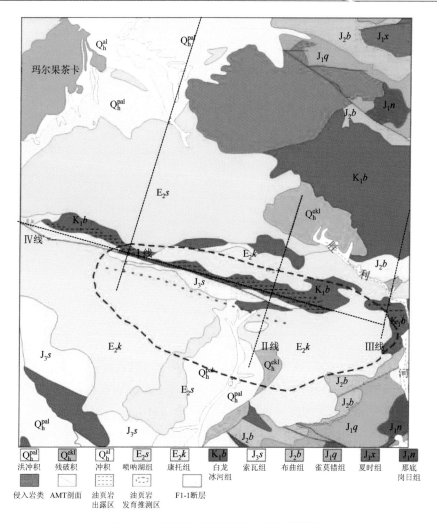

图 6-63　胜利河油页岩发育有利区推测图

般为 300～500m，厚 300～500m。F1-1 断裂为一条地下断裂，根据地面地质与地下解释成果综合判断，F1-1 断裂大致位置在区块内主断层南部 3km 处。

在玛尔果茶卡凸起南侧，油页岩及膏岩层的低阻电性层不发育，或者说此低阻层较薄，AMT 不能明确划分出来。

（五）综合评价与目标优选

结合前人及本书研究的结果，本书认为胜利河油页岩有一定的工业价值。目前因缺乏地下资料，以及地表资料受风化作用影响较为严重，对于胜利河油页岩的地下分布情况、具体储量仍不够了解。

地表露头工作发现，胜利河区块内油页岩呈近东西向分布，延伸长度达 30km。油页岩单层厚度小，累计厚度不大，除最底部一层油页岩较稳定外，其余各层横向上变化较大，含油页岩岩系厚度不大且横向上厚度变化较大。探槽样品测试分析表明，胜利河区块油页岩含油率以中部的西段及西部的东段最高，两侧含油率较低。胜利河油页岩形成时，海水向西北退出，区域大致处于局限台地潟湖相环境。受沉积环境影响，油页岩和泥灰岩、含生物碎屑灰岩互层的潟湖相页岩发育，这导致了油页岩具有展布面积较广，但厚度不大，且与其他岩性互层的特点。

地球物理方法表明，油页岩与石膏在地下均为一种相对低阻层。该层埋藏浅（300～500m），厚度大（300～500m）。在地表露头区域的中东段，AMT 剖面上反映较为明显。三条北东方向走向的 AMT 剖面的南段区域，地下都有较好的油页岩反映。区域上，根据 AMT 解释结果，油页岩展布受地下 F1-1 断层影响较大，推测在该断层下，向南直到龙尾湖拗陷可能会有厚度为 300～500m、延展稳定的油页岩发育。

根据地表调查及 AMT 法检测成果，本节总结了油页岩发育有利区推测图（图 6-63）。在胜利河区块的南部，地下可能会有发育好、厚度大的连片油页岩。由于该套油页岩埋藏浅，建议在该区域布置浅钻，以验证 AMT 法解释结果，进一步查明油页岩的地下发育情况。

此外，在胜利河东岸及北部地区，也有 K_1b 地层发育，可以在这两个区域进行地表调查，以进一步拓展、扩大油页岩的分布范围。同时，还需要进一步加强区内已见膏泥盖层的研究，总结其形成的沉积环境，推测其发育的大致范围，为区内及邻区的常规油气勘探中盖层方面的研究打下基础。

第七章 羌塘盆地科学钻探井工程

第一节 工 程 概 况

（一）钻井基本信息

　　井名：羌科 1 井。
　　井别：科探井。
　　钻探目的：查明羌塘盆地半岛湖地区的含油气性，获取盆地地质参数。
　　构造位置：羌塘盆地半岛湖 6 号构造。
　　地理位置：西藏自治区那曲地区双湖县。
　　坐标：X（15643545.51），Y（3806175.88）。
　　井口海拔：5030m。
　　施工周期：2016 年 12 月 6 日～2018 年 10 月 8 日。
　　完钻井深：4696.18m。

（二）钻井施工时间节点

　　2016 年 12 月 6 日开钻；
　　2017 年 4 月 6 日一开，井深为 59.04m。
　　2017 年 5 月 25 日二开，井深为 506m。
　　2017 年 9 月 3 日三开，井深为 1981m。
　　2017 年 12 月 6 日四开，井深为 3859m。
　　2018 年 1 月 13 日，钻进至 4158.6m，发生钻具断裂卡钻事故；
　　2018 年 5 月底完成钻具打捞工作。
　　2018 年 7 月 12 日完成侧钻工作。
　　2018 年 10 月 08 日四开钻进至井深 4692m，最后取心井深为 4696.18m。
　　羌科 1 井累计完成钻井 4696.18m，录井 4696.18m，测井 4696.18m，固井 3859m，未进行含油气测试工作。

（三）井身结构

　　羌科 1 井开钻为 900mm 的导管，导管设计深度为 60m，实际施工深度为 59.04m（图 7-1、表 7-1）；一开为 660.4mm 大口径井眼，这种大口径的井眼在内地很少施工，原设计井深为

501m，实际钻进深度为 506m；二开为 444.5mm 井眼，该口井的井眼在内地施工量很小，且很少有 1500m 这种长井段的施工量，原设计钻进至 2002m，实际钻进至 1981m；三开为 311.2mm 井眼，原设计钻进至 4002m 井深，实际钻进至 3859m；四开井眼尺寸为 215.9mm，原设计钻进至 5500m，实际钻进至 4696.18m。作为藏北高原的第一口科探井，羌科 1 井的施工难度非常大，再加之高原低寒缺氧的气候以及每年 4~5 月的雪季和 6~7 月的雨季，给施工带来了极大困难，造成羌科 1 井未能按照原设计钻进至 5500m，以 4696.18m 终孔。

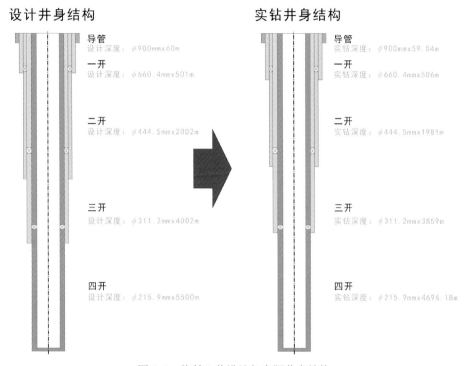

图 7-1　羌科 1 井设计与实际井身结构

表 7-1　羌科 1 井井身结构及主要参数

	井次	钻头程序/(mm×m)	套管程序/(mm×m)	水泥返高/m
井身结构	导管	900.0×59.04	$\phi720.0×59.04$	地面
	一开	660.4×506.0	$\phi508.0×505.8$	地面
	二开	444.5×1981.0	$\phi339.7×1980.78$	地面
	三开	311.1×3859.0	$\phi244.5×3869.83$	地面
	四开	215.9×4696.18	未下套管	

（四）钻井液性能

针对羌科 1 井钻遇地层特点，通过对现有钻井液体系进行评价和筛选，优选出一套适合羌塘盆地高原高寒地区的钻井液体系，以确保携砂、防塌、防漏堵漏、润滑性能。重点是通过强包被、强抑制、强封堵、抗高温的能力，达到井眼稳定的效果，确保安全快速钻进，达到提速、减少钻井周期的目的。具体钻井液性能如表 7-2 所示。

表 7-2 羌科 1 井泥浆主要性能参数

	井次	类型	密度/(g/cm³)	黏度/s	失水/mL	电阻率/(Ω·m/18℃)
钻井液性能	一开	聚合物	1.08	46	4.4	1.1
	二开	聚合物	1.08	72	4.4	0.97
	三开	聚磺钻井液	1.29	61	4.0	0.35
	四开	钾胺基聚磺封堵防塌钻井液	1.50	88	3.8	0.87

羌科 1 井共分四个开次进行钻井，外加一个表套层。各开次施工过程中根据地层岩性差异、地温差异、裂缝发育差异等合理调配不同的泥浆（表 7-2）。其中，一开使用聚合物泥浆体系，密度为 1.08g/cm³，黏度为 46s，失水为 4.4mL，电阻率为 1.1Ω·m/18℃；二开也使用聚合物泥浆体系，密度为 1.08g/cm³，黏度为 72s，失水为 4.4mL，电阻率为 0.97Ω·m/18℃；三开使用聚磺钻井泥浆体系，密度为 1.29g/cm³，黏度为 61s，失水为 4.0mL，电阻率为 0.35Ω·m/18℃；四开使用钾胺基聚磺封诸防塌钻井液，密度为 1.50g/cm³，黏度为 88s，失水为 3.8mL，电阻率为 0.87Ω·m/18℃。

（五）取心情况

羌科 1 井共取心 6 次，总体取心井段位于 1055.91~4696.18m，具体取心如表 7-3 所示，取心涉及中侏罗统布曲组、中-下侏罗统雀莫错组和上三叠统那底岗日组三个层位，总取心进尺为 35.27m，总岩心长为 33.57m，总岩心收获率为 95.18%。其中，中侏罗统布曲组（J_2b）取心 3 次，进尺为 14.83m，岩心长 13.43m，岩心收获率为 90.55%；中-下侏罗统雀莫错组（$J_{1-2}q$）钻井取心 2 次，进尺为 18.0m，岩心长 17.7m，岩心收获率为 98.34%；上三叠统那底岗日组（T_3nd）取心 1 次，进尺为 2.44m，岩心长 2.44m，岩心收获率为 100%。

表 7-3 羌科 1 井钻井取心统计表

筒次	层位	井段/m	进尺/m	岩心长/m	含气岩心长/m	收获率/%	岩性描述
1	布曲组	1055.91~1058.61	2.70	2.56	—	94.81	深灰色含砂屑泥晶灰岩、泥灰岩
2		1058.61~1061.92	3.31	2.05		61.93	深灰色灰质泥岩、泥灰岩
3		1218.85~1227.67	8.82	8.82	—	100.0	上部为深灰色泥晶灰岩与深灰色含砂屑泥晶灰岩略等厚互层，夹薄层深灰色含钙泥岩条带，下部为深灰色含生物碎屑泥晶灰岩

筒次	层位	井段/m	进尺/m	岩心长/m	含气岩心长/m	收获率/%	岩性简述
4	雀莫错组	2707.0～2716.0	9.00	8.70	—	96.67	上部为灰色微粉晶灰岩、砂屑灰岩等厚互层,下部为灰色泥晶灰岩、亮晶鲕粒灰岩略等厚互层
5		3658.0～3667.0	9.00	9.00	—	100.0	白色石膏,偶见灰色含膏粉晶云岩
6	那底岗日组	469374～4696.18	2.44	2.44	—	100.0	浅灰色沉凝灰岩
合计			35.27	33.57	—	95.18	—

(六)井身质量

1. 井径扩大率

井身质量是钻井质量的重要参数,反映井身质量的参数有井径扩大率、井眼轨迹和全角变化率。其中,井径扩大率是指所钻井眼的直径比钻井时所用钻头的直径增大的百分比,能反映井眼的实际变化情况,是评价井身质量的一个重要参数。一般而言,井径扩大率小于 10%,反映井眼条件好;井径扩大率大于 10%,反映井眼条件较差。

羌科 1 井进行了四次井径测井,测量井段分别为 59.04～506.0m、505.8～1981.0m、1980.78～3859.0m、3869.83～4696.18m。根据井径资料计算井径扩大率,数据显示羌科 1 井的井径扩大率为 0.17%～4.87%,总体较好。

2. 井眼轨迹

羌科 1 井在一开、二开、三开和四开中途均进行了井斜方位测井,最大井斜为 8.85°,对应方位角为 15.44°,对应井深为 3488.8m;最大水平位移为 86.89m,对应井斜为 0.86°,对应方位角为 289.03°,对应井深 4236.5m;最大全角变化率为 22.65°/30m,对应井深为 3892.1m(图 7-2)。

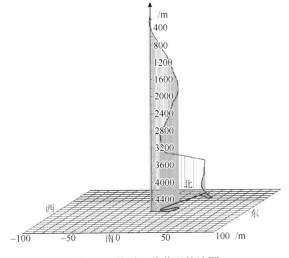

图 7-2 羌科 1 井井眼轨迹图

第二节　羌科 1 井地层柱

一、地层划分

羌科 1 井井深 4696.18m，其钻井综合柱状图如图 7-3 所示。根据岩性组合、标志层、特殊岩性、地球物理特征等资料，对羌科 1 井钻遇的地层进行了综合划分。羌科 1 井由上至下实际钻遇上侏罗统索瓦组（J_3s）、中侏罗统夏里组（J_2x）、中侏罗统布曲组（J_2b）、中-下侏罗统雀莫错组（$J_{1-2}q$）及上三叠统那底岗日组（T_3nd），共五套地层（图 7-3、表 7-4）。

表 7-4　羌科 1 井钻遇地层划分表

系	统	组	地层代号	底界浓度/m	厚度/m
侏罗系	上统	索瓦组	J_3s	59.0	＞59
	中统	夏里组	J_2x	1050.0	991.0
		布曲组	J_2b	2500.0	1450.0
	下统	雀莫错组	$J_{1-2}q$	4057.0	1557.0
三叠系	上统	那底岗日组	T_3nd	4696.18	＞639.18

二、基本特征

1. 上侏罗统索瓦组（J_3s）

羌科 1 井钻遇上侏罗统索瓦组（J_3s）的井段为 0～59m，厚度为 59m，岩性主要为灰色—深灰色薄—中层状泥晶灰岩、泥灰岩。由于羌科 1 井的导管深达 59.04m，因此未取得索瓦组的岩屑资料，但从井口地层露头可以确定其岩性和层位；另外，该井段表现为较低的伽马值，符合碳酸盐岩的自然伽马测井特征，与下伏夏里组的伽马值差异明显。

2. 中侏罗统夏里组（J_2x）

羌科 1 井钻遇中侏罗统夏里组（J_2x）的井段为 59～1050m，厚度为 991m，岩性主要为深灰色的含陆源碎屑、砂屑、粉屑、生物碎屑、石膏的泥晶、亮晶灰岩、藻灰岩、藻球粒灰岩，局部夹深灰色泥岩、粉砂质泥岩。

羌科 1 井布曲组整体处于局限台地相潮坪亚相沉积环境,沉积了低能海岸的砂泥岩和台地相碳酸盐岩。布曲组三段发育潮坪亚相沉积，岩性上以灰色白垩化碳酸盐岩为主夹深灰色粉砂质泥岩、灰色泥质粉砂岩；二段发育混积潮坪亚相沉积，岩性上以深灰色泥岩、含钙粉砂质泥岩为主夹灰色含泥质粉砂岩、泥晶灰岩；一段发育潮坪亚相沉积，岩性以深灰色生物碎屑砂屑灰岩、藻灰岩、鲕粒灰岩为主夹少量灰绿色粉砂质泥岩、白色石膏。

夏里组测井曲线总体为齿化线形特征。细碎屑岩段表现为高自然伽马值、锯齿化线形；碳酸盐岩段表现为自然伽马为低值、箱状、微齿化。

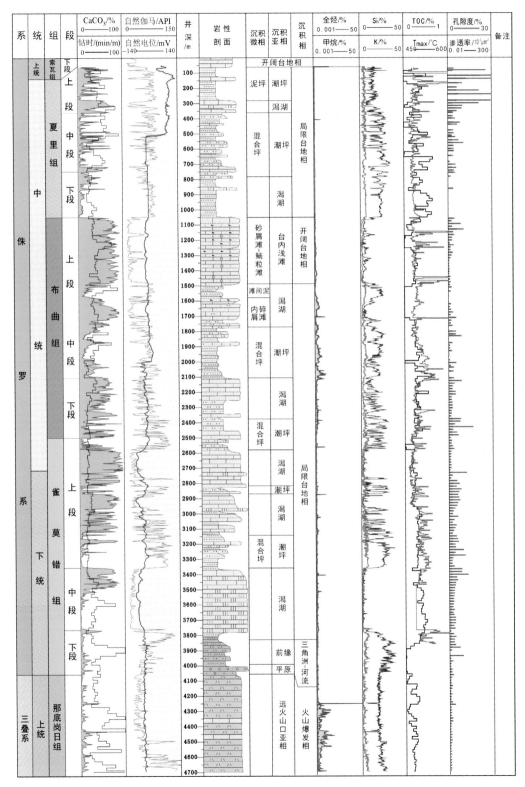

图 7-3　羌科 1 井钻井综合柱状图

3. 中侏罗统布曲组（J_2b）

羌科 1 井钻遇中侏罗统布曲组（J_2b）的井段为 1050～2500m，厚度为 1450m，岩性主要为灰色—深灰色泥晶灰岩、泥灰岩，夹鲕粒灰岩、藻砂屑灰岩、生物碎屑灰岩、泥岩、泥质粉砂岩，偶夹白色石膏。

羌科 1 井布曲组整体处于地貌相对低的局限台地相潮坪-潟湖亚相沉积环境，自下而上发育潟湖-潮坪-潟湖亚相，一段和三段主要沉积了一套有陆源碎屑注入的近海潟湖相沉积，水动力能量较低、水体循环受限、还原环境，岩性主要为灰色含钙、钙质、粉砂质泥岩，灰色泥岩夹少量泥质灰岩；二段主要发育潮坪亚相沉积，岩性上以灰色粉砂岩、含泥质粉砂岩、钙质粉砂岩为主夹泥质灰岩、石膏层及灰绿色、红褐色泥质粉砂岩。

羌科 1 井布曲组测井曲线上部为灰岩段，自然伽马为低值，箱形曲线，微齿化；中下部以泥岩为主，夹碳酸盐岩、局部为互层沉积，自然伽马为高值、锯齿化线形。

4. 中-下侏罗统雀莫错组（$J_{1-2}q$）

羌科 1 井钻遇中-下侏罗统雀莫错组（$J_{1-2}q$）的井段为 2500～4057m，厚度为 1557m，岩性以大套灰岩、白垩化碳酸盐岩、白色石膏岩为主，夹泥岩、含钙粉砂岩，底部为棕红色、杂色砂砾岩、粉砂岩。

羌科 1 井雀莫错组整体处于三角洲-局限台地相沉积。自下而上发育三角洲平原亚相-潟湖亚相-潮坪亚相，一段发育河流-三角洲相沉积，岩性主要为棕红色粉砂质泥岩、浅红棕色含泥粉砂岩、紫红色砾岩、紫红色细—粉粒砂岩夹灰白色细粒岩屑石英砂岩、紫红色粉砂岩；二段发育潟湖亚相沉积，岩性以白色石膏岩为主，偶夹灰色灰岩、白云质灰岩；三段为潮坪亚相沉积，岩性为灰色、黄灰色灰岩、白垩化灰岩与灰色泥岩及泥质粉砂岩不等厚互层（碳酸盐岩多于碎屑岩）。

羌科 1 井雀莫错组测井曲线总体为锯齿化线形，局部呈箱形特征。上部岩性整体以碳酸盐岩为主夹泥岩，自然伽马为低值、锯齿化线形；中部为膏岩段，自然伽马为低值、箱形曲线，微齿化。

5. 上三叠统那底岗日组（T_3nd）

羌科 1 井钻遇上三叠统那底岗日组（T_3nd）的井段为 4057～4696.18m，厚度为 639.18m，岩性以灰绿色凝灰岩为主，局部夹沉凝灰岩、凝灰质粉砂岩、辉绿岩、玄武岩。羌科 1 井那底岗日组沉积相为火山爆发相的远火山口亚相，局部发育火山口亚相的玄武岩、辉长辉绿岩等，其测井曲线总体为弱锯齿化线形，自然伽马为中—低值。

三、石油地质条件及油气异常

（一）烃源岩特征

虽然羌科 1 井钻遇五套地层，但通过烃源岩评价，羌科 1 井钻遇地层中烃源岩仅发育在中侏罗统夏里组、布曲组和雀莫错组，岩性多为深灰色泥岩、钙质泥岩和粉砂质泥岩。其中，夏里组烃源岩累计厚度为 9m，布曲组烃源岩累计厚度为 29m，雀莫错组烃源岩累计厚度为 53m；羌科 1 井的主力烃源岩发育于上三叠统巴贡组，但该井未能钻进到巴贡组，因此未能揭示羌塘盆地的最优质烃源岩。

1. 中侏罗统夏里组烃源岩

羌科 1 井中夏里组厚 991m，泥岩发育，特别是上段和下段均发育大量连续的深灰色泥岩，是烃源岩发育的有利因素（图 7-4）。然而系统评价结果显示，中侏罗统夏里组仅在上段和中段发育少量烃源岩，具体可划分为两套。第一套为井深 152～187m，岩性为灰色泥岩，视厚度为 5m，TOC 含量为 0.53%～1.64%；第二套为井深 507～527m，岩性为粉砂质泥岩，视厚度为 4m，TOC 含量为 0.52%～0.61%。

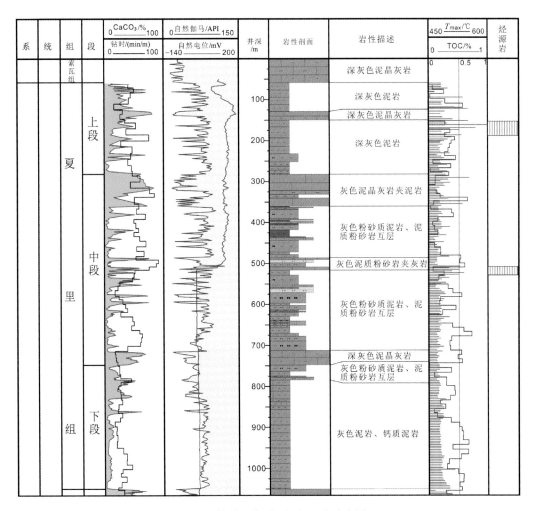

图 7-4 羌科 1 井夏里组烃源岩分布图

2. 中侏罗统布曲组烃源岩

羌科 1 井布曲组以碳酸盐岩特别是泥晶灰岩为主,局部夹泥岩,同样有利于烃源岩发育。羌科 1 井布曲组发育烃源岩 5 套 (图 7-5),第一套为井深 1143~1159m,岩性为深灰色生物碎屑泥晶灰岩,视厚度为 4m,TOC 含量为 0.61%~1.04%;第二套为井深 1216~

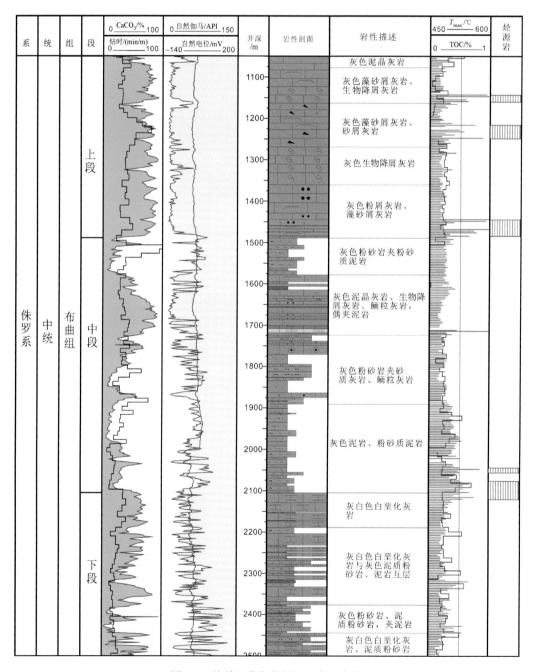

图 7-5　羌科 1 井布曲组烃源岩分布图

1232m，岩性为深灰色含生物碎屑藻砂屑泥晶灰岩，视厚度为4m，TOC含量为0.51%～0.90%；第三套为井深1444～1484m，岩性为深灰色含生物碎屑微-亮晶粉屑灰岩，视厚度为6m，TOC含量为0.67%～2.99%；第四套为井深2044～2056m，岩性为深灰色含钙粉砂质泥岩，视厚度为4m，TOC含量为0.50%～0.87%；第五套为井深2076～2120m，岩性为深灰色含钙粉砂质泥岩，视厚度为11m，TOC含量为0.52%～0.77%。

3. 中-下侏罗统雀莫错组烃源岩

通过羌科1井，首次在下侏罗统雀莫错组地层发现烃源岩，包括4套（图7-6），第一套为井深3172～3140m，岩性为灰色泥岩，视厚度为6m，TOC含量为0.51%～0.59%；

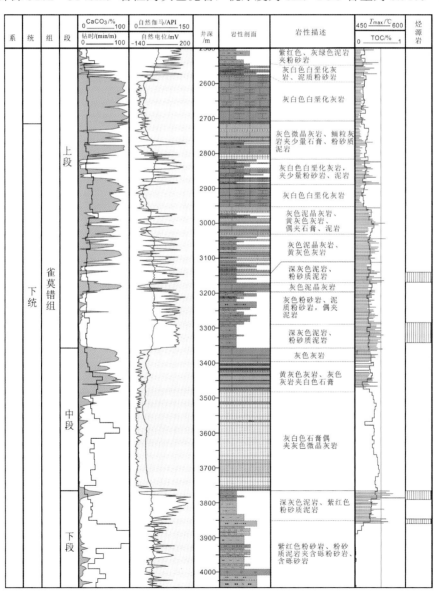

图7-6 羌科1井雀莫错组烃源岩分布图

第二套为井深 3284～3340m，岩性为粉砂质泥岩，视厚度为 11m，TOC 含量为 0.51%～
0.56%；第三套为井深 3766～3790m，岩性为深灰色泥岩，视厚度为 24m，TOC 含量为
0.51%～1.58%；第四套为井深 3846～3858m，岩性为粉砂质泥岩，视厚度为 12m，TOC
为 0.53%～0.67%。

　　总体而言，虽然羌科 1 井夏里组、布曲组和雀莫错组中均发育有厚度不等的烃源岩，
但品质较好、累计厚度较大的烃源岩发育于布曲组和雀莫错组，夏里组的烃源岩相对比较
差。就烃源岩的岩性而言，除布曲组部分层段的烃源岩岩性为深灰色泥晶灰岩，大部分烃
源岩的岩性为深灰色粉砂质泥岩、泥岩。

（二）储层特征

　　在羌科 1 井钻遇的 5 套地层中，只有中侏罗统布曲组发育部分储集岩。羌科 1 井布曲
组发育大量的中厚层灰岩，岩性主要为深灰色生物碎屑砂屑灰岩、藻灰岩、鲕粒灰岩和泥
晶灰岩，是储层发育层段。

　　布曲组灰岩整体比较致密，发育少量溶蚀孔，晶间孔发育程度较低；局部发育微
裂隙；薄片样品中可见缝合线，镜下可见后期发生溶蚀，并被泥质充填；缝合线及微
裂隙少量发育，对储集空间无太多作用；孔隙类型有晶间孔及溶蚀孔，发育程度较低，
孔隙比较孤立；孔隙周缘的颗粒表面有明显的溶蚀痕迹；粒状方解石晶体之间呈紧密
镶嵌状接触，见个别晶间微孔隙，细晶结构方解石晶体之间呈镶嵌状接触，见晶间溶
蚀孔隙（图 7-7）。

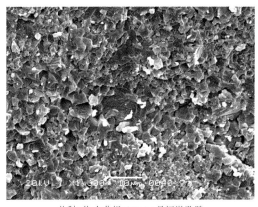 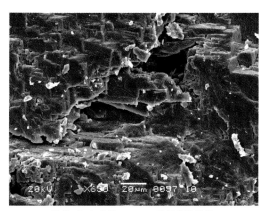

羌科1井 布曲组1223.4m晶间微孔隙　　　　　　　　羌科1井 布曲组1224.85m晶间溶蚀孔隙

图 7-7　羌科 1 井布曲组灰岩孔隙类型镜下特征

　　物性分析结果表明，羌科 1 井布曲组灰岩储层孔隙度分布范围为 0.1%～2.4%，平均值
为 0.7%；渗透率主要分布在 $0.0001×10^{-3}～0.2136×10^{-3}\ \mu m^2$，平均值为 $0.0011×10^{-3}\ \mu m^2$
左右，属特低孔、特低渗储层（图 7-8）。

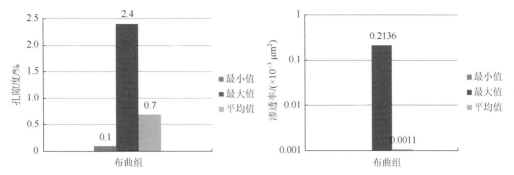

图 7-8　羌科 1 井布曲组灰岩物性特征

从压汞分析曲线来看，羌科 1 井灰岩排驱压力一般小于 1MPa，个别样点为 5～20MPa，孔喉半径普遍小于 0.5μm，最大为 1.43μm，反映孔隙度小，岩石渗透性较差；曲线平台斜率大，反映孔隙结构差，孔隙分选性差；退汞率普遍小于 60%，反映孤立孔隙多，孔隙连通性较差。总体上看，灰岩压汞曲线为中—低排驱压力、中细歪度曲线（图 7-9）。

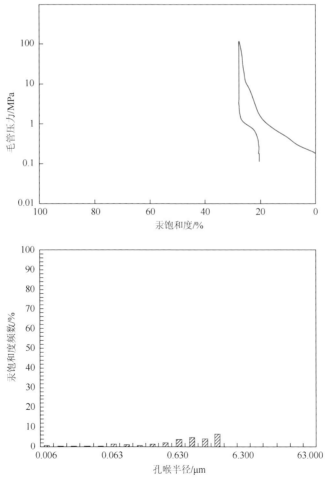

图 7-9　布曲组灰岩压汞曲线

综合分析认为，羌科 1 井目前钻遇储层主要发育在布曲组，主要为碳酸盐岩储层，以生物碎屑灰岩、砂屑灰岩为主，孔隙度分布范围为 0.1%～2.4%，平均值为 0.7%，渗透率主要分布在 0.0001×10^{-3}～0.2136×10^{-3} μm^2，平均值为 0.0011×10^{-3} μm^2 左右，属特低孔、特低渗储层；储层孔隙结构差，压汞曲线呈"中—低排驱压力、中细歪度"特征，储集性能较差。其中，布组曲 2 号层（1236.3～1252.5m、干层）以及 4 号层（2058.1～2065.9m、干层）为已钻井段中相对较好的储层段。

（三）盖层特征

依据实钻地层情况，羌科 1 井目前共发育夏里组底部泥岩、布曲组中下部泥岩以及雀莫错组膏岩三套较好的盖层，从常规地震剖面以及波阻抗反演剖面上看，三套盖层均连续稳定分布，且结合油气显示，表明羌科 1 井整体保存条件较好。

1. 夏里组盖层

夏里组泥质岩累计厚度近 700m，特别是底部纯泥岩段（厚 263m）横向分布稳定，可作为区域盖层（图 7-10）。

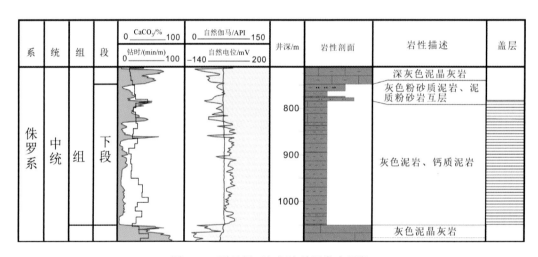

图 7-10　夏里组下部泥岩盖层发育层段

羌科 1 井与邻近的羌地 17 井在夏里组厚层泥岩之下均见到油气显示，通过羌地 17 井与羌科 1 井布曲组地层中的油气显示对比，认为两口布曲组气测异常应在同一层位，表明半岛湖地区夏里组具有较好的封盖条件，布曲组地层若有规模性的优质储层，则能成为较好的勘探目标。

2. 布曲组盖层

羌科 1 井布曲组盖层不发育，仅在布曲组中部发育一定数量的泥岩，可作为油气盖层（图 7-11）。布曲组泥质岩累计厚度近 300m，主要分布于 1772～2105m 井段，其中最大的连续泥岩段发育于 1892～2031m，厚约 139m，可以作为其下伏储层的直接盖层。另外，直接盖层下部的碳酸盐岩中有气测异常，表明该套直接盖层也具有一定的封盖能力。

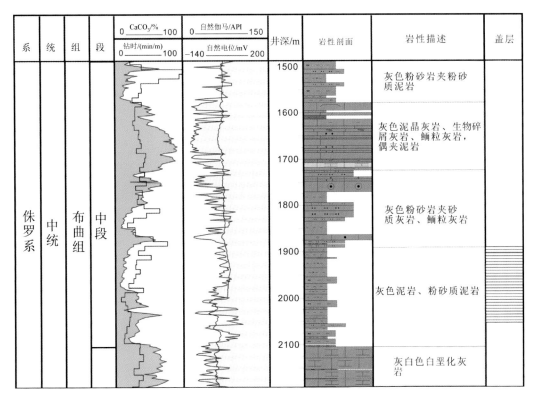

图 7-11　布曲组中部泥岩盖层发育层段

3. 雀莫错组膏岩盖层

羌科 1 井所钻遇的五套地层中，以中-下侏罗统雀莫错组的盖层最为发育。雀莫错组盖层岩性以灰白色石膏为主（图 7-12），其中雀莫错组中部膏岩主要分布于 3474～3765m 井段，累计厚度近 270m，单层最厚可达 90m，而其他层段偶夹少量石膏。

中-下侏罗统雀莫错组膏岩段岩石物理分析表明，膏岩段与上覆灰岩地球物理参数接近，分界面为弱反射界面，地震反射表现为中振幅特征；膏岩段与下伏泥岩段地球物理参数差异较大，分界面为强反射界面，地震反射结构为强振幅特征，石膏为高阻抗响应特征，可根据纵波阻抗识别雀莫错组膏岩的发育特征。

（四）油气异常

羌科 1 井在钻井过程中共发现 13 层较为突出的气测异常（表 7-5），发育于 1237～4254m 井段，涉及中侏罗统布曲组、中-下侏罗统雀莫错组和上三叠统那底岗日组三套地层。

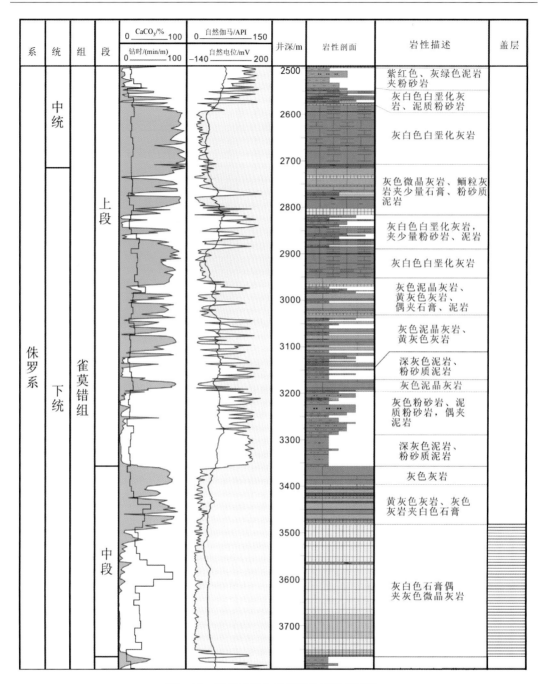

图 7-12 雀莫错组中部石膏盖层发育层段

中侏罗统布曲组中发育 6 层气测异常（图 7-13），其中布曲组上段发育 1 层气测异常，布曲组中段发育 2 层气测异常，布曲组下段发育 3 层气测异常，油气异常层的厚度为 2～12.26m，岩性为深灰色亮晶粉屑灰岩、深灰色泥质粉砂岩。这 6 层气测异常中以布曲组第 1 层（1237.00～1249.26m）气测异常为特征，后效气测全烃值达 4.459%，显示厚度为

12.26m。另外，钻井过程中以布曲组第 2 层（1705.50～1706.96m）气测异常值较高，气测全烃达 0.62%；但布曲组气测异常中以第 6 层（2440.00～2442.00m）气测异常的增加倍数最大，由 0.025%增加到 0.147%，气测值达背景值的 5.88 倍。

表 7-5　羌科 1 井 13 层气测异常统计表

层号	层位	井段/m	钻厚/m	全烃/%	烃组分/%					非烃气体	
					C_1	C_2	C_3	iC_4	nC_4	$H_2S/(\times10^{-6})$	CO_2/%
1	J_2b	1237.00～1249.26	12.26	0.028↑ 0.074	0.0210↑ 0.0675	0.0013↑ 0.0018	0	0	0	0	0.45
2	J_2b	1705.50～1706.96	1.46	0.245↑ 0.621	0.2204↑ 0.5123	0	0	0	0	0	0.41
3	J_2b	2059.00～2061.00	2.00	0.161↑ 0.541	0.1431↑ 0.5273	0↑ 0.0015	0↑ 0.0010	0↑ 0.0007	0↑ 0.0005	0	0.53
4	J_2b	2320.00～2322.00	2.00	0.145↑ 0.328	0.1066↑ 0.2775	0.0008↑ 0.0011	0	0	0	0	0.19
5	J_2b	2386.00～2389.00	3.00	0.143↑ 0.425	0.1001↑ 0.3527	0.0002↑ 0.0006	0	0	0	0	0.19
6	J_2b	2440.00～2442.00	2.00	0.025↑ 0.147	0.0082↑ 0.1037	0↑ 0.0004	0	0	0	0	0.16
7	$J_{1-2}q$	2823.00～2825.00	2.00	0.024↑ 0.124	0.0153↑ 0.1163	0	0	0	0	0	0.37
8	$J_{1-2}q$	3023.00～3027.00	4.00	0.055↑ 0.263	0.0283↑ 0.2296	0↑ 0.0004	0↑ 0.0002	0	0	0	0.09
9	$J_{1-2}q$	3395.00～3398.00	3.00	0.036↑ 0.125	0.0124↑ 0.0917	0	0	0	0	0	1.92
10	$J_{1-2}q$	3401.00～3407.00	6.00	0.036↑ 0.576	0.0133↑ 0.5282	0↑ 0.0002	0↑ 0.0048	0	0	0	2.07
11	$J_{1-2}q$	3461.00～3465.00	4.00	0.018↑ 0.112	0.0060↑ 0.0987	0↑ 0.0014	0	0	0	0	0.81
12	$J_{1-2}q$	3513.00～3515.00	2.00	0.056 ↑0.269	0.0203↑ 0.2010	0↑ 0.0005	0↑ 0.0016	0	0	0	6.8
13	J_3nd	4246.00～4253.68	7.68	0.044↑ 3.544	0.0046↑ 3.3393	0	0.0092↑ 0.0485	0↑ 0.0049	0↑ 0.0023	0	44.53

中-下侏罗统雀莫错组中发育 6 层气测异常（图 7-14），其中雀莫错组上段发育 2 层气测异常，雀莫错组中段发育 4 层气测异常，雀莫错组下段未见气测异常，油气异常层的厚度为 2～6m，岩性为黄灰色灰岩、灰色灰岩。在雀莫错组 6 层气测异常中，以第 4 层（3401.00～3407.00m）气测异常为特征，气测全烃值达 0.576%，且气测值的增加倍数最大，由 0.036%增加到 0.576%，为背景值的 16 倍。

上三叠统那底岗日组中仅发育 1 层油气显示（图 7-15），显示井段为 4246.00～4253.68m，显示厚度为 7.68m，岩性灰白色碳酸盐化凝灰岩。那底岗日组的气测异常是羌科 1 井 13 次气测异常中最为强烈的，钻井过程中全烃值由 0.044%增加到 3.544%，为背景值的 80.55 倍。

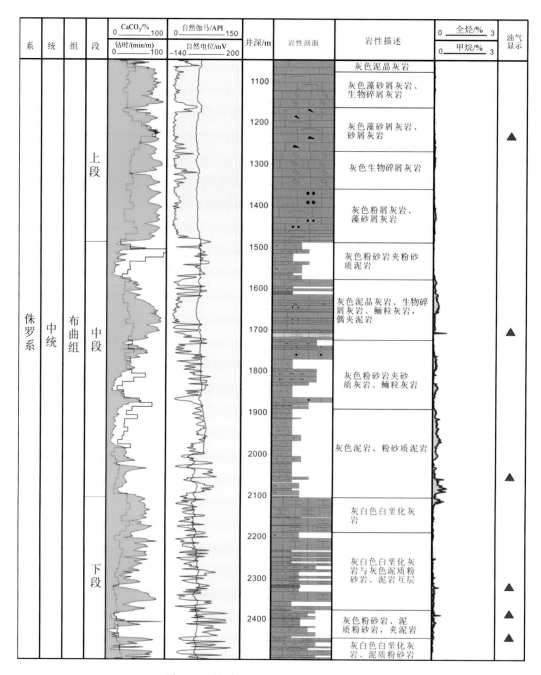

图 7-13　羌科 1 井布曲组气测异常分布图

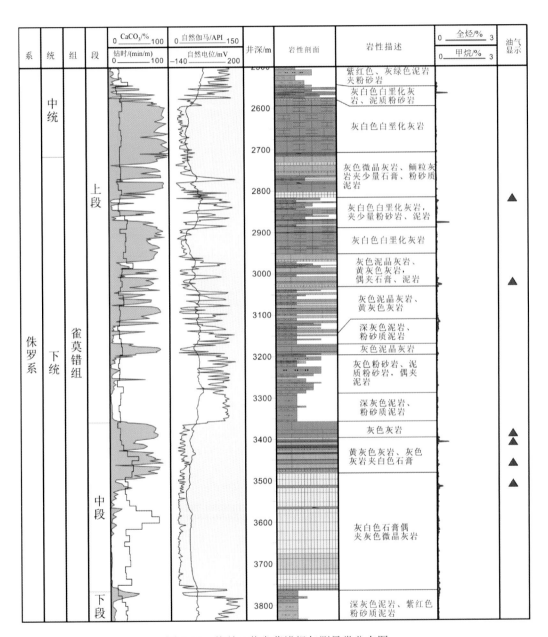

图 7-14　羌科 1 井雀莫错组气测异常分布图

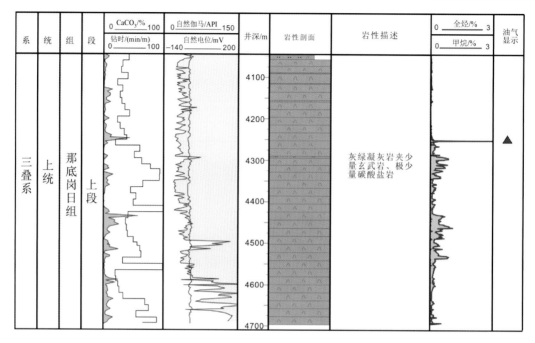

图 7-15　羌科 1 井雀莫错组气测异常分布图

1. 羌科 1 井 1237～1249.6m 井段气测异常

显示井段：1237.00～1249.26m，视厚 12.26m。

岩性：深灰色含生物碎屑泥晶灰岩。

层位：中侏罗统布曲组（J_2b）。

显示特征：羌科 1 井钻至井深 1237.00m，气测值上升，气测全烃值由 0.028%上升至 0.074%，C_1 由 0.0210%上升至 0.0675%，C_2 由 0.0013%上升至 0.0018%。钻时由 58min/m 下降至 42min/m。钻井液出口相对密度为 1.10～1.14g/cm³，黏度为 48～52s，出口温度为 29.3℃，电导率为 7.2mS/cm。氯离子：2840mg/L。槽面无显示，岩屑无荧光显示，现场解释为含弱气层。

在 1249.26m，除了发现钻井过程中气测异常，还发现了气测全烃值达 4.459%的后效显示（图 7-16）。综合现场岩性、气测、地化及定量荧光数据，岩屑无荧光显示，地化、定量荧光无显示，薄片镜下观察，发育少量微裂缝，未见孔洞，气测显示很弱，组分出峰不全，只出峰至 C_2，仍然属于弱气层特征。

2. 羌科 1 井 2059.00～2061.00m 井段气测异常

显示井段：2059.00～2061.00m，视厚 2.00m。

岩性：深灰色泥质粉砂岩。

层位：中侏罗统布曲组（J_2b）。

显示特征：羌科 1 井钻进至井深 2059～2061m 时，气测值上升（图 7-17），迟到井深为 2060.00m，气测全烃值由 0.161%上升至 0.541%，C_1 由 0.1434%上升至 0.5273%，C_2 由 0 上升至 0.0015%，C_3 由 0 上升至 0.0010%，C_4 由 0 上升至 0.0007%。

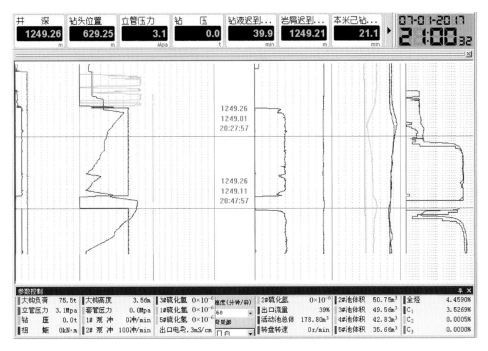

图 7-16 羌科 1 井 1249.26m 后效显示图谱

钻井液出口相对密度为 1.10g/cm³，黏度为 75s，出口温度为 35.7℃，电导率为 9.6mS/cm，氯离子为 2840mg/L。槽面无显示，岩屑无荧光显示，现场解释为弱含气层。

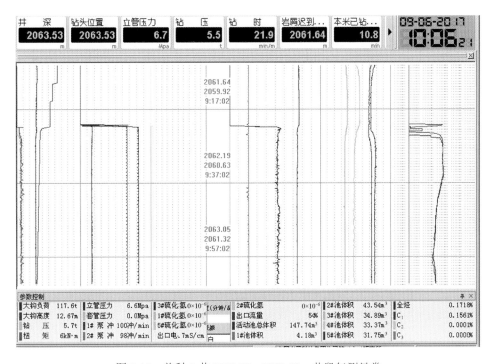

图 7-17 羌科 1 井 2059.00～2061.00m 井段气测异常

3. 羌科 1 井 3401.00～3407.00m 井段气测异常

显示井段：3401.00～3407.00m，视厚 6.00m。

岩性：灰色微晶灰岩。

层位：中-下侏罗统雀莫错组（$J_{1-2}q$）。

显示特征：羌科 1 井钻进至井深 3401.00～3407.00m 时，迟到井深为 3401.16m，气测值上升（图 7-18），气测全烃值由 0.036%上升至 0.576%，C_1 由 0.0133%上升至 0.5282%，C_2 由 0 上升至 0.0002%，C_3 由 0 上升至 0.0048%，C_4 值由 0 上升至 0.0007%。

钻井液出口相对密度为 1.29g/cm^3，黏度为 56s，出口温度为 48.7℃，电导率为 20.6mS/cm，氯离子为 6390mg/L。槽面无显示，岩屑干湿照、滴照无荧光显示，现场解释为弱含气层。

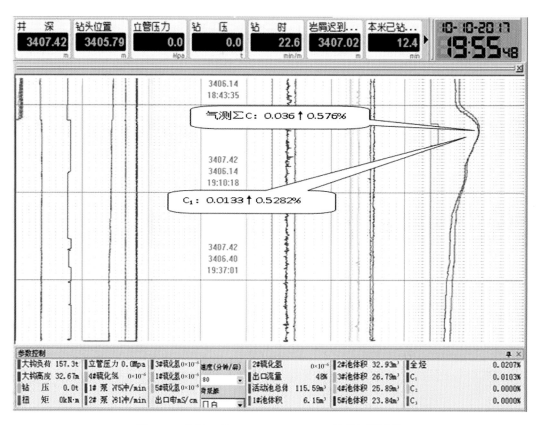

图 7-18　羌科 1 井 3401.00～3407.00m 井段气测异常

4. 羌科 1 井 4246.00～4253.68m 井段气测异常

显示井段：4246.00～4253.68m，钻厚 7.68m。

岩性：灰白色碳酸盐化凝灰岩。

层位：上三叠统那底岗日组（T_3nd）。

显示特征：羌科 1 井钻进至井深 4246.79m 时，录井气测全烃值由 0.044%的基值开始迅速上升，在 4252m 增大至基值的 80.5 倍，达到 3.544% 的峰值；钻时由 27.42min/m 加快至 15.20min/m，泥浆密度由 1.25g/cm³ 下降至 1.23g/cm³，槽面见针孔状气泡约占 5%，岩屑干湿照、滴照均无荧光显示。综合判断该天然气层的主要成分为甲烷，C_1 由 0.0046% 上升至 3.3393%，而 C_3 和 C_4 仅有微弱上升。

该天然气层所在井段为 4246.00～4253.68m，厚度达 7.68m，其岩性为灰白色碳酸盐化凝灰岩，层位为上三叠统那底岗日组（T_3nd）。这是首次在羌塘盆地那底岗日组发现重要油气层，也是目前羌科 1 井内发现的规模最大的天然气显示，预示着羌塘盆地具有很好的油气勘探潜力（图 7-19）。

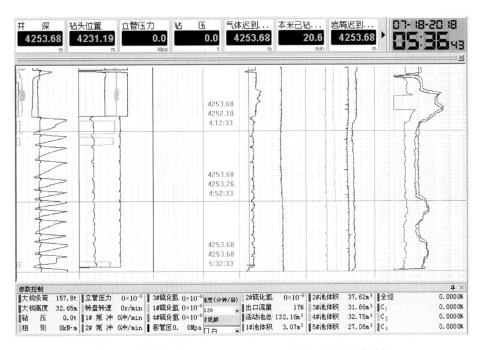

图 7-19　羌科 1 井 4246.00～4253.68m 天然气层气测曲线图

总体而言，通过羌科 1 井，发现了较为重要的油气显示，特别是首次在盆地腹地的深部钻遇了可靠的异常显示，且首次在那底岗日组层位发现油气显示，这为今后的羌塘油气工作拓宽了思路，也坚定了我们对羌塘盆地油气勘探前景的认识。

四、钻井技术创新

（一）必要性分析

作为藏北地区第一口超深地质科探井，羌科 1 井面临许多复杂的技术难题。

（1）羌科 1 井所钻遇地层岩性极为复杂，包括中生界五套海陆相地层，岩性涉及碳酸盐类和碎屑岩类的主要常见岩性，还包括部分火山岩类。因此，复杂的岩性交替出现导致其自然造斜能力强，极易发生井斜。

（2）羌科1井所钻遇地层的研磨性强、可钻性差，高原条件下机械功率损耗大等导致钻井速度较低，需要进行提速研究。

（3）羌科 1 井位于青藏高原腹地，其部分层段可能发育有裂缝型气层、溶洞等，加之三开、四开裸眼段较长，发生大型漏失可能性较大，井控风险很大、固井质量难以保证。

（4）羌科1井是羌塘盆地第一口地质科探井，可参考的地层压力、地温梯度等系列重要参数缺乏，导致钻井中遇到的不确定性问题陡增。

（5）藏北地区全年气候恶劣，全年有一半时间处于严寒天气条件，对工人施工及设备正常运转带来极大困难。

（二）实施技术创新

在实施羌科 1 井钻井施工过程中，开展了一系列钻井技术创新与研究，先后开展了高原严寒条件下钻井设备防冻保温技术、易斜地层防斜打直技术、地层复杂且井眼尺寸较大条件下的快速钻进技术、裂缝发育地层的防漏堵漏技术和高原冻土条件下的固井技术等几方面的技术创新研究，基本解决了所面临的各类问题，达到了预期效果。

（1）在高原严寒低温气候条件下，设备的防冻与保温很困难，人员施工也非常困难，项目组对相关设备进行了改造，包括录井岩屑清洗装置、防止测井电缆结冰的装置、钻杆防冻装置，通过这一系列改造，基本解决了高原上超低温对施工造成的影响。

（2）针对不同易斜地层，采取不同的钻具组合，从而达到纠斜的目的，针对石膏等特别易斜地层，采取吊打措施。其中3386～3858m 井段的石膏地层井斜迅速从 2.9°增加到 8.1°。

（3）针对提速要求，采取优选钻头和螺杆工具的方法，提高钻进速度。分别使用了普通牙轮钻头、普通 PDC 钻头、双极 PDC 钻头、符合 PDC 钻头、小尺寸 PDC 钻头、不同刀翼数量和不同厂家的 PDC 钻头进行对比，同时针对不同岩性优选了减速器涡轮钻具、中速涡轮和高速涡轮等不同的螺杆工具。通过优选钻头和螺杆工具，提高了钻进速度，一开平均机速为 1.00m/h，二开平均机速为 1.46m/h，三开平均机速为 1.25m/h。

（4）针对井漏难题，通过在钻井液中预添加随钻堵漏材料、先期堵漏等方式提高较为脆弱地层的承压能力，防止钻遇高压地层时不同压力系统压力等级差异过大导致上部地层发生漏失。同时针对井漏级别，开展了静止堵漏、桥堵等措施，并开发了高原速度配方，以应对特殊情况。

（5）针对高原上，因缺氧导致钻井设备功率大大降低的问题，对柴油机进行了增氧改造，并且增加并联设备，以增大功率输出。另外，为保证柴油机设备的正常运行，通过水箱对其进行水冷降温，冷却水再通过柴油机一侧风扇进行风冷散热，从而保证柴油机工作温度，延长了柴油机正常工作时间。

（6）针对高原上气候恶劣问题，加强了防冻保温工作，工人室内都安装暖气，配发高原特殊工服应对严寒条件，井场安装防沙棚降低风雪对施工的影响。对设备的防冻保温，首先使用大功率保温锅炉，同时对特殊部件和设备进行了一系列防冻改造，以解决结冰问题。

另外，对于固井困难的问题，项目组做好施工前的固井实验，多家单位高度配合协调，确保固井质量；针对井控问题，在1249m发现高浓度H_2S气体之后，已经对井控管线进行了升级改造，达到了国内最高的防硫级别，确保了井控安全。

综上所述，羌科1井开展了系列高原钻井技术创新研究，形成了系列钻井技术专题报告，并将部分研究成果申报国家专利。这一系列钻井技术是首次在高原钻井过程中获得的，对今后高原钻井施工具有很重要的指导意义，同时在一定程度上促进了钻井技术进步与发展。

第八章 羌塘盆地油气勘探的认识与建议

本轮羌塘盆地油气资源勘探的工作是在上一轮油气调查的基础上完成的,与以往工作相比,本轮调查在盆地形成背景、盆地性质与演化、沉积层序、盆地结构、生储盖组合、资源潜力等方面取得了一系列新认识,评估了新的资源量,圈出了有利远景区带、目标靶区,优选了参数井井位,提出了高原油气勘探方法技术组合,实现了高原冻土区二维地震勘探方法攻关试验的突破。特别需要指出的是,本轮调查首次在羌塘盆地实施了油气科学钻探井工程,这是我国首次在海拔 5000m 的地区实施的科学钻探井,该钻探井的实施,不仅解决了青藏高原系列基础科学问题,也为青藏高原的油气资源潜力评价提供了重要的科学依据。

第一节 羌塘盆地构造及保存条件新认识

一、浅地表构造条件分析

项目组通过泉水调查、断裂调查、地质调查井分析等对羌塘盆地的地表构造条件进行了详细的研究。研究显示,北羌塘地区构造变形相对较弱,是油气勘探的有利地区,而南羌塘坳陷构造变形较强,推覆构造发育,对油气的保存非常不利(图 8-1)。近年来,通过对南羌塘坳陷实施的多口地质调查井进行分析显示,南羌塘坳陷的浅地表的构造大多已经遭受破坏,推覆构造在多口地质调查井中也得到证实。因此,在南羌塘坳陷,油气勘探的主要目的层应该在更深部地区,浅地表是否存在残留油藏,有待更深入的研究。

通过对北羌塘坳陷实施的地质调查井分析显示,构造缝和沥青脉形成期次至少有两期,早期构造缝和沥青脉形成时间不清楚,但应晚于地层时代;晚期构造缝和沥青脉的形成则可能与喜马拉雅期油气运移散失有关。而中央隆起带的地质调查井显示,发育多期构造裂缝,但这类构造裂缝形成时间较早,一般与地层褶皱同期。需要指出的是,本次在中央隆起带实施的一口地质调查井中,发现了古油藏,该古油藏发育于二叠系白云岩地层中,表明羌塘盆地二叠系地层也具有较好的油气勘探潜力,这是在之前的研究中未发现的。但在中央隆起带地区,这些油藏大多遭受到了破坏,寻找较好的古生代油气保存地区,是下一步油气勘探的重点工作之一,这需要二维地震等方法技术的进一步攻关和突破。

北羌塘坳陷地质调查井的流体包裹体分析显示,在北羌塘坳陷,存在两期油气运移与充注。油气开始大量注入储集岩石中的温度为 90~110℃,地层最大埋深为 2662~3422m

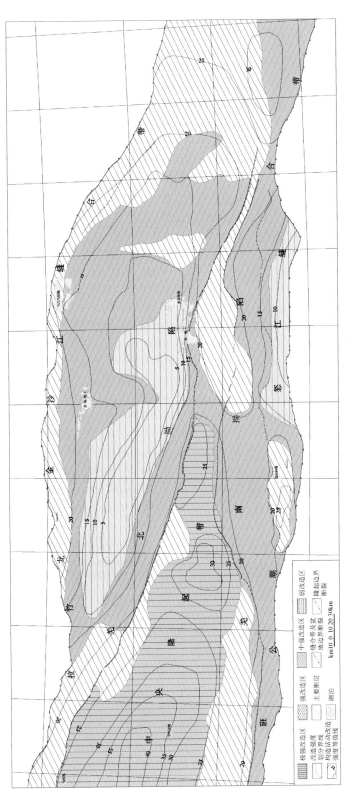

图 8-1 羌塘盆地浅地表调查形成的构造改造强度图（据王剑 等，2009）

（地温梯度为2.63℃/100m）；油气第二次大量注入时的温度区间为130～160℃，按地温梯度2.63℃/100m计算，当时地层最大埋深为4182～5323m。这一结果与上述提到的北羌塘拗陷存在两期主要的构造变形活动有关。这些构造活动导致了部分油气的破坏，但总体而言，在北羌塘大部分地区，断裂活动破坏的深度并不大，油气得以完好地保存。

二、新的二维地震大剖面

本轮油气地质调查中，开展了一条新的横跨南北羌塘拗陷的二维地震大剖面调查，该项工作对于确定羌塘盆地构造保存条件无疑具有重要意义。新的二维地震大剖面调查结果显示，南羌塘拗陷推覆构造发育，浅地表地层产状较陡，地层不连续，构造圈闭保存较差（图8-2），这些因素对于油气的保存非常不利。相对而言，北羌塘拗陷尽管也存在一定的断裂活动，但这些断裂活动的规模较小，地层较为连续（图8-3），另外，北羌塘拗陷的大多数构造保存完好，这些条件对于油气的保存非常有利。因此，从新的二维地震大剖面的结果显示，北羌塘拗陷构造保存条件较好，是油气勘探的有利地区，而南羌塘拗陷受到推覆构造的影响，保存条件较差。

需要指出的是，新的二维地震大剖面揭示，中央隆起带并不是前人所认为的缝合带，可能仅仅是一个古隆起。

三、羌科1井构造保存条件

在北羌塘拗陷，我们组织实施了羌科1井，通过该科探井工程的实施，我们揭示了该地区地下油气保存条件。研究揭示，北羌塘拗陷具有良好的油气保存条件，这一成果打破了"破碎高原"的认识。羌科1井的成果揭示，井下识别出多套优质盖层，有利于油气保存（图8-4）。其中，夏里组下部发育厚度为263m的连续泥岩，是良好的油气盖层；布曲组中部发育厚度为139m的泥岩，可作为油气盖层；雀莫错组中下部发育19层石膏，累计厚度达270m，可作为区域性盖层。

通过几次取心揭示，羌科1井岩心中构造裂缝并不发育，只发育一组构造裂缝，且裂缝较稀疏，密度较小；而且裂缝宽度较小，一般小于10mm，裂缝中均充填有白色方解石脉，且充填度较高，几乎为全充填。因此，从岩心裂缝发育情况看，北羌塘拗陷地区的构造保存条件较好。

羌科1井测井结果也显示，北羌塘拗陷地区构造改造强度很低，构造裂缝不发育，保存条件较好。其中，夏里组泥岩中沉积层理明显、清楚，呈近水平状，仅发育一组较陡的不规则裂缝。布曲组灰岩的层厚相对较大，局部呈块状，沉积层面清楚，地层倾角较小，裂缝不发育。雀莫错组沉积层理仅水平，倾角很小，其中发育一组较稀疏的构造裂缝。

总体来看，羌科1井的研究成果揭示，北羌塘拗陷的构造保存条件良好，有利于油气保存，是油气勘探的有利地区。

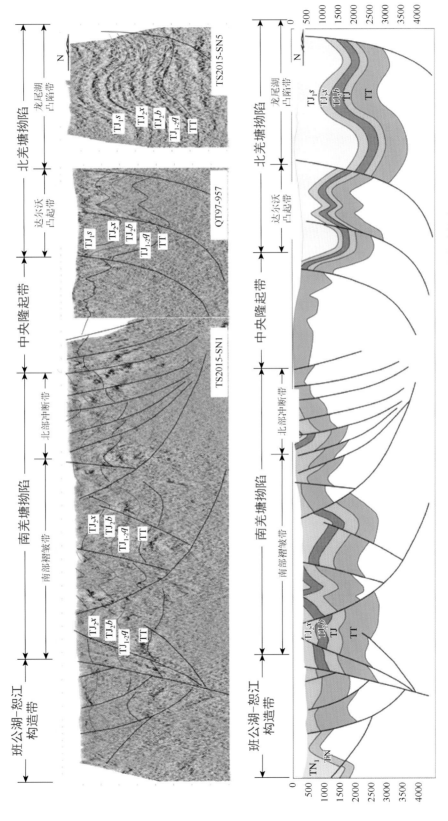

图 8-2　新的横跨南北羌塘拗陷的二维地震大剖面及其解释成果（南羌塘拗陷）

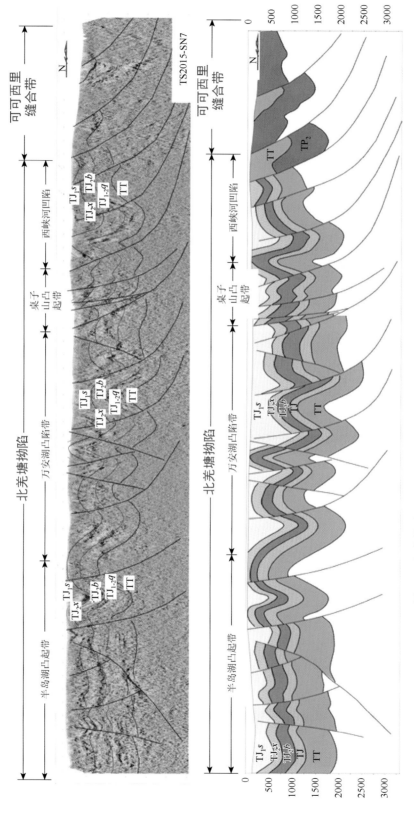

图 8-3　新的横跨南北羌塘拗陷的二维地震大剖面及其解释成果（北羌塘拗陷）

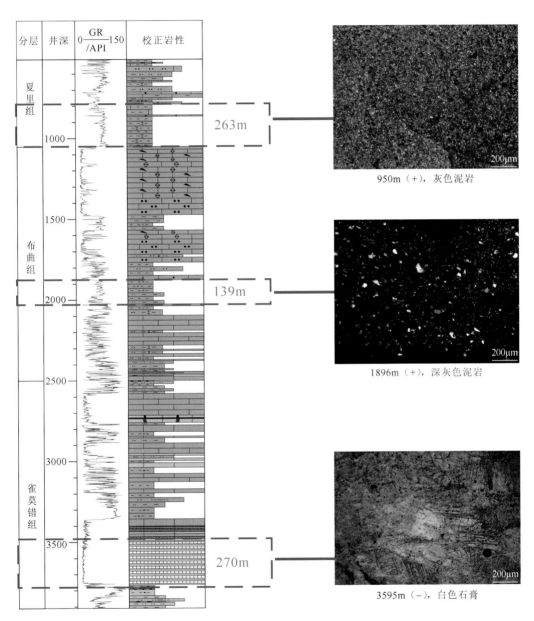

图 8-4　羌科 1 井盖层发育层段

第二节 羌塘盆地油气相控理论及有利区优选

依据"构造控盆、盆控相、相控油气地质条件"的理论体系，本书提出了羌塘盆地的油气相控理论，明确了有利的生烃凹陷区和有利的油气聚集区。

通过将构造与地球物理相结合，明确了羌塘中生代盆地的基底构造格架和盆地次级构造单元，提出了盆地古生代基底具有隆拗相间的古地理格局（图 8-5）。初步认为，优质烃源岩发育于拗陷区，有利储层发育于隆起区。

上三叠统烃源岩为羌塘盆地最重要的烃源岩，以该套烃源岩为例，我们开展了详细的烃源岩成因和富集机理的研究工作。研究揭示，上三叠统巴贡组泥岩沉积于弱氧化-弱还原环境，但这些富有机质泥岩中的有机质聚集主要受初始产率的控制，巴贡组沉积期温暖潮湿的气候导致了生物的繁殖，从而形成了高的初始产率。需要指出的是，沉积相对巴贡组及其对应地层烃源岩中有机质的聚集起着重要的控制作用。我们对晚三叠世巴贡组及其对应地层烃源岩 11 条剖面进行了统计分析，结果显示，在北羌塘拗陷北部边缘地区，巴贡组及其对应地层烃源岩的有机碳含量平均为 0.70%～0.97%；在中央隆起带（北羌塘拗陷南部边缘）附近，巴贡组及其对应地层烃源岩的有机碳含量平均为 0.68%～0.87%；在吐错凹陷地区（图 8-5），巴贡组及其对应地层烃源岩的有机碳含量平均为 1.06%；在波涛湖凹陷地区（图 8-5），巴贡组及其对应地层烃源岩的有机碳含量平均为 1.10%。这些资料表明，羌塘盆地的优质烃源岩主要发育在凹陷中，显示了古生代隆拗格局对烃源岩的控制作用，优质烃源岩主要发育于陆棚相沉积环境。这种控制作用可能主要表现在对氧化还原环境以及陆源碎屑物质供给的控制。

羌塘盆地古生代隆拗相间的构造格局除了对烃源岩具有控制作用，还对优质储层具有明显控制作用。在南羌塘拗陷，发现了长达 100km，出露宽度 30km 的古油藏带，该古油藏带发育优质白云岩储层，该带主体受毕洛错-其香错凸起（图 8-5）控制。另外，在北羌塘的半岛湖凸起，我们发现了上侏罗统生物礁呈北西—南东西展布，明显受到半岛湖凸起的控制，是非常好的储层。

上述研究揭示，羌塘盆地的优质烃源岩主要受拗陷的控制，而优质储层主要受隆起的控制，基于这些认识，我们提出了北羌塘凸起区为盆地油气勘探的有利地区，如保存条件较好的半岛湖凸起。南羌塘拗陷的凸起区由于受到后期构造的影响，有利的油气聚集区大多遭到破坏，形成了现今的古油藏。

第三节 羌塘盆地大规模油气显示及新认识

一、南羌塘大规模古油藏

调查落实地表含油白云岩带 34 个，地表油藏存在明显"东西分区、南北分带"的特征，即油藏带主要富集于东西向展布的三个区块：西部的隆鄂尼区块、中部的昂达而错区块和东部的赛仁区块，各区块范围的油藏带又由南北向不同的油藏出露带组成（图 8-6）。

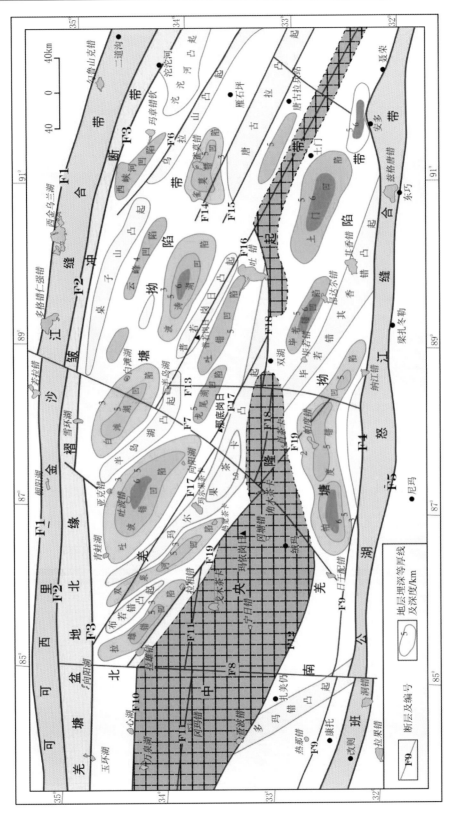

图 8-5 羌塘盆地古生代基底构造格架图

图 8-6　隆鄂尼-昂达尔错地区白云岩油砂分布示意图

　　隆鄂尼古油藏分布于孔日热跃—压宁日加跃—隆鄂尼罗达日加那一线，东西长约16km，南北宽约 1.5km，油层赋存于灰白色白云岩中，地貌上为一条沿北西—南东向展布的山脊。据野外南北向地质路线观测，油藏位于大型隆鄂尼背斜两翼，北翼油藏出露较好，东西向延伸稳定，在 16km 范围内均可追索，最大出露宽度见于加那一带，宽800~1000m，最顶部油层距夏里组地层厚度不足 10m，显示了油藏主要位于布曲组顶部地层；南翼油藏带主要分布于牙尔根—压宁日举一线，经野外调查新发现该翼油藏带向东延伸至依桑日、雅莎一带，东西延伸长十余公里。

　　昂达尔错区块位于羌南古油藏中部区域，由于日阿梗傲柔乃至作尔当夏乃赛一带被大面积第四系沉积所覆盖，东西可分为两个主要油藏带分布区：日嘎尔保-晓嘎晓那油藏带和扎仁油藏带。在日嘎尔保-晓嘎晓那油藏带范围内，日尕尔保、巴格底加日、晓嘎晓那、牙夏赛、冬浪拉、鲁日多卡等地均有地表油砂出露。油藏带基本呈东西向展布，南北又可分为若干油藏带出露，其南带日尕尔保—巴格底加日—晓嘎晓那一线为该区块油藏富集带，尤其以巴格底加日油砂最好，野外露头极佳，地表可见 2层巨厚层油砂，油砂出露厚度大，地表累计厚度为 79.48m，油砂品质好，岩性以砂糖状白云岩和介壳白云岩为主，白云石晶粒发育，以中—粗粒晶为主，油砂品质好。此外，中石油大庆油田曾在2006年对该区块日尕尔保进行过羌地 2 井的钻孔勘探，并在该井中发现过巨厚的砂糖状白云岩，油气显示十分明显，以浸润状液态油气显示为主，主要见于砂糖状晶粒白云岩或白云岩化灰岩斑块中，岩心表面油浸呈黄褐色、黑灰色，残留有油斑、油迹，局部见黑灰色干沥青，岩心打开后可闻到浓烈的油气味，荧光显示明显，油砂有 101 小层，累计厚度为 150m。扎仁油藏带主要分布于扎仁、碾硅、日阿梗等地，其中扎仁山和其南部的碾硅地区是该区块油藏带富集区，尤以碾硅油藏带最佳，其厚度巨大，且含油品质最好。碾硅油砂是本次野外踏勘新发现的油砂富集带，该带位于扎仁南约 10km，碾硅山北的一向斜核部，近东西向展布；油砂倾向产状较缓，出露厚度较大，北翼控制地表油砂 5 层，累计厚度为 220.65m；岩性以深灰色砂糖状白云岩和砂糖状介壳白云岩为主，晶粒结构十分发育，岩石敲击油气味浓烈。通过横向追索，该带东西向出露长度超过 5km。扎仁油藏带位于扎仁山山脉南侧山脊一带，尽管含油层品质一般，但该带油层延伸稳定，沿扎仁山山脉均连续出露，东西长约 15km。

　　赛仁区块分布于羌南古油藏带东部，油藏带主要分布于扎东来玛、昂罢存咚、塞仁以及北部的姜日玛日足、宗木以及巴各塞玛尔果等地。该油砂基本仍呈南北分带的趋势，且以南部的扎东来玛、昂罢存咚、塞仁等地油藏品质较高，油砂层位稳定，且厚度巨大，而北部姜日玛日足、宗木以及巴各塞玛尔果等地油藏出露零星，多成透镜状产出，在数百米范围内就急促尖灭。

　　该区块内的油藏带是本书研究在南羌塘盆地隆鄂尼—昂达而错地区新发现的一个油藏带分布区，据以往的油藏调查资料对南羌塘盆地油藏带地表含油层进行的野外追索和填图资料，南羌塘盆地地表油藏带最东端基本位于昂达尔错地区，东西向油藏带基本呈断断续续分布，延伸长达 100km；而本次赛仁区块油藏的发现进一步扩大了南羌塘盆地油藏带出露范围，至少向东延伸 30~40km。

上述资料显示，在南羌塘地区，存在大规模的油气聚集过程，由于受后期构造的影响，这些油藏已经受到破坏。

二、中央隆起带及北羌塘南缘大规模泥火山

泥火山的形成大多与天然气的喷发有关。在本轮羌塘盆地油气资源战略调查中，在中央隆起带发现大规模泥火山的基础上，又在北羌塘南缘的唢呐湖地区发现了正在喷发天然气的现代泥火山。

我们在羌塘盆地唢呐湖地区开展 1 : 5 万石油地质填图工作时，在该地区发现了现代泥火山群，这些泥火山的特征显示，存在多期喷发的特征。其中，第一次喷发时间较早，可能与我们在望湖岭地区观测到的泥火山喷发时间一致，大约在 1 万年左右；第二期泥火山喷发是在第一次泥火山喷发的基础上形成的泥火山，该期泥火山喷发时间略早；第三次泥火山喷发的时间较近，见有大量的气体喷发口，这些较小的气体喷发口非常新鲜，是现代气体溢出的通道。

现代泥火山的发现表明，羌塘盆地目前仍然存在有利于油和气的保存区，沿中央隆起带以及中央隆起带周缘，是羌塘盆地油气勘探取得突破的关键地区，这些地区的油气勘探应该以天然气的勘探为主，勘探的层位可能不是中生代地层，而是以古生代地层为主。但需要指出的是，这些地区浅层构造可能大多遭受到破坏，因此，在北羌塘拗陷保存条件较好的地区，应该存在大规模的保存完好的天然气藏。2011 年至今，经过调查在中央隆起带、中央隆起带北侧盆地边缘以及盆地南部边界都发现了大量的泥火山（图 8-7），共 135 座，其中望虎岭地区 117 座，南部边界共 3 座，唢呐湖地区 14，胜利河地区 1 座，根据其年龄判断，近期喷发的现代泥火山 5 座，较早在 1 万年左右喷发的 130 座。

三、钻井井油气显示

本轮油气调查中，在北羌塘的半岛湖地区，组织实施了一口油气科学钻探井，通过钻探井调查，在多个层位发现了良好的油气显示。

在布曲组共发现 6 层气体显示，其中 1249m 处发现超背景值 100 倍，达到 4.467% 的烃类气体显示；位于同一构造内的羌地 17 井，在 1485m 处，发现高出背景值 42 倍，达到 10.587% 的烃类气体异常。通过层位追踪，最终确定两个显示来自同一层，从而识别出了布曲组这一浅层含气层。

2059～2061m 显示：全烃由 0.016% 升至 0.541%，C_1 由 0.143% 升至 0.527%，C_2 由 0% 升至 0.002%。出现 12 次后效，全烃最高为 0.55%。这些特征显示了海相碳酸盐岩天然气藏的标志。

羌科 1 井钻进至 4246.79m，录井气测全烃值由 0.044% 的基值开始迅速上升，在 4252m 增大至基值的 80.5 倍，达到 3.544% 的峰值。同时，钻时由 27.42min/m 加快至 15.20min/m；泥浆密度由 1.25g/cm³ 下降至 1.23g/cm³。该天油气层厚度达 7m。

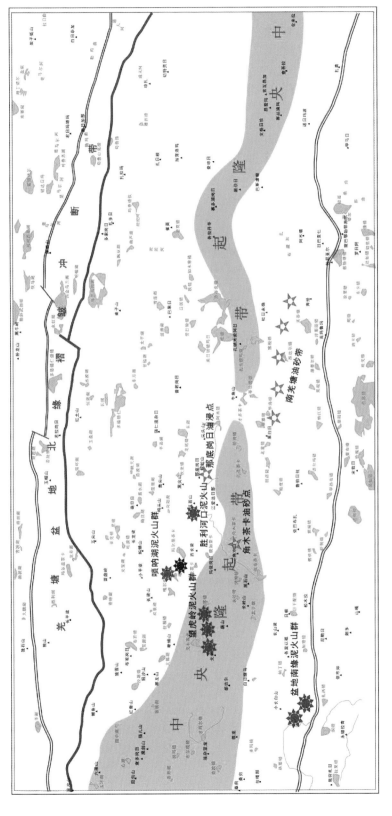

图 8-7　羌塘盆地主要泥火山群分布图

上述研究显示，羌塘盆地存在大规模油气形成和运移过程，在构造活动相对强烈的南羌塘拗陷、中央隆起带周缘、盆地边部地区，这些油气藏遭受到破坏，而在保存条件较好的北羌塘拗陷，油气藏得以完好地保存。

第四节　羌塘盆地油气勘探新认识

本轮油气地质调查揭示，羌塘盆地古生代构造存在隆拗相间的构造格架，有利的烃源岩受沉积凹陷的控制，大多发育于拗陷中，主体以陆棚相沉积为主，尽管在盆地周缘地区也发育烃源岩，这些烃源岩沉积于三角洲环境，但这些烃源岩大多属于差—中等烃源岩。受隆坳构造格局的影响，优质储层大多发育于隆起区。需要指出的是，无论地表调查资料还是本轮新的二维地震资料均显示，南羌塘拗陷推覆构造发育，致使之前形成的油气藏遭受到破坏，形成了现今大规模的古油藏带。因此，在南羌塘拗陷，寻找残留油藏带是未来勘探的一个方向。

从羌塘盆地发现的油气显示分析，羌塘盆地不仅存在大规模的古油藏带，还存在大规模的泥火山群。值得注意的是，在构造保存条件较好的北羌塘拗陷，通过羌科1井的调查与研究，在多个层段发现了气层。这些资料表明，羌塘盆地应该存在大规模的气藏，这些气藏最有利的保存区可能在北羌塘拗陷。因此，在北羌塘拗陷寻找大型天然气藏是羌塘盆地未来油气勘探中的重要方向。

要在北羌塘拗陷中寻找大型天然气藏，需要寻找大型圈闭构造，这就需要在二维地震方法技术上进行新的攻关。结合羌科1井井下的资料，对二维地震属性进行新的标定是亟待解决的问题。利用这些新的数据和资料，进行新的区域性二维地震联片处理，将为该地区大型圈闭构造的评价提供重要的依据。

参 考 文 献

白生海. 1989. 青海西南部海相侏罗纪地层新认识[J]. 地质论评, 35（6）: 529-536.

边千韬, 沙金庚, 郑祥身, 1993. 西金乌兰晚二叠世-早三叠世石英砂岩及其大地构造意义[J]. 地质科学, 28（4）: 327-335.

边千韬, 常承法, 郑祥身, 1997. 青海可可西里大地构造基本特征[J]. 地质科学, 32（1）: 37-46.

曹青, 赵靖舟, 赵小会, 等, 2013. 鄂尔多斯盆地宜川-黄陵地区马家沟组流体包裹体特征及其意义[J]. 地球科学进展,（7）.29-32.

曾胜强, 王剑, 陈明, 等, 2012. 北羌塘盆地索瓦组上段的时代、古气候及石油地质特征[J]. 现代地质, 26（1）: 10-21.

陈国荣, 刘鸿飞, 蒋光武, 等, 2004. 西藏班公湖-怒江结合带中段沙木罗组的发现[J]. 地质通报, 23（2）: 193-194.

陈浩, 王剑, 王羽珂, 等, 2016. 西藏隆鄂尼—昂达尔错地区布曲组白云岩地球化学特征及成因[J]. 新疆石油地质, 37（5）: 542-548.

陈兰, 伊海生, 胡瑞忠, 2016. 藏北羌塘地区侏罗纪颗石藻化石的发现及其意义[J]. 地学前缘, 10（4）: 613-618.

陈明, 谭富文, 汪正江, 等, 2007. 西藏南羌塘拗陷色哇地区中-下侏罗统深色岩系地层的重新厘定[J]. 地质通报, 26（4）: 441-447.

邓希光, 张进江, 张玉泉, 等, 2007. 藏北羌塘地块中部蓝片岩中捕获锆石 Shrimp U-Pb 定年及其意义[J]. 地质通报, 26（6）: 698-702.

范和平, 杨金泉, 张平, 1988. 藏北地区的晚侏罗世地层[J]. 地层学杂志,（1）: 68-72.

方德庆, 云金表, 李椿, 2002. 北羌塘盆地中部雪山组时代讨论[J]. 地层学杂志, 26（1）: 68-72.

付修根, 王剑, 汪正江, 等, 2007. 藏北羌塘盆地上三叠统那底岗日组与下伏地层沉积间断的确立及意义[J]. 地质论评, 53（3）: 329-336.

付修根, 王剑, 吴滔, 等, 2009. 藏北羌塘盆地大规模古风化壳的发现及其意义[J]. 地质通报, 28（6）: 696-700.

傅家谟, 盛国英, 许家友, 等, 1991. 应用生物标志化合物参数判识占沉积环境[J]. 地球化学,（1）: 1-12.

甘克文, 2000. 特提斯域的演化和油气分布[J]. 海相油气地质. 5（3）: 21-29.

郭铁鹰, 梁定益, 张益智, 等, 1991. 西藏阿里地质[M]. 武汉: 中国地质大学出版社.

黄继钧, 2001. 羌塘盆地基底构造特征[J]. 地质学报, 75（3）: 333-337.

季长军, 伊海生, 陈志勇, 等, 2013. 西藏羌塘盆地羌 D2 井原油类型及勘探意义[J]. 石油学报, 34（6）: 1070-1076.

冀六祥, 罗伟, 刘锋, 等, 2015. 青海省北祁连山三叠纪孢粉和疑源类及其地层意义[J]. 地层学杂志, 39（4）: 367-379.

蒋忠惕, 1983. 羌塘地区侏罗纪地层的若干问题[J]. 青藏高原地质文集（6）.

金玉玕, 孙东立, 1981. 西藏古生代腕足动物群[M]. 北京: 科学出版社.

李才, 2003. 羌塘基底质疑[J]. 地质论评, 49（1）: 4-9.

李才, 程立人, 张以春, 等, 2004. 西藏羌塘南部发现奥陶纪—泥盆纪地层[J]. 地质通报, 23（5-6）: 602-604.

李才，翟庆国，程立人，等，2005. 青藏高原羌塘地区几个关键地质问题的思考[J]. 地质通报，24（4）：295-301.

李才，等，2016. 羌塘地质[M]. 北京：地质出版社.

李才，翟庆国，陈文，等，2007. 青藏高原龙木错-双湖板块缝合带闭合的年代学证据——来自果干加年山蛇绿岩与流纹岩 Ar-Ar 和 Shrimp 年龄制约[J]. 岩石学报，23（5）：911-918.

李启来，高春文，伊海生等，2013. 羌塘盆地羌 D2 井布曲组碳酸盐岩储层特征研究[J]. 长江大学学报（自然科学版），10（32）：20-22.

李日俊，吴浩若，1997. 藏北阿木岗群、查叠群和鲁谷组放射虫的发现及有关问题讨论[J]. 地质论评，43（3）：250-256.

李亚林，王成善，伊海生，等，2005. 青藏高原新生代地堑构造研究中几个问题的

李勇，王成善，伊海生，2002. 西藏晚三叠世北羌塘前陆盆地构造层序及充填样式[J]. 地质科学，37（001）：27-37.

李勇，王成善，伊海生，2003. 西藏金沙江缝合带西段晚三叠世碰撞作用与沉积响应[J]. 沉积学报，21（2）：191-197.

梁定益，聂泽同，郭铁鹰，等，1982. 西藏阿里北部二叠、三叠纪地层及古生物研究的新进展[J]. 地质论评，28（3）：57-58.

刘家铎，周文，李勇，等，2007. 青藏地区油气资源潜力分析与评价[M]. 北京：地质出版社.

刘建清，贾宝江，杨平，等，2008. 羌塘盆地中央隆起带南侧隆额尼-昂达尔错布曲组古油藏白云岩稀土元素特征及成因意义[J]. 沉积学报，26（1）：28-38.

刘建清，杨平，陈文彬，等，2010 羌塘盆地中央隆起带南侧隆额尼-昂达尔错布曲组古油藏白云岩特征及成因机制[J]. 地学前缘，17（1）：311-321.

刘喜停，马志鑫，颜佳新，2010. 扬子地区晚二叠世吴家坪期沉积环境及烃源岩发育的控制因素[J]. 古地理学报，12（2）：244-252.

刘增乾，李兴振，1993. 三江地区构造岩浆带的划分与矿产分布规律[M]. 北京：地质出版社.

刘招君，杨虎林，董清水，等，2009. 中国油页岩[M]. 北京：石油工业出版社.

罗金海，车自成，2001. 中亚与中国西部侏罗纪沉积盆地的成因分析[J]. 西北大学学报：自然科学版，31（2）：167-170.

南征兵，李永铁，张艳玲，2010. 西藏羌塘盆地中生代以来火山岩与油气的关系[J]. 天然气工业，30（2）：45-47.

潘桂棠，朱弟成，王立全，等，2004. 班公湖-怒江缝合带作为冈瓦纳大陆北界的地质地球物理证据[J]. 地学前缘，11（4）：371-382.

潘桂棠，莫宣学，侯增谦，等，2006. 冈底斯造山带的时空结构及演化[J]. 岩石学报，22（3）：521-533.

邱瑞照，蔡志勇，李金发，2004. 青藏高原西部蛇绿岩中玻安岩及其地质意义[J]. 现代地质，18（3）：305-308.

曲晓明，辛洪波，赵元艺，等，2010. 西藏班公湖中特提斯洋盆的打开时间：镁铁质蛇绿岩地球化学与锆石 U-Pb LA-ICP-MS 定年结果[J]. 地学前缘，17（3）：053-063.

曲晓明，辛洪波，杜德道，等，2012. 西藏班公湖-怒江缝合带中段碰撞后 A 型花岗岩的时代及其对洋盆闭合时间的约束[J]. 地球化学，41（1）：1-14.

任纪舜，肖黎薇，2003. 1∶25 万地质填图进一步揭开了青藏高原大地构造的神秘面纱[J]. 地质通报，23（1）：1-11.

沙金庚，王启飞，卢辉楠，2005. 羌塘盆地微体古生物[M]. 北京：科学出版社.

宋春彦，2012. 羌塘中生代沉积盆地演化及油气地质意义[D]. 北京：中国地质科学院.

谭富文，潘桂棠，徐强，2000. 羌塘腹地新生代火山岩的地球化学特征与青藏高原隆升[J]. 岩石矿物

学杂志, 19（2）: 121-130.

谭富文, 王剑, 王小龙, 等, 2003. 藏北羌塘盆地上侏罗统中硅化木的发现及意义[J]. 地质通报, 22（11-12）: 956-958.

谭富文, 王剑, 李永铁, 等, 2004a. 羌塘盆地侏罗纪末—早白垩世沉积特征与地层问题. 中国地质, 31（4）: 400-405.

谭富文, 王剑, 王小龙, 等, 2004b. 羌塘盆地雁石坪地区中-晚侏罗世碳、氧同位素特征与沉积环境分析[J]. 地球学报, 25（2）: 119-126.

谭富文, 陈明, 王剑, 等, 2008. 西藏羌塘盆地中部发现中高级变质岩[J]. 地质通报, 27（3）: 351-355.

谭富文, 王剑, 付修根, 等, 2009 藏北羌塘盆地基底变质岩的锆石 SHRIMP 年龄及其地质意义[J]. 岩石学报, 25（1）: 139-146

谭富文, 张润合, 王剑, 等, 2016. 羌塘晚三叠世—早白垩世裂陷盆地基底构造[J]. 成都理工大学学报（自然科学版）, 43（5）: 513-521.

王成善, 胡承祖, 张懋功, 等, 1987. 西藏北部查桑-茶布裂谷的发现及其地质意义[J]. 成都地质学院学报, 14（2）: 33-45.

王成善, 伊海生, 李勇, 等, 2001. 羌塘盆地地质演化与油气远景评价[M]. 北京: 地质出版社.

王国芝, 王成善, 2001. 西藏羌塘基底变质岩系的解体和时代厘定[J]. 中国科学: 地球科学, 31（B12）: 77-82.

王国芝, 王成善, 吴山, 2002. 西藏羌塘阿木岗群硅质岩段时代归属[J]. 中国地质, 29（2）: 139-142.

王建平, 刘彦明, 李秋生, 等, 2002. 西藏班公湖-丁青蛇绿岩带东段侏罗纪盖层沉积的地层划分[J]. 地质通报, 21（7）: 405-410.

王剑, 谭富文, 李亚林, 等, 2004. 青藏高原重点沉积盆地油气资源潜力分析[M]. 北京: 地质出版社.

王剑, 付修根, 陈文西, 等, 2007a. 藏北北羌塘盆地晚三叠世古风化壳地球化学特征及其意义[J]. 沉积学报, 25（4）: 487-494.

王剑, 付修根, 杜安道, 等, 2007b. 藏北羌塘盆地胜利河油页岩地球化学特征及 Re-Os 定年[J]. 海相油气地质, 12（3）: 21-26.

王剑, 汪正江, 陈文西, 等, 2007c. 藏北北羌塘盆地那底岗日组时代归属的新证据[J]. 地质通报, 26（4）: 404-409.

王剑, 丁俊, 王成善, 等, 2009. 青藏高原油气资源战略选区调查与评价[M]. 北京: 地质出版社.

王剑, 付修根, 2018. 论羌塘盆地沉积演化[J]. 中国地质, 45（2）: 237-259.

王希斌, 鲍佩声, 邓万明, 等, 1987. 西藏的蛇绿岩[M]. 北京: 地质出版社.

王岫岩, 滕玉洪, 王贵文, 等, 1998. 西藏特提斯构造域及其找油前景[J]. 石油学报, 19（2）: 44-48.

王永胜, 张树岐, 谢元和, 等, 2012. 中华人民共和国区域地质调查报告昂达尔错幅（I45C004004）（比例尺 1: 250000）[M]. 武汉: 中国地质大学出版社.

文世宣, 1976. 青海南部海相侏罗系几个问题的初步认识[J]. 青海国土经略, （2）: 24-26.

文世宣, 1979. 西藏北部地层新资料[J]. 地层学杂志, （2）: 72-78.

吴瑞忠, 胡承祖, 王成善, 等, 1985. 藏北羌塘地区地层系统[C]. 青藏高原地质文集.

吴珍汉, 刘志伟, 赵珍, 等, 2016. 羌塘盆地隆鄂尼—昂达尔错古油藏逆冲推覆构造隆升[J]. 地质学报, 90（4）: 615-627.

西藏区域地质调查队, 1986. 中华人民共和国区域地质调查报告 1: 100 万, 改则幅.

西藏自治区地质矿产局, 1993. 西藏自治区区域地质志[M]. 北京: 地质出版社.

夏斌, 徐力峰, 韦振权, 等, 2008. 西藏东巧蛇绿岩中辉长岩锆石 SHRIMP 定年及其地质意义[J]. 地质学报, 82（4）: 528-531.

夏军, 钟华明, 童劲松, 等, 2006. 藏北龙木错东部三岔口地区下奥陶统与泥盆系的不整合界面[J]. 地质通报，25（z1）：112-117.

谢义木，1983. 改则北部下石炭统的发现[J]. 中国区域地质，（1）：107-108.

新疆区域地质调查院，2006. 中华人民共和国区域地质调查报告 1：25 万：岗扎日幅. 北京：地址出版社.

扬杰东，1988. 锶同位素方法在地层研究中的某些应用介绍[J]. 地质科技情报，17（3）：109-114.

姚华舟，段其发，牛志军，等，2011. 中华人民共和国区域地质调查报告赤布张错幅（I46C003001）（比例尺 1：250000）[M]. 北京：地质出版社.

伊海生，王成善，林金辉，等，2005. 藏北安多地区侏罗纪菊石动物群及其古地理意义[J]. 地质通报，24（1）：41-47.

伊海生，陈志勇，季长军，等，2014. 羌塘盆地南部地区布曲组砂糖状白云岩埋藏成因的新证据[J]. 岩石学报，30（3）：737-782.

阴家润，1989. 青海南部侏罗纪雁石坪群中半咸水双壳类动物群及其古盐度分析[J]. 古生物学报，（4）：415-434.

阴家润，1990. 青海南部奇异蚌动物群生态环境与时代的探讨[J]. 古生物学报，29（3）：284～299.

余飞，2018. 北羌塘盆地东部巴贡组烃源岩沉积地球化学特征及有机质富集机理研究[D]. 北京：中国地质科学院.

余光明，王成善，1990. 西藏特提斯沉积地质[M]. 北京：地质出版社.

岳龙，牟世勇，曾昌兴，等，2006. 藏北羌塘丁固—加措地区康托组的时代[J]. 地质通报，25（z1）：229-232.

张水昌，梁狄刚，张大江，2002. 关于古生界烃源岩有机质丰度的评价标准[J]石油勘探与开发，29（2）：8-12

张水昌，张宝民，边立曾，等，2005. 中国海相烃源岩发育控制因素[J]. 地学前缘，12（3）：39-48.

赵隆业，陈基娘，王天顺，1991. 关于中国油页岩的工业成因分类[J]. 煤田地质与勘探，19（5）：2-6.

赵文津，刘葵，蒋忠惕，等，2004. 西藏班公湖-怒江缝合带—深部地球物理结构给出的启示[J]. 地质通报，23（7）：623-635.

赵政璋，李永铁，叶和飞，等，2001a. 青藏高原地层[M]. 北京：科学出版社.

赵政璋，李永铁，叶和飞，等，2001b. 青藏高原中生界沉积相及油气储盖层特征[M]. 北京：科学出版社.

中国科学院青藏高原科学考察队，1984. 西藏地层[M]. 北京：科学出版社.

中国石油天然气总公司新区勘探事业部青藏石油气勘探项目经理部，1996. 青藏地区羌塘盆地区域石油地质调查报告（QT96YD-04）. 中国石油天然气总公司新区勘探事业部内部资料.

周涛，陈超，梁桑，等，2014. 西藏班公湖蛇绿混杂岩中火成岩锆石 U-Pb 年代学及地球化学特征[J]. 大地构造与成矿学，38（1）：157-167.

周祥，1984. 西藏板块构造-建造图及说明书[M]. 北京：地质出版社.

朱同兴，潘忠习，庄忠海，等，2002. 西藏北部双湖地区海相侏罗纪磁性地层研究[J]. 地质学报，76（3）：308-316.

朱同兴，冯心涛，2010a. 中华人民共和国区域地质调查报告：黑虎岭幅[M]. 武汉：中国地质大学出版社.

朱同兴，李宗亮，张惠华，等，2010b. 中华人民共和国 1：25 万区域地质调查报告：江爱达日幅[M]. 武汉：中国地质大学出版社.

Bian W W，Yang T S，Ma Y N，et al.，2017. New Early Cretaceous palaeomagnetic and geochronological results from the far western Lhasa terrane：Contributions to the Lhasa-Qiangtang collision [J]. Scientific Reports，7（1）：16216.

Fan J J，Li C，Xie C M，et al.，2015a. The evolution of the Bangong-Nujiang Neo-Tethys ocean：Evidence from zircon U-Pb and Lu-Hf isotopic analyses of Early Cretaceous oceanic islands and ophiolites [J]. Tectonophysics，655（1）：27-40.

Fan J J，Li C，Xie C M，et al.，2015b. Petrology and U-Pb zircon geochronology of bimodal volcanic rocks from the Maierze Group northern Tibet：Constraints on the timing of closure of the Banggong-Nujiang Ocean [J]. Lithos，227（15）：148-160.

Fu X G，Wang J，Qu W J，et al.，2008. Re-Os（ICP-MS）dating of marine oil shale in the Qiangtang Basin，northern Tibet，China [J]. Oil Shale，25：47-55.

Fu X G，Wang J，Tan F W，et al.，2010. The Late Triassic rift-related volcanic rocks from eastern Qiangtang，northern Tibet（China）：Age and tectonic implications [J]. Gondwana Research，17（1）：135-144.

Girardeau J，Marcoux J，Allègre C J，et al.，1984. Tectonic environment and geodynamic significance of the Neo-Cimmerian Donqiao ophiolite，Bangong-Nujiang suture zone，Tibet [J]. Nature，307（5946）：27-31.

Gromet L P，Dyme R F，Haskin L A，et al.，1984. The "North American shale composite"：its compilation，major and trace element characteristics[J]. Geochimica et Cosmochimica Acta，48：2469-2482.

Guynn J H，Kapp P，Pullen A，et al.，2006. Tibetan basement rocks near Amdo reveal "missing" Mesozoic tectonism along the Bangong suture，central Tibet [J]. Geology，34（6）：505-508.

Hickey R L，Frey F A，1982. Geochemical characteristics of boninite series volcanics：Implication for their source [J]. Geochemica et Cosmochemica Acta，46（11）：2099-2115.

Kapp P，DeCelles P G，Gehrels G E，et al.，2007. Geological records of the Lhasa-Qiangtang and Indo-Asian collisions in the Nima area of central Tibet [J]. Geological Society of America Bulletin，119（7-8）：917-932.

Kapp P，Yin A，Manning C E，et al.，2003. Tectonic evolution of the early Mesozoic blueschist-bearing Qiangtang metamorphic belt，central Tibet [J]. Tectonics，22（4）：1043.

Kerrich R，Wyman D，Fan J，1998. Boninite series：Low Titholeiite associations from the 2. 7 Ga Abitibi greenstone belt [J]. Earth and Planetary Science Letters，164（1）：303-316.

Kunz R，1990. Phytoplankton und palynofazies im Malm NW-Deutschlands（Hannoverisches Bergland）[J]. Palaeontographica Abteilung B-Palaophytologie，216：1-105.

Leier A L，Decelles P G，Kapp P，et al.，2007. Lower Cretaceous strata in the Lhasa Terrane，Tibet，with implications for understanding the early tectonic history of the Tibetan Plateau [J]. Journal of Sedimentary Research，77（9-10）：809-825

Li S，Ding L，Guilmette C，et al.，2017. The subduction-accretion history of the Bangong-Nujiang Ocean：Constraints from provenance and geochronology of the Mesozoic strata near Gaize，central Tibet [J]. Tectonophysics，702：42-60.

Li S M，Zhu D. C，Wang Q，et al.，2014. Northward subduction of Bangong-Nujiang Tethys：Insight from Late Jurassic intrusive rocks from Bangong Tso in western Tibet [J]. Lithos，205：284-297.

Li X R，Wang J，Cheng L，et al.，2018. New insights into the Late Triassic Nadigangri formation of northern Qiangtang，Tibet，China：Constraints from u-pb ages and Hf isotopes of detrital and magmatic zircons[J]. Acta Geologica Sinica-English Edition，92（4）：1451-1467.

Liu W L，Xia B，Zhong Y，et al.，2014. Age and composition of the Rebang Co and Juluophiolites，central Tibet：Implications for the evolution of the BangongMeso-Tethys [J]. International Geology Review，56（4）：430-447.

Ma A L，Hu X M，Garzanti E，et al.，2017. Sedimentary and tectonic evolution of the southern Qiangtang basin：implications for the Lhasa-Qiangtang collision timing [J]. Journal of Geophysical Research：Solid Earth，122（7）：4790-4813.

Metcalfe I，2013. Gondwana dispersion and Asian accretion：Tectonic and palaeogeographic evolution of eastern Tethys [J]. Journal of Asian Earth Sciences，66：1-33.

Pan G T，Wang L Q，Li R S，et al.，2012. Tectonic evolution of the Qinghai-Tibet Plateau [J]. Journal of Asian Earth Sciences，53：3-14.

Pearce J A，Deng W，1990. The ophiolites of the Tibet geotraverse，Lhasa to Golmud（1985）and Lhasa to Kathmandu（1986）[J]. Philosophical Transactions of the Royal Society AMathematical Physical and Engineering Sciences，327（1594）：215-238.

Powell T，Mckirdy D M，1973. Relationship between ratio of pristance to phytane，crude oil composition and geological environment s in aust ralia[J]. Nature，243（12）：37-39.

Pullen A，Kapp P，Gehrels G E，et al.，2011. Metamorphic rocks in central Tibet：Lateral variations and implications for crustal structure [J]. Geological Society of America Bulletin，123（3-4）：585-600.

Raterman N S，Robinson A C，Cowgill E S，2014. Structure and detrital zircon geochronology of the domar fold-thrust belt：Evidence of pre-Cenozoic crustal thickening of the western Tibetan Plateau [J]. Geological Society of America Special Papers，507：89-104.

Shi R，Yang J，Xu Z，et al.，2008. The Bangong Lake ophiolite（NW Tibet）and its bearing on the tectonic evolution of the Bangong-Nujiang suture zone[J]. Journal of Asian Earth Sciences，32（5-6）：457.

Sui Q L，Wang Q，Zhu D C，et al.，2013. Compositional diversity of ca. 110 Ma magmatism in the northern Lhasa Terrane，Tibet：Implications for the magmatic origin and crustal growth in a continent-continent collision zone [J]. Lithos，168-169（Complete）：144-159.

Wang J，Fu X G，Chen W X，et al.，2008. Chronology and geochemistry of the volcanic rocks in Woruo Mountain region，Northern Qiangtang depression：Implications to the Late Triassic volcanic-sedimentary events [J]. Science in China（Series D），51（2）：194-205.

Yan M D，Zhang D W，Fang X M，et al.，2016. Paleomagnetic data bearing on the mesozoic deformation of the qiangtang block：Implications for the evolution of the paleo-and meso-tethys [J]. Gondwana Research，39：292-316.

Yin A，Harrison T M，2000. Geologic evolution of the Himalayan-Tibetan Orogen [J]. Annual Reviews of Earth and Planetary Science，28（1）：211-280.

Zhai Q G，Jahn B M，Su L，et al.，2013，Triassic arc magmatism in the Qiangtang area，northern Tibet：Zircon U-Pb ages，geochemical and Sr-Nd-Hf isotopic characteristics，and tectonic implications [J]. Journal of Asian Earth Sciences，63：162-178.

Zhang K J，Zhang Y X，Tang XC，et al.，2012. Late Mesozoic tectonic evolution and growth of the Tibetan plateau prior to the Indo-Asian collision [J]. Earth-Science Reviews，114（3-4）：236-249.

Zhou M F，Malpas J，Robinson P T，et al.，1997. The dynamothermal aureole of the Donqiao ophiolite（northern Tibet）[J]. Canadian Journal of Earth Sciences，34（1）：59-65.

Zhu D C，Li S M，Cawood PA，et al.，2016. Assembly of the Lhasa and Qiangtang terranes in central Tibet by divergent double subduction [J]. Lithos，245：7-17.

Zhu D C，Zhao Z D，Niu Y，et al.，2012. Cambrian bimodal volcanism in the Lhasa Terrane southern Tibet：Record of an early Paleozoic Andean-type magmatic arc in the Australian proto-Tethyan margin [J]. Chemical Geology，328（18）：290-308.

Zhu D C，Zhao Z D，Niu Y，et al.，2013. The origin and pre-Cenozoic evolution of the Tibetan Plateau [J]. Gondwana Research，23（4）：1429-1454.